"十二五"普通高等教育本科规划教材

全国本科院校机械类创新型应用人才培养规划教材

UG NX 9.0 计算机辅助设计与制造实用教程(第 2 版)

主　编　张黎骅　吕小荣

副主编　张道文　曾百功

内容简介

本书是根据 21 世纪机械工程学科发展和培养机械工程卓越工程师的需要，以科学性、先进性、系统性和实用性为目标，并由长期从事计算机绘图软件研究的教师编写完成的。本书以 UG NX 9.0 中文版为基础，介绍其建模、装配和制图三个常用模块，主要内容包括 UG NX 9.0 入门概述、建模基础、曲线与草图绘制、实体建模、模型编辑、模型的装配、模型的测量与分析、工程制图和综合运用案例——减速器。本书在写作方式上紧贴 UG NX 9.0 中文版的实际操作界面，采用软件中真实的对话框、操控板、按钮和图标等进行讲解，使读者能够直观、准确地操作软件进行学习，掌握应用 UG NX 9.0 软件进行机械产品设计的过程和方法。

本书可作为高等院校机械类、近机械类专业计算机辅助设计课程的教材，也可作为高职高专院校相应专业的教学用书，还可作为广大工程技术人员的自学教程和参考书。

图书在版编目(CIP)数据

UG NX 9.0 计算机辅助设计与制造实用教程/张黎骅，吕小荣主编. —2 版. —北京：北京大学出版社，2015.8

（全国本科院校机械类创新型应用人才培养规划教材）

ISBN 978-7-301-26029-6

Ⅰ. ①U… Ⅱ. ①张… ②吕… Ⅲ. ①机械设计—计算机辅助设计—应用软件—高等学校—教材 Ⅳ. ①TH122

中国版本图书馆 CIP 数据核字（2015）第 153112 号

书　　名	UG NX 9.0 计算机辅助设计与制造实用教程（第 2 版）
著作责任者	张黎骅　吕小荣　主编
策划编辑	童君鑫
责任编辑	黄红珍
标准书号	ISBN 978-7-301-26029-6
出版发行	北京大学出版社
地　　址	北京市海淀区成府路 205 号　100871
网　　址	http://www.pup.cn　新浪微博：@北京大学出版社
电子信箱	pup_6@163.com
电　　话	邮购部 62752015　发行部 62750672　编辑部 62750667
印 刷 者	三河市北燕印装有限公司
经 销 者	新华书店
	787 毫米×1092 毫米　16 开本　18.25 印张　420 千字
	2009 年 5 月第 1 版
	2015 年 8 月第 2 版　　2015 年 8 月第 1 次印刷
定　　价	36.00 元

第 2 版前言

Unigraphics(简称 UG)是美国 EDS 公司出品的一套集 CAD/CAM/CAE 于一体的软件系统。它的功能覆盖了从概念设计到产品生产的整个过程，内容涵盖了产品从概念设计、工业造型设计、三维模型设计、分析计算、动态模拟与仿真、工程图输出到生产加工成产品的全过程，应用范围涉及航空航天、汽车、机械、造船、通用机械、数控(NC)加工、医疗器械和电子等诸多领域。它提供了强大的实体建模技术，提供了高效能的曲面建构功能，能够完成复杂的造型设计，除此之外，装配功能、2D 出图功能、模具加工功能及与 PDM 之间的紧密结合，使得 UG 在工业界成为一套具有强大优势的高级 CAD/CAM 系统。

Siemens PLM Software 的 NX 9.0 比以前的版本功能更强大，运行速度更快，使用更方便：2D 同步技术，更快、更直观地执行 2D 草图绘制；创意塑型，更快、更方便地进行工业设计；在大规模设计中实现协同工作，实现更便捷的模块化设计；适用性得到大大提高，同时保留了用户所需的可定制性；NX 中的众多适用性增强功能减少查找命令所需的时间，大幅提高更新速度。

NX 9.0 引入了全新的网格变形仿真功能，加强了对网格质量的控制，能够指定曲面包络解析度以更好地创建流体域；性能方面的增强大大缩短了大模型的分析时间，并提供了用于分析复合材料部件动力学的全新工具；通过新功能更好地控制加工策略，从而提高部件加工生产率，自动从 3 轴转换为 5 轴命令，在 3D 模型关联中查看检测结果，并访问加工资源管理器。

UG NX 9.0 是一个从初始的概念设计到产品设计、仿真和制造工程的综合产品开发工具，它具有以下新增功能。

(1) 建模通用功能。打开工作部件时加载回滚数据功能能够提高模型显示效率；模型视图增加了排序功能，可以自定义顺序进行排序；删除面增加了根据指定圆角大小范围批量选取删除功能。

(2) 曲线增强功能。缠绕/展开曲线功能可以通过曲线组中的“可扩展”在对应方式的面上进行操作。3D 曲线偏置功能，通过选择曲线和指定方向，实现曲线的空间偏置功能。3D 曲线倒圆功能，对 3D 曲线的凸角进行倒圆角。光顺曲线线串，可以供各种断开、不连续的曲线创建指定的如 G0、G1、G2 的连续性的曲线。

(3) 特征造型方面新功能。中断回滚设置即对应大型复杂的、很多特征的模型，使用抑制更新特征的时候可以很好地控制模型的更新结果。拔模功能增强，从平面或曲面进行拔模，可以选择曲面进行拔模，这样软件自动适合，避免了分模面之间出现间隙，适合使用分模面对两侧拔模。拔模体功能增强，从平面或曲面进行拔模，可以选择匹配方式。阵列面和阵列几何功能的阵列方式，全部采取了阵列特征的功能，取代了原来的引用几何体功能。镜像几何体功能取代了以前的实例几何功能，可以进行镜像的内容包括点、线、面、体及基准等。分析腔体和倒圆腔体功能用来检测加工时的几何准备，提前预测倒拔模、锋利面及不能加工的区域，通过 HD3D 进行查看。选择意图增强功能，在拔模和倒圆角的选择意图中，新增加特征相交边，通过这个选择功能，可以快速选取布尔运算得到的相交边进行圆角或者拔模，效率提高不少。刷特征功能同 Office 里面的格式刷一样，可以将源特征参数刷到新特征上面。筋板功能可以方便地创建筋板。抽取体功能增强可以抽取镜像体几何体，对于多个体输入可以创建一个特征。布尔运算转换功能转换为求和求差方式。

(4) 曲面造型方面新功能。加厚功能可以进行局部区域的加厚，同时可以指定刺穿面。剪断为补片功能可以删除多个曲面的补片进行减除，为重新美化局部曲面做准备。取消缝合功能，通过选取边进行缝合取消。缩减曲率半径功能用来减小凸起的圆角面的曲率，生成一个新的曲面。局部修剪与延伸功能用来修剪或者延伸、修补曲面的孔洞，或者对曲面进行边界延伸。引导延伸功能用于沿着引导线来延伸曲面，同时对部分段进行角度控制等。编辑 U/V 方向功能用来调整 B 曲面的 U、V 方向。

(5) 同步建模方面新功能。移动边功能通过移动边快速对体进行修改。偏置边功能通过偏置的方法移动边进行体的修改。

零件建模与设计是产品设计的基础和关键，因此要熟练掌握运用 UG 进行各种零件的设计，只靠理论学习和少量的练习是远远不够的。我们编写本书的目的正是为了使读者通过书中的经典实例，迅速掌握各种零件的建模方法、技巧和构思精髓，使读者在短时间内熟练掌握 UG 软件的应用操作。

本书由四川农业大学张黎骅、吕小荣担任主编，西华大学张道文和西南大学曾百功担任副主编。全书由张黎骅统稿，具体编写分工如下：中国农业大学代建武编写第 1 章，哈尔滨工业大学伍志军编写第 2 章，重庆大学李伟编写第 3 章，吉林大学罗刚编写第 4 章，四川农业大学吕小荣编写第 5 章，四川农业大学张黎骅编写第 6 章，西南大学曾百功编写第 7 章，西南石油大学郑严编写第 8 章，西华大学张道文编写第 9 章，参加编写的人员还有连云兵、敬格、陈小平、朱柳、付犹龙、权德豪、李秦、杨建攀、邱彦齐、耿胤、李怡等。在本书的编写过程中，我们得到了同行专家的热情帮助，也参考和借鉴了国内公开出版和发表的许多文献，以及 UG 软件公司的相关资料和相关网站，在此一并致谢。

由于编者水平有限，书中难免有疏漏之处，恳请广大读者批评指正。

编　者

2015 年 3 月

目　录

第 1 章
UG NX 9.0 入门概述

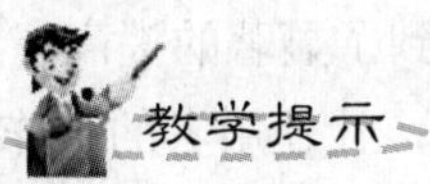

重点讲解 UG NX 9.0 基本工作环境、基本操作及常用工具。

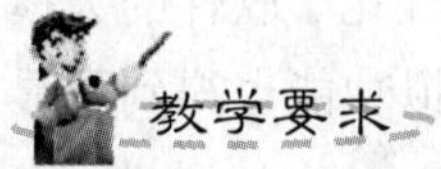

掌握 UG NX 9.0 基本工作环境，UG NX 9.0 基本操作(包括文件管理、视图、模型显示、对象选择)，视图布局，常用工具(包括坐标系、点构造器、矢量构造器、类选择器)，从而对 UG NX 9.0 进行初步的全面了解。

1.1 NX 软件概述

UG NX(即 Siemens NX，简称 NX)软件有很多强大的使用功能，它集产品设计、工程与制造于一体，能帮助使用者完善产品质量，提高产品图形的交付速度和效率。NX 软件因其强大的功能，被广泛应用于汽车、家电、玩具和机械设计等诸多行业。UG NX 9.0 是目前 NX 软件的最新版本，它在 UG NX 8.0 及 8.5 版本的基础上进行了多处改进，使用户能够更方便、更高效、更高质量地完成产品的设计。

1.2 NX 9.0 软件特点和主要功能

NX 9.0 在 CAD(设计)、CAE(模拟仿真)和 CAM(制造)等模块方面加强了多项实用功能，同时开发出了一些创新功能，使用户的设计效率和工厂的出产效率都得到了显著的提高。

(1) NX 9.0 在 CAD 方面。全新的设计和数据管理模式 4GD 的加入，让使用者的工作环境得到了进一步加强，它非常适合造型立体化、曲面复杂化的产品的设计，缩短了产品开发时间。

(2) NX 9.0 在 CAE 方面。NX CAE 并行热求解器的创新性加入，优化了软件的大模型处理性能，更将复杂边界条件的设置时间大幅度降低，同时仿真模拟功能也得到了显著的提高。

(3) NX 9.0 在 CAM 方面。经过完善后的数据编程功能为加工制造提供了更灵活的控制系统；全新的切削区域管理功能为模具加工行业提供了图形化用户互动，提高了编程效率；新增的多零件编程功能实现了加工次序重复用于同一程序的类似零件，提高了编程速度；新版的制造资源库(MRL)与 Team center 的连接方式方便用户访问同一个共享的夹具和模板库。

1.3 NX 9.0 基本工作环境

1.3.1 NX 9.0 初始运行界面

NX 9.0 简体中文版安装完成之后，双击计算机显示屏上的“NX 9.0 快捷方式”图标或者选择显示屏左下角的开始按钮，选择“所有程序—Siemens NX 9.0—NX 9.0”命令来启动 NX 9.0，启动完成后弹出如图 1.1 所示的 NX 9.0 初始运行界面。

图 1.1　NX 9.0 初始运行界面

在初始运行界面中，提供了“应用模块”“显示模式”“带状工具条”等简要的介绍信息，方便使用者了解和学习 NX 9.0 软件。

1.3.2　NX 9.0 主操作界面

如图 1.2 所示，在 NX 9.0 初始运行界面单击文件中的【新建】按钮新建文件夹，或者单击【打开】按钮打开已有的模型文件夹，进入 NX 9.0 主操作页面。图 1.2 即为设计风扇叶面的操作界面，该界面主要由以下几个部分组成：标题栏，“快速访问”工具栏，功能区(将命令分组到相应选项卡)，“菜单”按钮栏(包含“菜单”按钮、选择条、视图工具栏和功能区选项)，绘图区，状态栏，资源板。其中，资源板包括若干选项标签：装配导航器、约束导航器、部件导航器、重用库、HD3D 工具、Web 浏览器、历史记录、系统材料、Process Studio、加工向导、角色和系统场景。选定资源板上的标签，即可在导航器窗口或者相应的显示列表中显示出相应的资源信息。例如，在资源板上选定部件导航器按钮，则可以在打开的导航器中显示出该部件的各个部分的草图、形状变化方式、各部位计算方式等详细信息。

另外，由于工作界面的区域限定，“快速访问”工具栏和功能区选项不能全部展示出来，因此可以通过单击按钮，从打开的工具条选项中单击所需要的工具名称，工具名称前有“√”符号的即表示该工具已经添加至“快速访问”工具栏，用户可以根据实际需要，从工具扩展栏中提取所需要的工具栏选项，以适应不同工件的操作需要。

图 1.2　NX 9.0 主操作界面

1.3.3　切换应用模块

在新建模块文件时，用户在设计过程中可以根据设计情况切换相应的应用模块，其操作方法是：在当前工作界面中单击功能区的【文件】选项卡，然后在【应用模块】选项组中选择需要的应用模块即可，如图 1.3 所示，其中【所有应用模块】选项中提供了 NX 的所有应用模块选项。

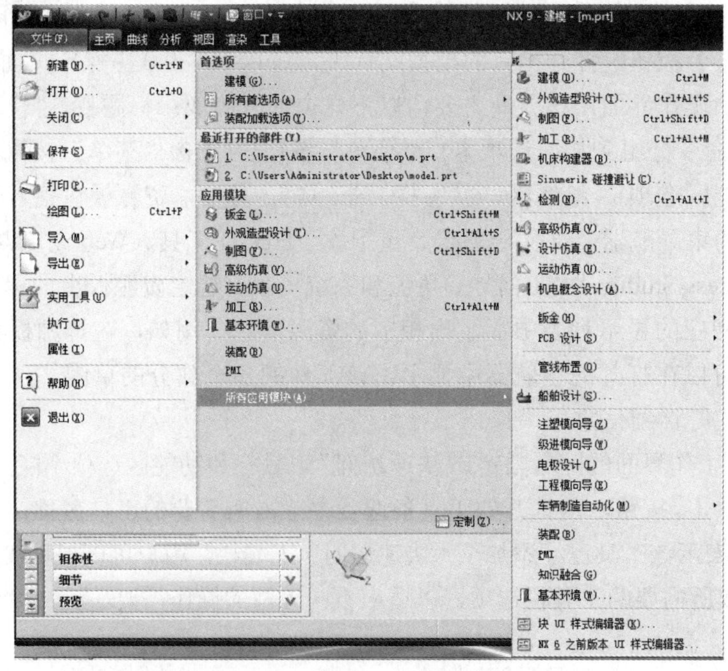

图 1.3　切换应用模块选项

1.3.4 NX 9.0 定制界面

很多时候由于绘图需要，用户往往需要尽可能大的绘图区间，因此有时需要在操作界面添加或删除某些多余的工具栏，这就涉及 NX 界面定制的问题，下面通过几个使用技巧来帮助用户了解和解决界面定制问题。

1. 显示或隐藏选项和某一面板中的命令

很多时候，功能区默认时只提供与任务相关的常用选项卡，而非所有的选项卡都启用。在这里，用户可根据实际绘图情况，在功能区空白区域单击鼠标右键，如图 1.4 所示，在随后弹出的快捷菜单中选择要使用的选项卡。在功能区中，有些选项卡包含若干选项组，可以通过单击选项组右下角的▾按钮，来打开并启用隐藏的命令选项，如图 1.5 所示。

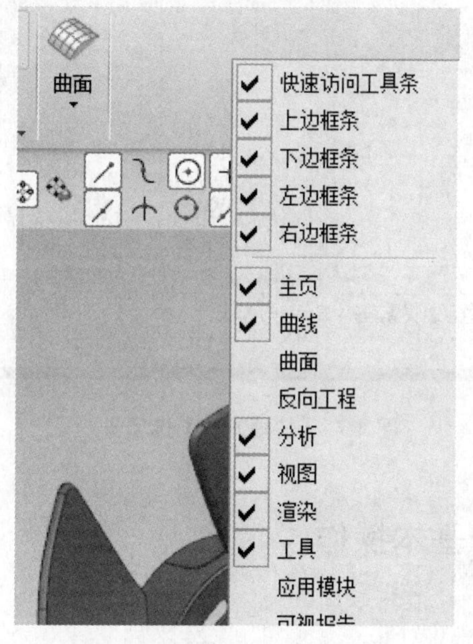

图 1.4 通过单击右键启动功能区域选项卡

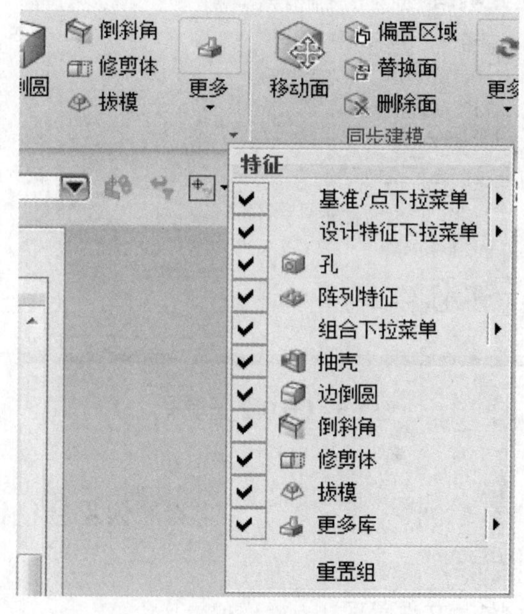

图 1.5 显示或隐藏某组中的命令选项

2. 使用“定制”命令

在 NX 9.0 主操作界面，单击菜单栏处的“菜单(M)▾”按钮，选择【工具—定制】选项，或者使用快捷键【Ctrl】+【1】，弹出【定制】对话框，在这个对话框中，可以定制菜单、屏幕显示、图标大小、工具栏等。例如，如图 1.6 所示，在【定制】对话框的【选项】选项卡中，我们可以通过下拉箭头来选择图标或者框条的大小。如图 1.7 所示，打开【定制】对话框的【快捷方式】选项卡，则可以在图形窗口或导航器中选择对象以定制其快捷工具条或推断式工具条。

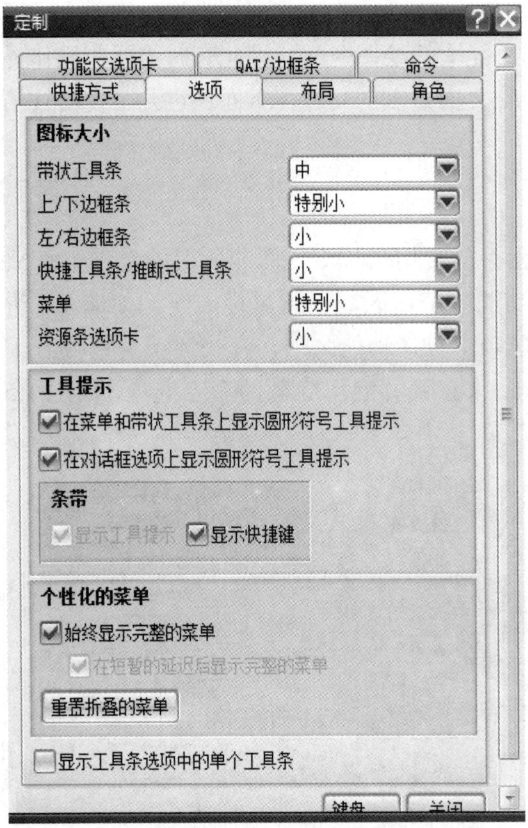

图 1.6 【选项】选项卡

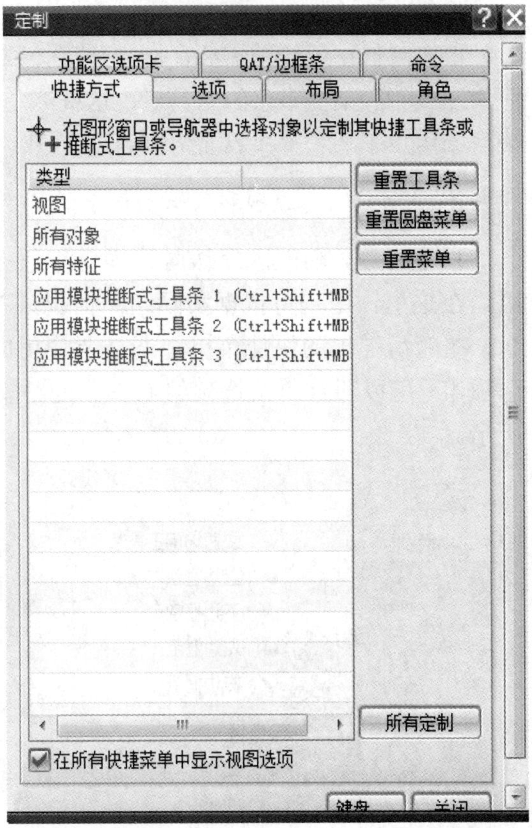

图 1.7 【快捷方式】选项卡

1.4 NX 9.0 四个基本操作

1.4.1 文件管理

新建文件、打开文件、保存文件、关闭文件、文件导入与导出为 NX 9.0 文件管理的几个基本操作，这里着重介绍如何新建文件。

在功能区的【文件】对话框中单击【新建】选项，随后主操作页面弹出如图 1.8 所示的含有七个选项卡的【新建】对话框，其中包含模型、图纸、仿真、加工等七个方面的文件，用户可以根据自己的实际需要来选择不同的文件。这里以创建模型文件为例，如图 1.8 所示，在【模型】选项卡下有相应的各种模板，在设置好过滤器单位、文件名和文件存储位置后，单击【确定】按钮即可创建一个新的空白文件。

图 1.8 新建空白文件

1.4.2 视图

许多绘图软件都离不开视图的操作，在 NX 9.0 操作界面中，可以使用鼠标和预定义视图控制工作视图的方位。

如果要围绕图像上的某一位置旋转，则可将鼠标停在该位置，随后按住鼠标中键，拖动鼠标即可旋转图形；在图形窗口中，按住鼠标中键和右键，同时拖动鼠标，可以平移模型视图；在图形窗口中，按住鼠标中键和左键，同时拖动鼠标，可以缩放图形。

在 NX 9.0 主操作界面上，如图 1.9 所示，标题栏位置处有【视图】选项卡，用户可在【视图】选项卡中的【方位】组中选择相应的定向视图图标选项，其中包括正三轴测图、正等测图、俯视图、前视图、右视图、后视图、仰视图和左视图。

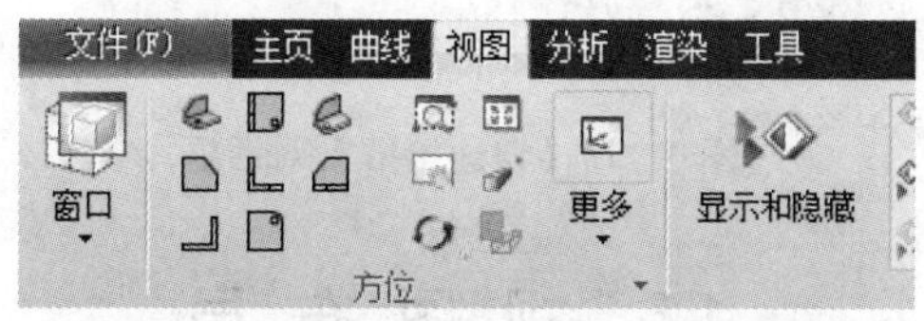

图 1.9 【视图】选项卡中【方位】组

1.4.3 模型显示

渲染样式即显示样式，其主要作用为查看模型部件或装配体的显示效果，用户可在视图选项卡中的样式面板中进行设置，如图 1.10 所示。

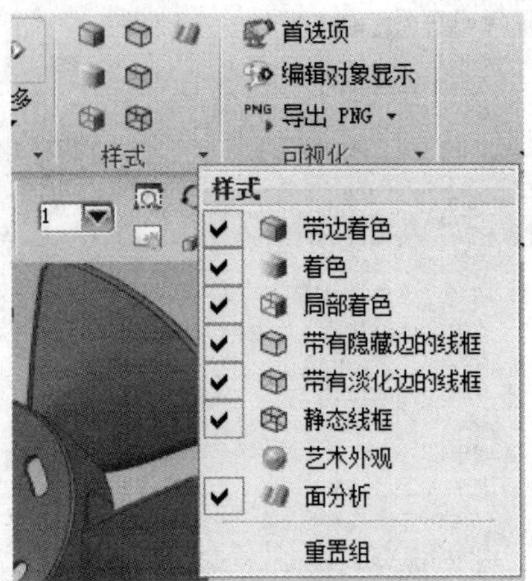

图 1.10 “样式”面板

1.4.4 对象选择

用户在设计工件时，往往需要选择工件的某个部件或某个轮廓线，为此，可将鼠标指针移动至该对象上并单击，即可选中对象。

当多个对象相距很近时，单击往往容易选错目标，为此，可以使用【快速拾取】对话框选取所需要的对象，其方法是将鼠标悬停在该对象的位置，待鼠标右下角出现三个点时，单击便可打开如图 1.11 所示的【快速拾取】对话框，随后便可选择对话框中出现的目标选项。

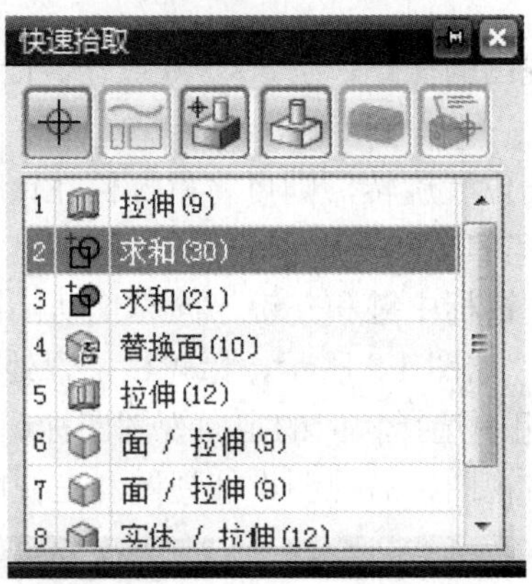

图 1.11 【快速拾取】对话框

1.5 视图布局

用户在设计绘图时，有时需要对一个立体工件的两个或多个不同视角进行观测，如图 1.12 所示，NX 9.0 为用户提供了视图布局功能，方便用户对工件的不同部位进行观测和检验。

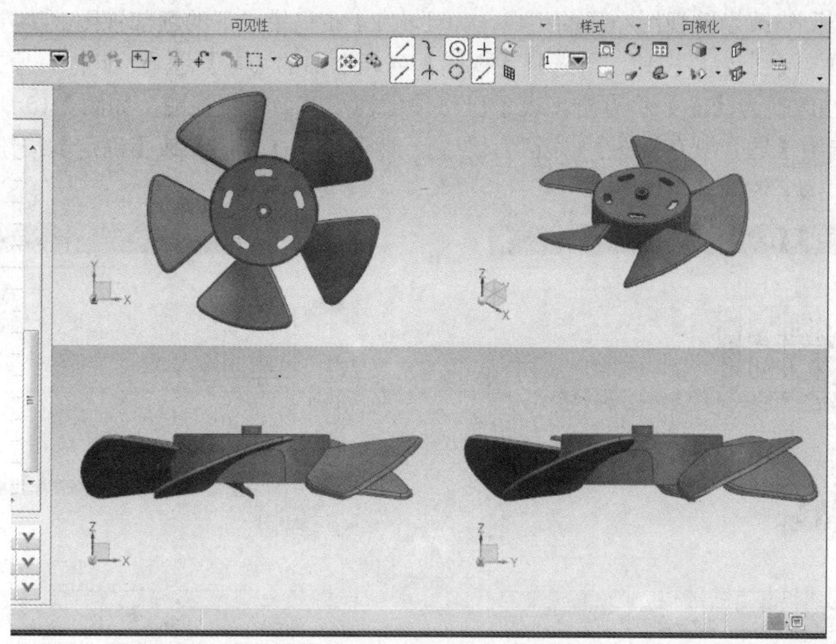

图 1.12 “视图布局”窗口

新建视图布局的方法步骤主要如下。

(1) 在【视图】选项卡中打开【方位】组中的【更多选项】，单击【新建布局】选项，弹出如图 1.13 所示的【新建布局】对话框。

(2) 在【新建布局】对话框中输入布局名称，或者接受默认名称(以“LAY”开头的形式命名)。

(3) 在布置下拉列表中选择所需要的一种布局模式，这里以选择 L4 布局模式为例，如图 1.14 所示。

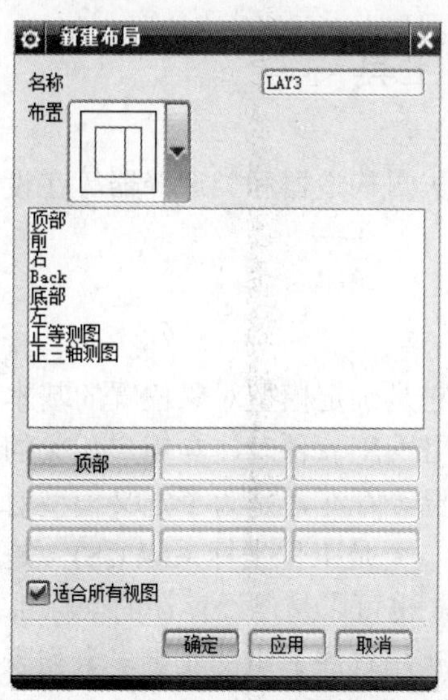

图 1.13 【新建布局】对话框

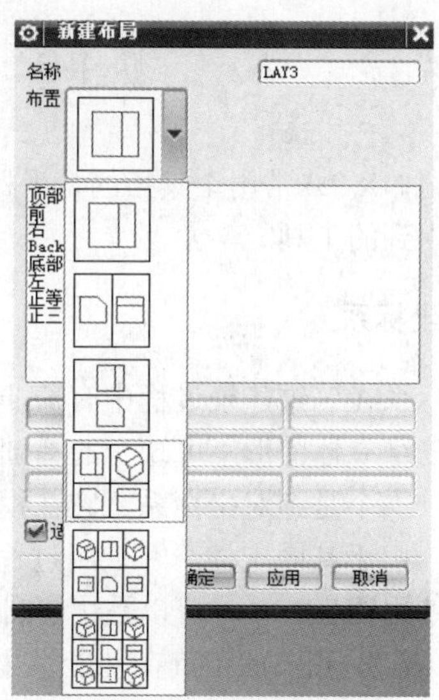

图 1.14　L4 布局模式

(4) 若要修改当前视图布局的组成，如要将 L4 布局模式下的顶部视图改为左视图，则先选择【顶部】小方格按钮，再选择【视图】列表框中的【左】选项，此时，原来【顶部】小方格已经改换为【左】小方格，表示已将顶部视图改为了左视图，如图 1.15 所示。

(5) 选中【适合所有视图】(默认为已选)，然后单击【应用】或【确定】按钮，一个新的视图布局就产生了。

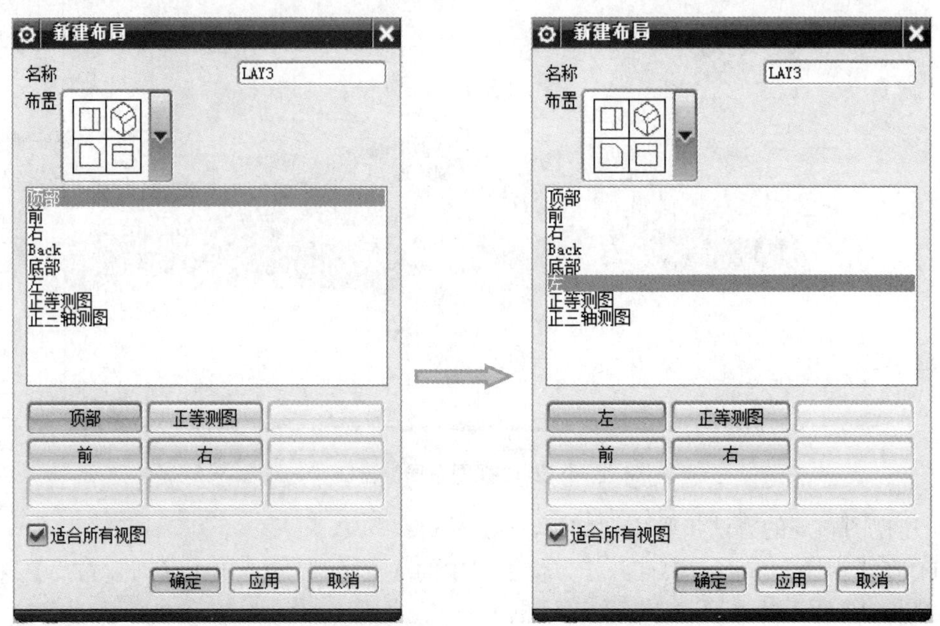

图 1.15　修改当前视图布局组成

新建完成后的视图布局若想要保存，只需打开【方位】组中的【更多】按钮中的【更多选项】，单击【保存布局】按钮即可。

1.6　NX 9.0 常用工具

所谓 NX 9.0 常用工具指的是坐标系、点构造器、矢量构造器和类选择器等在设计绘图中经常用到的工具。

1.6.1　坐标系

坐标系在三维建模过程中有着非常重要的作用，它是确定模型对象位置的基本手段，是研究三维立体图形不可缺少的基础部分，用户在使用 NX 软件时，与用户相关的坐标系有两个，一个是绝对坐标系，它在模型文件建立时就已经存在，是为了定义模型对象的坐标参数，由于其固定性，在使用过程中不能更改；另一个是工作坐标系(WCS)，是用户目前正在使用的坐标系，可以是用户自己创建的坐标系，也可以是已经存在的坐标系。

与 WCS 相关的工具在功能栏【工具】选项卡【实用程序】组的【更多】列表中，如图 1.16 所示，用户可根据自己的实际需求，选择不同的坐标系，图 1.17 即为选择【WCS 定向】后打开的【CSYS】对话框，用来帮助构建新坐标系。

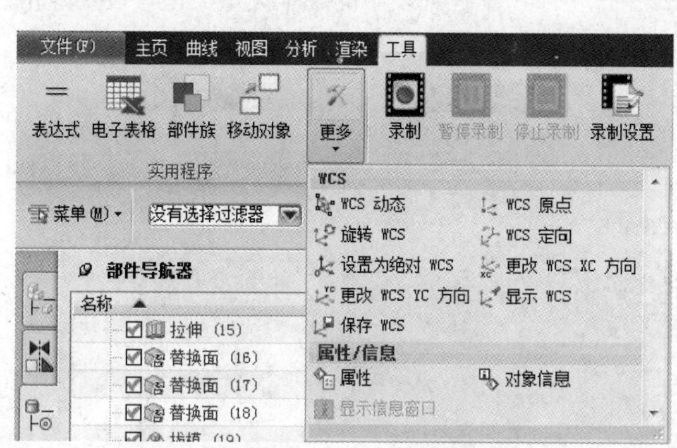

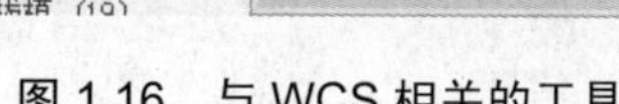
图 1.16　与 WCS 相关的工具

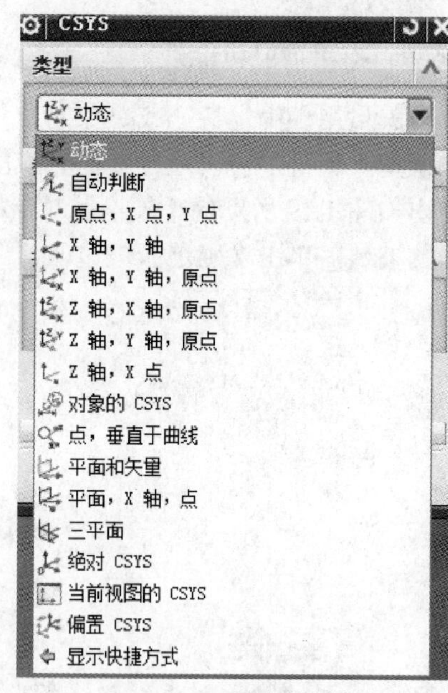

图 1.17　【CSYS】对话框

1.6.2　点构造器

点构造器是在定位某些特征时，可以通过单击功能区【曲线】选项卡【点】按钮弹出如图 1.18 所示的【点】对话框，其下拉列表中不同的点构造类型选项，可以方便快速地捕捉到不同类型的点。

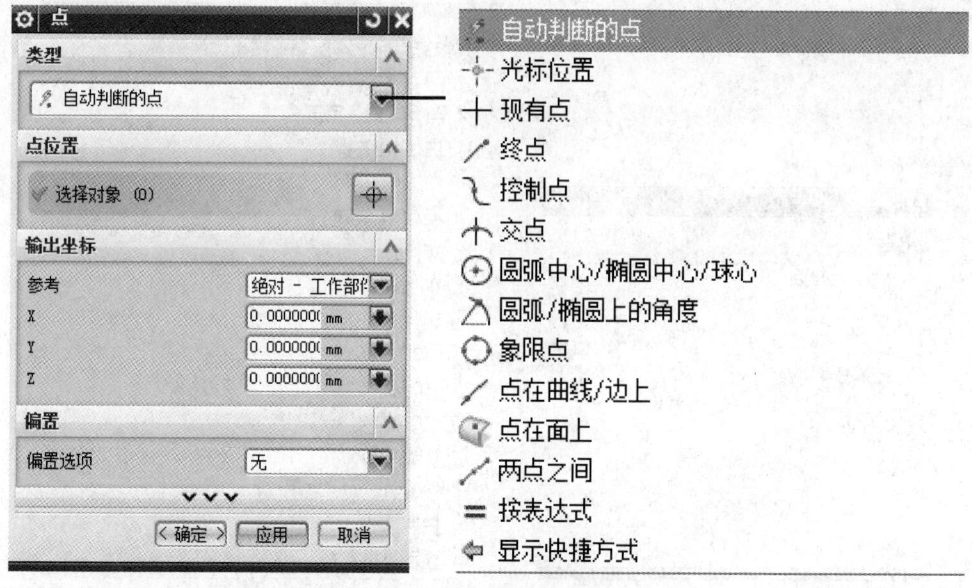

图 1.18　【点】对话框

1.6.3　矢量构造器

矢量用于确定特征或对象的方位。例如，拉伸特征的拉伸方向就可以使用矢量构造器来确定其矢量，可以通过双击相应的制定特征的构造方向，再单击【矢量构造器】按钮，弹出如图 1.19 所示的【矢量】对话框，用户可单击下拉列表中的某个矢量类型，设置好相应的参数，单击【确定】按钮即可。

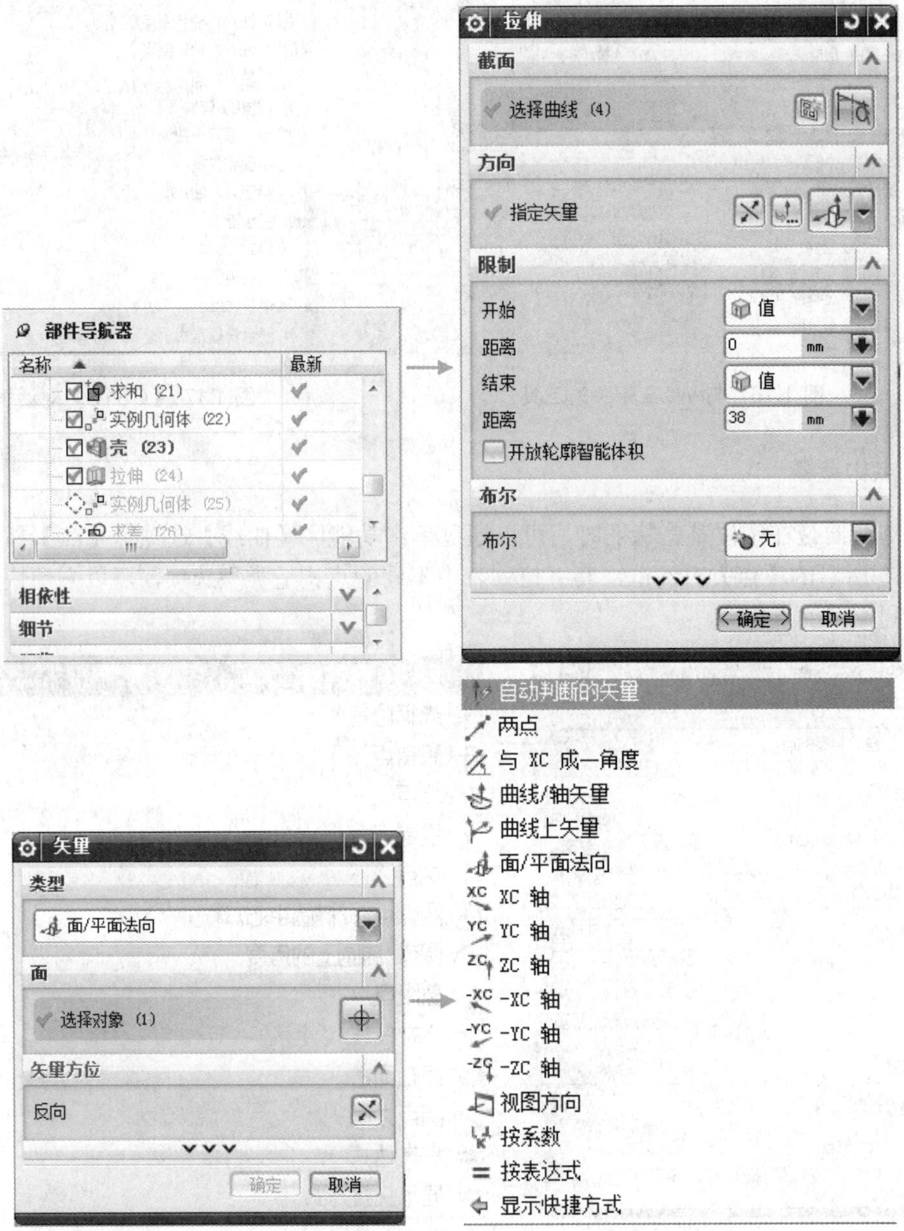

图 1.19　【矢量】对话框打开步骤

1.6.4 类选择器

鼠标在较为复杂的图形对象选择上容易误选，因此为了提高工作效率，NX 专门提供了类选择器，可在复杂对象选择过程中设定对象类型和构造过滤器。对象类选择，通过单击功能栏中【工具】选项卡，单击【更多】按钮，选择【对象信息】，就会弹出如图 1.20 所示的【类选择】对话框，对话框还包括选择对象、其他选择方法、过滤器类选择(可以在选择时过滤掉一部分不相关的对象，大大方便了选择过程)。

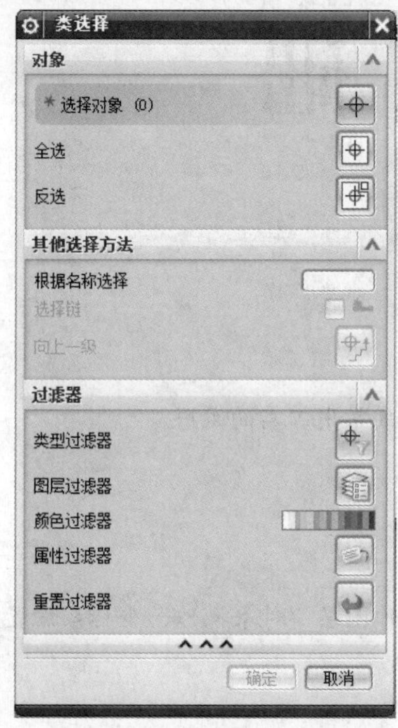

图 1.20 【类选择】对话框

1.7 本 章 小 结

本章主要介绍 UG NX 9.0 软件的特点、主要功能、应用模块、工具条的定制、工作环境、基本操作等。通过本章的学习，初学者可以了解 UG NX 9.0 的概况，以便确定今后的学习重点。

1.8 习 题

1. 简述 NX 9.0 软件的特点。
2. 如何定制工具栏？
3. 如何运用鼠标进行模型的查看操作？
4. 选择对象的方法主要有哪几种？

第2章 建模基础

教学提示

重点讲解 UG NX 9.0 建模的常用工具的运用。

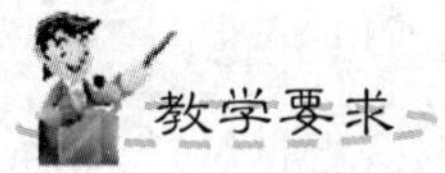

教学要求

掌握建模的视图布局、工作图层、对象操作、坐标系设置、参数设置等操作，全面了解 UG NX 9.0 的基本操作。

2.1 坐 标 系

坐标系是用来确定对象的方位的。UG NX 9.0 建模时，一般使用两种坐标系：绝对坐标系(ACS)和工作坐标系(WCS)。

2.1.1 坐标系的变化

选择【菜单】→【格式】→【WCS】选项，弹出如图 2.1 所示的子菜单。

1. 原点

输入或选择坐标原点，根据坐标原点拖动坐标系。

2. 动态

通过步进的方式移动或旋转当前的 WCS，用户可以在绘图工作区中移动坐标系。

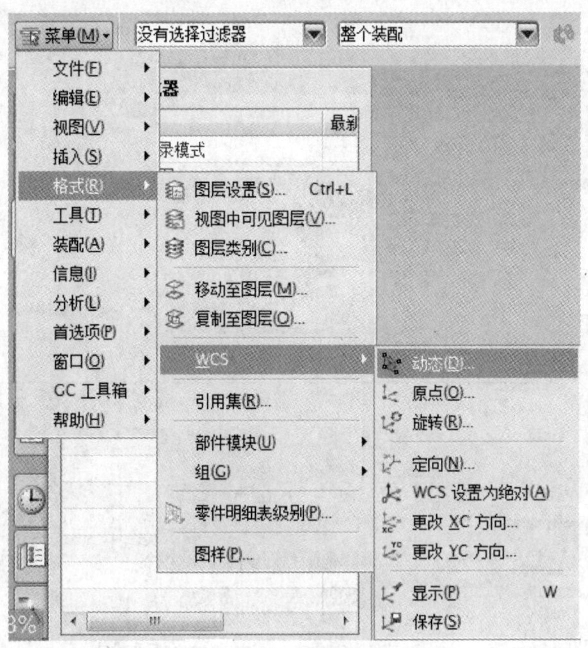

图 2.1 坐标系操作子菜单

【例 2.1】 动态移动坐标系。

解：操作步骤如下。

(1) 创建正方体框架模型，首先插入正方体模型，如图 2.2(a)所示。然后选择正方体平面绘制草图，如图 2.2(b)所示。草图绘制完成，如图 2.2(c)所示。选择所绘制草图进行拉伸的布尔求差运算，如图 2.2(d)所示。在另外两面按相同方法建立草图，利用布尔求差切除材料，如图 2.2(e)所示。最终效果如图 2.2(f)所示。

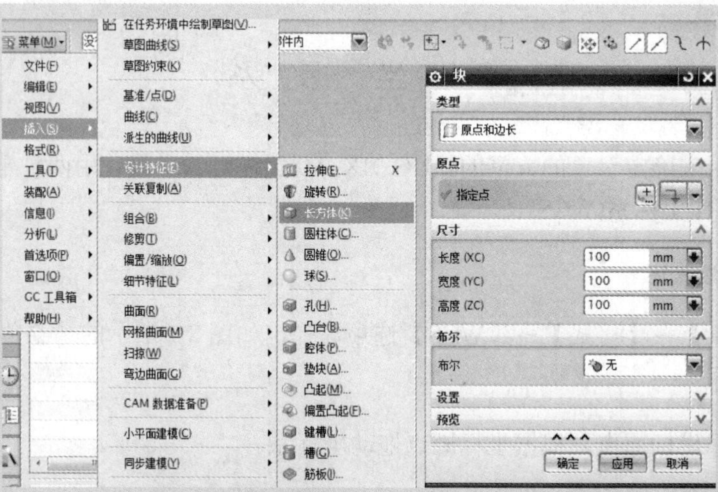

(a) 插入正方体模型

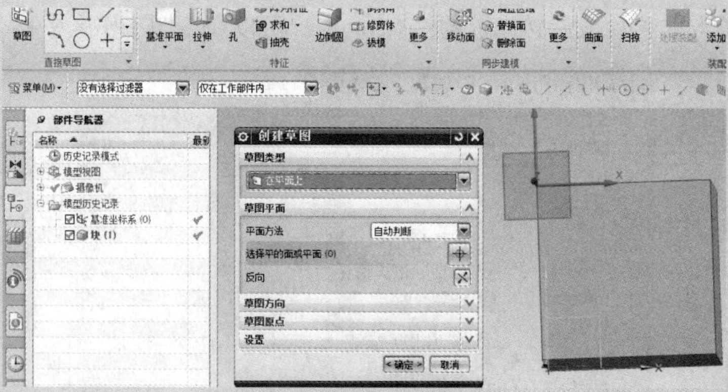

(b) 正方体平面绘制草图

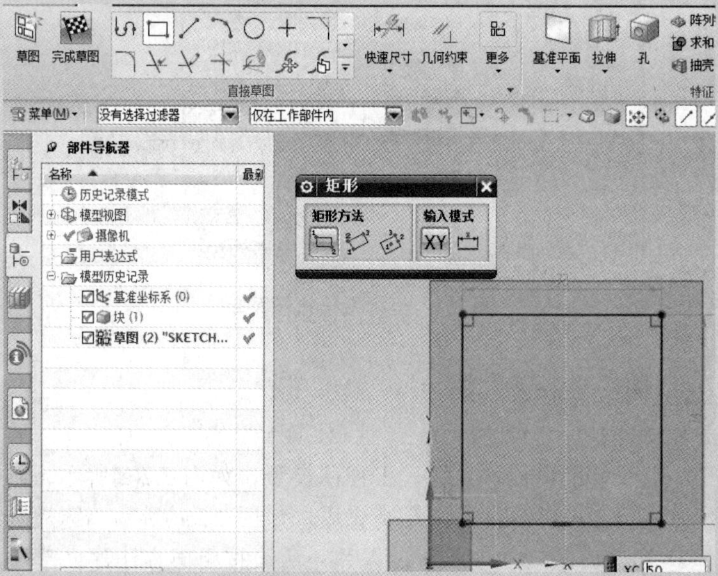

(c) 完成正方体平面草图绘制

图 2.2　例 2.1 图

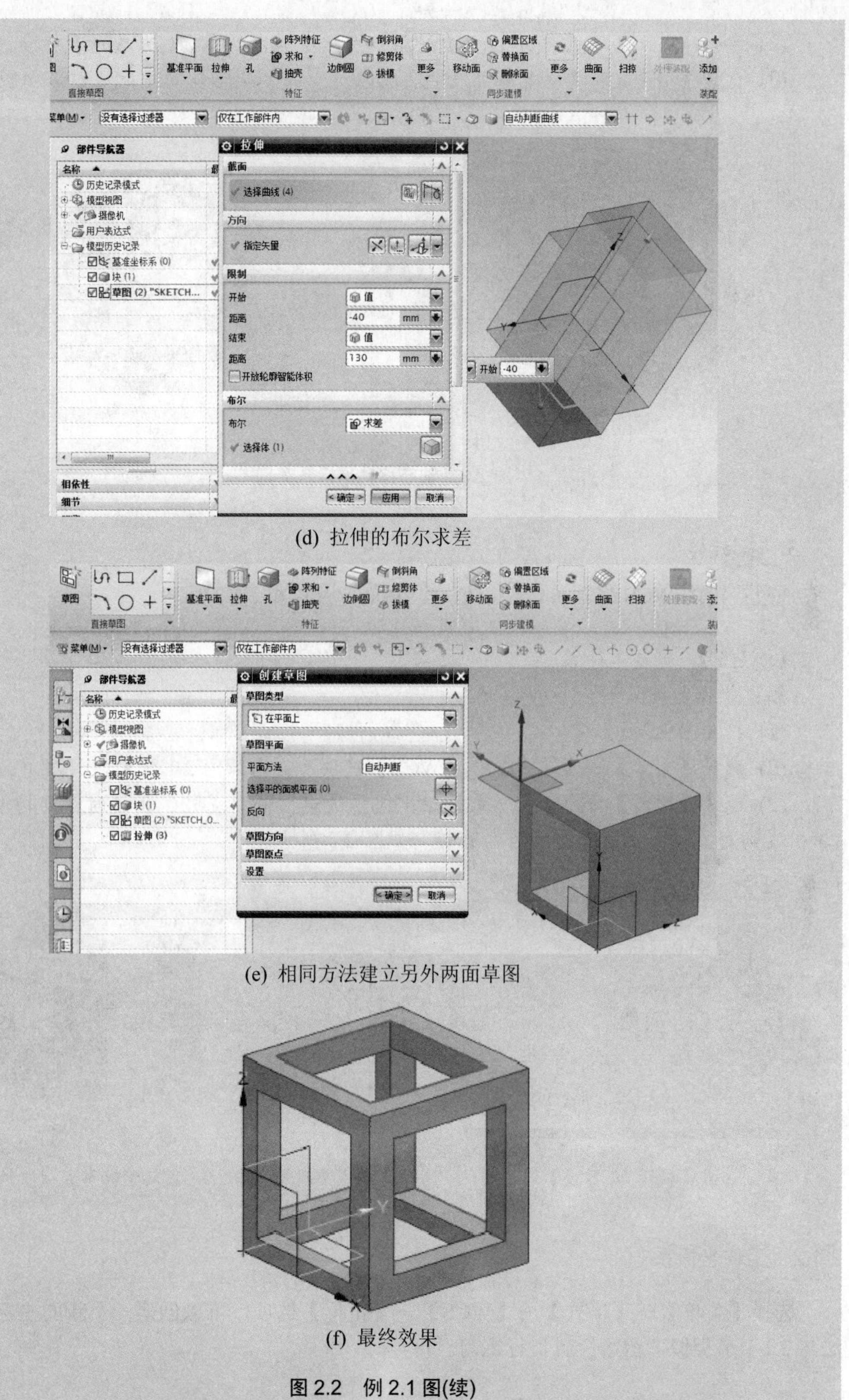

(d) 拉伸的布尔求差

(e) 相同方法建立另外两面草图

(f) 最终效果

图 2.2 例 2.1 图(续)

(2) 选择【菜单】→【格式】→【WCS】选项，弹出如图 2.1 所示的子菜单。

(3) 选择【动态】命令，坐标系变色，移动坐标系到正方体的角点，效果如图 2.3(b)所示。

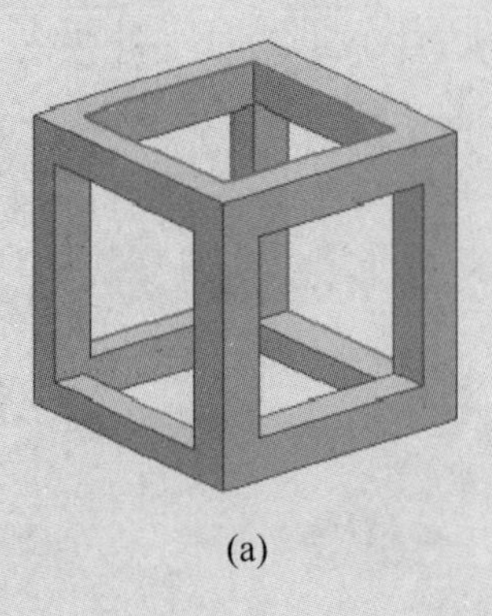

(a)

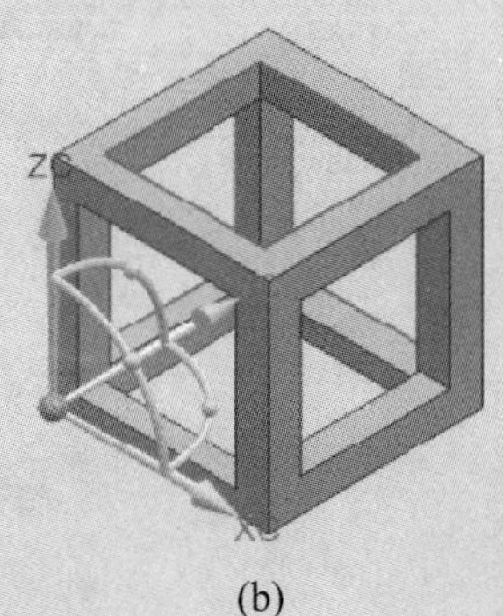

(b)

图 2.3　动态移动坐标系实例

3. 旋转

通过当前的 WCS 绕轴旋转一定角度，从而定义一个新的 WCS。

【例 2.2】 旋转坐标系。

解：操作步骤如下。

(1) 打开图 2.2(b)。

(2) 选择【菜单】→【格式】→【WCS】选项，弹出如图 2.1 所示的子菜单。

(3) 选择【旋转】命令，弹出如图 2.4 所示的对话框。绕+ZC 轴逆时针旋转 90°，单击【确定】按钮，完成坐标系的旋转，如图 2.5 所示。

图 2.4 【旋转 WCS 绕】对话框

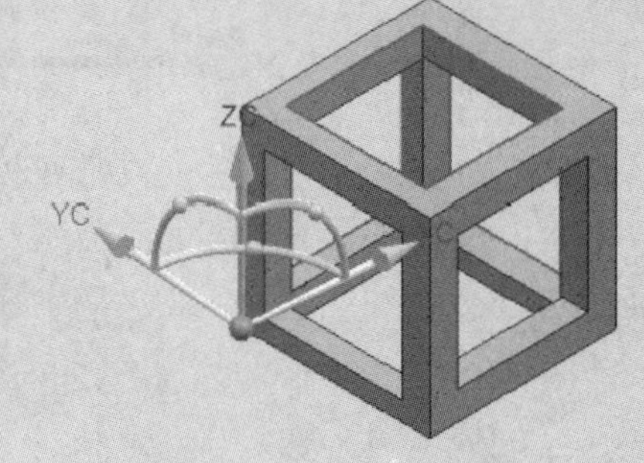

图 2.5　旋转坐标系实例

2.1.2　工作坐标系

选择【菜单】→【格式】→【WCS】→【定位】选项，可以创建一个新的坐标系。方法与 2.1.1 节类似，留给读者自行练习。

2.1.3 坐标系的显示和保存

【例 2.3】 工作坐标系的显示和保存。

解：操作步骤如下。

(1) 选择正方体的框架模型，如图 2.6(a)所示。

(2) 选择【菜单】→【格式】→【WCS】→【显示】选项，实现工作坐标系的显示，如图 2.6(b)所示。

(3) 选择【菜单】→【格式】→【WCS】→【保存】选项，将当前的工作坐标系保存。

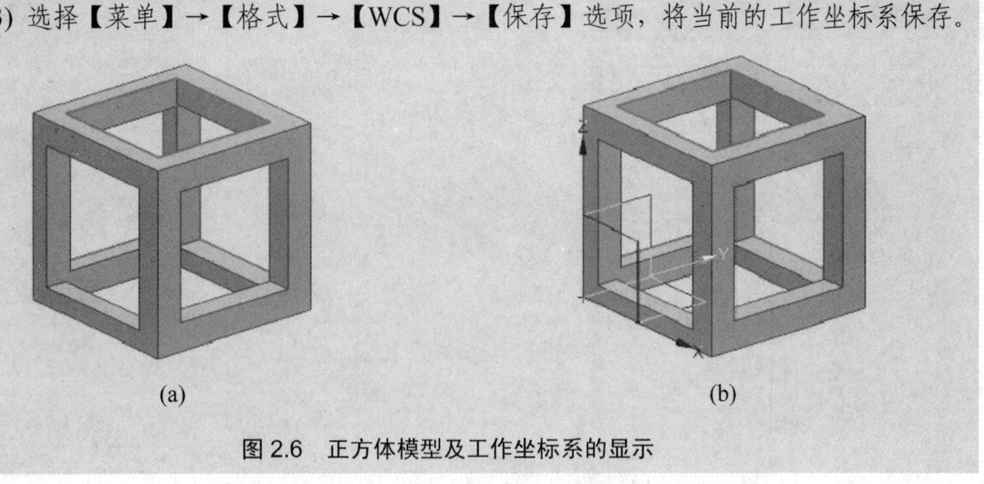

(a) (b)

图 2.6 正方体模型及工作坐标系的显示

2.2 工作图层设置

图层是用于在空间使用不同的层次来放置几何体的一种设置。在整个建模过程中最多可以设置 256 个图层。用多个图层来表示设计模型，每个图层上存放模型中的部分对象，所有图层对其叠加起来就构成了模型的所有对象。用户可以根据自己的需要通过设置图层来显示或隐藏对象等。

在组件的所有图层中，只有一个图层是当前工作图层，所有工作只能在工作图层上进行，可以设置其他图层的可见性、可选择性等来辅助建模工作。如果要在某图层中创建对象，则应在创建前使其成为当前工作层。

图层的操作可以通过【格式】菜单中的图层工具进行修改(图 2.7)。

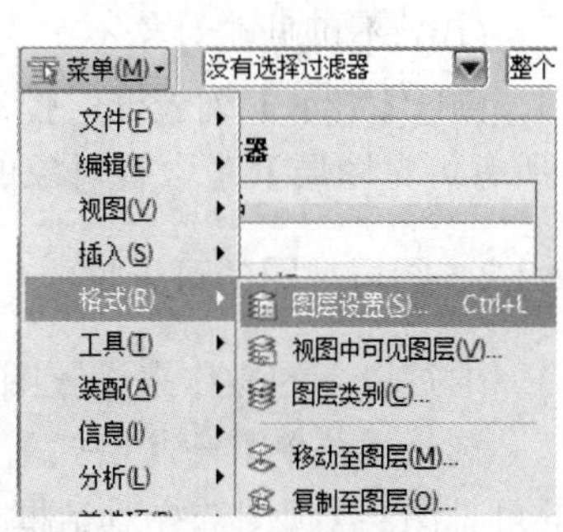

图 2.7 图层工具

2.2.1 工作图层的设置

通常根据对象类型来设置图层和图层的类别。有关图层的设置通过以下的方法来操作。

选择【菜单】→【格式】→【图层设置】选项或单击【视图】工具栏中的图标，弹出如图 2.8 所示的【图层设置】对话框。

(1) 工作图层：将指定的一个图层设置为工作图层。

(2) 类别：用于输入范围或图层种类的名称，并在【类别显示】中显示出来。

(3) 类别显示：用于控制图层种类列表框中显示图层类条数目，用通配符“*”表示。

(4) 添加类别：用于增加一个或多个图层。

(5) 信息：显示选定图层类所描述的信息。

(6) 图层/状态：如图 2.9 所示的列表框显示满足过滤条件的所有图层。

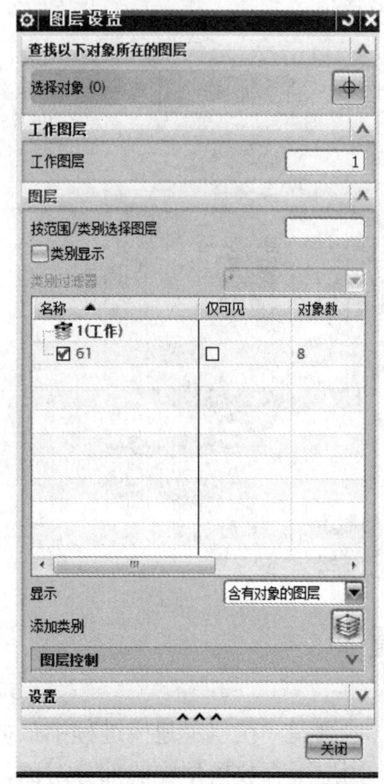

图 2.8 【图层设置】对话框

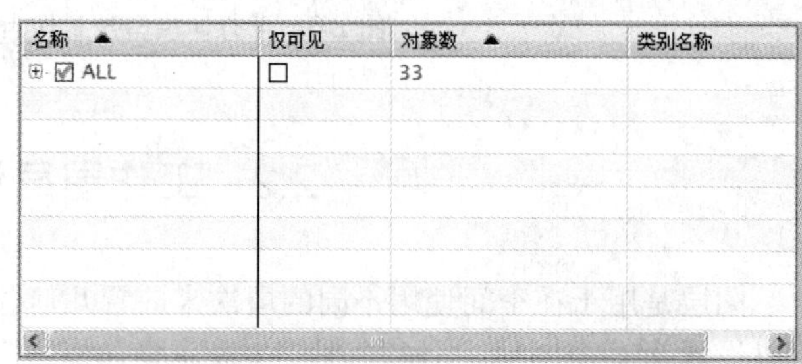

图 2.9 【图层/状态】列表框

(7) 可选：指定的图层可见并可被选中。

(8) 设为工作图层：把指定的图层设置为工作图层。

(9) 仅可见：对象可见但不可选择它的属性。

(10) 不可见：对象不可见且不可选择。

(11)【显示】列表框：控制在【图层/状态】列表框中图层的显示，包括【所有图层】、【所有可见图层】、【含有对象的图层】和【所有可选图层】四个选项。

2.2.2 图层视图的可见性

通过以下的操作来设置图层视图的可见性。

选择【菜单】→【格式】→【视图中可见图层】选项，弹出如图 2.10 所示的【视图中的可见图层】视图选择对话框。选中 TOP 并单击【确定】按钮，则弹出如图 2.11 所示的【视图中的可见图层】对话框，在该对话框中可设置图层可见或不可见。

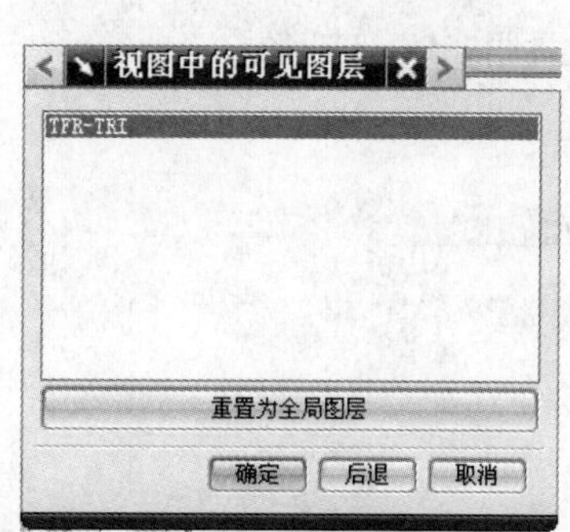

图 2.10 【视图中的可见图层】视图选择对话框

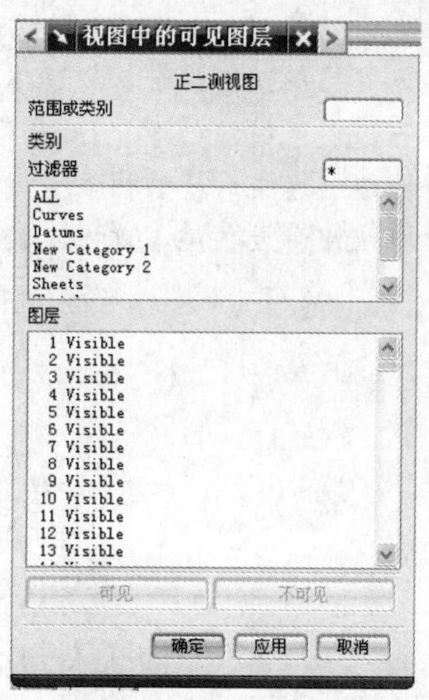

图 2.11 【视图中的可见图层】对话框

2.2.3　图层类别

图层类别是对图层进行有效的管理，可将多个图层构成一组，每一组称为一个图层类。

选择【菜单】→【格式】→【图层类别】选项，弹出【图层类别】对话框，如图 2.12 所示。

该对话框中包括如下内容。

(1) 过滤器：控制【图层类别】列表框中显示的图层类条目，可使用通配符。

(2) 图层类列：显示满足过滤条件的所有图层类条目。

(3) 类别：在【类别】文本框中可输入要建立的图层类名。

(4) 创建/编辑：建立或编辑图层类，主要是建立新的图层类，设置该图层类所包含的图层和编辑该图层。

(5) 删除：删除选定的图层类。

(6) 重命名：改变选定的一个图层类的名称。

(7) 描述：显示图层类描述信息或输入图层类的描述信息。

(8) 加入描述：如果要在【描述】文本框中输入信息，就必须单击【加入描述】按钮，这样才能使描述信息生效。

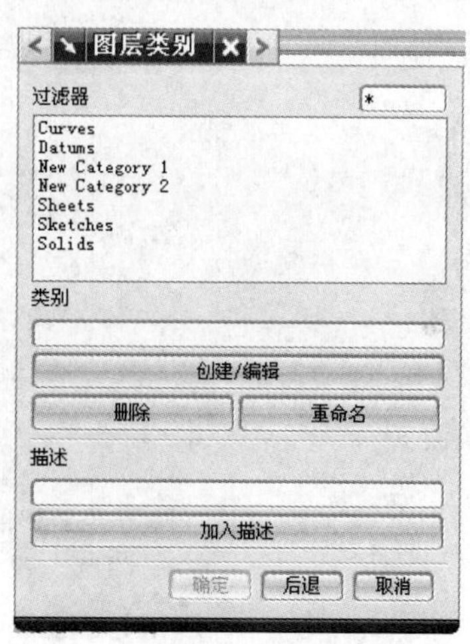

图 2.12 【图层类别】对话框

【例 2.4】 图层功能的应用。

解： 操作步骤如下。

(1) 选择【菜单】→【文件】→【新建】选项，在弹出的【新建】对话框选择【模型】模板，输入模型名称，单击【确定】按钮。

(2) 在建模模块中通过草图建立五角星模型。

首先建立草图，如图 2.13(a)所示。
插入五边形草图，如图 2.13(b)所示。
将五边形连线，如图 2.13(c)所示。
将五边形连线后修剪得到五角星草图，如图 2.13(d)所示。
最后拉伸得五角星，如图 2.13(e)所示。

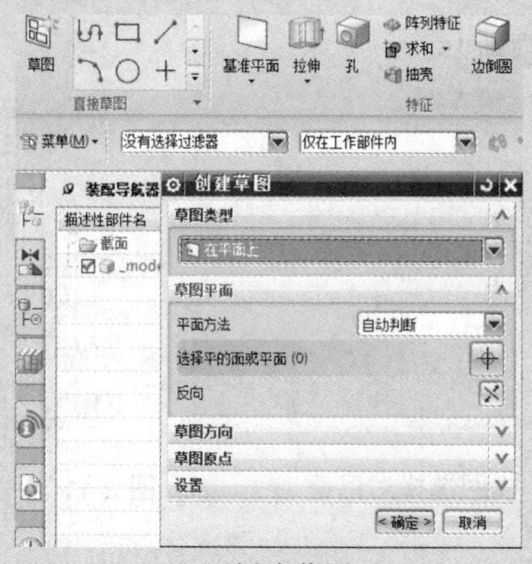

(a) 创建草图

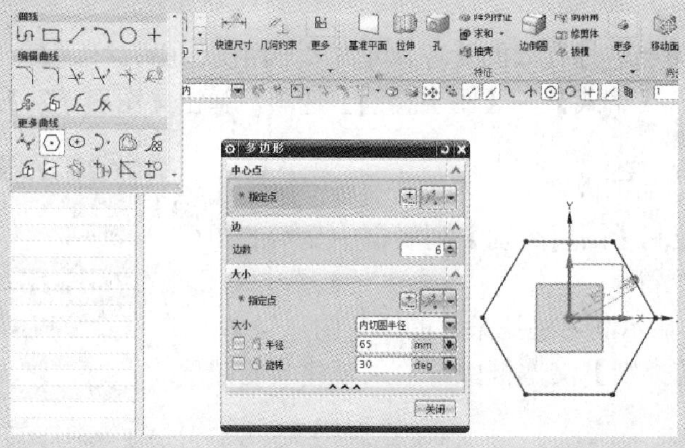

(b) 插入五边形

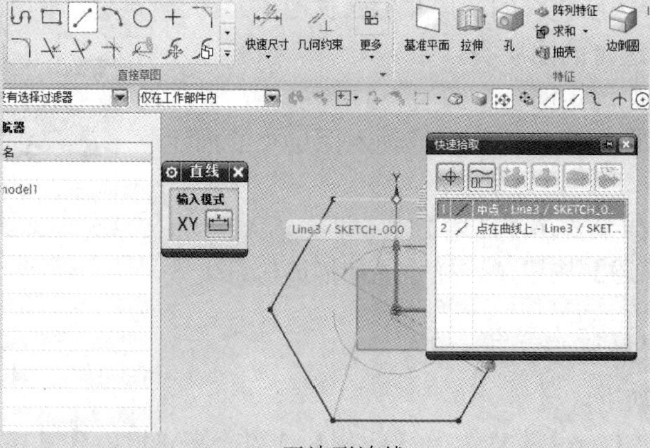

(c) 五边形连线

图 2.13 图层功能的应用

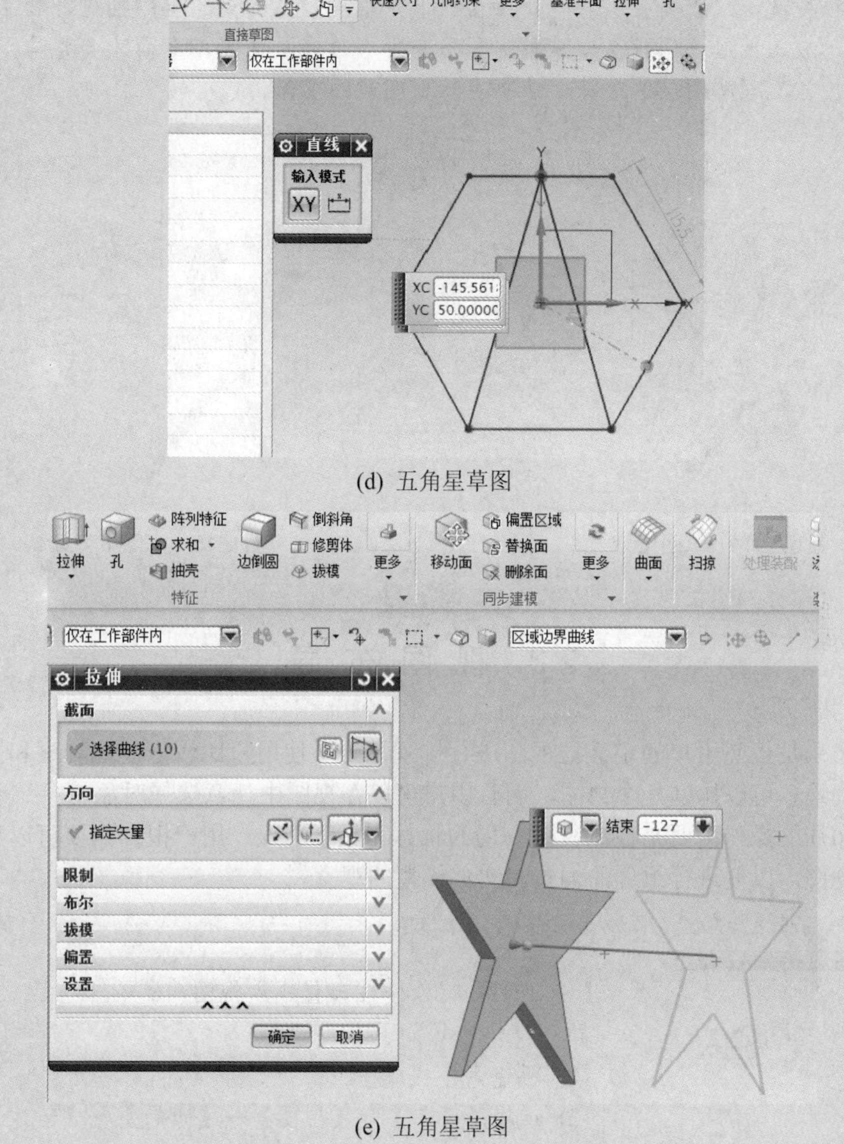

(d) 五角星草图

(e) 五角星草图

图 2.13　图层功能的应用(续)

(3) 选择【菜单】→【格式】→【图层设置】选项或单击【视图】工具栏中的图标，弹出如图 2.7 所示的【图层设置】对话框，一般系统默认工作图层为 1 层。

(4) 选择【菜单】→【格式】→【移动至图层】选项或单击【视图】工具栏中的图标，选择草图轮廓线，将草图移入图层 21，单击【确定】按钮。(注：将选定的对象从其原图层移动到指定的新的图层中，原图层中不再包含这些对象。)

(5) 选择【菜单】→【格式】→【视图中可见图层】选项，弹出【视图中的可见图层】对话框，在该对话框中能看见所有图层，并可设置图层可见或不可见，将图层 21 设置为可见，单击【确定】按钮，效果如图 2.14 所示。将图层 21 设置为不可见，单击【确定】按钮，效果如图 2.15 所示。(注：建立一个模型，需要很多手段去辅助，这样会使图形显示面很凌乱，这就需要去整理，图层就像是堆满物件的桌子里的抽屉，物品要归类并一件件地放入抽屉，用什么就从抽屉里取出什么放在桌面上，桌面才会整洁干净。读者在下面要认真理解图层的含义，认真去运用图层的功能。)

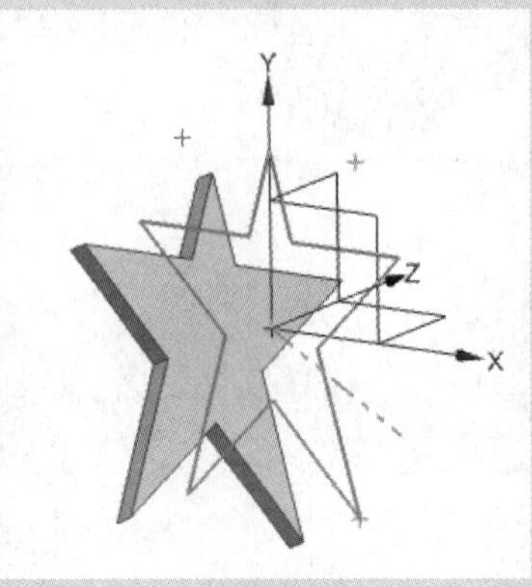

图 2.14 草图可见

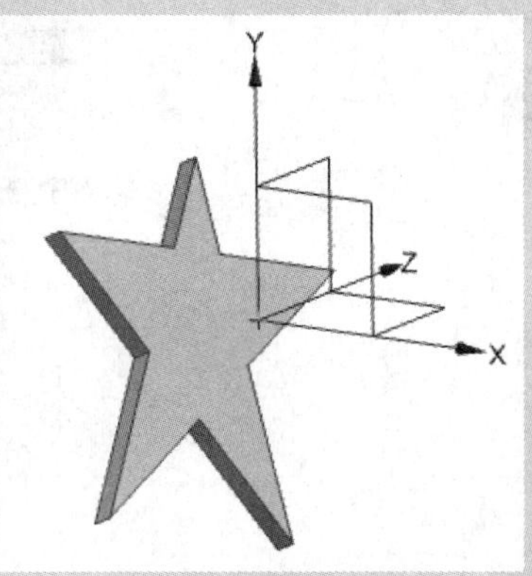

图 2.15 草图不可见

2.3 视图布局

视图布局是按照用户的定义把视图进行排列，为了使用户比较方便地观察和操作，一个视图布局最多可以排列九个视图，而且用户可以在视图中任意选择对象。

视图布局的操作主要是控制视图布局的状态和显示情况。用户根据需要可以将工作区分为多个视图，以便进行组件的编辑和实体模型的观察。

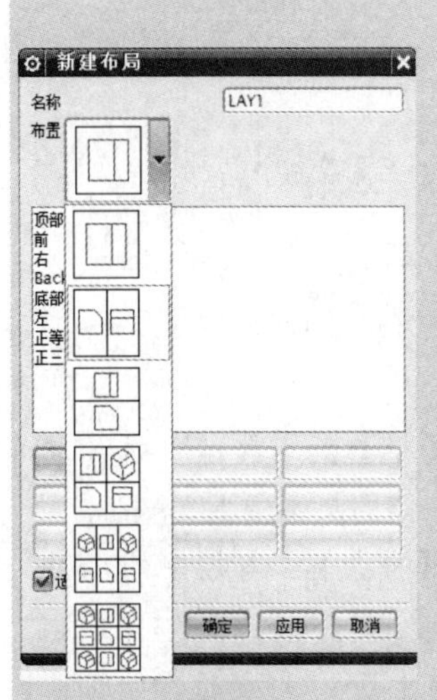

图 2.16 【新建布局】对话框

【例 2.5】 将六棱柱布置成六视图。

解：操作步骤如下。

(1) 新建六棱柱模型。

(2) 选择【菜单】→【视图】→【布局】→【新建】选项，弹出如图 2.16 所示的【新建布局】对话框，该对话框主要设置布局的形式和视图的视角。

(3) 在【名称】中输入新的布局名称，系统默认为 LAY1。

(4) 在【布置】下拉列表中选择布局六视图。

(5) 单击【确定】按钮，六视图效果如图 2.17 所示。

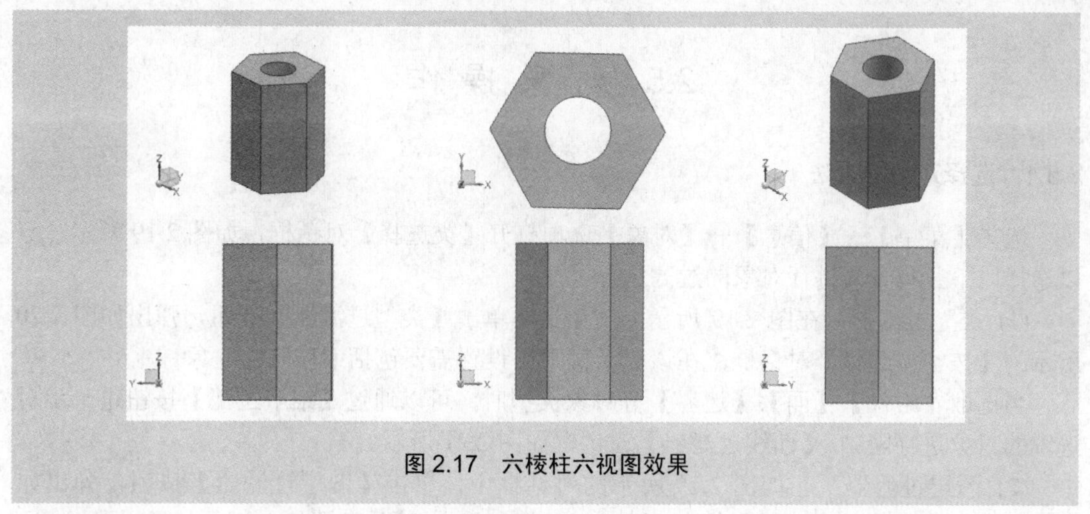

图 2.17　六棱柱六视图效果

2.4　表　达　式

表达式是对模型的特征进行定义的运算和条件公式语句。利用表达式定义公式的字符串。通过编辑公式，可以编辑参数模型。表达式用于控制部件的特性，定义模型的尺寸。

表达式的建立步骤如下。

(1) 选择【菜单】→【工具】→【表达式】选项，或者按快捷键 Ctrl+E，弹出如图 2.18 所示的【表达式】对话框。

(2) 在【名称】文本框中输入表达式的名称。

(3) 选择长度和单位类型。

(4) 在表达式的【公式】文本框中输入数值或字符串。

(5) 单击【确定】按钮完成。

表达式这部分内容非常丰富，读者可以试试每个命令的功能，对后续工作很有帮助，如对链连接的尺寸的修改是非常方便的。

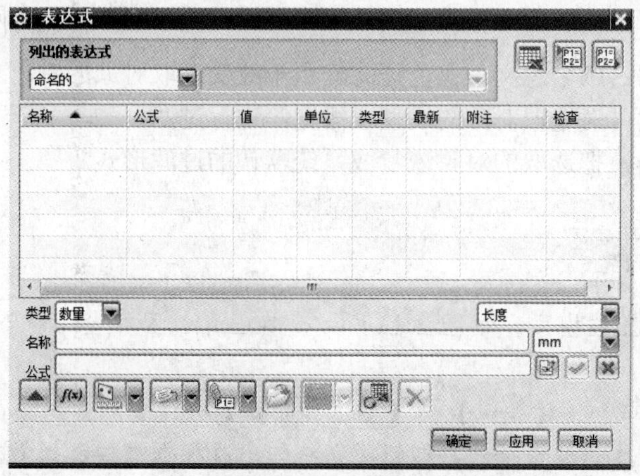

图 2.18 【表达式】对话框

2.5 对 象 操 作

2.5.1 选择对象的方法

选择【菜单】→【信息】→【对象】选项打开【类选择】对话框，如图 2.19 所示，可以选择以下几种方式进行对象的过滤选择。

(1) 类型过滤器：在图 2.19 所示的对话框中单击【类型过滤器】按钮，弹出如图 2.20 所示的【按类型选择】对话框，在该对话框中可设置需要包括或排除的对象。

当选取【组件】、【面】、【边界】等对象类型时，可以通过【细节过滤】按钮进一步对选取的对象进行限制。【曲线过滤器】对话框如图 2.21 所示。

(2) 图层过滤器：在如图 2.19 所示的对话框中，单击【图层过滤器】按钮，弹出如图 2.22 所示的对话框，通过该对话框可以设置对象的所在层是包含还是排除。

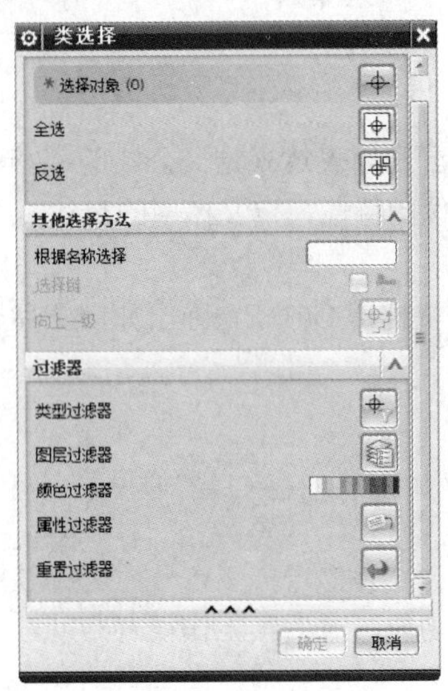

图 2.19 【类选择】对话框

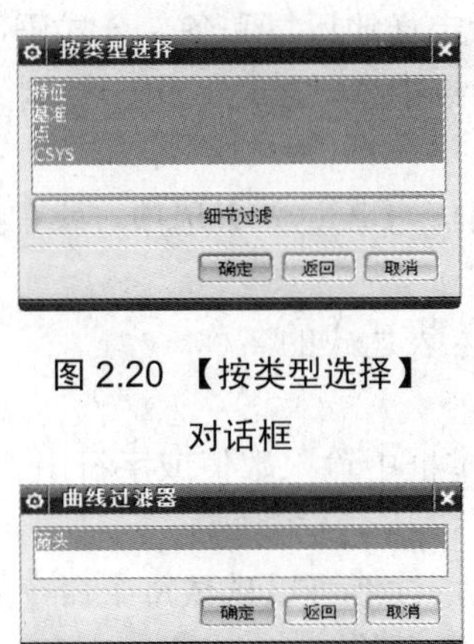

图 2.20 【按类型选择】对话框

图 2.21 【曲线过滤器】对话框

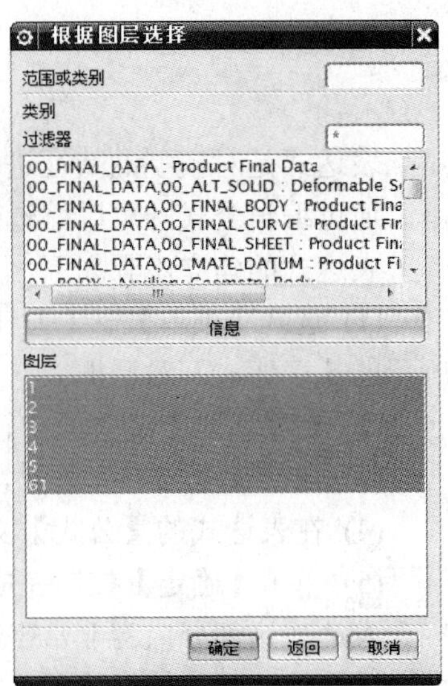

图 2.22 【根据图层选择】对话框

(3) 颜色过滤器：顾名思义，颜色过滤器用于改变选取对象的颜色。

(4) 属性过滤器：对选取对象的线型、线宽等进行过滤。

(5) 重置过滤器：把选取的对象恢复成系统默认的过滤形式。

【例 2.6】 隐藏草图。

解：操作步骤如下。

(1) 新建杯子三维模型，如图 2.23 所示；在三维模型中显示了建模过程中创建的草图。

(2) 选择【菜单】→【编辑】→【显示和隐藏】→【隐藏】选项，系统弹出【类选择】对话框；单击【类型选择器】按钮，系统弹出【根据类型选择】对话框，选中【草图】，如图 2.24 所示，单击【确定】按钮。

图 2.23　杯子

图 2.24 【根据类型选择】对话框

(3) 重新回到【类选择】对话框，单击【全选】按钮，此时，系统将所有草图选中，如图 2.25 所示。

(4) 单击【确定】按钮，此时系统将所有的草图隐藏，只显示三维实体模型，如图 2.26 所示。

(注：在这里仅为了演示【类选择】功能选择这个例子，并不建议读者使用这种隐藏方法，作图中草图、曲线、基准轴等的隐藏建议使用图层功能。)

图 2.25　选中杯子草图

图 2.26　隐藏草图后的杯子

2.5.2　部件导航器

在绘制模型操作中，图形的左边显示绘图的操作步骤。单击图形右边的图标，弹出如图 2.27 所示的【部件导航器】对话框。此对话框主要用于显示零件建立的每一个步骤，并可以通过快捷菜单编辑其中任何一个步骤，这样大大提高了绘图效率。通过此对话框可以对图形进行修改，读者在以后的建模修改时将运用到。

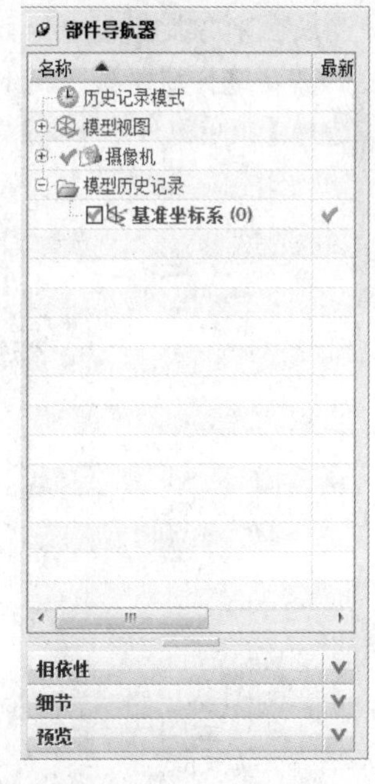

图 2.27 【部件导航器】对话框

2.5.3　对象的选择

在很多情况下需要用到对象选择。选择【菜单】→【编辑】→【选择】选项，系统弹出如图 2.28 所示的【选择】子菜单。

(1) 特征：只对模型的特征进行选择，边、体等不被选择。

(2) 多边形：多用于对多边形的选择。

(3) 全选：对所有的对象进行选取。

绘图工作区有许多对象供选择时，系统会自动弹出如图 2.29 所示的【快速拾取】对话框，可以通过该对话框中的【基准轴】、【面】、【体】等拾取对象。

如果想放弃选择，单击【关闭】按钮或按【Esc】键即可。

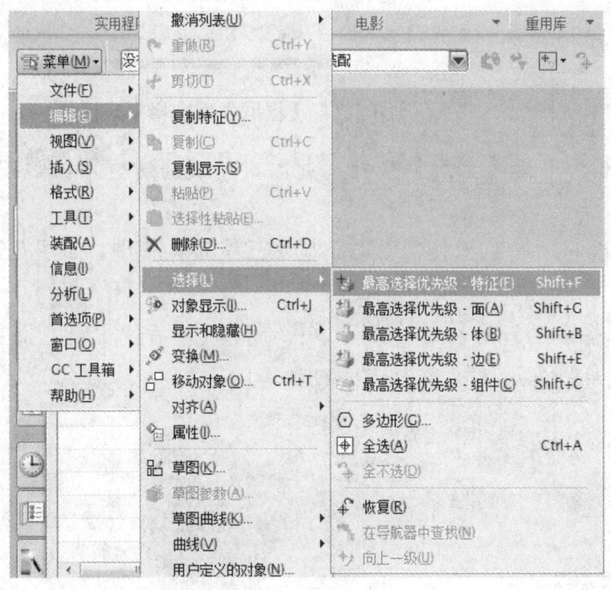

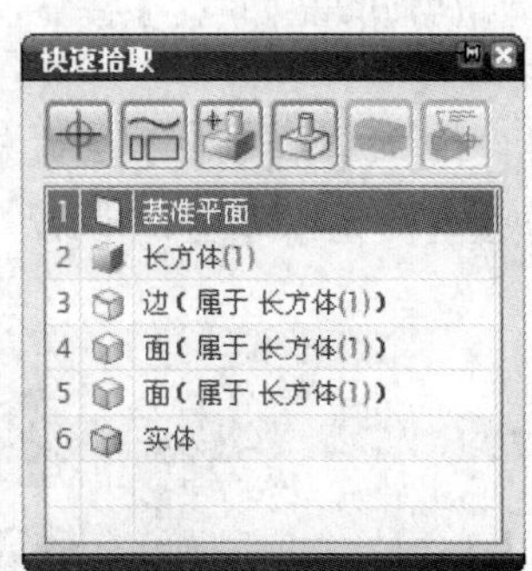

图 2.28 【选择】子菜单

2.29 【快速拾取】对话框

2.5.4 显示和隐藏对象

当所画对象比较复杂时，全部显示不仅占用系统资源，而且还会影响作图，为了方便绘图，需要选择显示和隐藏对象。

选择【菜单】→【编辑】→【显示和隐藏】选项，弹出【显示和隐藏】子菜单，如图 2.30 所示。

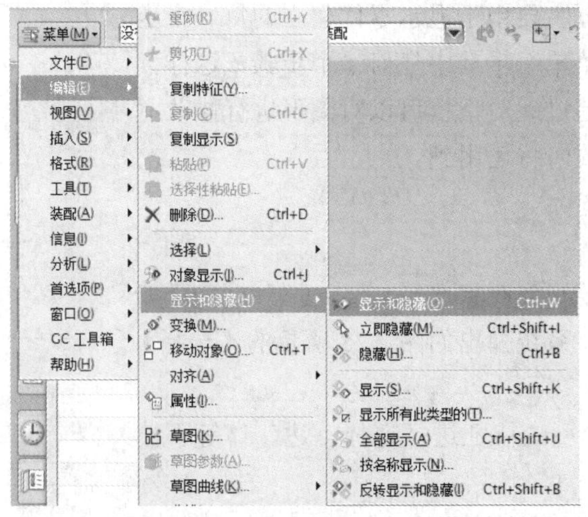

图 2.30 【显示和隐藏】子菜单

菜单包括以下命令。

(1) 显示和隐藏：对选择的对象进行显示或隐藏。

(2) 隐藏：隐藏指定的一个或多个对象。

(3) 显示所有此类型的：重新显示所有隐藏的对象。

(4) 按名称显示：把隐藏的名称恢复显示。

(5) 反转显示和隐藏：将当前隐藏的对象显示，将显示的对象隐藏。

【例 2.7】 练习使用隐藏命令。

解： 操作步骤如下。

(1) 打开建立好的签字笔装配图，如图 2.31 所示。

图 2.31 签字笔装配原图

(2) 选择【菜单】→【编辑】→【显示和隐藏】→【隐藏】选项或者单击按钮，系统弹出【类选择】对话框。

(3) 单击按钮，选择笔头。

(4) 单击【确定】按钮，效果如图 2.32 所示。

图 2.32 隐藏笔头后的效果图

2.5.5 对象的变换

选择对象后，选择【菜单】→【编辑】→【变换】选项，弹出如图 2.33 所示的【变换】对话框，可以变化的对象有直线、曲线等。

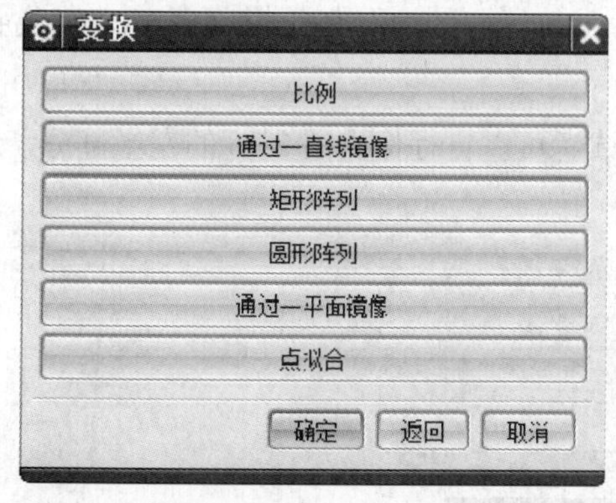

图 2.33 【变换】对话框

下面对【变换】对话框中的常用功能进行讲解。

1. 比例

把选取的对象按指定的参考点成比例地缩放。

(1) 比例：设置缩放比例。

(2) 非均匀比例：设置坐标系上各方向的缩放比例。

【例 2.8】 圆柱体非均匀比例放大。

解：操作步骤如下。

(1) 建立圆柱体模型。

(2) 选择【菜单】→【编辑】→【变换】选项，系统弹出如图 2.34(a)所示的【交换】对话框。

(3) 单击【非均匀比例】按钮，系统自动弹出对话框，在 XC 栏中输入“2”，在 YC 栏中输入“1.5”，在 ZC 栏中输入“3”，单击【确定】按钮，得到比例放大的另一个实体，如图 2.34(b)所示。

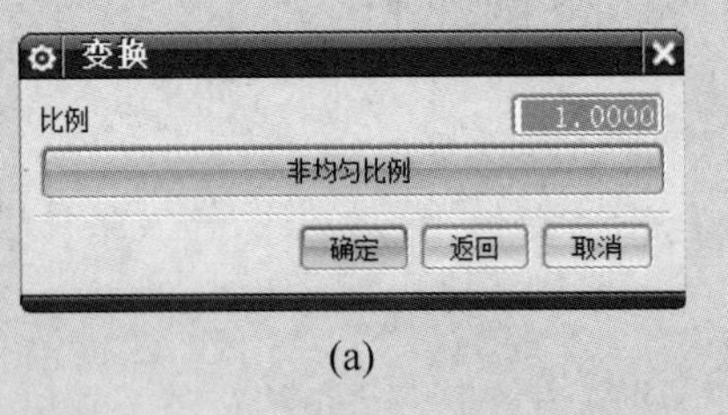

(a)

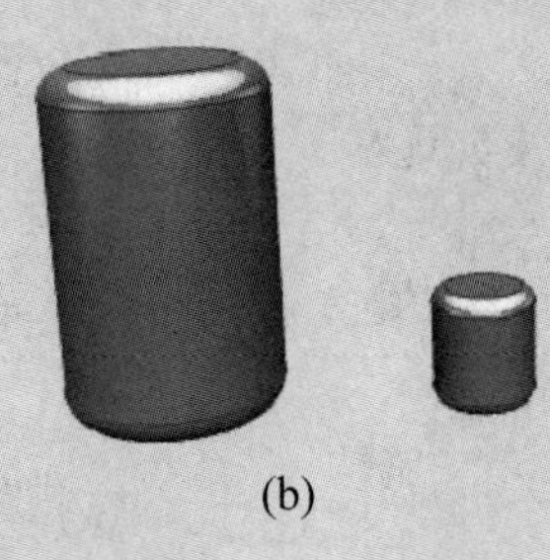

(b)

图 2.34 【比例】对话框及放大后的对比图

2. 通过一直线镜像

把选取的对象依据指定的参考直线作镜像。相当于在参考线的相反方向建立该对象的一个镜像。选择该选项，弹出如图 2.35 所示的对话框。

(1) 两点：通过两个点，把两个点用直线连接即为所需要的参考线。

(2) 现有的直线：选择工作区中已经存在的一条直线作为参考线。

(3) 点和矢量：用点构造器指定一点，其后在矢量构造器中指定一个矢量，通过指定点的矢量即为参考直线。

根据对镜像的讲解，读者可以自行作出图 2.36 的左半部分，通过镜像命令作出右半部分，试试看。

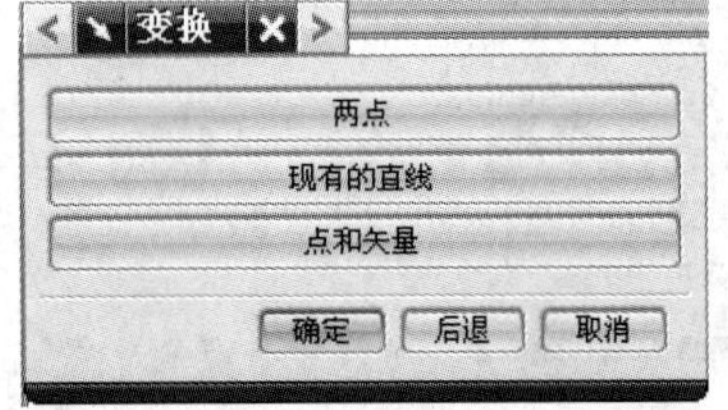

图 2.35 【通过一直线镜像】对话框

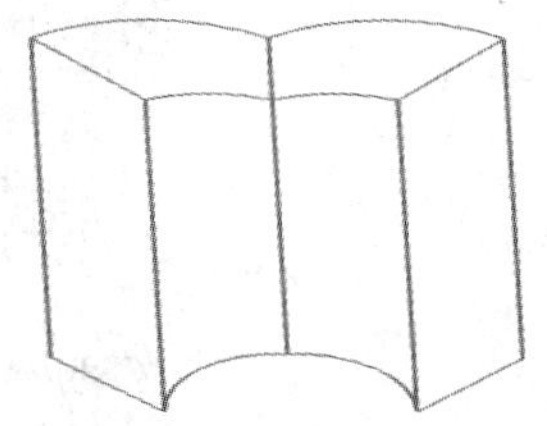

图 2.36 直线镜像实例

3. 矩形阵列

将选取的对象从阵列原点开始，沿坐标系 XY 平面建立一个等间距的矩形阵列。把源对象从指定的参考点移动或复制到阵列原点，然后沿 XC、YC 方向建立阵列。如图 2.37 所示的对话框中：DXC 表示 XC 方向间距，DYC 表示 YC 方向间距。

【例 2.9】 做一小球进行矩形阵列练习。

解： 操作步骤如下。

(1) 选择【菜单】→【文件】→【新建】选项，在弹出的【新建】对话框选择【模型】模板，输入模型名称，单击【确定】按钮。

(2) 选择【菜单】→【插入】→【设计特征】→【球】选项，或者单击【特征】工具栏中的图标，系统弹出【球】对话框，作出一小球。

(3) 选择【菜单】→【插入】→【变换】选项，弹出如图 2.33 所示的【变换】对话框。

(4) 单击【矩形阵列】按钮，系统弹出【变换】对话框，如图 2.37 所示，完成对话框中的参数设置。

(5) 单击【确定】按钮，效果如图 2.38 所示。

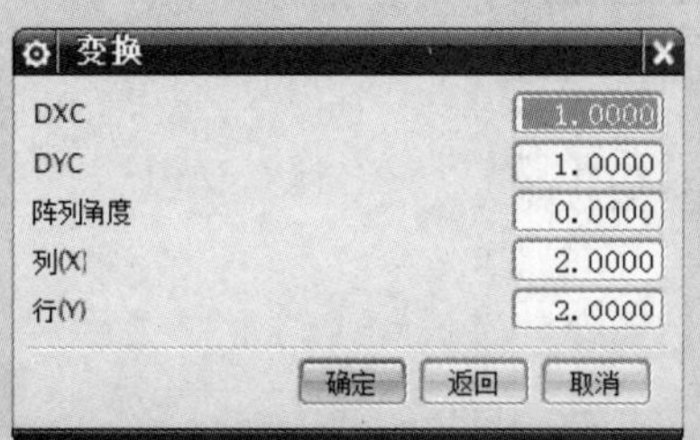

图 2.37 矩形阵列【变换】对话框

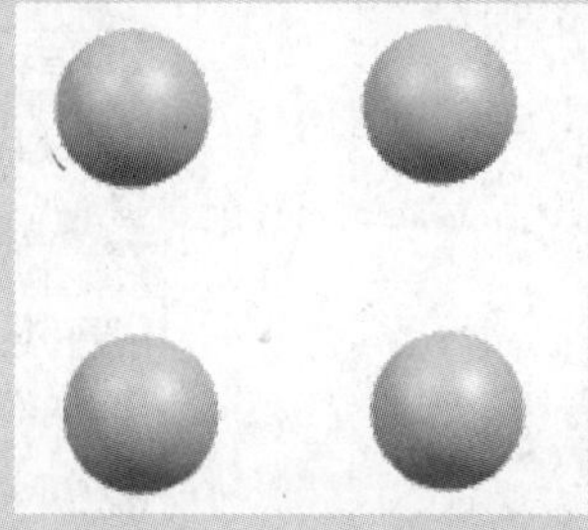

图 2.38 矩形阵列实例

4. 圆形阵列

将选取对象绕阵列中心建立一个等角间距的环形阵列。选择该选项后，系统弹出如图 2.39 所示的对话框，下面对该对话框中的部分选项进行介绍。

(1) 半径：设置环形阵列的半径值，该值等于目标对象上的参考点到目标点之间的距离。

(2) 起始角：设置环形阵列的起始角。

【例 2.10】 作一小球进行圆形阵列练习。

解： 操作步骤如下。

(1) ~ (3) 步骤与例 2.9 相同。

(4) 单击【圆形阵列】按钮，系统弹出【变换】对话框，如图 2.39 所示，完成对话框中的参数设置。

(5) 单击【确定】按钮，效果如图 2.40 所示。

图 2.39　圆形阵列【变换】对话框　　　图 2.40　圆形阵列效果

5. 通过一平面镜像

将选取的对象依照参考平面作镜像，也就是在参考平面的相反方向建立源对象的一个镜像。

选中该命令后，系统弹出如图 2.41 所示的【平面】对话框，该对话框用于选择或创建参考平面，最后选取源对象完成镜像操作。此功能实现的方法与直线镜像类似，读者可自行练习，并观察结果。

图 2.41 【平面】对话框

2.5.6　对象几何分析

分析对工程设计提供了强大的支持，使模型显得更加完美。利用它可以实现对角度、弧长等特性的数学分析。

选择【菜单】→【分析】→【定制单位】选项可以修改分析的单位，不同的应用要求的单位也不同。

1. 测量距离

测量两个对象之间的距离、曲线长度、圆或圆弧的半径、圆柱的尺寸等。

选择【菜单】→【分析】→【简单距离】选项，或单击【分析】工具栏中的图标，弹出如图 2.42 所示的【测量距离】对话框。

在该对话框的【类型】下拉列表中可以选取不同的测量方式，如图 2.43 所示为测量距离的【类型】下拉列表。

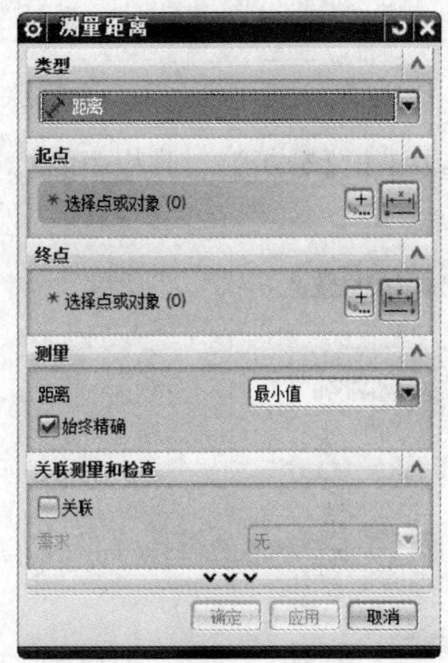

图 2.42 【测量距离】对话框

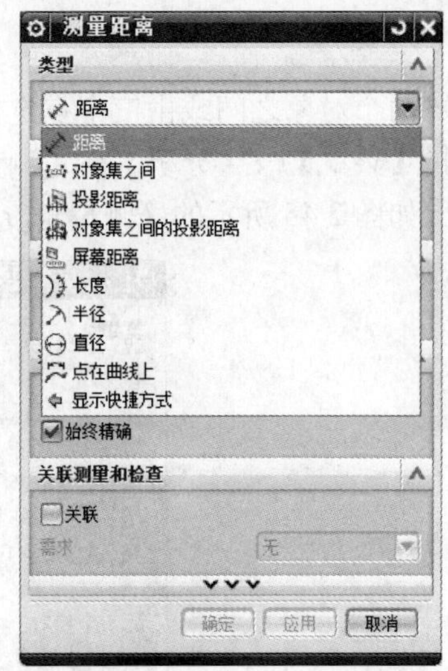

图 2.43 测量距离的【类型】下拉列表

下拉列表中的部分选项介绍如下。

(1) 距离：两对象之间的距离。

(2) 投影距离：两点在投影平面上的距离。

(3) 长度：测量对象之间的长度。

(4) 半径：测量圆弧或圆的半径。

(5) 点在曲线上：两点在曲线之间的距离。

【例 2.11】 测量箱体的底边长和孔的半径。

解：操作步骤如下。

(1) 打开箱体模型。

(2) 选择【菜单】→【分析】→【测量距离】选项，或单击【分析】工具栏中的图标，系统弹出对话框。

(3) 在【类型】下拉列表中选择【距离】方式。

(4) 选择要测量直线的起始点和终点，系统自动测出距离，如图 2.44(a)所示。

(5) 测量半径的方法与测量直线相同，结果如图 2.44(b)所示。

(a) 直线距离　　(b) 半径距离

图 2.44 测量距离

2. 测量角度

计算两个对象之间或由三个点定义的两直线之间的夹角。

选择【菜单】→【分析】→【测量角度】选项，或单击【分析】工具栏中的图标，系统弹出如图 2.45 所示的【测量角度】对话框。

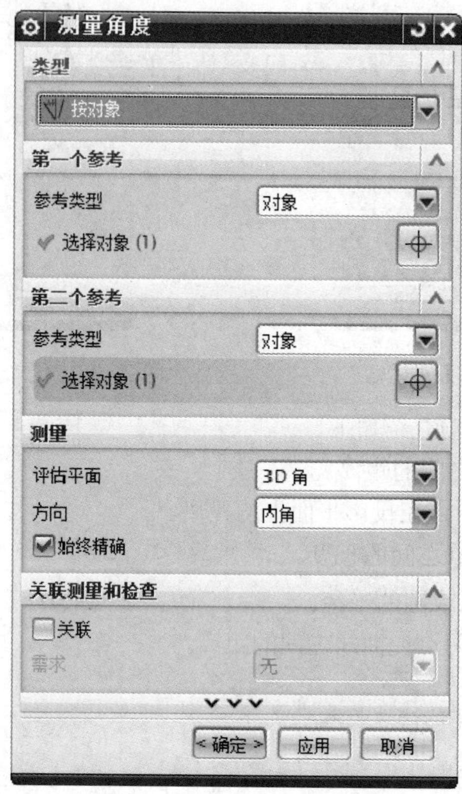

图 2.45 【测量角度】对话框

该对话框中包括以下选项。

(1) 类型：选择测量方法，其中包括按对象、按 3 点和按屏幕点。

(2) 参考类型：设置选择对象的方法。

(3) 评估平面：用来选择测量角度，其中包括 3D 角、WCSXY 平面里的角度、真实角度三种形式。

(4) 方向：选择测量的位置，其中包括外角和内角两种形式。

(5) 关联：把选取的对象连接起来。

【例 2.12】 练习测量角度命令。

解：操作步骤如下。

(1) 选择【菜单】→【文件】→【新建】选项，在弹出的【新建】对话框选择【模型】模板，输入模型名称，单击【确定】按钮。

(2) 在建模模块中，建立开口圆柱模型。

(3) 选择【菜单】→【分析】→【测量角度】选项或单击【分析】工具栏中的图标，系统弹出【测量角度】对话框。

(4) 在【类型】下拉列表中选择【按对象】方式。

(5) 分别选择拉筋的两条边，系统自动测出两条边之间的角度，如图 2.46 所示。

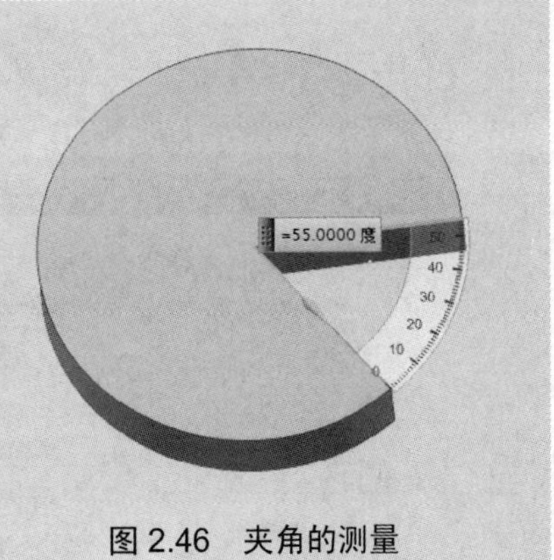

图 2.46 夹角的测量

3. 测量面

计算面的面积和周长。

下面通过一个例子来说明。

【例 2.13】 测量圆锥体的一个面的面积和周长。

解： 操作步骤如下。

(1) 任意建立一个圆锥体模型。

(2) 选择【菜单】→【分析】→【测量面】选项，系统弹出【测量面】对话框，如图 2.47 所示。

(3) 选择要测量的面。

(4) 单击【确定】按钮，系统弹出一个下拉列表，选择【面积】选项，测出所选面的面积，效果如图 2.48 所示。选择【周长】选项，测出所选面的周长。

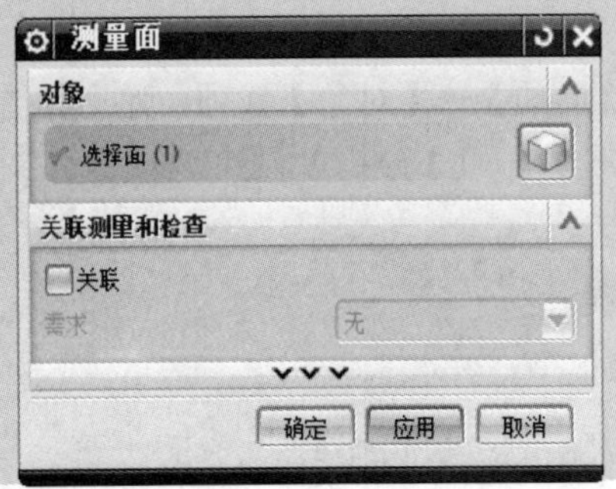

图 2.47 【测量面】对话框

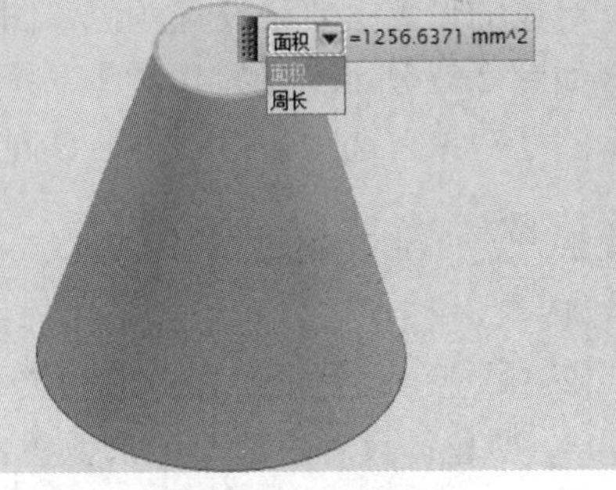

图 2.48 测量面实例

4. 测量体

计算属性，如实体的质量、体积和惯性矩等。

选择【菜单】→【分析】→【测量体】选项，系统弹出如图 2.49 所示的【测量体】对话框。可以分别测量体的体积、表面积、质量、回转半径、重量。

【例 2.14】 测量圆锥体的体积、表面积、质量。

此例子的测量方法与例 2.13 类似，留给读者自行测量，测量体积的效果如图 2.50 所示。

图 2.49 【测量体】对话框

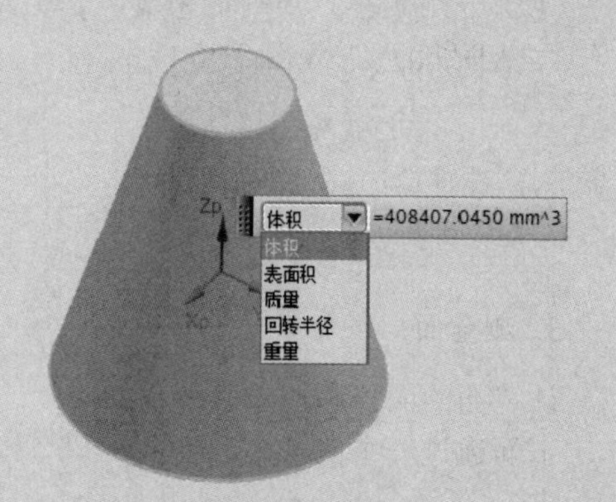

图 2.50 测量体积的效果

2.6 首 选 项

这一节主要介绍对象、资源板、可视化等的设置。

2.6.1 对象预设置

对象的设置主要是设置颜色、图层和线型等。

如图 2.51 所示为【首选项】下拉菜单，选择【首选项】→【对象】选项，弹出如图 2.52 所示的【对象首选项】对话框，该对话框中包括【常规】和【分析】两个选项卡。

1. 常规

(1) 工作图层：设置对象的工作图层。

(2) 类型：改变预设置对象的类型。

(3) 颜色：设置所选对象的颜色，并且可以根据调色板改变颜色。

(4) 局部着色：设置实体和片体是否局部着色。

(5) 面分析：设置实体和片体的显示属性是否为面分析效果。

(6) 继承：所选择的对象是否继承某个对象的属性。

(7) 信息：显示对象属性设置的信息。

2. 分析

在如图 2.52 所示的对话框中选中【分析】标签，显示相应的参数设置内容，如图 2.53 所示。在该对话框中进行【曲面连续性显示】、【截面分析显示】、【偏差测量显示】等的设置。

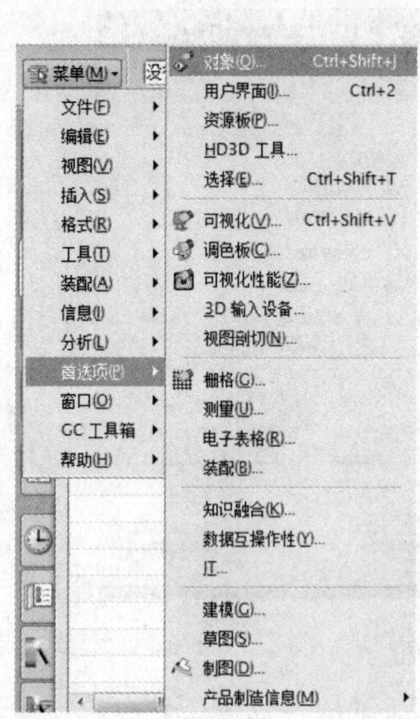

图 2.51 【首选项】下拉菜单

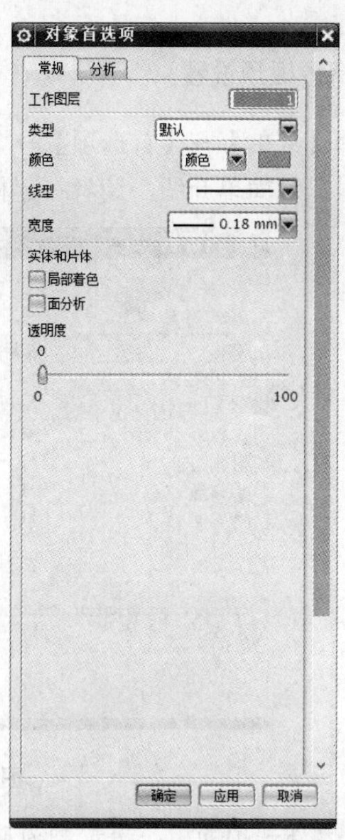

图 2.52 【对象首选项】对话框

对象设置是非常有用的工具，通过对象设置读者可以得到自己需要的效果图。读者可以每个命令都去试试，并查看效果。

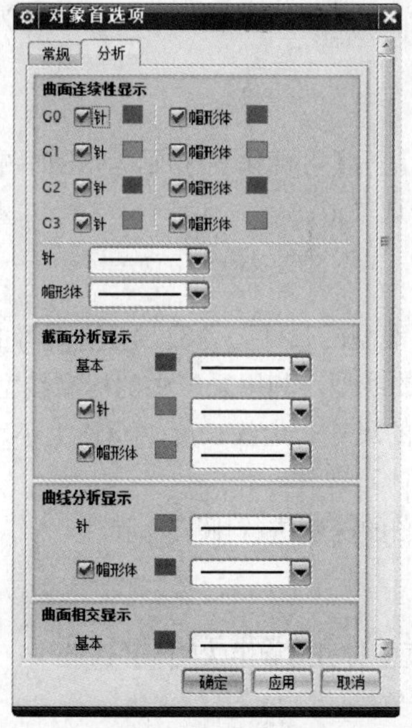

图 2.53 【分析】选项卡

2.6.2 资源板预设置

选择【菜单】→【首选项】→【资源板】选项，弹出如图 2.54 所示的【资源板】对话框，这里只做简单介绍，读者在建模前可自己试着选用。

图 2.54 【资源板】对话框

(1) 新选项面板：设置制图和环境设置等模板，便于以后的工作。

(2) 打开资源板文件：打开已经做好的模板。

(3) 打开目录作为资源板：选择一个路径作为模板。

(4) 打开目录作为模板资源板：可以选择一个路径作为空白模板。

(5) 打开目录作为角色资源板：可以选择一个路径作为角色的模板。

2.6.3 可视化

选择【菜单】→【首选项】→【可视化】选项，弹出如图 2.55 所示的【可视化首选项】对话框，该对话框共包括七个选项卡。

1. 直线

该选项卡用于设置视图中线型的尺寸公差及线型宽度等的显示。

(1) 硬件：通过设置显示的线型，利用系统中的标准线型显示对象。

(2) 软件：设置线型组成的尺寸、虚线长度、空格大小、符号大小、曲线公差、显示宽度。

(3) 深度排序线框：对视图的深度进行排序显示。

2. 颜色设置

在如图 2.55 所示的对话框中打开【颜色/字体】选项卡，如图 2.56 所示。

该选项卡用于设置预选对象等的颜色。

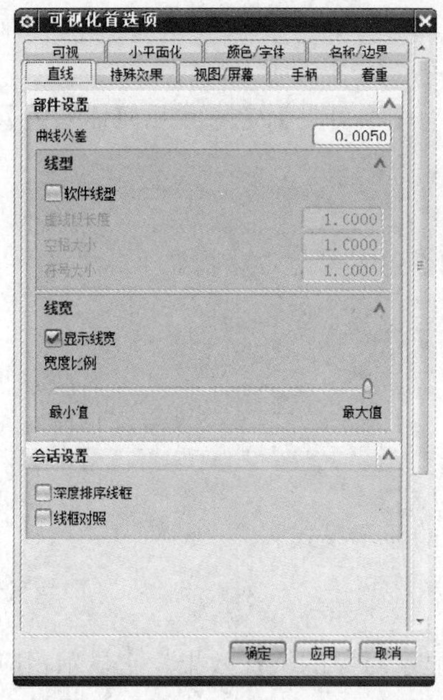

图 2.55 【可视化首选项】对话框

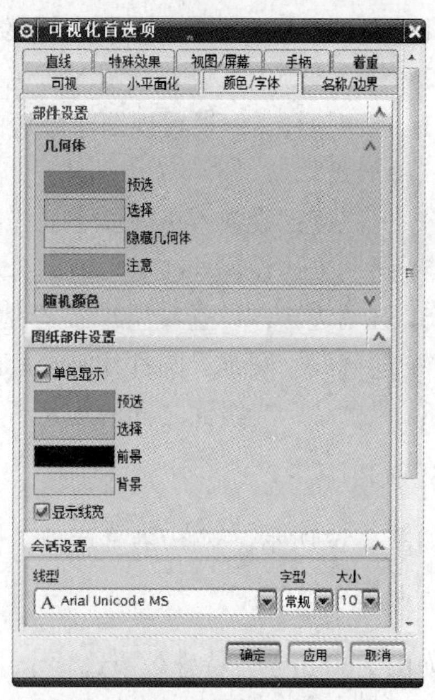

图 2.56 【颜色/字体】选项卡

3. 小平面化

如图 2.57 所示，小平面化选项卡主要用于设置着色显示的质量、公差等的显示。

4. 可视

如图 2.58 所示，可视选项卡用于视图的显示设置。下面对该对话框中的一些功能进行简单的介绍。

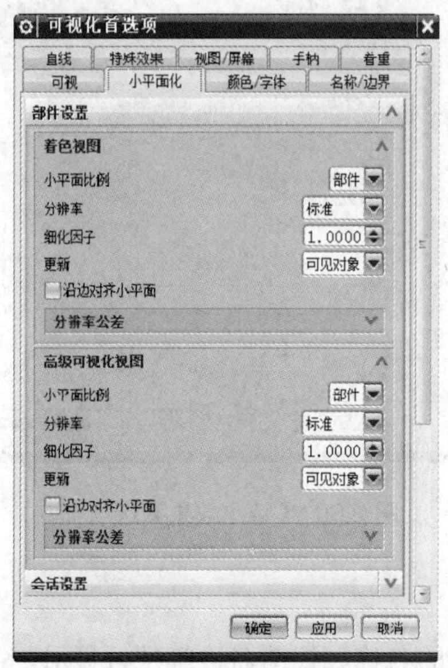

图 2.57 【小平面化】选项卡

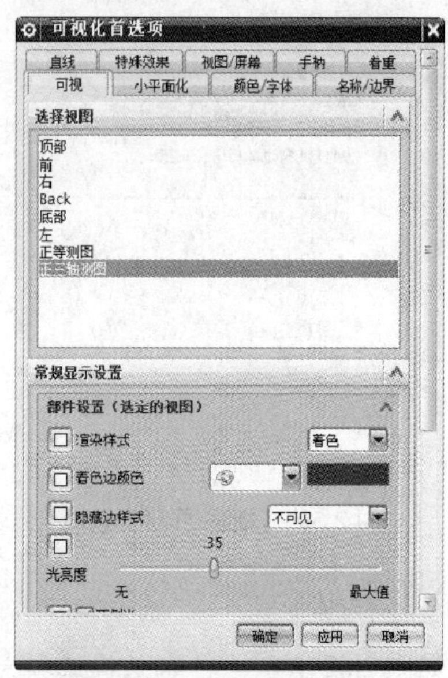

图 2.58 【可视】选项卡

(1) 渲染样式：设置视图的着色模式。

(2) 着色边颜色：设置视图的着色边的颜色。

(3) 隐藏边样式：设置视图隐藏边的显示方式，有【不可见】、【隐藏几何体颜色】、【虚线】三种形式。

(4) 光亮度：设置着色表面上的光亮强度。

(5) 透明度：设置处在着色或部分着色模式中的着色对象是否透明显示。

(6) 强调边缘：设置着色对象是否突出边缘显示。

(7) 轮廓线：圆锥、圆柱体等轮廓线是否显示。

(8) 光顺边：光滑面之间的边是否显示。

5. 视图/屏幕

如图 2.59 所示，视图/屏幕选项卡用于设置视图的显示模式。

6. 特殊效果

如图 2.60 所示，特殊效果选项卡用于设置是否显示对象的特殊效果。它显示相应的参数设置内容，选中【雾】复选框，单击【雾设置】按钮，弹出如图 2.61 所示的【雾】对话框，通过该对话框可以设置背景色等。

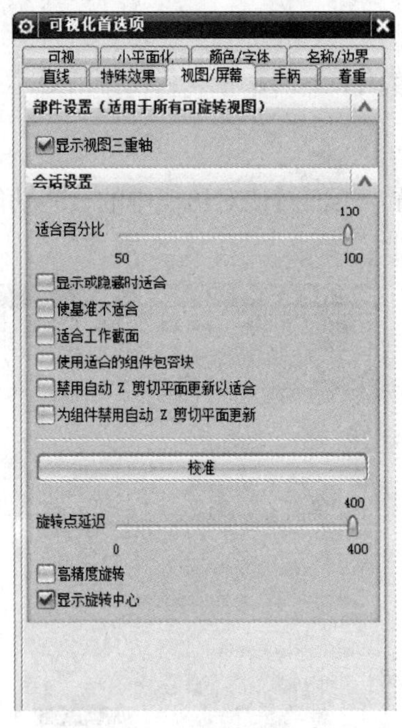

图 2.59 【视图/屏幕】选项卡

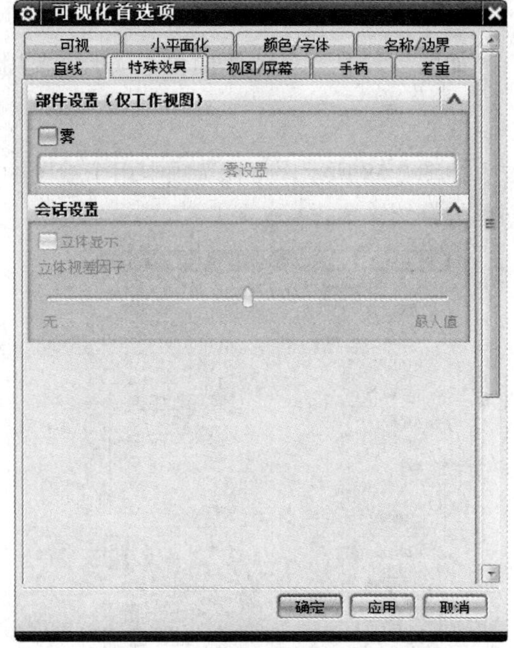

图 2.60 【特殊效果】选项卡

7. 名称/边界

如图 2.62 所示，名称/边界选项卡用于设置对象的名称、视图名称等是否显示。

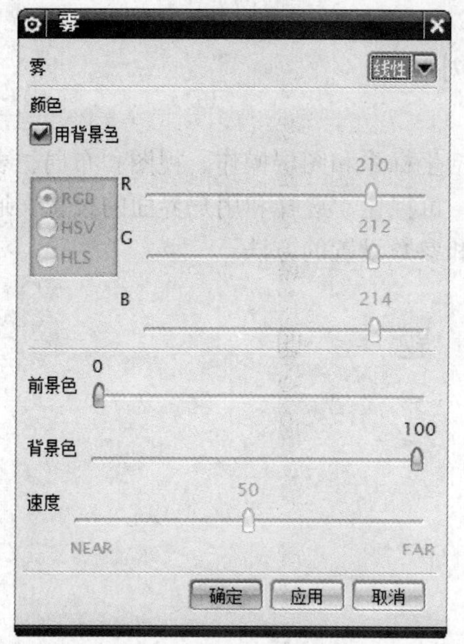

图 2.61 【雾】对话框

可视化首选项
直线 特殊效果 视图/屏幕 手柄 着重
可视 小平面化 颜色/字体 名称/边界
部件设置
显示对象名称 关
显示模型视图名
显示模型视图边界
确定 应用 取消

图 2.62 【名称/边界】选项卡

其中对象名称有三种显示类型。

(1) 关：不显示对象、属性、图样及组名等名称。

(2) 视图定义：设置在定义对象、属性、图样等视图中显示名称。

(3) 工作视图：在当前视图中显示对象名称等。

【例 2.15】 练习可视化功能。

可视化功能很多，这里介绍一种常用的功能，其他的留给读者自己去尝试。

解：操作步骤如下。

(1) 建立杯子模型，如图 2.63 所示。

(2) 选择【菜单】→【首选项】→【可视化】选项，弹出如图 2.55 所示的【可视化首选项】对话框。

(3) 选择【可视】标签，打开【可视】选项卡，如图 2.58 所示。

(4) 选择【着色边颜色】下拉列表里的 off 选项。

(5) 单击【确定】按钮，效果如图 2.64 所示。

图 2.63 杯子模型

图 2.64 杯子的效果图

2.7 本章小结

本章主要介绍了 UG NX 9.0 的基本操作，包括坐标系和图层操作、视图和布局、表达式等各个功能模块的特点及新增功能，以及对象、可视化、选择和用户界面的设置。通过本章的学习，读者应掌握 UG NX 9.0 的基础建模和参数设置的方法。

2.8 习　　题

1. UG NX 9.0 由哪些坐标系组成？
2. 在制图过程中如何运用图层类别？
3. 如何运用表达式？

第3章 曲线与草图绘制

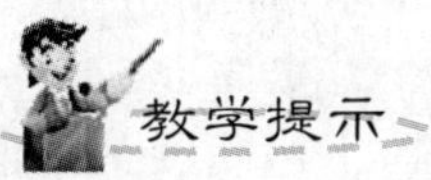

重点讲解曲线的基本功能、运用和操作草图的绘制。

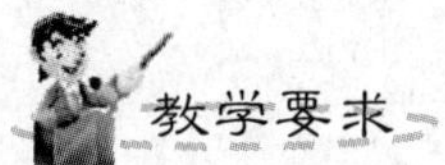

熟悉 UG NX 9.0 草图绘制的基本环境，掌握基本曲线和草图的功能，绘制出直线、圆弧、矩形等简单曲线，熟练进行复杂曲线的绘制。

3.1 点与点集

点与点集主要用来确定模型尺寸与位置，可以通过单击【曲线】工具栏，再单击 + 或者 ++ 图标来打开，或者选择【菜单】→【插入】→【基准/点】选项，再单击所需要创建的点或者点集，如图 3.1 所示。

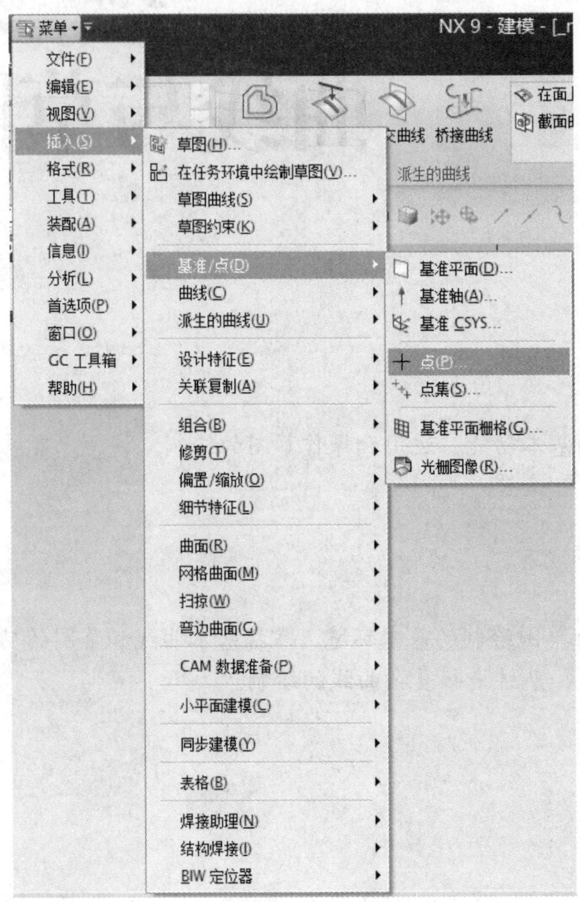

图 3.1　进入点与点集的对话框

调出点图标：如果没有 + 或者 ++ 图标，可以选择【曲线】工具栏，单击 ▼ 图标，选择点下拉菜单，再单击 ▸ 图标，打开点下拉菜单，选中点或者点集，此时就可以将 + 或者 ++ 图标放到【曲线】工具栏中。

3.1.1 点

功能：创建点。

打开点操作：选择【曲线】工具栏，单击 + 图标，或者选择【菜单】→【插入】→【基准/点】→【点】选项，打开【点】，对话框如图 3.2 所示。

通过点对话框可以知道点创建方式包括捕捉点的类型、输入点坐标直接设置点和偏置点三种，下面对于这三种方式进行简要的介绍。

1. 捕捉点的类型

单击点对话框中类型下面的 ▾ ，就可以看到点的捕捉方式，如图 3.3 所示。

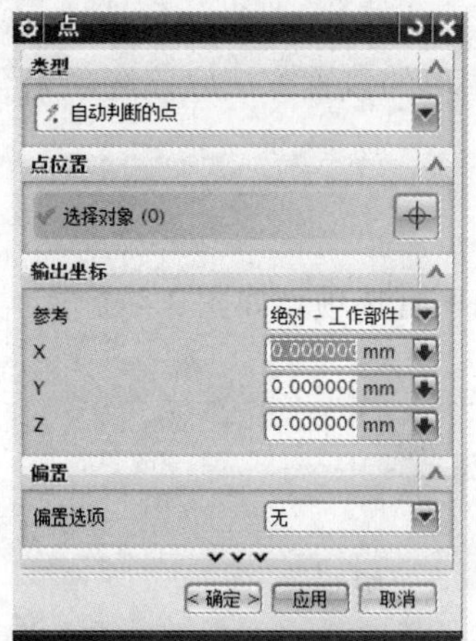

图 3.2 【点】对话框

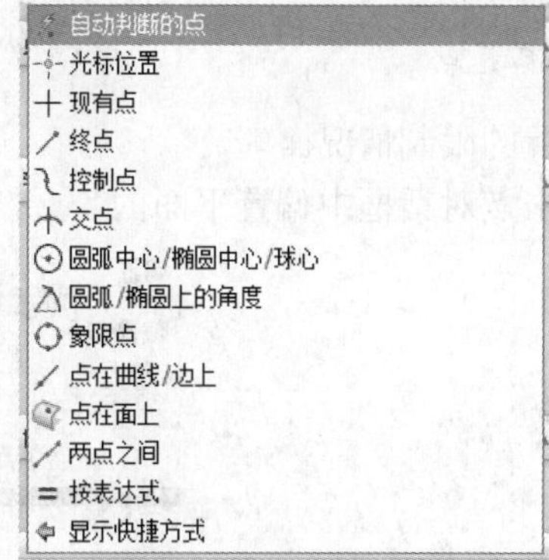

图 3.3 点的捕捉方式

(1) 自动判断的点：通过自动判断的点捕捉一个点。

(2) 光标位置：通过光标位置创建一个点。

(3) 现有点：通过某个存在点来规定一个新点或者以这个点为点。

(4) 终点：通过曲线的端点位置建立一个新的点。

(5) 控制点：通过曲线上的某个控制点来规定一个新点的位置或者以这个控制点来构造一个点。

(6) 交点：通过两曲线间的交点、曲线与平面的交点来创建一个点或者规定新点的位置。若两者有多个交点，那么系统以最靠近第二对象处来创建一个点或者规定新点的位置；若两者在模型上并未相交但是实际可以相交，那么系统以其延长交点来创建一个点或者规定新点的位置；若两者实际上没有相交，那么系统以靠近第一对象处创建一个点或者规定新点的位置。

(7) 圆弧中心/椭圆中心/球心：以圆弧中心、椭圆中心或者球心来创建一个点或者规定新点的位置。

(8) 圆弧/椭圆上的角度：以 *XC* 轴为基准线，逆时针旋转一定角度的圆弧或者椭圆弧上构造一个点或者规定新点的位置。

(9) 象限点：在圆弧或者椭圆弧的四分点处创建一个点或者规定新点的位置。系统默认以离光标最近的四分点为准。

(10) 点在曲线/边上：以曲线上距离光标最近的点构造一个点或者规定新点的位置。

(11) 点在面上：以曲面或者表面距离光标最近的点构造一个点或者规定新点的位置。

(12) 两点之间：首先选取两点，在两点连成的线段中点上构造一个点或者规定新点的位置。

(13) 按表达式：依据表达式构造一个点或者规定新点的位置。

2. 直接设置点

(1) 在作图平面内单击构造一个点或者规定新点的位置。

(2) 在输出坐标中输入点的 *X*、*Y*、*Z* 轴坐标。其中参考坐标系有三个，分别是绝对坐标系、工作坐标系和基准坐标系。

(注意：选用此种方法设置点时，其【偏置】选项菜单的偏置方法应该选“无”。)

3. 偏置点

设置的限制情况。

单击点对话框中偏置下面的 ▾ ，就可以看到点的偏置选项，如图 3.4 所示。

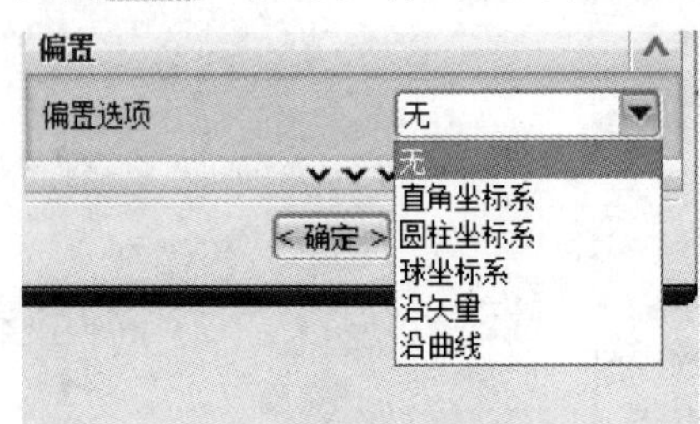

图 3.4　点的偏置选项

(1) 无：系统默认格式，表示关闭该功能模式。

(2) 直角坐标系：以一个点为基点，利用直角坐标系来确定另外一个点的偏移量。在选择【直角坐标系】后，出现如图 3.5 所示的对话框。

(3) 圆柱坐标系：以一个点为基点，利用圆柱坐标系来确定另外一个点的偏移量。在选择【圆柱坐标系】后，出现如图 3.6 所示的对话框。

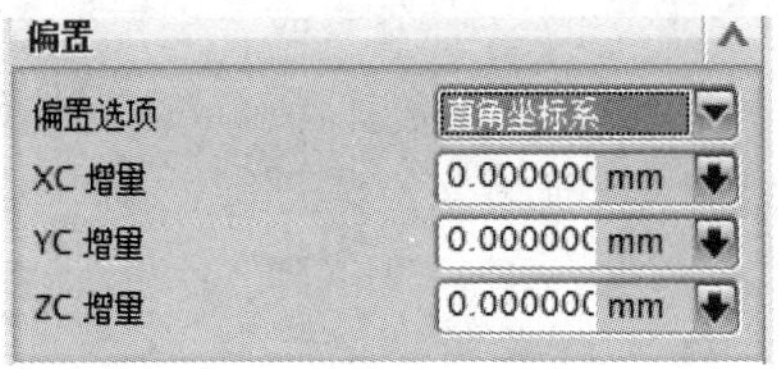

图 3.5　直角坐标系【偏置】对话框

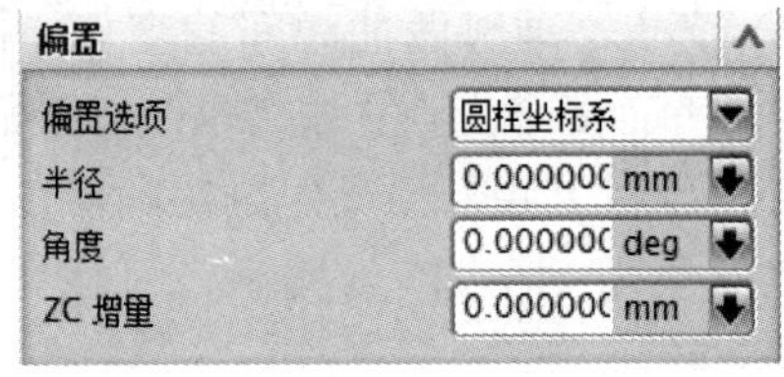

图 3.6　圆柱坐标系【偏置】对话框

(4) 球坐标系：以一个点为基点，利用球坐标系来确定另外一个点的偏移量。在选择【球坐标系】后，出现如图 3.7 所示的对话框。其中角度 1 是指需要确定的点和基准点连线在 *XC-YC* 平面投影的方位角，角度 2 是指需要确定的点和基准点连线在 *XC-YC* 平面的夹角。

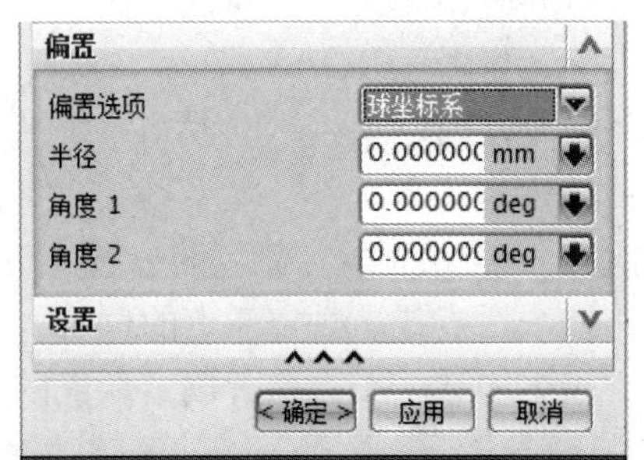

图 3.7　球坐标系【偏置】对话框

(5) 沿矢量：以一个点为基点，利用向量法确定另外一个点的偏移量。在选择【沿矢量】后，出现如图 3.8 所示的对话框。

(6) 沿曲线：沿指定曲线路径来确定偏移值，偏移点相对于选定的参考曲线的偏移值由偏移弧长和占曲线百分比来确定。在选择【沿曲线】后，出现如图 3.9 所示的对话框。

图 3.8 沿矢量【偏置】对话框

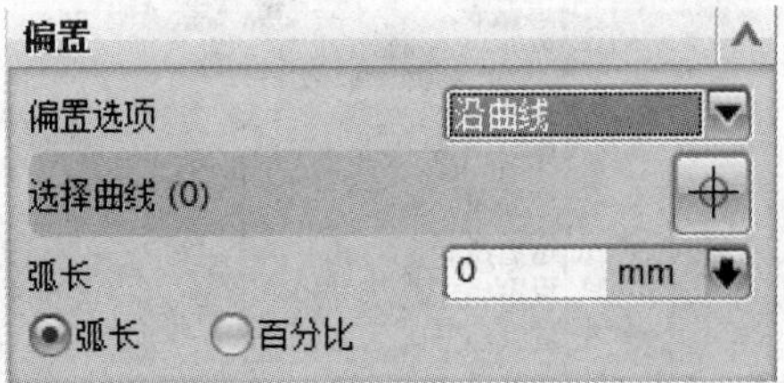

图 3.9 沿曲线【偏置】对话框

3.1.2 点集

功能：使用现有几何体创建点集。

打开点集操作：选择【曲线】工具栏，单击图标，或者选择【菜单】→【插入】→【基准/点】→【点集】选项，如图 3.10 所示。打开【点集】对话框如图 3.11 所示。

由图 3.12 点集曲线类型可知点集创建方式有四种：曲线点、样条点、面的点、交点。

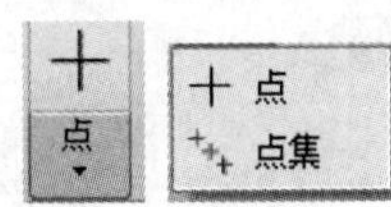

图 3.10 打开点集操作

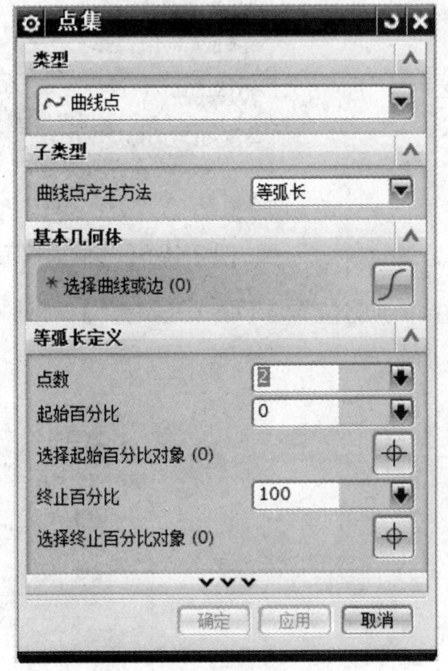

图 3.11 【点集】对话框

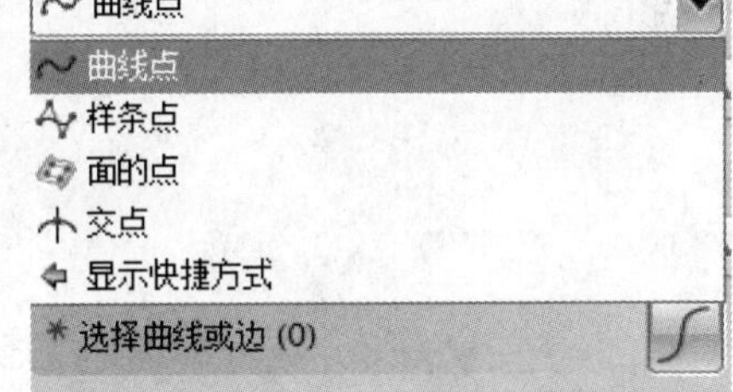

图 3.12 点集曲线类型

1. 曲线点

在曲线上创建点集。它包括七种子类型，如图 3.13 所示。

(1) 等弧长：根据圆弧长度来创建点集。其中光标离选择曲线上最近的一点作为参考起点，点与点之间的距离是相等的。【等弧长定义】对话框如图 3.14 所示。

图 3.13 “曲线点”子类型

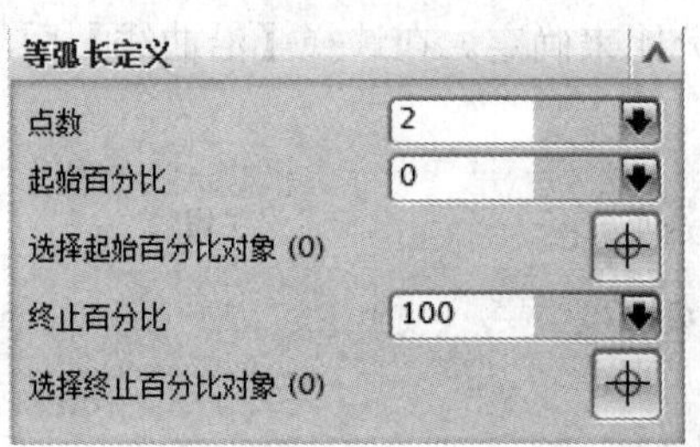

图 3.14 【等弧长定义】对话框

(2) 等参数：在曲线上所创建点集相邻点曲率变化相等。【等参数定义】对话框如图 3.15 所示。

(3) 几何级数：利用几何尺寸确定点集。【几何级数定义】对话框如图 3.16 所示。其中，比率是指点集相邻两点之间距离与前两点距离的倍数关系。

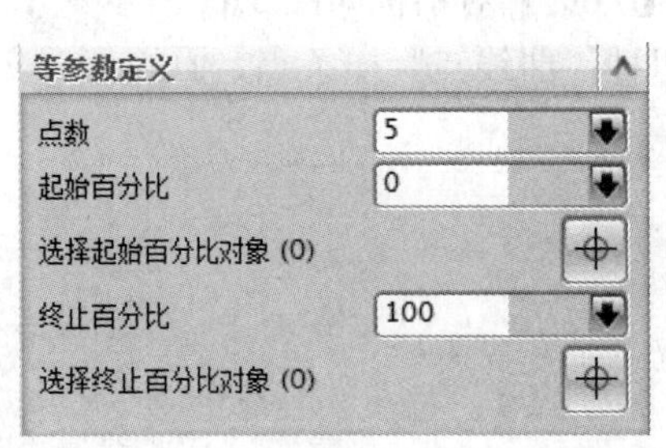

图 3.15 【等参数定义】对话框

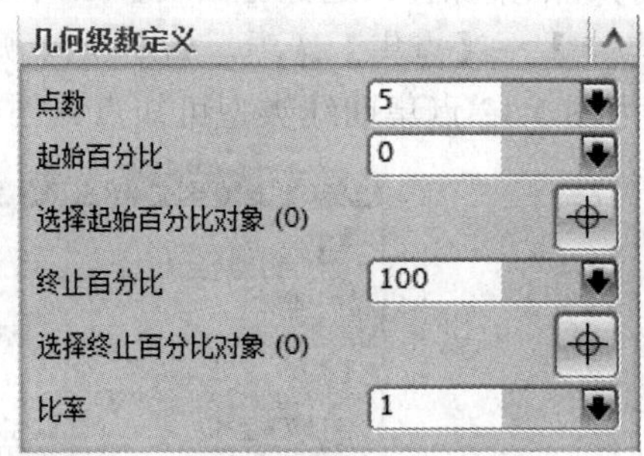

图 3.16 【几何级数定义】对话框

(4) 弦公差：根据弦公差来确定分布点的位置。【弦公差定义】对话框如图 3.17 所示，打开【弦公差方式】对话框如图 3.18 所示。

图 3.17 【弦公差定义】对话框

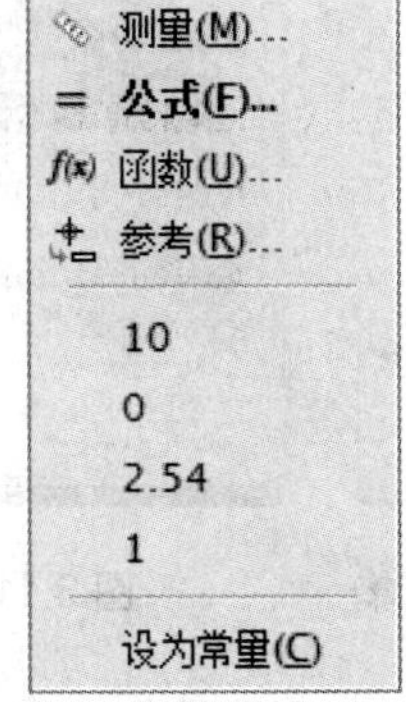

图 3.18 【弦公差方式】对话框

(5) 增量弧长：以设定的圆弧长来确定点集点的位置。打开【增量弧长定义】对话框如图 3.19 所示。其中，弧长是指点集相邻两点之间的圆弧长度，其中光标离选择曲线上最近的一点作为参考起点。

(6) 投影点：通过指定点来确定点集的点。【投影点定义】对话框如图 3.20 所示。

图 3.19 【增量弧长定义】对话框

图 3.20 【投影点定义】对话框

(7) 曲线百分比：通过曲线上的百分比位置来确定一个点。其中指定点类型如图 3.21 所示。

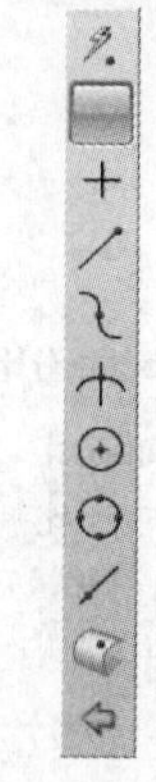

图 3.21 指定点类型

2. 样条点

自动捕捉样条曲线的定义点、结点和极点创建点集，如图 3.22 所示。样条点包括三种样条点子类型，如图 3.23 所示。

3. 面的点

在已经存在的曲面上创建点。其中有三种子类型，如图 3.24 所示。

(1) 模式：用来设置点集的边界。其中，对角点是指以对角点方式来限制点集的分布；百分比是指以曲面参数百分比来限制点集的分布范围。面的点模式对话框如图 3.25 所示。

图 3.22 样条点创建点集

图 3.23 样条点子类型

图 3.24 面的点子类型

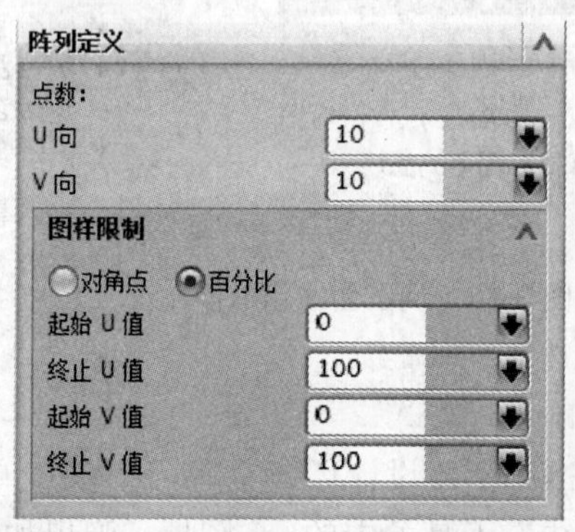

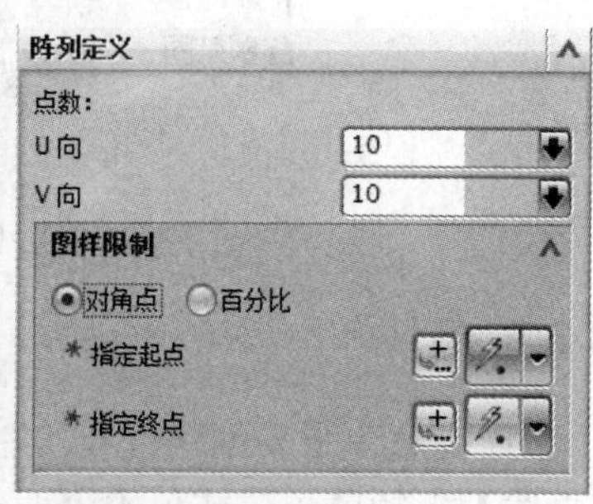

图 3.25 面的点模式对话框

(2) 面百分比：通过在选定面上的 *U*、*V* 方向的百分比位置来创建该面上的点集。【面参数百分比定义】对话框如图 3.26 所示。

(3) B 曲面极点：通过 B 曲面控制点创建点集。

4. 交点

以曲线、面或平面和曲线或轴的交点来创建点集，如图 3.27 所示。

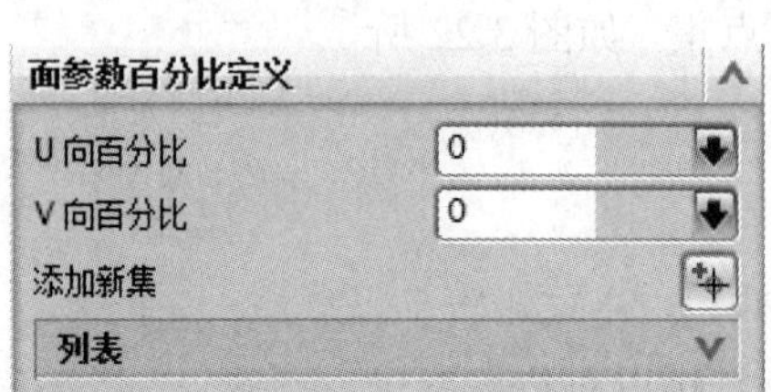

图 3.26 【面参数百分比定义】对话框

图 3.27 交点创建点集

3.2 曲　　线

曲线工具包括绘制直线、圆弧、圆、样条曲线等，在【曲线】工具栏中直接单击需要绘制的曲线图形，或者选择【菜单】→【插入】→【曲线】选项，然后选择所要绘制的曲线。

调出曲线图标：如果没有相应曲线的图标，可以选择【曲线】工具栏，单击 ▾ 图标，在曲线下拉菜单前打钩，此时就可以将相应曲线的图标放到【曲线】工具栏中。具体操作步骤如图 3.28 所示。

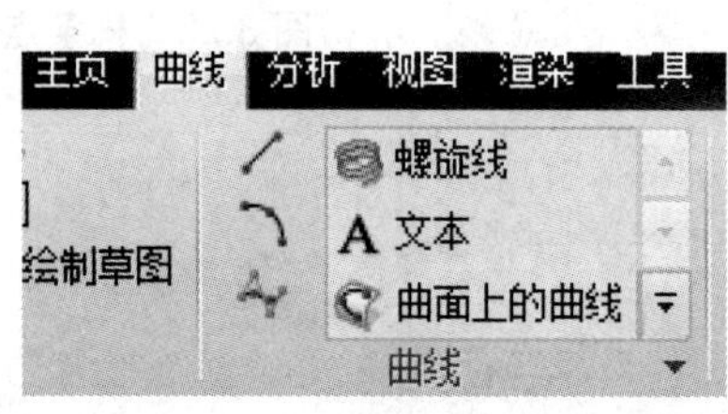

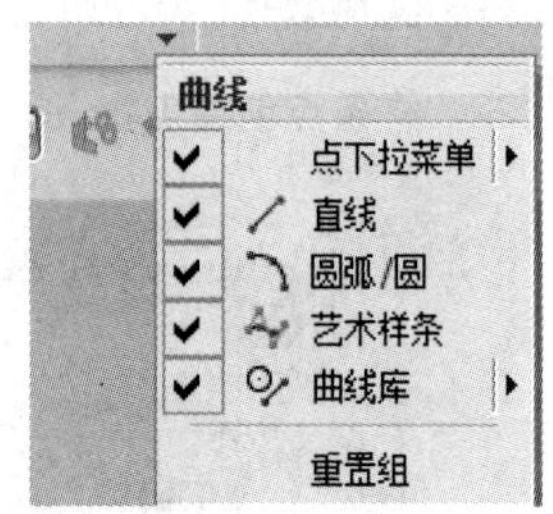

图 3.28 调出曲线图标操作步骤

3.2.1 直线

直线命令用来创建直线。在 UG NX 设计环境空间，选择【菜单】→【插入】→【曲线】→【直线】下拉菜单，或单击“曲线”工具条中的 ╱ 图标，弹出如图 3.29 所示的【直线】对话框。

1. 起点选项

在视图区域中选择直线的起点。直线的起点共有自动判断、点、相切三种选项，如图 3.30 所示。

(1) 自动判断：系统自动根据操作界面的情况判断点的位置。

(2) 点：用鼠标在操作界面指定点的位置或者如图 3.31 所示输入点的位置坐标。

(3) 相切：直线与圆弧或者圆相切。

2. 终点或方向

设置直线的终点的位置，与起点类似，一共有七种方式，如图 3.32 所示。

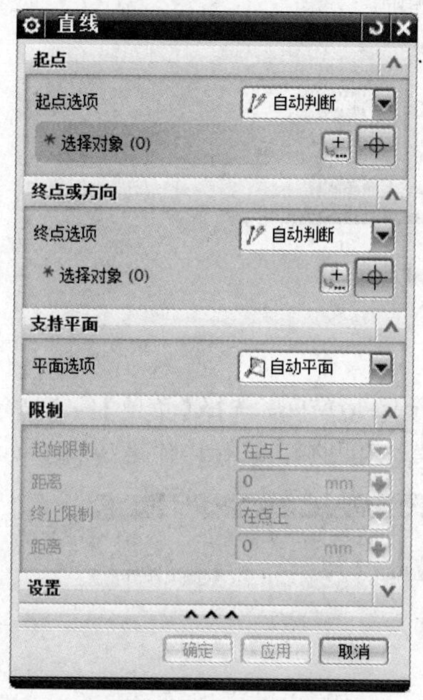

图 3.29 【直线】对话框

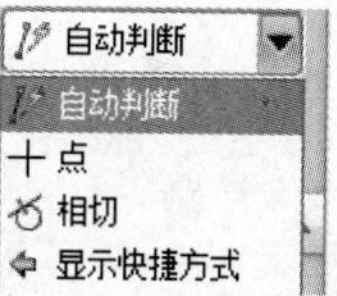

图 3.30 【直线】起点对话框

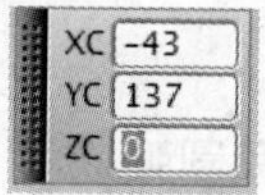

图 3.31 点坐标位置

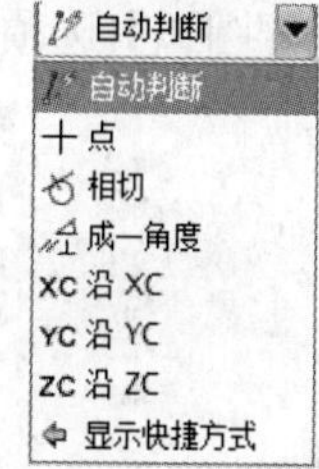

图 3.32 【直线终点或方向】对话框

3. 支持平面

设置直线平面的位置，包括自动平面、锁定平面和选择平面这三种平面选项。

(1) 自动平面：系统自动创建直线平面位置。

(2) 锁定平面：限定直线位置平面。

(3) 选择平面：选取现有平面作为直线平面。

4. 限制

主要设置直线的起始限制、距离、终止限制等位置。

3.2.2 圆弧/圆

主要创建圆弧或圆的特征。在 UG NX 设计环境空间，选择【菜单】→【插入】→【曲线】→【圆弧/圆】选项或者选择【曲线】工具栏，单击 图标，弹出如图 3.33 所示的【圆弧/圆】对话框。

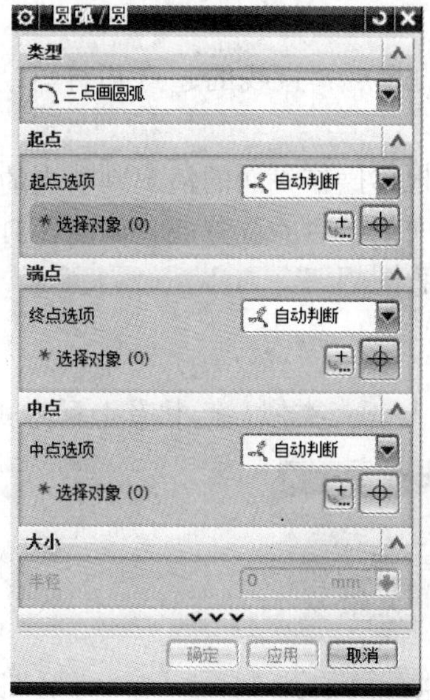

图 3.33 【圆弧/圆】对话框

3.2.3 直线和圆弧

主要用于创建直线和圆弧的特征。在 UG NX 设计环境空间，选择【菜单】→【插入】→【曲线】→【直线和圆弧】选项，再单击所需要创建的直线和圆弧，具体操作步骤如图 3.34 所示。

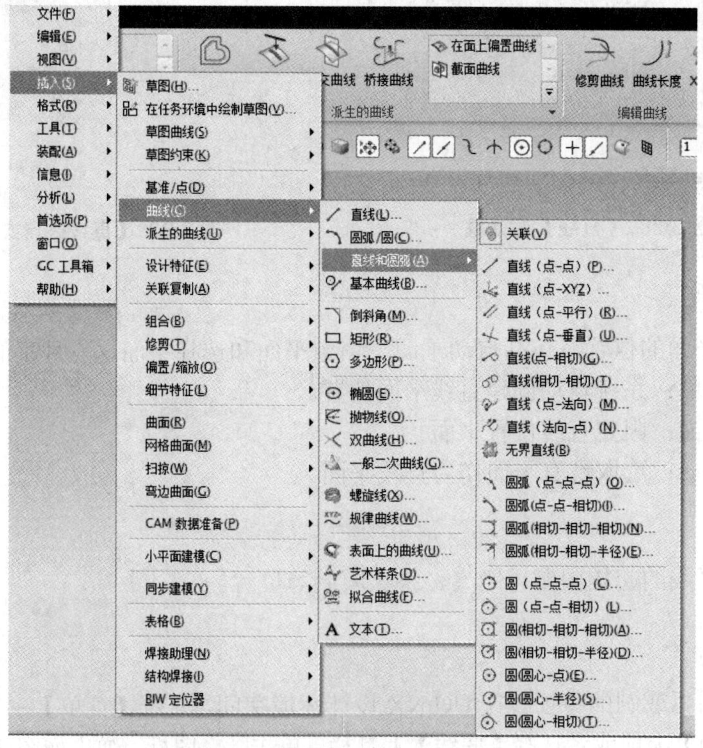

图 3.34 创建直线和圆弧的步骤

这里只对直线和圆弧的一部分做介绍。

1. 直线(相切-相切)

创建与两条曲线相切的直线。

打开直线相切的操作步骤：选择【菜单】→【插入】→【曲线】→【直线和圆弧】→【直线(相切-相切)】选项，弹出如图 3.35 所示的【直线(相切-相切)】对话框。

2. 圆(相切-相切-相切)

创建与三条曲线相切的圆。

打开圆(相切-相切-相切)的操作步骤：选择【菜单】→【插入】→【曲线】→【直线和圆弧】→【圆(相切-相切-相切)】选项，弹出如图 3.36 所示的【圆(相切-相切-相切)】对话框。

图 3.35 【直线(相切-相切)】对话框

图 3.36 【圆(相切-相切-相切)】对话框

3.2.4 基本曲线

功能：提供备选非关联曲线的创建和编辑工具。

打开基本曲线的操作步骤：选择【菜单】→【插入】→【曲线】→【基本曲线】选项，弹出如图 3.37 所示的【基本曲线】对话框和如图 3.38 所示的【跟踪条】对话框。

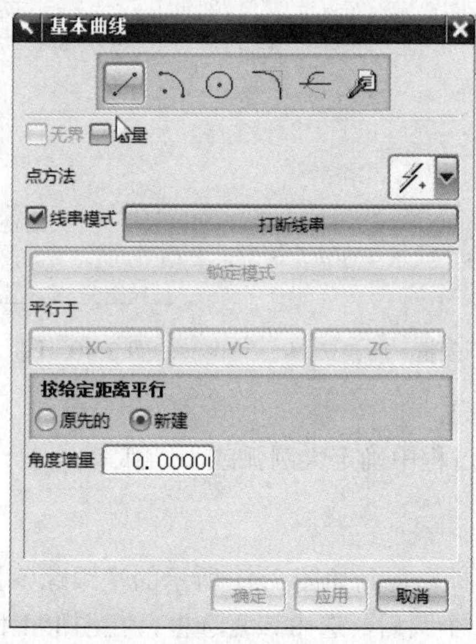

图 3.37 【基本曲线】对话框

图 3.38 【跟踪条】对话框

1. 建立直线

(1) 无界：建立的直线沿直线的方向延伸，不会有边界。

(2) 增量：系统通过增量的方式建立直线。

(3) 点方法：通过下拉列表框设置点的选择方式。共有自动判断点、光标定位等十种方式，如图 3.39 所示的点方法列表框。

(4) 线串模式：把第一条直线的终点作为第二条直线的起点。

(5) 打断线串：在线串模式下，单击该按钮可以终止连续绘制。

(6) 平行于：用来绘制平行于 *XC* 轴、*YC* 轴和 *ZC* 轴的平行线。

(7) 角度增量：确定圆周方向的捕捉间隔。

2. 圆弧

在图 3.37 中单击 图标，得到如图 3.40 所示的【基本曲线】对话框。

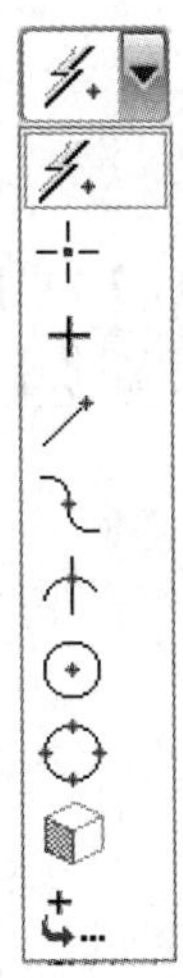

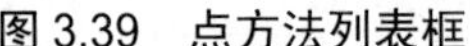
图 3.39　点方法列表框

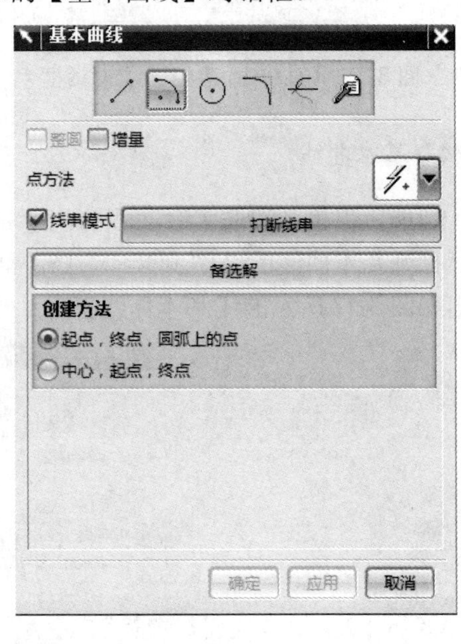

图 3.40 【基本曲线】对话框——圆弧

(1) 整圆：绘制一个整圆。

(2) 备选解：在画圆弧过程中确定大圆弧或小圆弧等。

3. 圆

在图 3.37 中单击 图标，得到如图 3.41 所示的【跟踪条】对话框。其中多个位置是指当在图形工作区绘制了一个圆后，选中该复选框，在图形工作区输入圆心后生成与已绘制圆同样大小的圆。

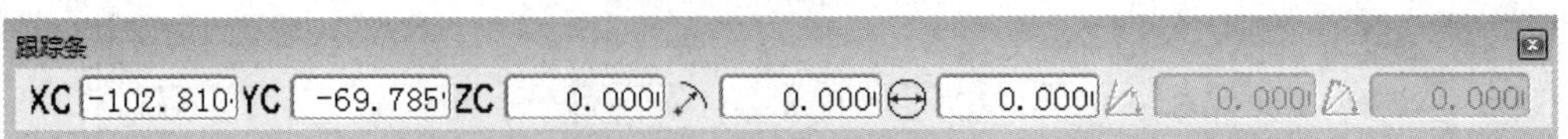

图 3.41 【跟踪条】对话框

4. 圆角

在如图 3.37 所示的对话框中单击图标，弹出如图 3.42 所示的【曲线倒圆】对话框。

(1) 简单倒圆：只能用于对直线的倒圆，在半径输入文本框中输入半径，或可以选择要修剪的对象，单击【确定】按钮。

(2) 曲线倒圆：可以对曲线进行倒圆，操作与简单倒圆相似。

(3) 曲线倒圆：对三条曲线或直线进行倒圆。

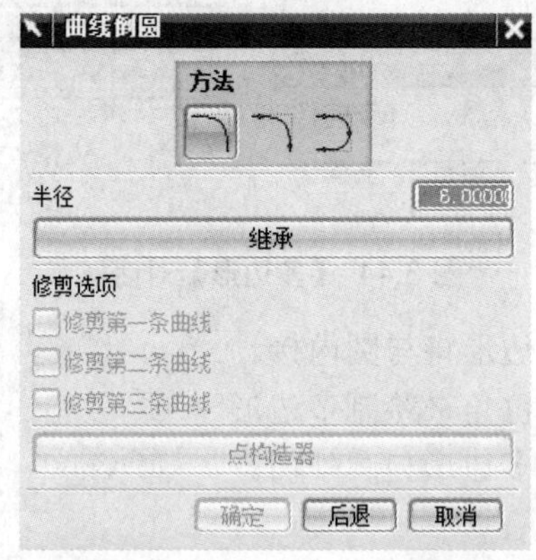

图 3.42 【曲线倒圆】对话框

3.2.5 倒斜角

功能：对两条共面的直线或曲线之间的尖角进行倒斜角。

打开倒斜角的操作步骤：选择【菜单】→【插入】→【曲线】→【倒斜角】选项，弹出如图 3.43 所示的【倒斜角】对话框。其中，倒斜角有两种方法：简单倒斜角和用户定义倒斜角。

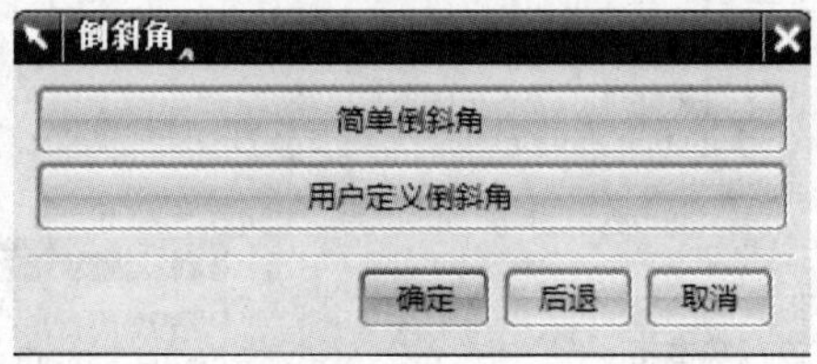

图 3.43 【倒斜角】对话框

(1) 简单倒斜角：对一般的曲线作倒角。

(2) 用户定义倒斜角：根据用户的需要，自己设置倒斜角。

3.2.6 矩形

功能：通过选择两个对角来创建矩形。

打开矩形的操作步骤：选择【菜单】→【插入】→【曲线】→【矩形】选项，弹出如图 3.2 所示【点】对话框，选择点后单击【确定】按钮，提示用户依次指定两点，作为矩形的一对对角点。

3.2.7 多边形

功能：创建具有指定数量的边的多边形。

打开多边形的操作步骤：选择【菜单】→【插入】→【曲线】→【多边形】选项。设置侧面数后单击【确定】按钮，打开如图 3.44 所示的对话框。其中，多边形创建方式有三种：内接半径、多边形边数和外切圆半径。

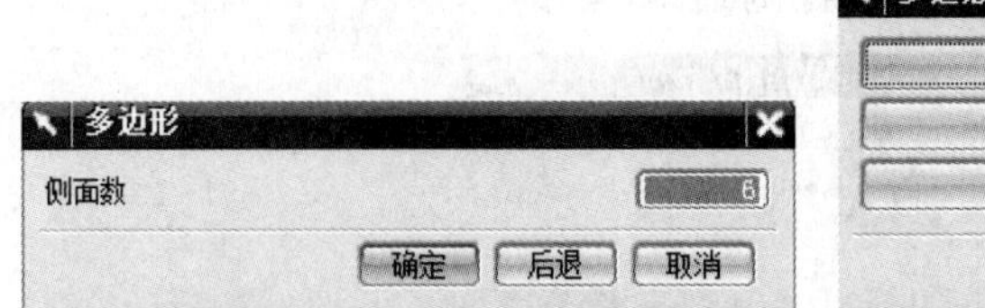

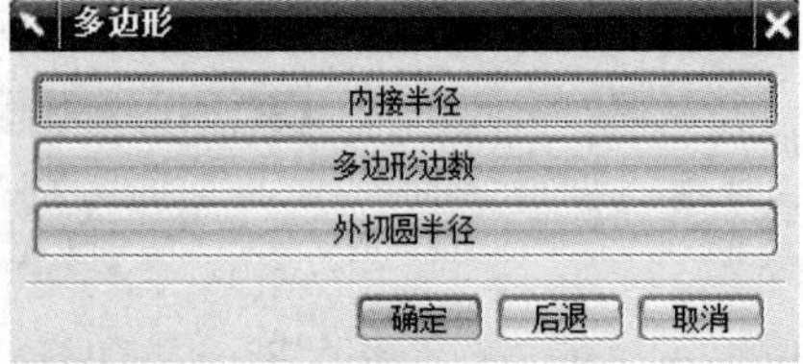

图 3.44 【多边形】对话框

(1) 内接半径：绘制的多边形将与圆内接。

(2) 多边形边数：根据方位角来绘制多边形。

(3) 外切圆半径：绘制的多边形与圆外切。

3.2.8 椭圆

功能：创建具有指定中心点和尺寸的椭圆。

打开椭圆的操作步骤：选择【菜单】→【插入】→【曲线】→【椭圆】选项，弹出如图 3.45 所示的【点】对话框。先选择点，确定椭圆的中心点，然后单击【确定】按钮，弹出如图 3.46 所示的【椭圆】对话框。

图 3.45 【点】对话框

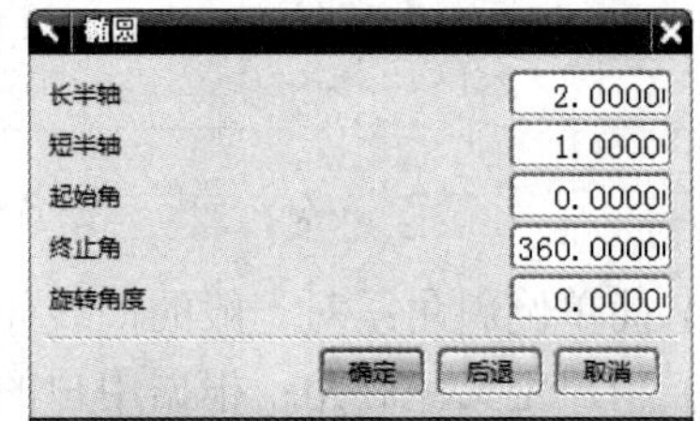

图 3.46 【椭圆】对话框

3.2.9 抛物线

功能：创建具有指定边缘点和尺寸的抛物线。

打开抛物线的操作步骤：选择【菜单】→【插入】→【曲线】→【抛物线】选项。先选择点，确定抛物线的顶点，然后单击【确定】按钮，弹出【抛物线】对话框，如图 3.47 所示。

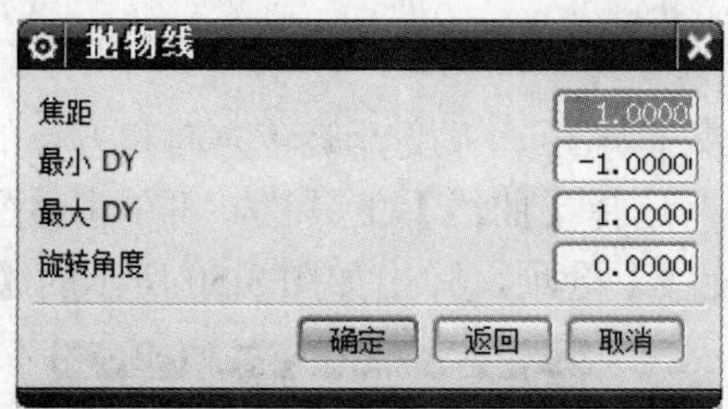

图 3.47 【抛物线】对话框

3.2.10 双曲线

功能：创建具有指定顶点和尺寸的双曲线。

打开双曲线的操作步骤：选择【菜单】→【插入】→【曲线】→【双曲线】选项。先选择点，确定双曲线的中点，然后单击【确定】按钮，弹出如图 3.48 所示的【双曲线】对话框。

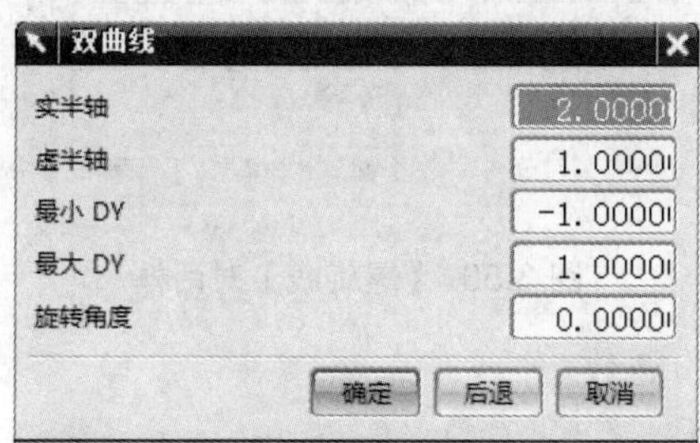

图 3.48 【双曲线】对话框

3.2.11 一般二次曲线

功能：通过使用各种放样二次曲线方法或一般二次曲线方程来创建二次曲线截图。

打开一般二次曲线的操作步骤：选择【菜单】→【插入】→【曲线】→【一般二次曲线】选项，弹出如图 3.49 所示的【一般二次曲线】对话框。

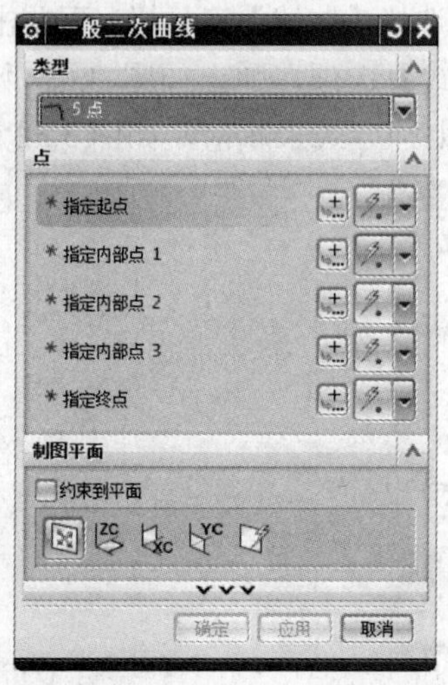

图 3.49 【一般二次曲线】对话框

3.2.12 螺旋线

功能：创建具有指定圈数、螺距、弧度、旋转方向和方位的螺旋线。

打开螺旋线的操作步骤：选择【曲线】工具栏，再单击图标，或者选择【菜单】→【插入】→【曲线】→【螺旋线】选项，弹出如图 3.50 所示的【螺旋线】对话框。

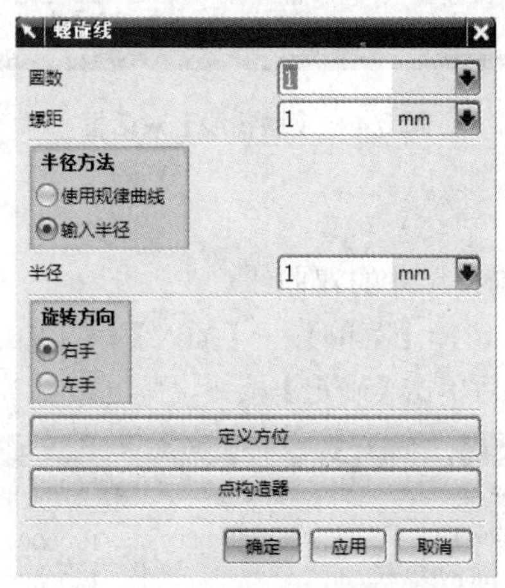

图 3.50 【螺旋线】对话框

(1) 圈数：螺旋线旋转的圈数。

(2) 螺距：螺旋线的螺距。

(3) 半径方法。①使用规律曲线：螺旋线按照规律曲线变化。②输入半径：以恒定的半径创建螺旋线。

(4) 旋转方向：按照右手或左手原则。

3.2.13 规律曲线

功能：通过使用规律函数(如常数、线性、三次和方程)来创建曲线样条特征。

打开规律曲线的操作步骤：选择【曲线】工具栏，再单击图标，或者选择【菜单】→【插入】→【曲线】→【规律曲线】选项，弹出如图 3.51 所示的【规律曲线】对话框。其中每个坐标值(X、Y、Z)设定了七种方式来赋值，如图 3.52 所示。

图 3.51 【规律曲线】对话框

图 3.52 规律类型下拉列表

(1) 恒定：绘制的规律曲线坐标值不变。

(2) 线性：绘制的规律曲线坐标值在某数值范围内呈线性变化。

(3) 三次：绘制的规律曲线坐标值在某数值范围内呈三次方规律。

(4) 沿脊线的线性：绘制的规律曲线坐标值在沿一条脊线设置的两点或多个点所对应的规律范围内呈线性变化。

(5) 沿脊线的三次：绘制的规律曲线坐标值在沿一条脊线设置的两点或多个点所对应的规律范围内呈三次方变化。

(6) 根据方程：绘制的规律曲线坐标值根据表达式变化。

(7) 根据规律曲线：绘制的规律曲线坐标值是利用已有的曲线的规律来控制的。

3.2.14　曲面上的曲线

功能：在曲面上直接创建曲线样条特征。

打开曲面上的曲线的操作步骤：选择【曲线】菜单，再单击图标，或者选择【菜单】→【插入】→【曲线】→【曲面上的曲线】选项，弹出如图 3.53 所示的【曲面上的曲线】对话框。

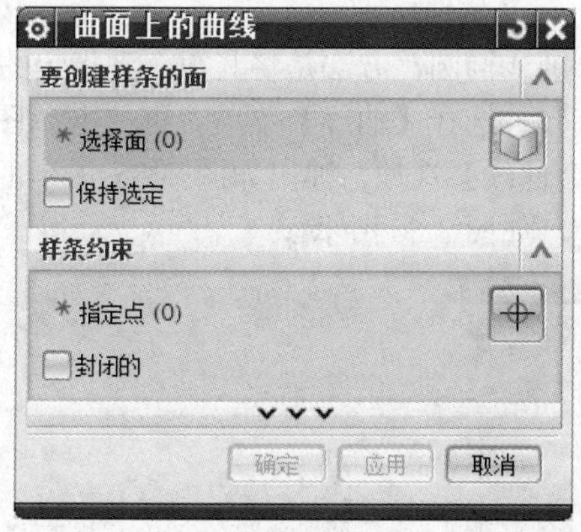

图 3.53 【曲面上的曲线】对话框

3.2.15　艺术样条

功能：通过拖放定义点或者极点并在定义点指派斜率或曲率约束，动态创建或编辑样条。

打开艺术样条的操作步骤：选择【曲线】菜单，再单击图标，或者选择【菜单】→【插入】→【曲线】→【艺术样条】选项，弹出如图 3.54 所示的【艺术样条】对话框。其中创建艺术样条的类型有两种：通过点和极点来创建样条曲线。

(1) 点创建：可以通过控制点的位置来绘制样条曲线。

(2) 极点创建：通过极点来绘制样条曲线。

图 3.54 【艺术样条】对话框

3.2.16 拟合曲线

功能：创建样条、线、圆或椭圆，方法是将其拟合到指定的数据。

打开拟合曲线的操作步骤：选择【曲线】菜单，再单击图标，或者选择【菜单】→【插入】→【曲线】→【拟合曲线】选项，弹出如图 3.55 所示的【拟合曲线】对话框。其中创建拟合曲线有四种类型，如图 3.56 所示。

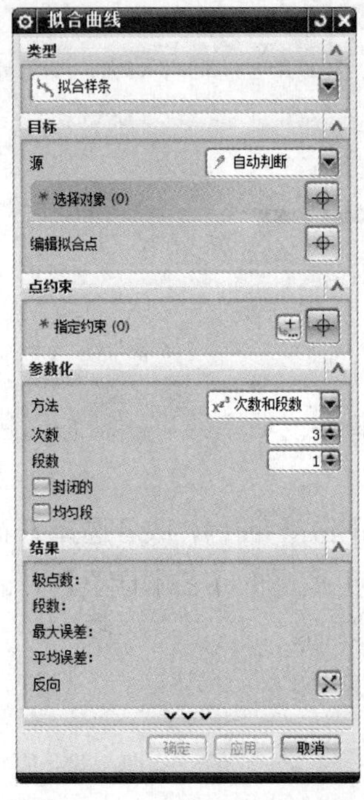

图 3.55 【拟合曲线】对话框

图 3.56 创建拟合曲线的类型

3.2.17 文本

功能：通过读取文本字符串(以指定的字体)并产生作为字符轮廓的线条和样条，来创建文本作为设计元素。

打开文本的操作步骤：选择【曲线】菜单，再单击A图标，或者选择【菜单】→【插入】→【曲线】→【文本】选项，弹出如图3.57所示的【文本】对话框。其中创建文本的格式有三种，如图3.58所示。

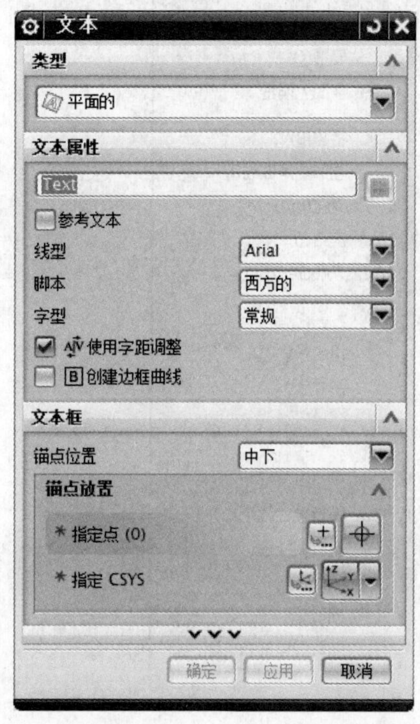

图3.57 【文本】对话框

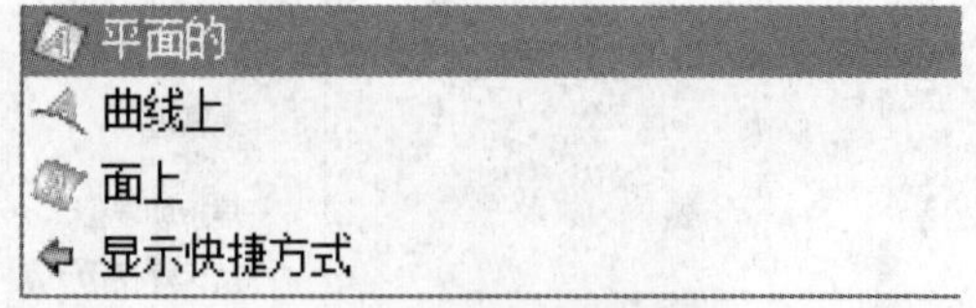

图3.58 文本类型对话框

3.3 派生曲线

派生曲线主要是根据已经存在的曲线创建新曲线，打开方式为：选择【菜单】→【插入】→【曲线】选项，然后选择所要绘制的曲线。

调出曲线图标：如果没有相应曲线的图标，可以选择【曲线】工具栏，单击▾图标，勾选派生曲线下拉菜单，此时就可以将相应曲线的图标放到【曲线】工具栏中，具体操作步骤如图3.59所示。

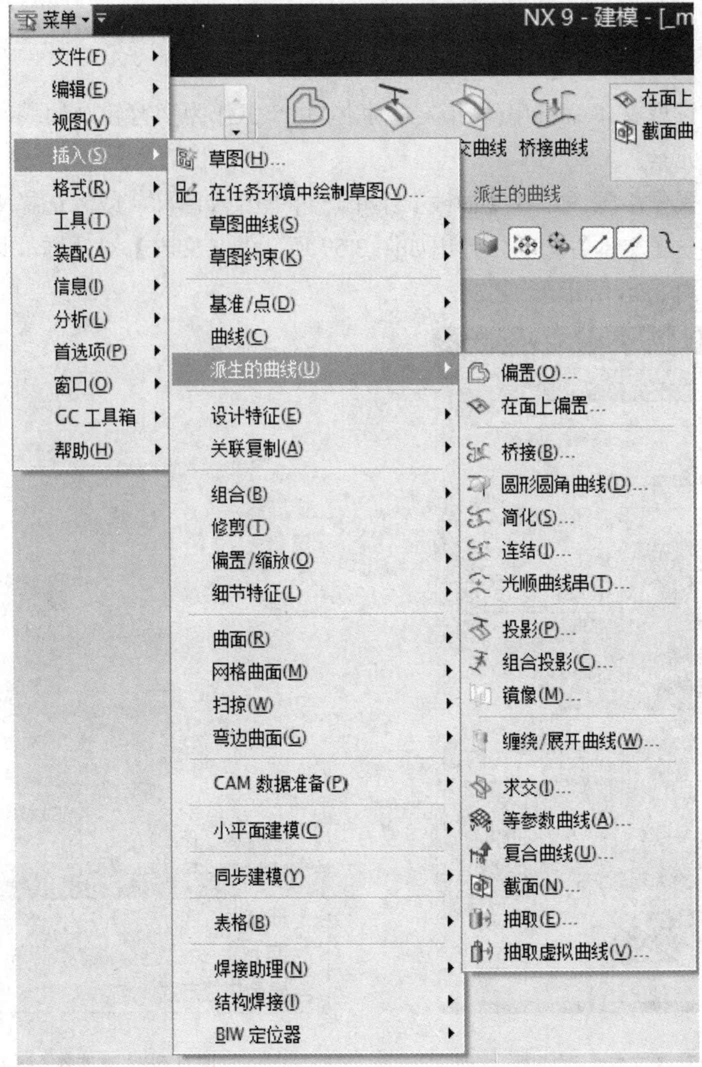

图 3.59 派生曲线操作步骤

3.3.1 偏置

功能：偏置曲线链。

打开偏置的操作步骤为：选择【菜单】→【插入】→【派生的曲线】→【偏置】选项，弹出如图 3.60 所示的【偏置曲线】对话框。其中偏置类型有四种，如图 3.61 所示。

(1) 距离：按照给定的距离偏置曲线。

(2) 拔模：按照给定的拔模角度，把对象偏置到与对象所在平面相距拔模高度的平面。其中，拔模角度为偏置方向与原对象所在平面法线的夹角，拔模高度为原对象所在平面与偏置后对象所在平面之间的距离。

(3) 规律控制：按照通过规律子功能控制偏置距离来偏置对象。

(4) 3D 轴向：按照指定偏置轴矢量和沿着轴矢量方向的三维偏置值来偏置对象。

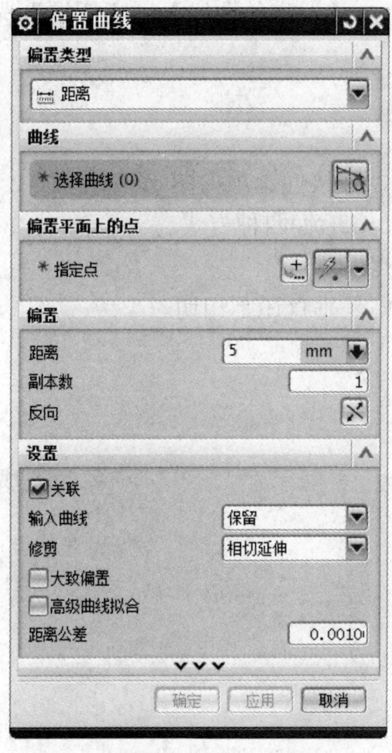

图 3.60 【偏置曲线】对话框

图 3.61 偏置类型

3.3.2 在面上偏置

功能：沿曲线所在的面偏置曲线。

打开在面上偏置的操作步骤：选择【菜单】→【插入】→【派生的曲线】→【在面上偏置】选项，弹出如图 3.62 所示的【在面上偏置曲线】对话框。其中类型分为恒定和可变两种。

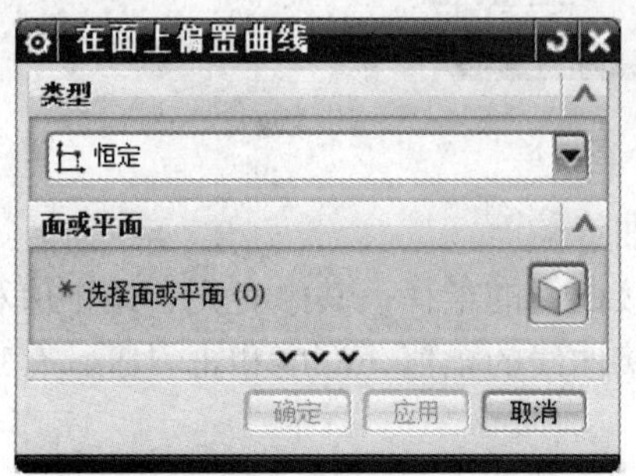

图 3.62 【在面上偏置曲线】对话框

3.3.3 桥接

功能：创建两个对象之间的相切圆角曲线，从而将两个曲线对象桥接起来，也叫过渡曲线。

打开桥接的操作步骤：选择【菜单】→【插入】→【派生的曲线】→【桥接】选项，弹出如图 3.63 所示的【桥接曲线】对话框。

(1) 起始对象：选择桥接的第一个对象。

(2) 终止对象：选择桥接的第二个对象。

(3) 连接性：用于设置曲线的连续性位置和方向，连接性选项如图 3.64 所示。

① 连续性：有 G0(位置)、G1(相切)、G2(曲率)、G3(流)四种方式。

② 位置：利用参数设置桥接曲线的起点和结束点。

③ 方向：控制连接曲线在被连接曲线交点处方向是垂直还是相切。

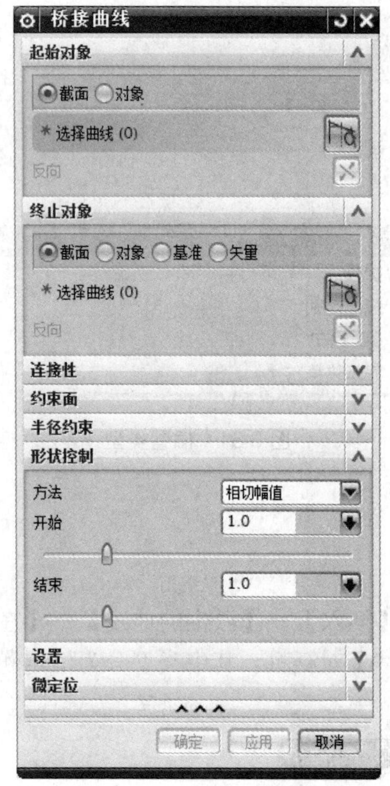

图 3.63 【桥接曲线】对话框

图 3.64 连接性选项

(4) 约束面：限制桥接曲线的面。

(5) 半径约束：限制桥接曲线的半径，其中有无、最小值和峰值三种方式。

(6) 形状控制：控制桥接曲线的幅值、深度和歪斜等，有三种方法，分别为相切幅值、深度和歪斜度、模板曲线。

3.3.4 圆形圆角曲线

功能：创建两个曲线链之间具有指定方向的圆形倒圆曲线。生成的曲线与两条输入曲线相切，同时创建的曲线在垂直于选定矢量方向的平面上的投影为圆弧。

打开圆形圆角曲线的操作步骤：选择【菜单】→【插入】→【派生的曲线】→【圆形圆角曲线】选项，弹出如图 3.65 所示的【圆形倒圆曲线】对话框。

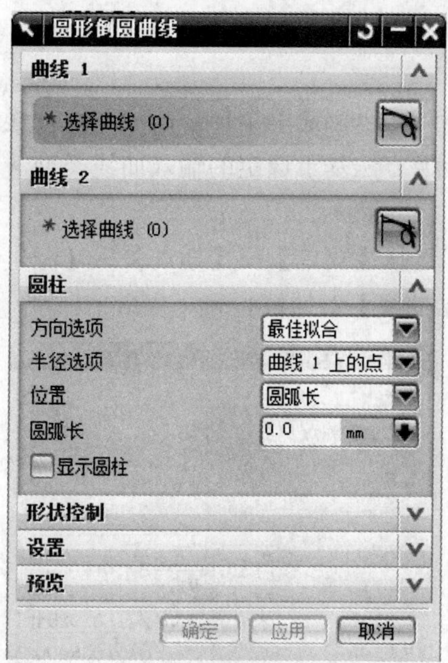

图 3.65 【圆形倒圆曲线】对话框

圆柱有如下四个选项。

(1) 方向选项：选择曲线的方向。

(2) 半径选项：确定半径的位置。

(3) 位置：曲线的方位。

(4) 圆弧长：圆弧的长度。

3.3.5 简化

功能：从曲线链连接创建一串最佳拟合直线和圆弧。如果选择的是一条曲线，则将其打断成若干条直线和圆弧段。

打开简化的操作步骤：选择【菜单】→【插入】→【派生的曲线】→【简化】选项，弹出如图 3.66 所示的【简化曲线】对话框。

图 3.66 【简化曲线】对话框

(1) 保持：保持原有曲线。

(2) 删除：删除原有曲线。

(3) 隐藏：把原有的曲线隐藏。

3.3.6 连结

功能：将曲线链连结在一起以创建单个样条曲线。执行连结曲线命令时，每条输入曲线均会转换为样条样式。转换方法基于选定的输入曲线类型。然后，所连结的样条曲线就会连结成一条样条曲线。

打开连结的操作步骤：选择【菜单】→【插入】→【派生的曲线】→【连结】选项，弹出如图 3.67 所示的【连结曲线】对话框。

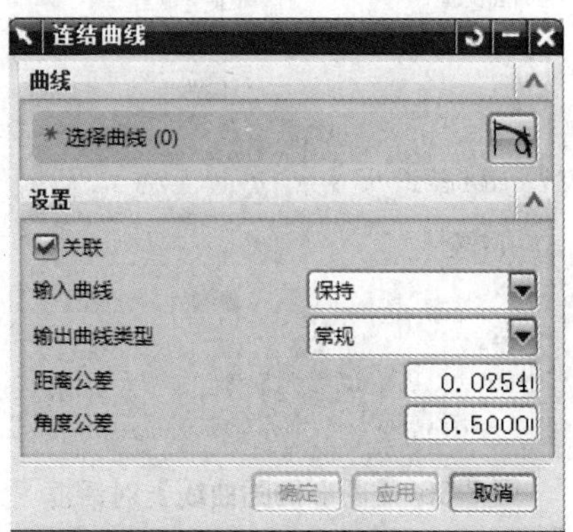

图 3.67 【连结曲线】对话框

3.3.7 投影

功能：将曲线、边或点投影至面或平面。如果投影曲线与面上的孔或面上的边缘相交，则投影曲线会被面上的孔或边缘所裁剪。

打开投影的操作步骤：选择【菜单】→【插入】→【派生的曲线】→【投影】选项，弹出如图 3.68 所示的【投影曲线】对话框。

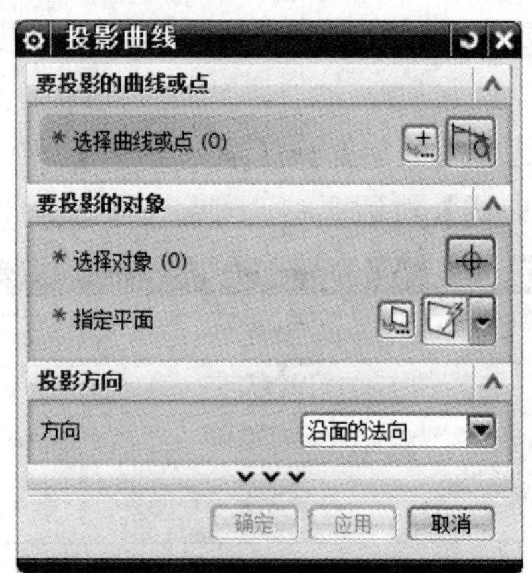

图 3.68 【投影曲线】对话框

(1) 选择曲线或点：选择要投影的曲线和点。

(2) 指定平面：创建平面作为投影面。

(3) 投影方向：包括沿面的法向、朝向点、朝向直线、沿矢量和与矢量成角度五种方向。

① 沿面的法向：把投影面的法向线作为投影面。

② 朝向点：需要投影的曲线上的每一点与指定点连接成直线，其与指定表面的所有交点构成的曲线即为所需创建的投影曲线。

③ 朝向直线：作过所需要投影的曲线上的每一点与指定直线的垂线，其与指定表面的所有交点构成的曲线即为所需创建的投影曲线。

④ 沿矢量：作过所需要投影的曲线上的每一点与指定矢量的平行线，其与指定表面的所有交点构成的曲线即为所需创建的投影曲线。

⑤ 与矢量成角度：投影的方向与矢量的法向在指定的角度方向上。

3.3.8 组合投影

功能：通过组合两条投影相交的曲线的投影来创建一条新的曲线。它和投影命令类似。

打开组合投影的操作步骤：选择【菜单】→【插入】→【派生的曲线】→【组合投影】选项，弹出如图 3.69 所示的【组合投影】对话框。

图 3.69 【组合投影】对话框

3.3.9 镜像

功能：从穿过基准平面或平的曲面创建镜像曲线。

打开镜像的操作步骤：选择【菜单】→【插入】→【派生的曲线】→【镜像】选项，弹出如图 3.70 所示的【镜像曲线】对话框。

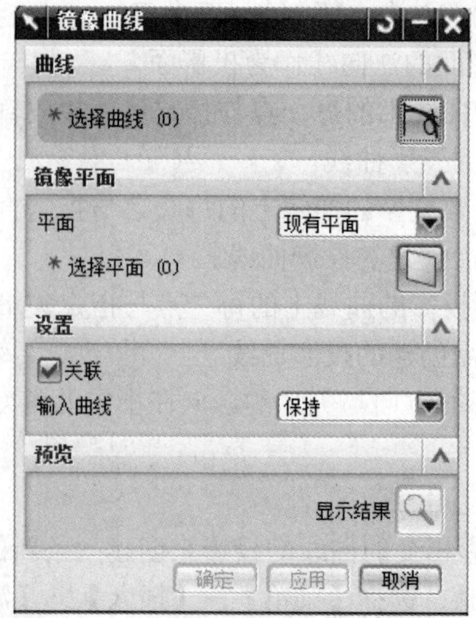

图 3.70 【镜像曲线】对话框

3.3.10 缠绕/展开曲线

功能：将曲线从平面缠绕至圆锥或圆柱体，或将曲线从圆锥或圆柱体面展开至平面。

选择【菜单】→【插入】→【派生的曲线】→【缠绕/展开曲线】选项，弹出如图 3.71 所示的【缠绕/展开曲线】对话框。

图 3.71 【缠绕/展开曲线】对话框

3.4 曲线的编辑

利用曲线的编辑参数可以编辑直线、圆弧、圆、样条曲线等，包括修剪曲线、曲线长度、光顺样条、模板成型等编辑曲线命令，如图 3.72 所示。本书着重介绍几种常用的曲线编辑命令。打开方式：在 UG NX 环境下，选择【菜单】→【编辑】→【曲线】选项，或在功能区【曲线】选项卡中单击所需要的曲线编辑命令图标。

3.4.1 修剪曲线

修剪和延伸曲线到指定的位置，选择【菜单】→【编辑】→【曲线】→【修剪】选项，或在功能区【曲线】选项卡的【编辑曲线】中单击图标，弹出如图 3.72 所示的【修剪曲线】对话框。具体操作步骤为：首先选择需要修剪的对象，然后选择要修剪的边界对象，接着确定对象的方向，包括最短的 3D 距离、相对于 WCS、沿一矢量、沿屏幕的垂直方向四种类型，最后在设置选项中设置一些基本的参数，得到所需要的修剪曲线。

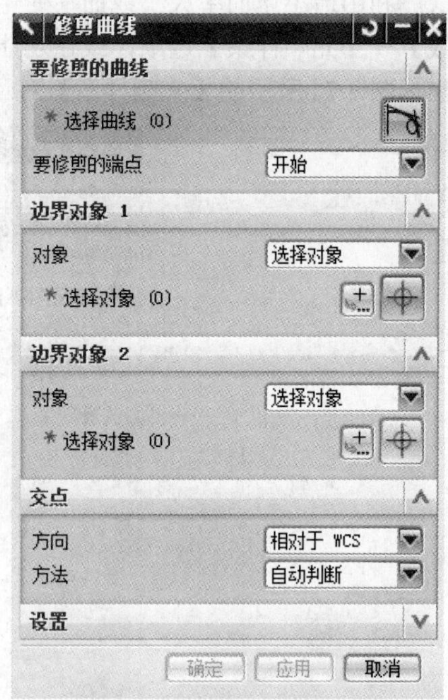

图 3.72 【修剪曲线】对话框

3.4.2 曲线长度

在曲线的端点处延伸或收缩一定的长度，使达到总的曲线长。选择【菜单】→【编辑】→【曲线】→【曲线长度】选项，或在功能区【曲线】选项卡的【编辑曲线】中单击图标，弹出如图 3.73 所示的【曲线长度】对话框。

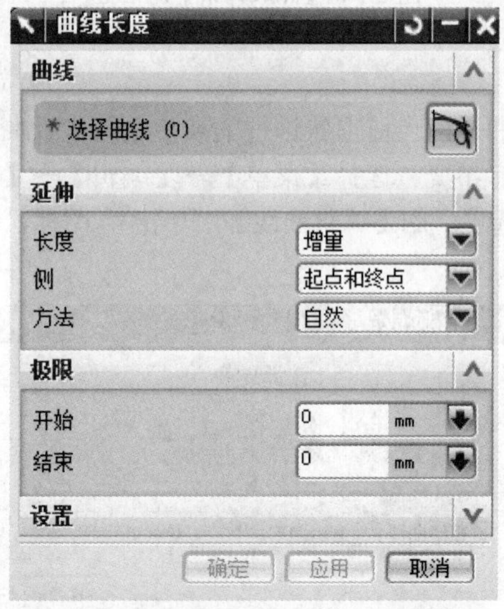

图 3.73 【曲线长度】对话框

3.4.3 光顺样条

利用最小化曲率大小或曲率变化来移除样条的小缺陷。选择【菜单】→【编辑】→【曲线】→【光顺样条】选项，或在功能区【曲线】选项卡的【编辑曲线】中单击图标，弹出如图 3.74 所示的【光顺样条】对话框。

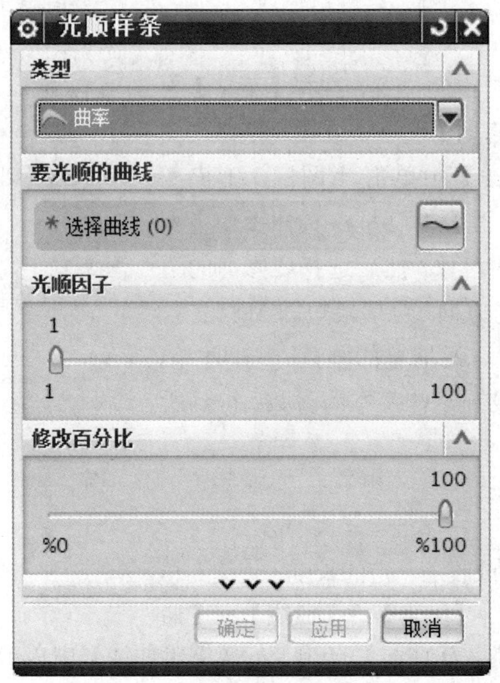

图 3.74 【光顺样条】对话框

3.4.4 模板成型

将所需要进行成型的曲线的当前形状进行变换使之与模板曲线的形状相匹配，但是其原始曲线的起点和终点保持不变。选择【菜单】→【编辑】→【曲线】→【模板成型】选项，或在功能区【曲线】选项卡的【编辑曲线】中单击图标，弹出如图 3.75 所示的【模板成型】对话框。

图 3.75 【模板成型】对话框

3.5 草 图

草图可以对平面图形进行尺寸驱动，用于定义特征的截面形状、尺寸和位置。草图是由草图平面、草图坐标系、草图曲线、草图约束构成的。本节主要通过对草图这四部分的介绍对草图进行学习。

3.5.1 草图平面设置

在 NX 9.0 环境下有两种绘制草图的模式：草图任务环境模式和直接草图模式。实际设计时应注意选择最好的模式来绘制草图。

草图任务环境模式：选择【菜单】→【插入】→【在任务环境中绘制草图】选项，或者在功能区【主页】选项卡中单击图标。

直接草图模式：选择【菜单】→【插入】→【草图】选项，或者在功能区【曲线】选项卡中单击图标。

无论是在哪种模式下绘制草图，都会弹出如图 3.76 所示的【创建草图】对话框，提示用户选择一个安放草图的平面。

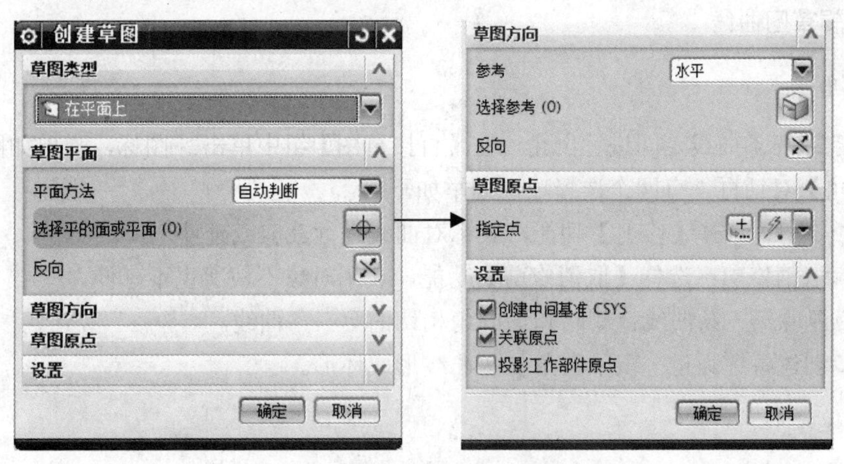

图 3.76 【创建草图】对话框

3.5.2 绘制简单草图曲线

设定好草图平面后，需要添加曲线来绘制草图，大多数的命令在 3.2 节已经讲过。

1. 轮廓

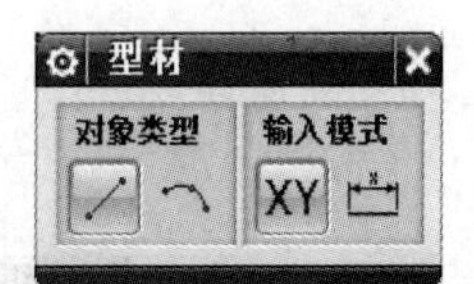

图 3.77 轮廓绘图工具条

以线串模式创建一系列连接的直线或圆弧；也就是说，上一条曲线的终点变成下一条曲线的起点。在【直接草图】组中单击图标，弹出如图 3.77 所示的轮廓绘图工具条。其实创建草图后，系统会自动执行轮廓线。

2. 创建直线

用约束自动判断创建直线。在【直接草图】组中单击 图标，弹出如图 3.78 所示的【直线】对话框。

3. 创建圆

通过三点或通过指定其中心和直线创建圆。在【直接草图】组中单击 图标，弹出如图 3.79 所示的【圆】对话框。

4. 创建圆弧

通过三点或通过指定其中心和端点创建圆弧。在【直接草图】组中单击 图标，弹出如图 3.80 所示的【圆弧】对话框。

图 3.78 【直线】对话框

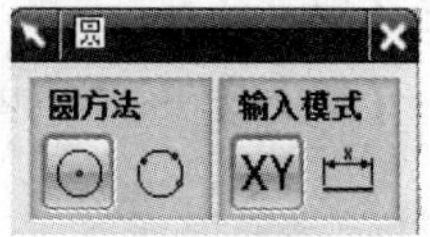

图 3.79 【圆】对话框

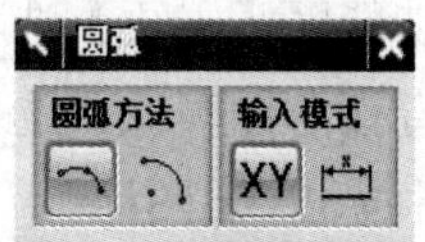

图 3.80 【圆弧】对话框

3.5.3 编辑草图曲线

1. 圆角

在两条或三条曲线之间进行倒角，在【直接草图】组中单击 图标，弹出如图 3.81 所示的【圆角】对话框，有四个选择项，列举如下。

(1) 修剪：选择【修剪】功能，表示对曲线进行裁剪或延伸。

(2) 取消修剪：选择【取消修剪】功能，表示对象不裁剪也不延伸。

(3) 删除第三条曲线：删除和该圆角相切的第三条曲线。

(4) 创建备选圆角：表示圆角与两曲线形成环形。

2. 快速修剪

以任意方向将曲线修剪至最近的交点或选定的边界。在【直接草图】组中单击 图标，弹出如图 3.82 所示的【快速修剪】对话框。

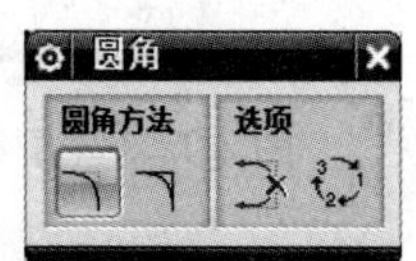

图 3.81 【圆角】对话框

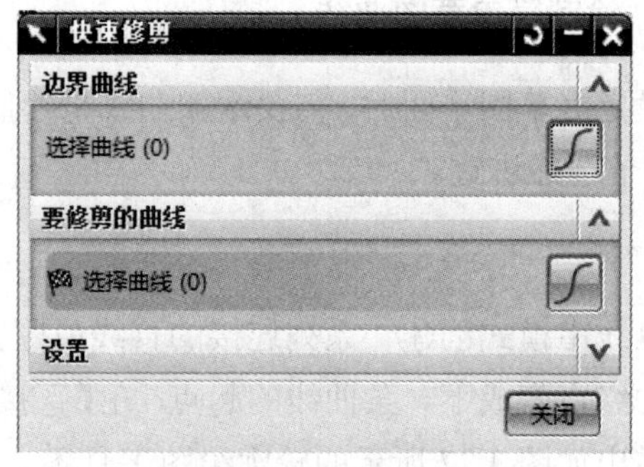

图 3.82 【快速修剪】对话框

3. 快速延伸

将所需要编辑的曲线延伸至另一临近曲线或选定的边界，在【直接草图】组中单击图标，弹出如图 3.83 所示的【快速延伸】对话框。

4. 制作拐角

延伸和修剪两条曲线以制作拐点。在【草图曲线】工具条中单击图标，弹出如图 3.84 所示的【制作拐角】对话框，按照对话框的提示选择两条曲线制作拐角。

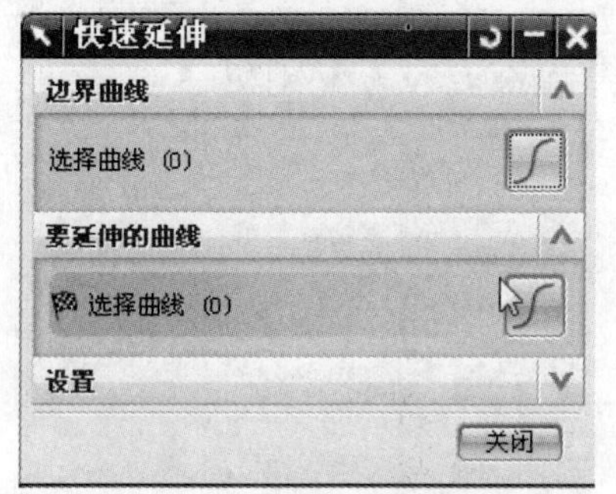

图 3.83 【快速延伸】对话框

图 3.84 【制作拐角】对话框

5. 其他编辑曲线

(1) 修剪配方曲线：相关的修剪配方(投影/相交)曲线到指定的边界，其中配方曲线包括投影曲线和相交曲线。

(2) 移动曲线：移动一组曲线并调整相邻曲线以适应。可以通过曲线查找器辅助选择所需移动的曲线，选择不同的移动选项和不同的变换参数来移动曲线。

(3) 偏置移动曲线：将需要移动的曲线组通过指定的偏置距离来移动，并调整相邻曲线以适应。

(4) 删除曲线：删除一组曲线并调整相邻曲线以适应。

(5) 调整曲线尺寸：通过更改半径或直径调整一组曲线的大小并调整相邻曲线以适应。

3.5.4 草图约束

1. 尺寸约束

在功能区【主页】选项卡中单击【直接草图】组中的尺寸约束图标，包括快速尺寸图标、线性尺寸图标、径向尺寸图标、角度尺寸图标和周长尺寸图标。

(1) 快速尺寸：通过选定的对象或者光标的位置自动判断尺寸的类型来创建尺寸约束。

(2) 线性尺寸：在两点或者两个对象之间创建线性距离约束。

(3) 径向尺寸：创建圆弧或圆之间半径或直径尺寸约束。

(4) 角度尺寸：创建两条不平行直线之间角度尺寸约束。

(5) 周长尺寸：通过创建周长约束来控制直线或圆弧的长度。

2. 几何约束

几何约束是创建草图对象的几何特征，和尺寸约束不同。在功能区【主页】选项卡中单击【直接草图】组中的几何约束图标，弹出如图 3.85 所示的【几何约束】对话框。这些约束关系包括重合、点在曲线上、相切等，如图 3.86 所示。

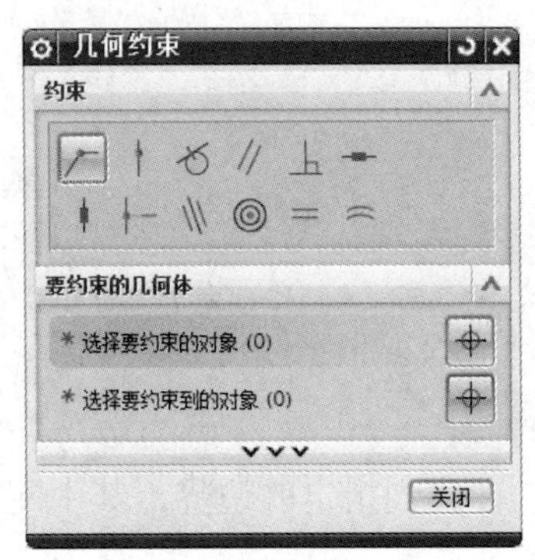

图 3.85 【几何约束】对话框

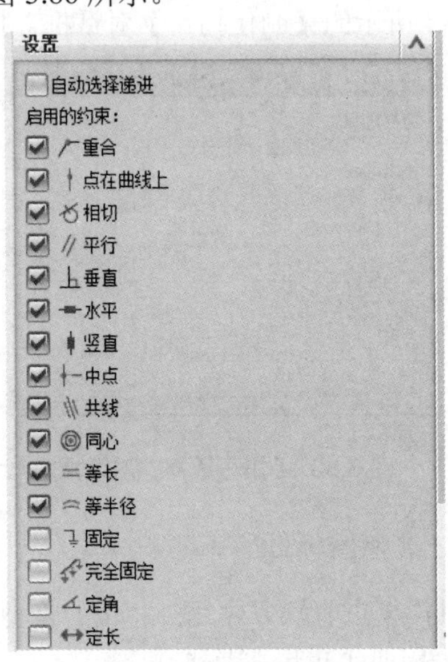

图 3.86 几何约束关系

3. 设为对称

设为对称是指将两个点或曲线约束为相对于草图上的对称线对称。在功能区【曲线】选项卡中单击【草图环境】组中的设为对称图标，弹出如图 3.87 所示的【设为对称】对话框。

4. 显示/移除约束

显示与选定的草图几何图形关联的几何约束，并移除所有这些约束或列出信息，在功能区“曲线”选项卡中单击“草图环境”组中的显示/移除约束图标，弹出如图 3.88 所示【显示/移除约束】对话框。

(1) 选定的对象：显示选中的草图对象的几何约束。

(2) 活动草图中的所有对象：显示当前草图中的所有对象的几何约束。

(3) 包含：显示指定类型的几何约束。

(4) 排除：显示指定类型以外的其他几何约束。

(5) 显示约束：显示符合约束条件的对象。

(6) 信息：用于查询约束信息。单击该按钮，弹出如图 3.89 所示的【信息】窗口。

图 3.87 【设为对称】对话框

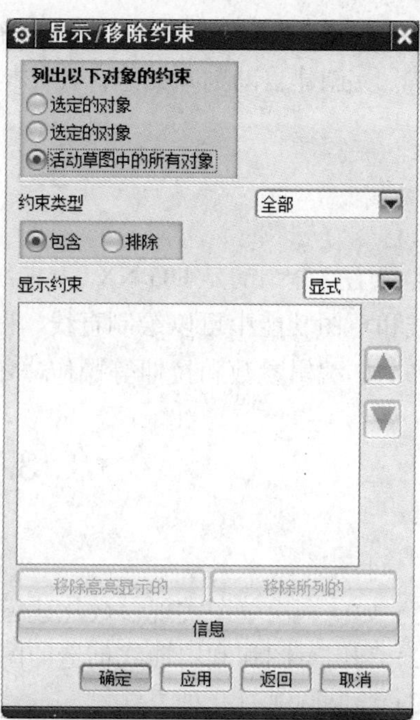

图 3.88 【显示/移除约束】对话框

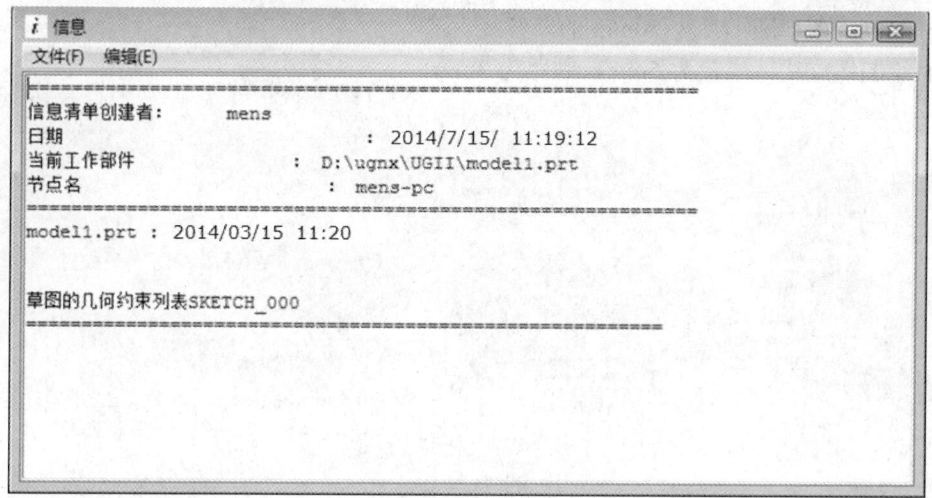

图 3.89 【信息】窗口

5. 其他草图约束

(1) 转换至/自参考对象：将草图曲线从活动转化成引用。

(2) 自动约束：设置自动施加于草图的约束类型。

(3) 显示所有约束：在图形中显示所有的约束。

(4) 不显示约束：系统不显示所有的约束。

(5) 备选解：备选尺寸或几何约束解算方案。

(6) 自动判断约束：控制那些在曲线构造过程中自动判断的约束。

(7) 创建自动判断约束：曲线构造过程中启用自动判断约束。

3.6 本章小结

本章主要介绍的是 UG NX 9.0 曲线和草图的基本功能，包括曲线的绘制、编辑和操作。在曲线和草图功能中可以绘制直线、圆弧、矩形和椭圆等，并且在曲线编辑功能下，可以进行修剪、编辑参数和拉伸等操作，还可以对曲线进行偏置、桥接、简化等操作。

3.7 习题

1. 问答题

(1) 如何利用草图实现参数化建模？

(2) 利用草图和利用曲线创造的图形的特点有什么异同？

(3) 绘制圆弧有几种方法？

(4) 思考偏置、投影、相交、截面命令在机械造型设计方面的可能应用。

2. 操作题

(1) 绘制一条基圆半径为 50mm 的渐开线。

(2) 绘制螺旋线，半径为 5mm，螺距为 3mm。

第4章 实体建模

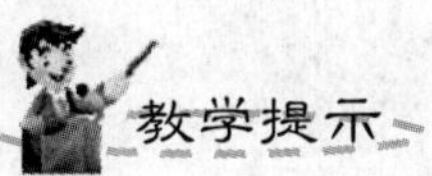

重点讲解实体模型的建立、曲线创建实体模型及综合实例运用等。

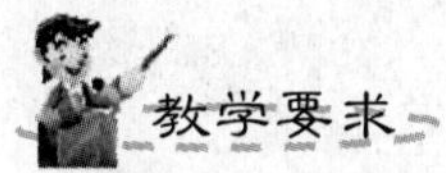

熟练掌握简单实体的建模方法，建立基本实体模型，包括长方体、圆柱体、圆锥体和球体。

4.1　基本实体模型的建立

基本实体模型是实体建模的基础，通过相关操作可以建立各种基本实体，包括长方体、圆柱体、圆锥体和球体等。

4.1.1　长方体

单击【特征】工具栏中的块图标，弹出如图 4.1 所示的【块】对话框。

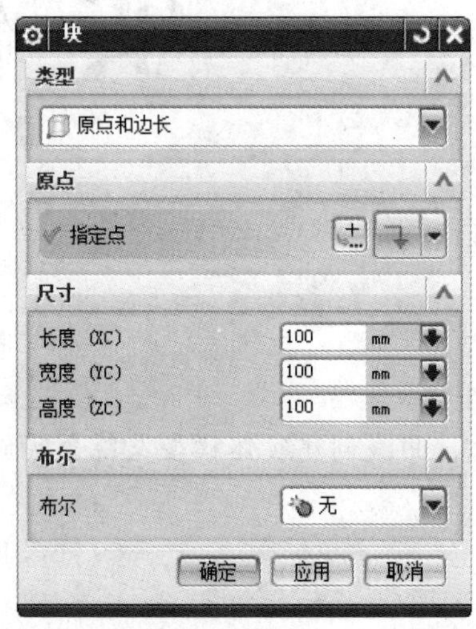

图 4.1　【块】对话框

1. 原点和边长

通过设定长方体的原点和 3 条边的长度来建立长方体，其操作步骤如下。

(1) 选择一点。

(2) 设置长方体的尺寸参数。

(3) 指定所需的布尔操作类型。

(4) 单击【确定】或者【应用】按钮，创建长方体特征。

【例 4.1】 以原点和边长方式创建长方体。

解：操作步骤如下。

(1) 选择【菜单】→【插入】→【设计特征】→【长方体】选项，系统弹出【块】对话框。

(2) 在【类型】下拉列表中选择【原点和边长】方式。

(3) 指定坐标原点为长方体的原点。

(4) 在【长度(XC)】、【宽度(YC)】、【高度(ZC)】文本框中输入相应的参数，长 60、宽 40、高 30。单击确定按钮，生成长方体，如图 4.2 所示。

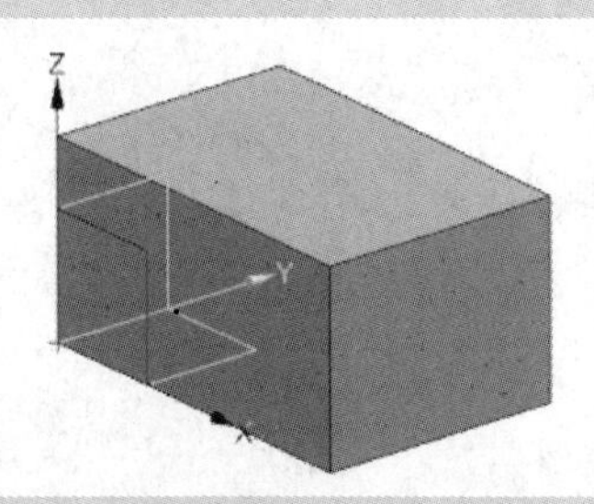

图 4.2　以原点和边长方式创建的长方体

2. 两点和高度

通过定义两个点作为长方体底面对角线的顶点，并且设定长方体的高度来建立长方体。

【例 4.2】 以两点和高度方式创建长方体。

解：操作步骤如下。

(1) 选择【菜单】→【插入】→【设计特征】→【长方体】选项，系统弹出【块】对话框。

(2) 在【类型】下拉列表中选择【两点和高度】方式，指定第一点为坐标原点，第二点为 *XY* 平面内的任一点。沿 *ZC* 方向的高度设为 20，单击确定按钮，生成长方体，如图 4.3 所示。

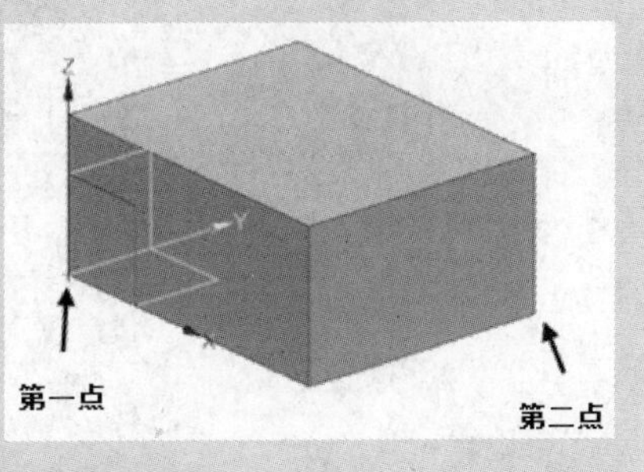

图 4.3 以两点和高度方式创建的长方体

3. 两个对角点

通过定义两个点作为长方体对角线的顶点建立长方体。

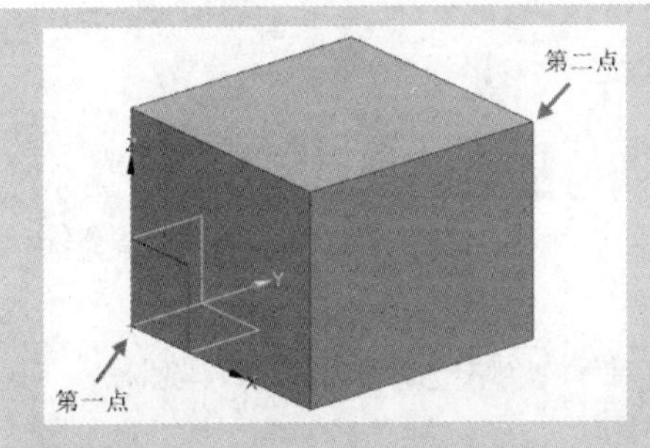

图 4.4 以两个对角点方式创建的长方体

【例 4.3】 以两个对角点方式创建长方体。

解：操作步骤如下。

(1) 选择【菜单】→【插入】→【设计特征】→【长方体】选项，系统弹出【块】对话框。

(2) 在【类型】下拉列表中选择【两个对角点】方式，在图形界面指定两点，作为长方体的两个对角点。单击确定按钮，生成长方体，如图 4.4 所示。

4.1.2 圆柱

单击【特征】工具栏中的圆柱图标，弹出如图 4.5 所示的【圆柱】对话框。

1. 轴、直径和高度

通过指定圆柱体的直径和高度来创建圆柱特征，其创建步骤如下。

(1) 创建圆柱轴线方向。

(2) 设置圆柱尺寸参数。

(3) 创建一个点作为圆柱底面的圆心。

(4) 指定所需的布尔操作类型，创建圆柱特征。

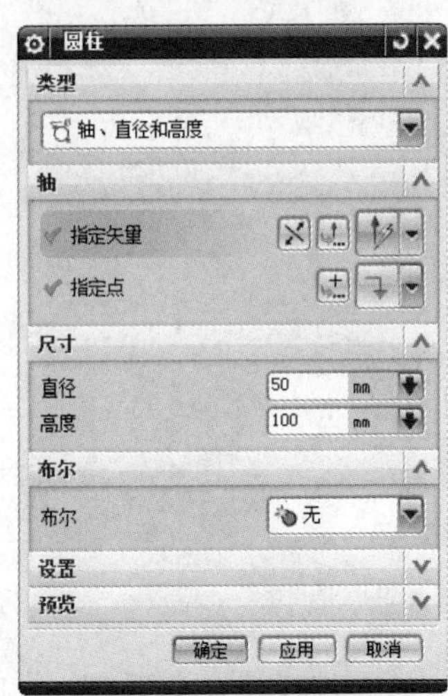

图 4.5 【圆柱】对话框

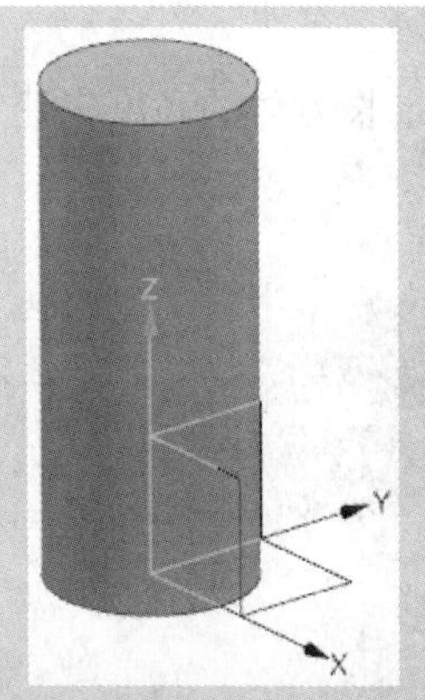

图 4.6　以轴、直径和高度方式创建的圆柱体

【例 4.4】 以轴、直径和高度方式创建圆柱体。

解：操作步骤如下。

(1) 选择【菜单】→【插入】→【设计特征】→【圆柱】选项，系统弹出【圆柱】对话框。

(2) 在【类型】下拉列表中选择【轴、直径和高度】方式，设定轴的矢量，指定矢量 1 为 Z 轴正方向，坐标原点为圆柱底面的圆心。

(3) 设定直径为 30，高度为 70。单击 确定 按钮，生成圆柱体，如图 4.6 所示。

2. 高度、弧

通过指定一条圆弧作为底面圆，再指定高度创建圆柱特征。

【例 4.5】 以圆弧和高度方式创建圆柱体。

解：操作步骤如下。

(1) 首先绘制圆弧，如图 4.7 所示，半径为 20，单击图标，退出草绘模式。

(2) 选择【菜单】→【插入】→【设计特征】→【圆柱体】选项，或者在工具栏中单击 圆柱 图标，系统弹出【圆柱】对话框。

(3) 选择图 4.7 所绘制的圆弧，设定高度为 60。单击 确定 按钮，生成圆柱体，如图 4.8 所示。

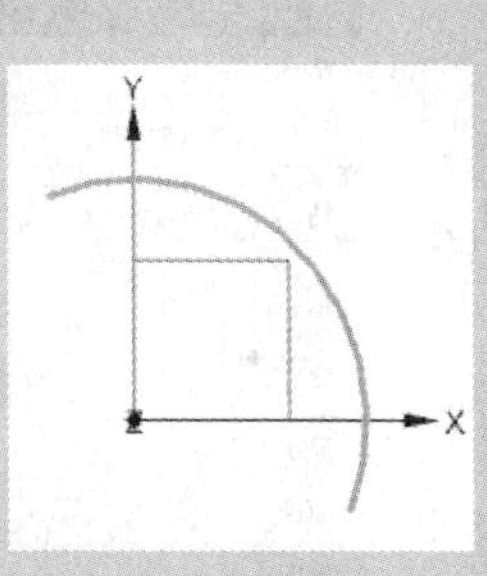

图 4.7　绘制圆弧

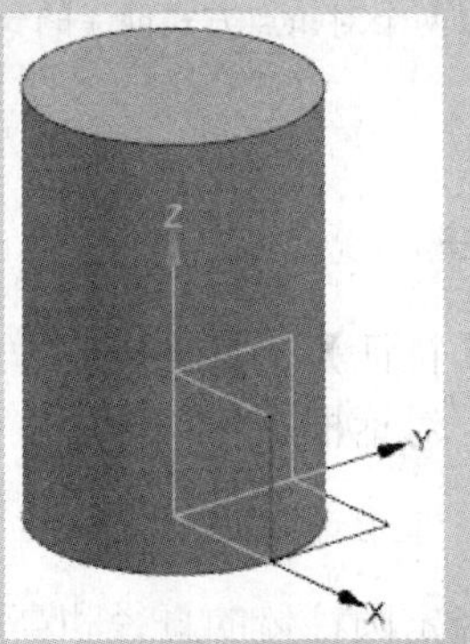

图 4.8　以圆弧和高度方式创建的圆柱体

4.1.3　圆锥

单击【特征】工具栏中的 圆锥 图标，弹出如图 4.9 所示的【圆锥】对话框。

1. 直径和高度

通过指定圆锥的顶圆直径、底圆直径和高度，创建圆锥，其创建步骤如下。

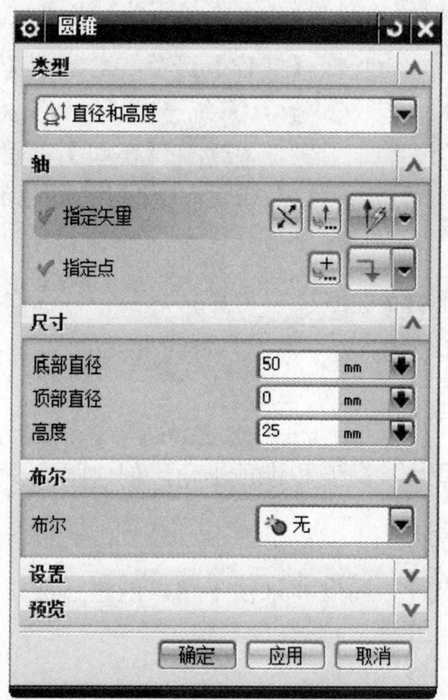

图 4.9 【圆锥】对话框

(1) 在【类型】下拉列表中选择【直径和高度】方式。

(2) 在【轴】选项组中设定轴向矢量和圆锥底圆中心点。

(3) 在【尺寸】选项组中设定底部直径、顶部直径和高度。

(4) 指定所需的布尔操作类型。

(5) 单击【确定】或【应用】按钮，创建圆锥特征。

【例 4.6】 以直径和高度方式创建圆锥。

解：操作步骤如下。

(1) 选择【菜单】→【插入】→【设计特征】→【圆锥】选项，或单击【特征】工具栏中的圆锥图标，系统弹出【圆锥】对话框。

(2) 在【类型】下拉列表中选择【直径和高度】方式，指定 Z 轴为圆锥的轴向，坐标原点为圆心。

(3) 设定底部直径为 100，顶部直径为 30，高度为 65。单击确定按钮，生成圆锥，如图 4.10 所示。

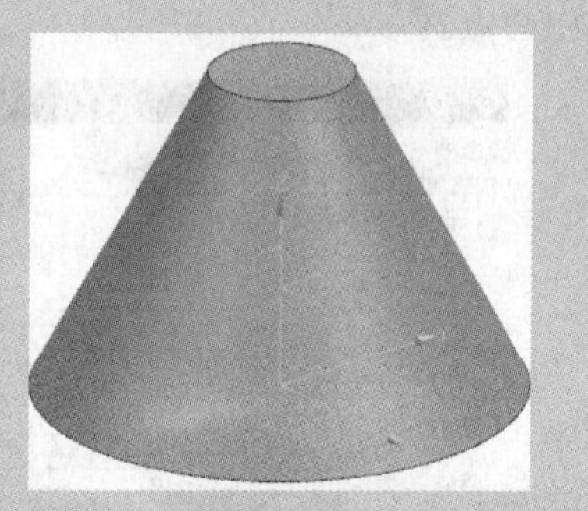

图 4.10 以直径和高度方式创建的圆锥

2. 直径和半角

【例 4.7】 以直径和半角方式创建圆锥。

解：操作步骤如下。

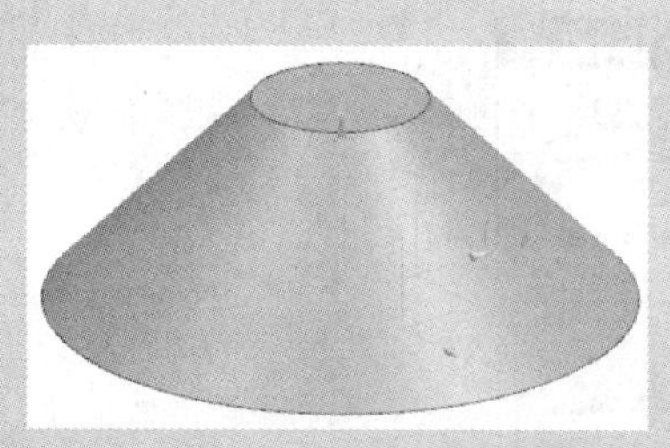
图 4.11　以直径和半角方式创建的圆锥

(1) 选择【菜单】→【插入】→【设计特征】→【圆锥】选项，或单击【特征】工具栏中的圆锥图标，系统弹出【圆锥】对话框。

(2) 在【类型】下拉列表中选择【直径和半角】方式，指定 Z 轴为圆锥的轴向，坐标原点为圆心。

(3) 设定底部直径为 100，顶部直径为 30，半角为 45°，单击确定按钮，生成圆锥，如图 4.11 所示。

3. 底部直径、高度、半角

通过指定圆锥的底圆直径、高度和锥顶半角，创建圆锥。

4. 顶部直径、高度、半角

通过指定圆锥的顶圆直径、高度和锥顶半角，创建圆锥。

5. 两个共轴的弧

通过指定两个共轴的圆弧分别作为圆锥的顶圆和底圆，创建圆锥。

4.1.4　球体

单击【特征】工具栏中的球图标，弹出如图 4.12 所示的【球】对话框。

1. 中心点和直径

通过指定直径和球心位置，创建球特征，其创建步骤如下。

(1) 在如图 4.12 所示对话框的【类型】下拉列表中选择【中心点和直径】方式。

(2) 在【中心点】选项组中单击图标，弹出【点】对话框，如图 4.13 所示，指定球的中心点。

图 4.12　【球】对话框

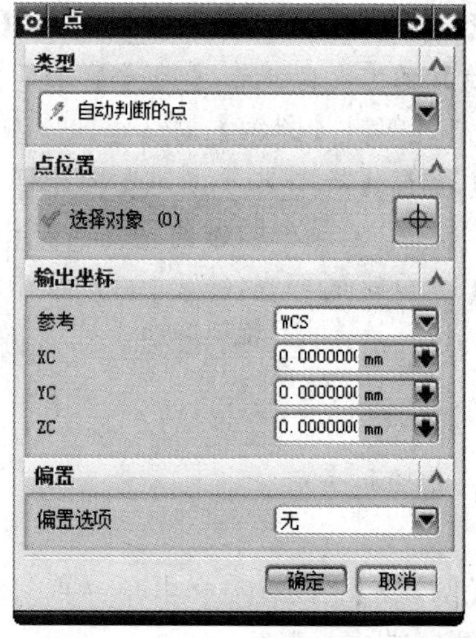

图 4.13　【点】对话框

(3) 指定中心点之后，在【尺寸】选项组中设定球的直径。

(4) 指定所需的布尔操作类型。

(5) 单击【确定】或者【应用】按钮，生成球体。

【例 4.8】 以中心点和直径方式创建球体。

解：操作步骤如下。

(1) 选择【菜单】→【插入】→【设计特征】→【球】选项，或者单击【特征】工具栏中的球图标，系统弹出【球】对话框。

(2) 在【类型】下拉列表中选择【中心点和直径】方式，设定坐标原点为中心点，直径为100。

(3) 单击确定按钮，生成球体，如图 4.14 所示。

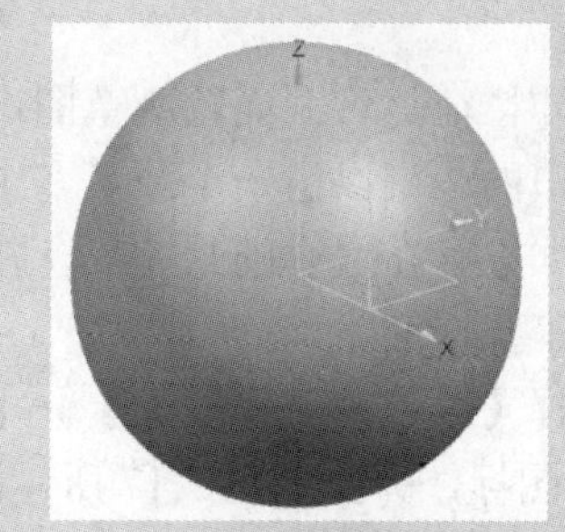

图 4.14　以中心点和直径方式创建的球体

2. 圆弧

通过指定一条圆弧，将其半径和圆心分别作为所创建球体的半径和球心，创建球特征。

【例 4.9】 以圆弧方式创建球体。

解：操作步骤如下。

(1) 单击【工具栏】中的绘制圆弧，半径为 25，如图 4.15 所示。单击按钮，退出草绘模式。

(2) 选择【菜单】→【插入】→【设计特征】→【球】选项，或者单击【特征】工具栏中的球图标，系统弹出【球】对话框。

(3) 在【类型】下拉列表中选择【圆弧】方式，选择图 4.15 所示绘制的圆弧。

(4) 单击确定按钮，生成球体，如图 4.16 所示。

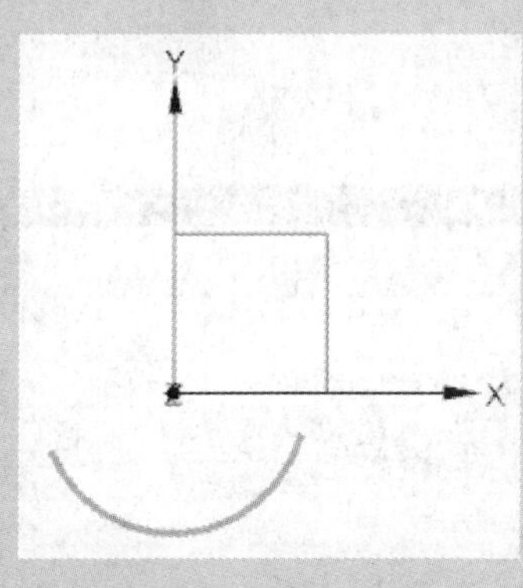

图 4.15　绘制圆弧

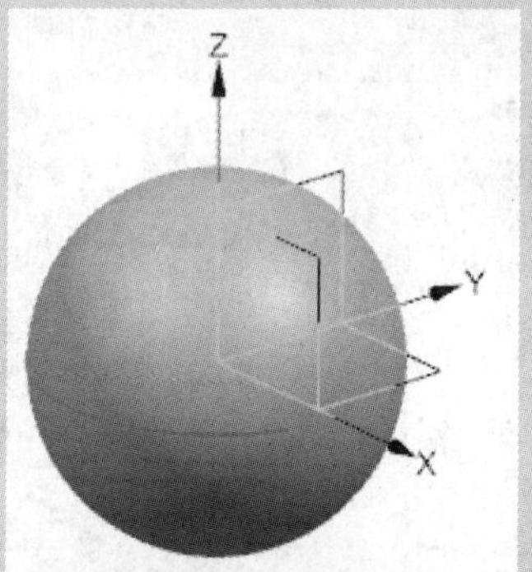

图 4.16　以圆弧方式创建的球体

4.2 由曲线创建实体模型

4.2.1 拉伸

拉伸特征是将截面轮廓草图进行拉伸生成实体或片体。其草绘截面可以是封闭的也可以是开口的，可以由一个或者多个封闭环组成，封闭环之间不能自交，但封闭环之间可以嵌套，如果存在嵌套的封闭环，在生成添加材料的拉伸特征时，系统自动认为里面的封闭环类似于孔特征。

选择【菜单】→【插入】→【设计特征】→【拉伸】选项，或者单击【特征】工具栏中的图标，弹出如图 4.17 所示的【拉伸】对话框，选择用于定义拉伸特征的截面曲线。

1. 截面

(1) 选择曲线：用来指定使用已有草图来创建拉伸特征，在如图 4.17 所示的对话框中默认选择图标。

(2) 绘制草图：在如图 4.17 所示的对话框中单击图标，可以在工作平面上绘制草图来创建拉伸特征。

2. 方向

(1) 指定矢量：用于设置所选对象的拉伸方向。在该选项组中选择所需的拉伸方向或者单击对话框中的图标，弹出如图 4.18 所示的【矢量】对话框，在该对话框中选择所需的拉伸方向。

(2) 反向：在如图 4.17 所示的对话框中单击图标，使拉伸方向反向。

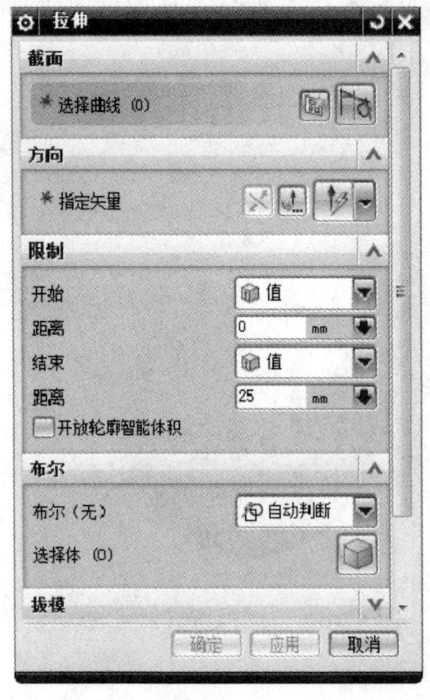

图 4.17 【拉伸】对话框

图 4.18 拉伸【矢量】对话框

3. 限制

(1) 开始：用于限制拉伸的起始位置。
(2) 结束：用于限制拉伸的终止位置。

4. 布尔操作

在如图 4.17 所示对话框的【布尔】下拉列表中选择布尔操作类型。

5. 偏置

(1) 单侧：在截面曲线的一侧生成拉伸特征，以结束值和起始值之差为实体的厚度。
(2) 两侧：在截面曲线的两侧生成拉伸特征，以结束值和起始值之差为实体的厚度。
(3) 对称：在截面曲线的两侧生成拉伸特征，其中每一侧的拉伸长度为总长度的一半。

6. 启用预览

选中"启用预览"复选框后用户可预览绘图工作区的临时实体的生成状态，以便及时修改和调整。

【例 4.10】 创建拉伸实体。

解：操作步骤如下。

(1) 选择【菜单】→【插入】→【设计特征】→【拉伸】选项，或单击工具栏中的按钮，系统弹出【拉伸】对话框。

(2) 单击按钮，系统弹出如图 4.19 所示的【创建草图】对话框。

(3) 选择 *XC-YC* 平面为草绘平面，单击【确定】按钮，进入草图绘制界面。

(4) 绘制如图 4.20 所示的草图曲线。

图 4.19 【创建草图】对话框

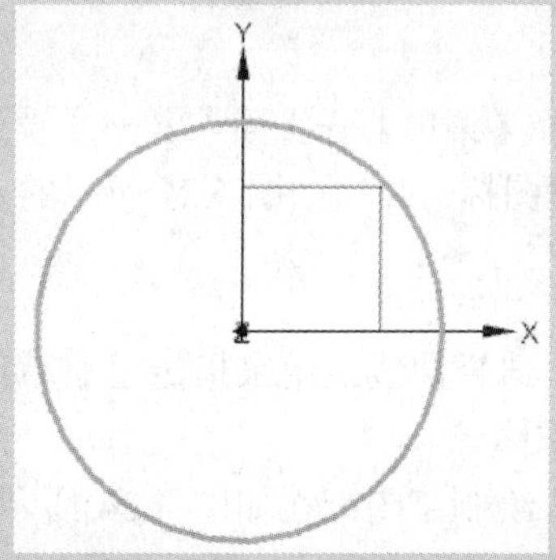

图 4.20 草图曲线

(5) 单击工具栏中的按钮，退出草绘模式，回到【拉伸】对话框，此时生成拉伸预览。

(6) 输入起始值 0，结束值 20，单击 确定 按钮，完成拉伸操作，结果如图 4.21 所示。

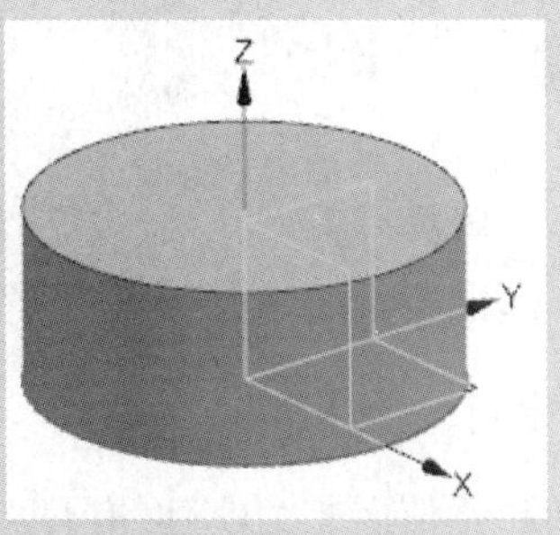

图 4.21　拉伸实体

(7) 选择【菜单】→【插入】→【设计特征】→【拉伸】选项，或单击工具栏中的按钮，系统弹出【拉伸】对话框。

(8) 单击按钮，指定圆柱体的上表面作为草绘平面，进入草绘界面。

(9) 绘制如图 4.22 所示的草图曲线。

(10) 单击工具栏中的按钮，退出草绘模式，回到【拉伸】对话框。

(11) 输入起始值 0，结束值 10，布尔运算选择 求和 图标，单击 确定 按钮，完成拉伸操作，生成阶梯轴，结果如图 4.23 所示。

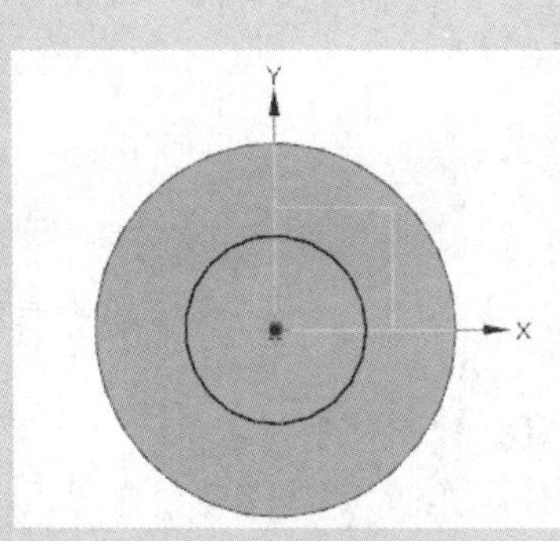

图 4.22　草图曲线

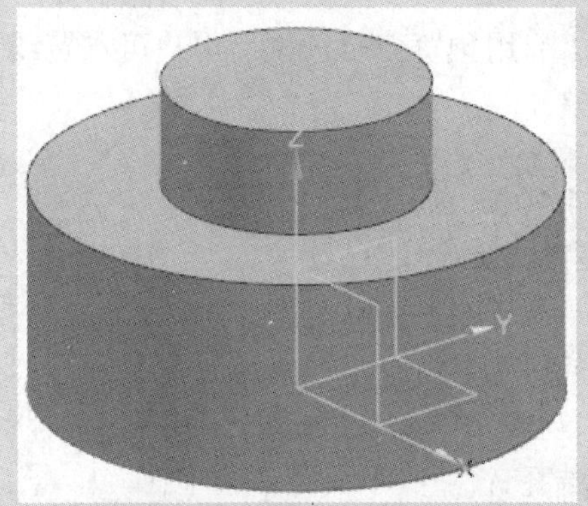

图 4.23　拉伸生成阶梯轴

4.2.2　旋转

旋转特征是由特征截面曲线绕旋转中心线旋转而成的一类特征，它适合于构造回转体零件特征。

选择【菜单】→【插入】→【设计特征】→【旋转】选项，或者单击【特征】工具栏中的 旋转 图标，弹出如图 4.24 所示的【旋转】对话框，选择用于定义拉伸特征的截面曲线。

1. 截面

(1) 选择曲线：用来指定已有草图来创建旋转特征，在如图 4.24 所示的对话框中默认选择图标。

(2) 绘制草图：在如图 4.24 所示的对话框中，单击图标，可以在工作平面上绘制草图来创建旋转特征。

2. 轴

(1) 指定矢量：用于设置所选对象的旋转方向。在下拉列表中选择所需的旋转方向或者单击图标，弹出【矢量】对话框，如图 4.25 所示，在该对话框中选择所需旋转方向。

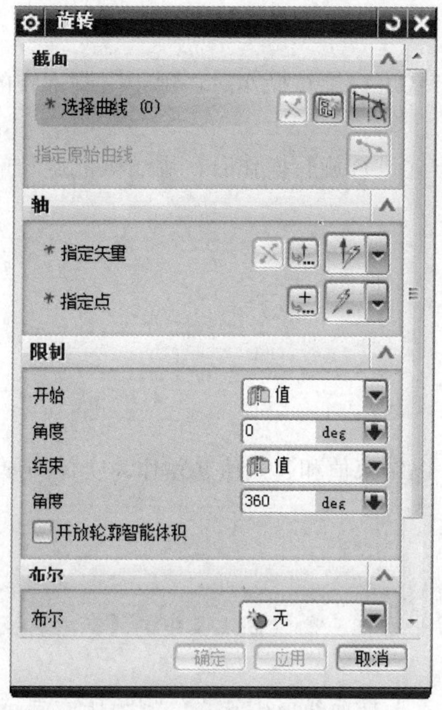

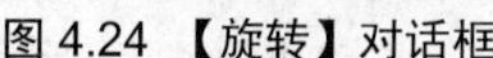

图 4.24 【旋转】对话框

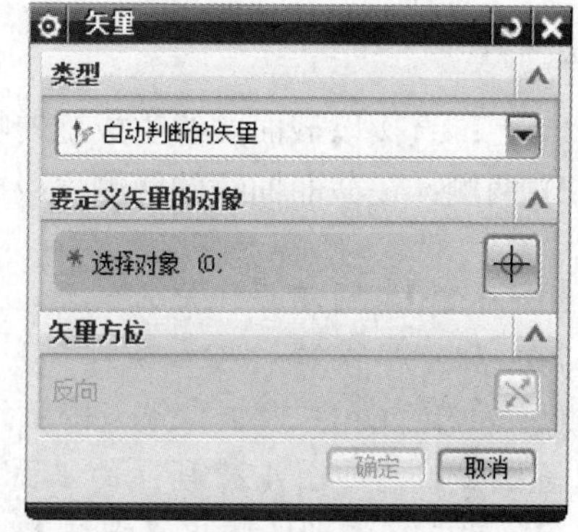

图 4.25 旋转【矢量】对话框

(2) 反向：在如图 4.24 所示对话框中单击图标，使旋转轴方向反向。

(3) 指定点：在【指定点】下拉列表中可以选择要进行旋转操作的基准点。单击按钮，可通过捕捉直接在视图区中进行选择。单击按钮，弹出【点】对话框，如图 4.26 所示，可以通过设置参数在视图中指定点。

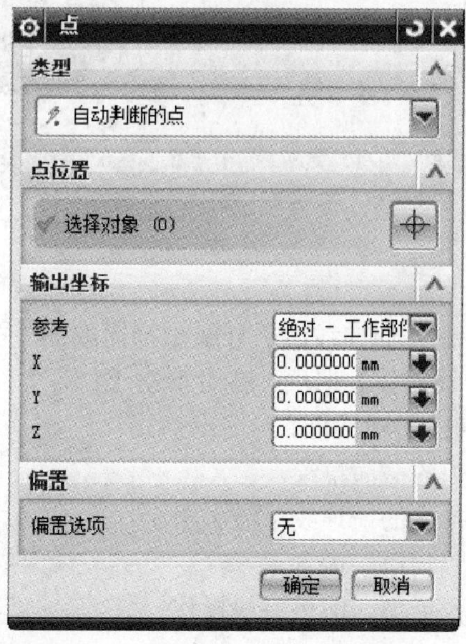

图 4.26 【点】对话框

3. 限制

(1) 开始：在设置以【值】或【直至选定】方式进行旋转操作时，用于限制旋转的起始角度。

(2) 结束：在设置以【值】或【直至选定】方式进行旋转操作时，用于限制旋转的终止角度。

4. 布尔

在下拉列表中选择布尔操作类型。

5. 偏置

(1) 无：直接以截面曲线生成旋转特征。

(2) 两侧：在截面曲线的两侧生成旋转特征，以结束值和起始值之差作为实体的厚度。

【例 4.11】 创建旋转特征。

解：操作步骤如下。

(1) 单击工具栏中的草绘按钮，在 *XC-YC* 平面内应用绘制工具中的【艺术样条】和【直线】绘制如图 4.27 所示的平面二维图形。

(2) 单击按钮，弹出【旋转】对话框，提示选择曲线时，选择绘制的所有直线，矢量选择 *Y* 轴，其余参数均为默认值，单击 确定 按钮，结果如图 4.28 所示。

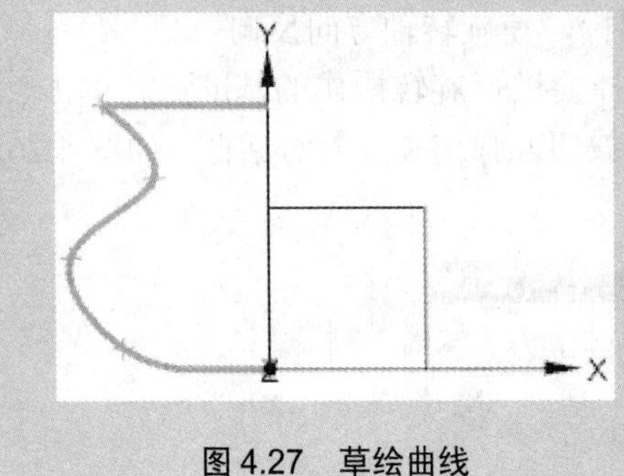

图 4.27　草绘曲线

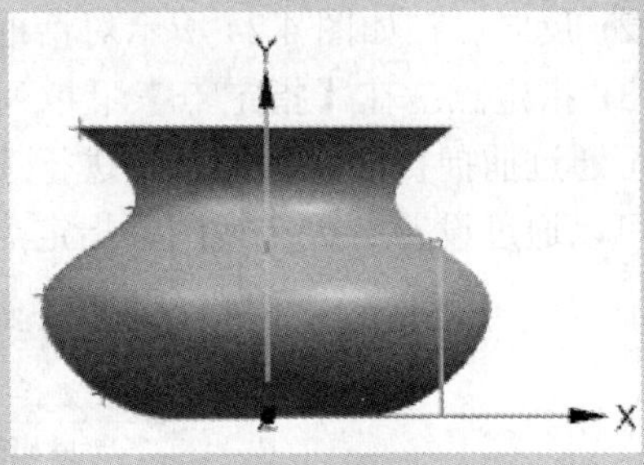

图 4.28　生成的旋转特征

4.2.3　沿引导线扫掠

沿引导线扫掠特征是指由截面曲线沿引导线扫描而成的一类特征。选择【菜单】→【插入】→【扫掠】→【沿引导线扫掠】选项，或者单击【特征】工具栏中的图标，弹出如图 4.29 所示的【沿引导线扫掠】对话框。

(1) 截面：选择用于扫掠的截面草绘。

(2) 引导线：选择用于扫掠的引导线草绘。

(3) 偏置：设定第一偏置和第二偏置。

(4) 布尔：确定布尔操作类型，即可完成操作。

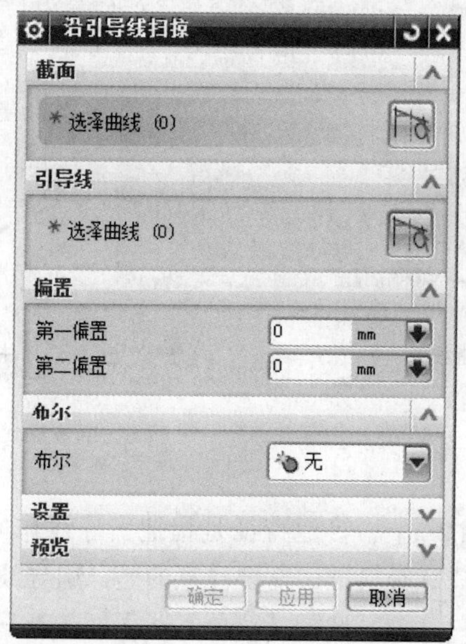

图 4.29 【沿引导线扫掠】对话框

【例 4.12】 创建沿引导线扫掠特征。

解：操作步骤如下。

(1) 单击草图按钮，打开【创建草图】对话框，如 4.30 所示，选择 *X-Y* 平面作为草绘平面，用【艺术样条】工具绘制如图 4.31 所示的曲线，单击按钮。

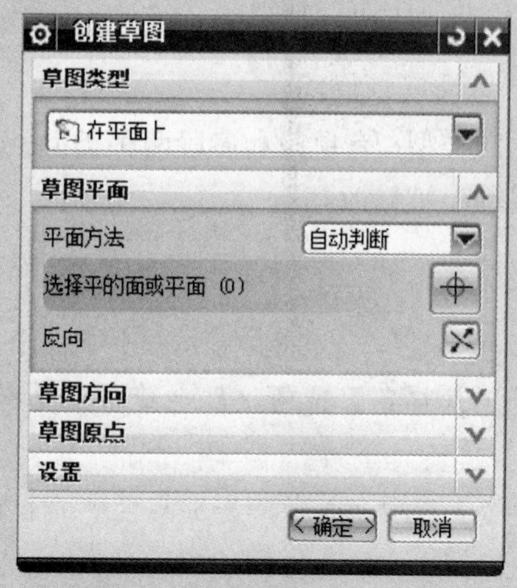

图 4.30 【创建草图】对话框

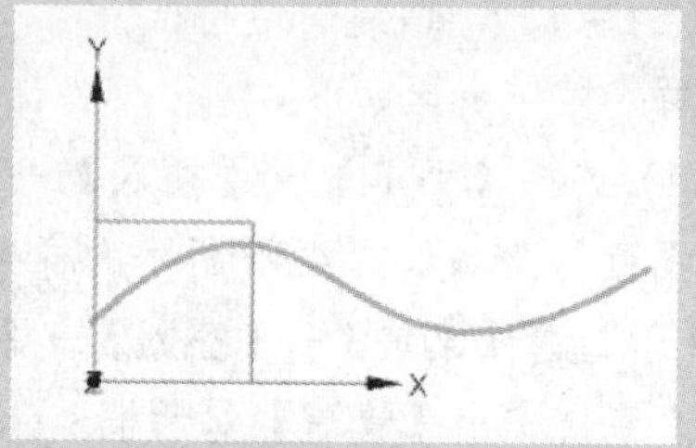

图 4.31 草绘曲线

(2) 单击草图按钮，绘制如图 4.32 所示的曲线，单击按钮。

(3) 单击【特征】工具栏中的按钮，选择图 4.32 所示的曲线作为截面，选择图 4.31 所示的曲线为引导线。单击 确定 按钮，结果如图 4.33 所示。

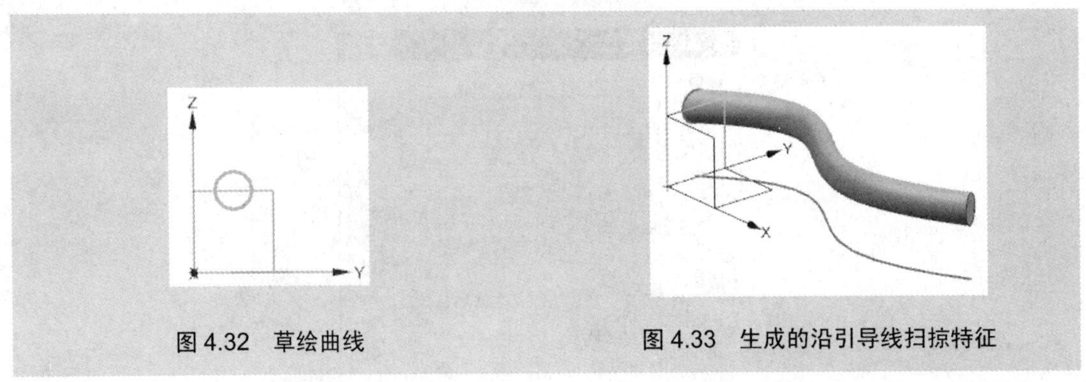

图 4.32　草绘曲线　　　　图 4.33　生成的沿引导线扫掠特征

4.2.4　管道

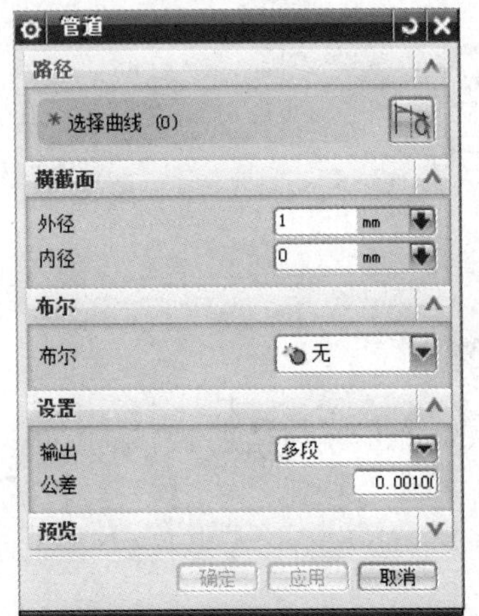

图 4.34　【管道】对话框

管道特征是指把引导线作为旋转中心线旋转而成的一类特征。需要注意的是，引导线必须光滑、相切和连续。

选择【菜单】→【插入】→【扫掠】→【管道】选项，或者单击【特征】工具栏中的管道图标，弹出如图 4.34 所示的【管道】对话框。在视图区选择引导线，在该对话框中设置参数，然后单击【确定】按钮，创建管道特征。

1. 横截面

用于设置管道的内、外径。外径值必须大于 0.2，内径值必须大于或等于 0，并且小于外径值。

2. 设置

用于设置管道面的类型，有单段和多段两种类型。选定的类型不能在编辑过程中被修改。

【例 4.13】 创建管道特征。

解：操作步骤如下。

(1) 选择【菜单】→【插入】→【曲线】→【艺术样条】选项，或者单击工具栏中的图标，绘制如图 4.35 所示的样条曲线。

(2) 选择【菜单】→【插入】→【扫掠】→【管道】选项，或者单击工具栏中的管道图标，系统弹出【管道】对话框。

(3) 选择图 4.35 所示的曲线作为路径，其他参数按图 4.36 进行设置，单击确定按钮，完成管道特征的建立，结果如图 4.37 所示。

(4) 若把图 4.36 中的输出设为【多段】，则结果如图 4.38 所示。

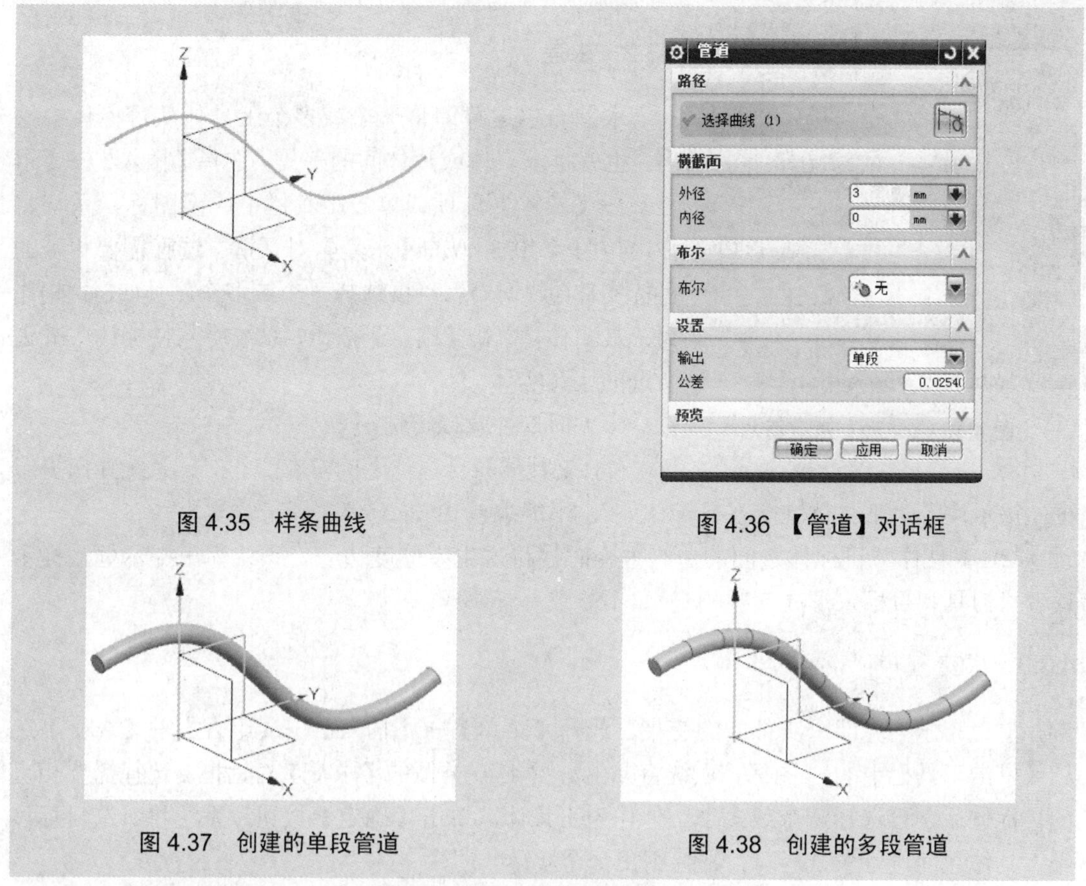

图 4.35　样条曲线

图 4.36　【管道】对话框

图 4.37　创建的单段管道

图 4.38　创建的多段管道

4.3 布 尔 运 算

如果 UG 中存在多个体素特征，建模时需要在体素特征间进行布尔运算，以实现求和、求差、求交等功能。灵活运用实体间的布尔运算功能，可以将复杂形体分解为若干基本形体，分别建模后进行布尔运算，合并为实体模型。UG NX 9.0 中布尔运算的主要功能可通过选择【菜单】→【插入】→【组合】选项，弹出如图 4.39 所示的组合子菜单，从中选择相应的选项来实现。

求和(U)...
求差(S)...
求交(I)...
凸起体(E)...
装配切割(A)...
缝合(W)...
取消缝合(N)...
补片(C)...
连结面(J)...
拼合(Q)...

图 4.39　组合子菜单

4.3.1　求和

求和布尔运算即求实体间的合集，用于将一个目标体和两个或两个以上工具体结合起来。选择【插入】→【组合】→【求和】选项或单击工具栏中的图标，系统将弹出【求和】对话框，如图 4.40 所示，在绘图区中选择了目标体后，选择图标将自动转换到选择工具体上，完成工具体选择后，单击【确定】按钮，系统将所选择的工具体与目标体组合为一个整体。

图 4.40 【求和】对话框

4.3.2 求差

求差布尔运算即将一个或多个工具体从目标体中挖出，也就是求实体或片体间的差集。选择【插入】→【组合】→【求差】选项或单击工具栏中的图标，系统将弹出与图 4.40 类似的【求差】对话框。选择需要相减的目标实体(或片体)后，再选择一个或多个实体(或片体)作为工具实体，单击【确定】按钮，系统将从目标体中减去所选的工具实体。

求差时应注意以下情况。

(1) 工具体与目标体之间没有交集时，系统弹出提示框，提示读者“工具体完全在目标体外”，不能求差。

(2) 工具体与目标体之间的边缘重合时，将产生零厚度边缘。系统弹出提示框，提示读者“刀具和目标未形成完整相交”，不能求差。

4.3.3 求交

求交布尔运算即求实体间的交集。选择【菜单】→【插入】→【组合】→【求交】选项或单击工具栏中的图标，系统将弹出与图 4.40 类似的【求交】对话框。选择需要相交的目标体后，再选择一个或多个实体作为工具体，单击【确定】按钮，系统将所选目标体与工具体之间进行求交运算，最后得出一个实体。

求交时应注意以下情况。

所选的工具体必须与目标体相交，否则会弹出提示框，提示读者“工具体完全在目标体外”，不能求交。

求交的创建步骤与上面几种布尔运算类似。

【例 4.14】 在同一个平面上创建一个长方体和一个圆柱体，如图 4.41 所示，作出它们的和、差、交图形。

解： 操作步骤如下。

(1) 单击【特征】工具栏中的图标，通过对话框作出圆柱体。

(2) 单击【特征】工具栏中的图标，通过对话框作出长方体。

(3) 选择【菜单】→【插入】→【组合】选项，然后选择【求和】选项。

① 选取目标体。

② 选取工具体。

③ 单击 确定 按钮完成求和操作，如图 4.41 所示。

(4) 求差操作步骤与上面相同，结果如图 4.42 所示，求交操作步骤同上，读者可自行操作，加深理解。

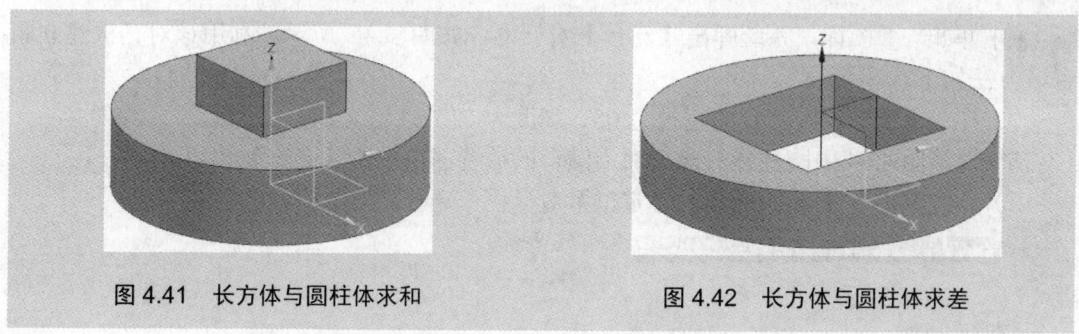

图 4.41　长方体与圆柱体求和　　　图 4.42　长方体与圆柱体求差

4.4　综合实例 1——创建轴零件

该零件的制作思路：建立轴的一段圆柱；通过圆台操作建立轴的其他部分。建立基准平面相切于要生成键槽的圆柱面，生成键槽。建立定位点；建立简单孔或埋头孔；生成螺纹。

4.4.1　轴零件主体

(1) 启动 UG NX 9.0，选择【菜单】→【文件】→【新建】选项，或者单击图标，选择【模型】类型，创建新部件，文件名为 axis1，进入建立模型模块。

(2) 单击图标，系统弹出【圆柱】对话框，如图 4.43 所示。在该对话框中设置建立圆柱体的参数，方法如下。

① 在【类型】下拉列表中选择【轴、直径和高度】选项。

② 在【指定矢量】下拉列表中选择方向作为圆柱的轴向。

③ 设定圆柱直径为 58，高度为 57。

④ 单击图标，在弹出的对话框中设置坐标原点作为圆柱体的中心。

⑤ 单击 确定 按钮，生成的圆柱体如图 4.44 所示。

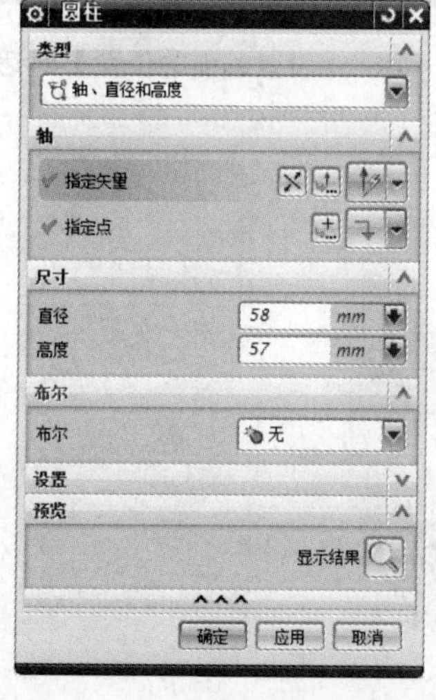

图 4.43 【圆柱】对话框

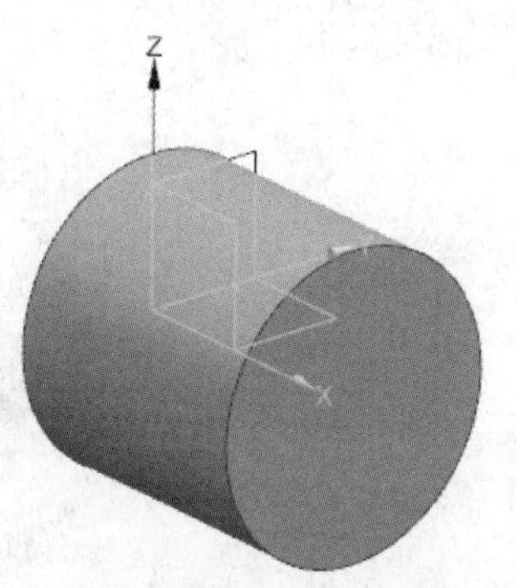

图 4.44　生成的圆柱体

(3) 单击图标，系统弹出【凸台】对话框，如图 4.45 所示。利用该对话框建立圆台，方法如下。

① 在对话框中设定圆台的直径为 65、高度为 12、锥角为 0。

② 选择图 4.44 中圆柱体右侧表面为圆台的放置面，单击【确定】按钮。

③ 系统弹出如图 4.46 所示的【定位】对话框，选择的定位方法。

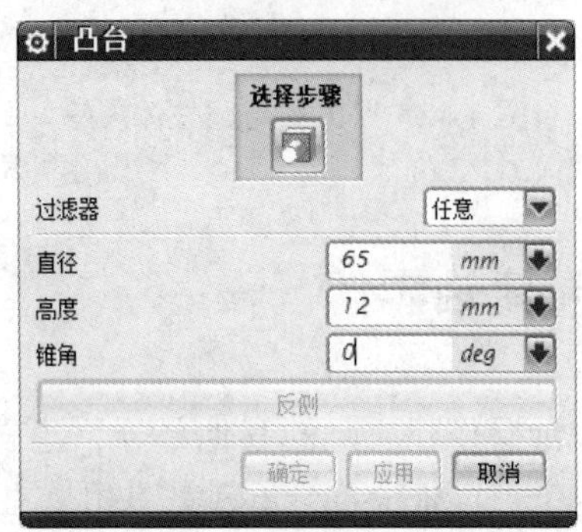

图 4.45 【凸台】对话框

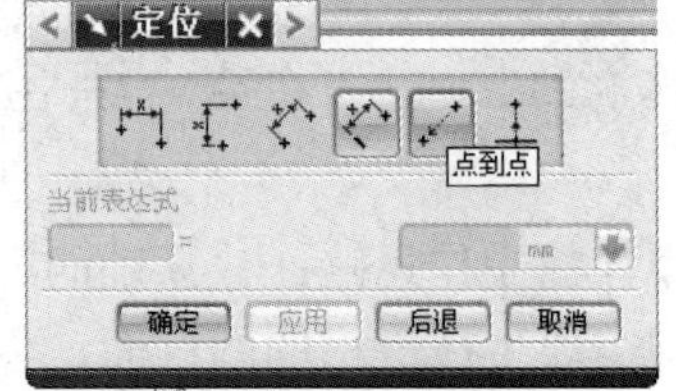

图 4.46 【定位】对话框

④ 系统弹出如图 4.47 所示的对话框，在该对话框中单击【标识实体面】按钮，然后选择要放置圆台的圆柱体，系统自动将圆台和圆柱体的轴线对齐，如图 4.49 所示。

(注：定位也可以采用如下方法：选取圆柱体的右侧表面的圆弧边缘，系统弹出如图 4.48 所示的对话框，选择【圆弧中心】选项也可以将圆台和圆柱体的轴线对齐。最后得到的图形如图 4.49 所示。)

图 4.47 【点落在点上】对话框

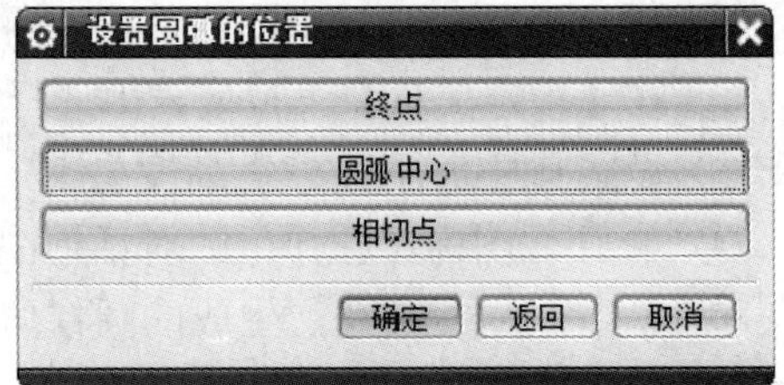

图 4.48 【设置圆弧的位置】对话框

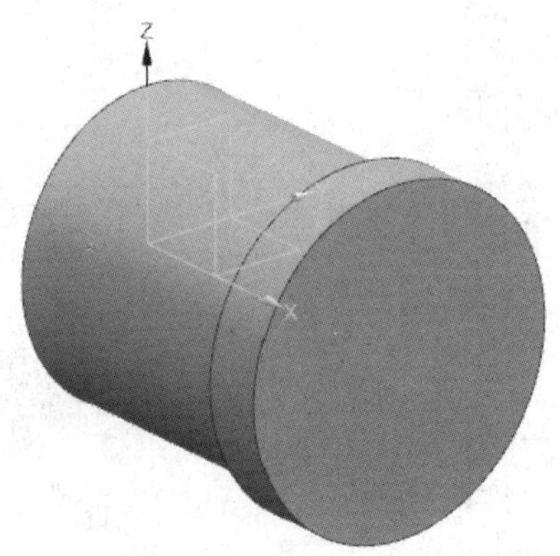

图 4.49 完成的凸台

(4) 重复上述建立凸台的步骤，生成轴的其他部分，参数如图 4.50 所示。最后得到的图形如图 4.51 所示。

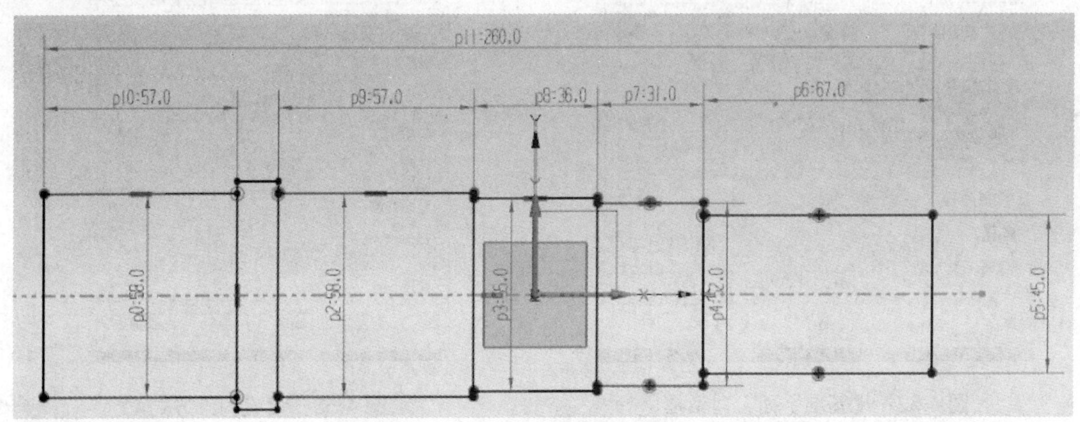

图 4.50　轴的参数

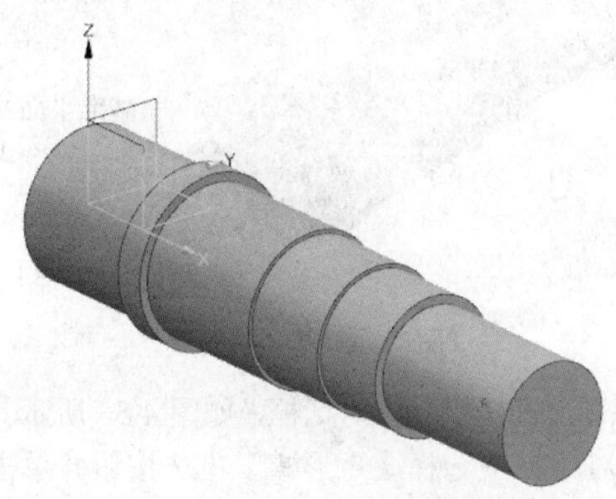

图 4.51　生成的轴

(注：① 所有圆台的操作均可用换成圆柱的操作代替，并且将生成的圆柱通过布尔操作的【求和】操作合成为整体。② 此零件还可通过生成如图 4.50 所示的草图，然后通过回转方法获得，读者可自行试试，方法非常简便，而且便于以后修改尺寸。)

4.4.2　键槽的建立

(1) 选择【菜单】→【插入】→【基准点】→【基准平面】选项，或者单击□图标，系统弹出如图 4.52 所示的【基准平面】对话框，利用该对话框建立基准平面，方法如下。

① 在【类型】下拉列表中选择【XC-YC 平面】选项，单击【应用】按钮创建基准，此时【基准平面】对话框并没有关闭。生成的基准平面为图 4.54 中所示的基准平面 1。

② 选择刚创建的基准平面，设置距离值为 22.5，如图 4.53 所示。单击【确定】按钮再创建一个基准平面，该基准平面为图 4.54 中所示的基准平面 2。建立好的两个基准平面如图 4.54 所示。

图 4.52 【基准平面】对话框

图 4.53 设置约束方式

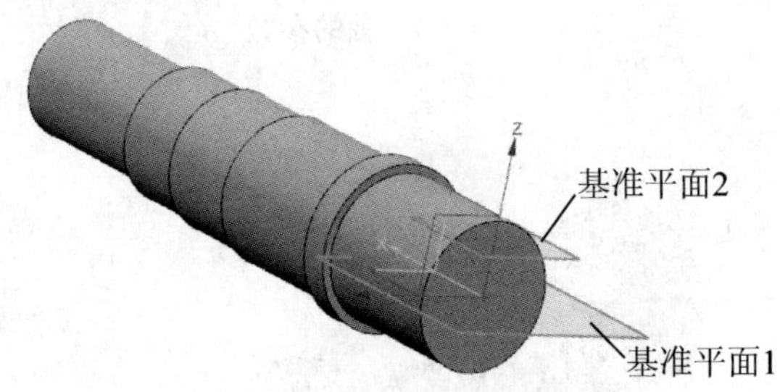

图 4.54 基准平面图

(2) 单击图标，系统弹出【键槽】对话框，如图 4.55 所示。利用该对话框建立键槽。

① 在图 4.55 所示的对话框中选择【矩形槽】单选按钮并单击 确定 按钮。

② 系统弹出如图 4.56 所示的对话框，选择图 4.54 所示的基准平面 2 为放置面，并在随后系统弹出的对话框中，接受默认设置。

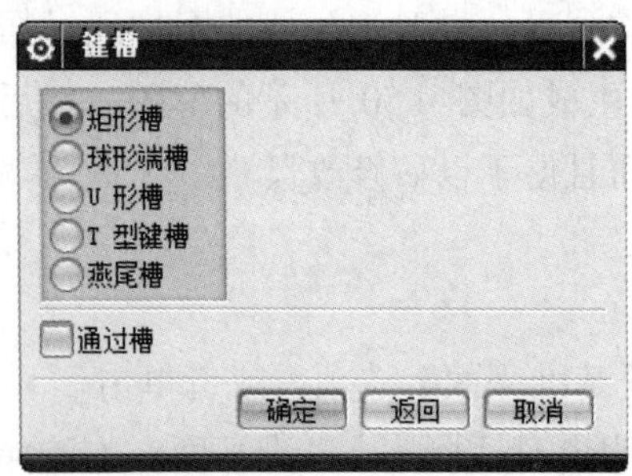

图 4.55 【键槽】对话框

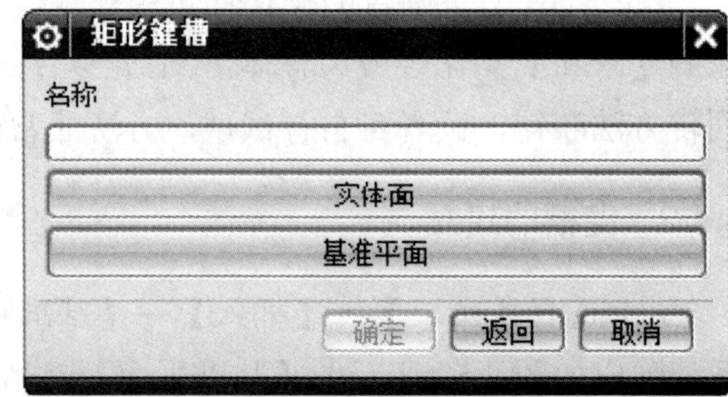

图 4.56 【矩形键槽】对话框

③ 系统弹出【水平参考】对话框，如图 4.57 所示，该对话框用于设定键槽的水平方向，此处选择轴上任意一段圆柱面即可。

④ 选择水平参考后，系统弹出如图 4.58 所示的【矩形键槽】对话框，在该对话框中设置键槽长度为 60，宽度为 14，深度为 5.5，最后单击 确定 按钮。

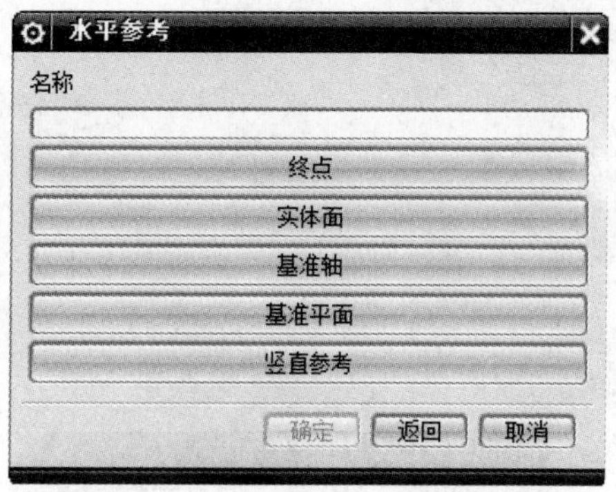

图 4.57 【水平参考】对话框

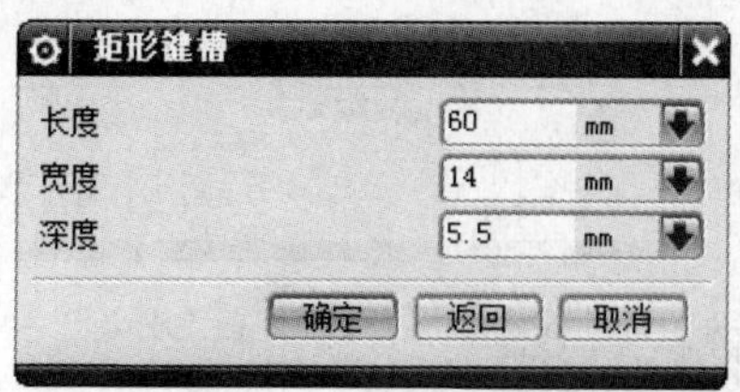

图 4.58 【矩形键槽】对话框

⑤ 系统弹出如图 4.59 所示的【定位】对话框，并且在图形界面中生成键槽的预览图，采用线框模式即可观察到，如图 4.60 所示。

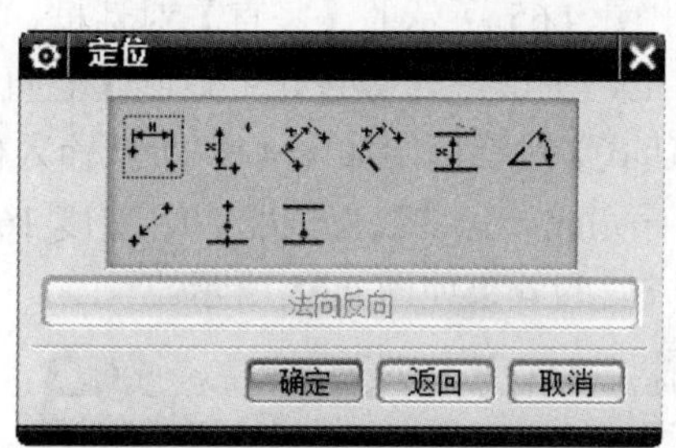

图 4.59 【定位】对话框

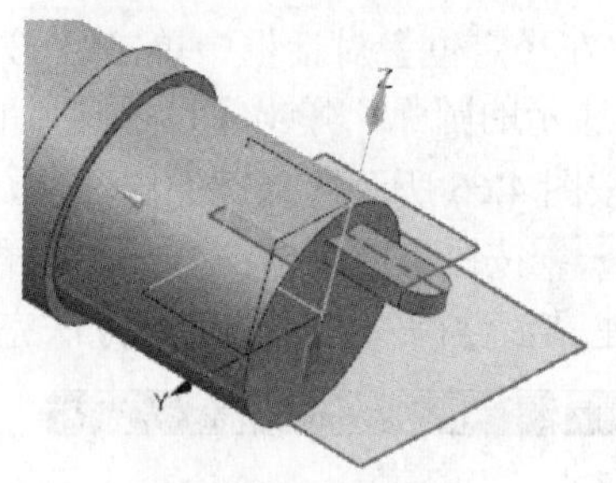

图 4.60 键槽预览图

⑥ 在【定位】对话框中单击 图标，系统弹出如图 4.61 所示的【水平】对话框。

⑦ 选择图 4.61 中所示的圆弧为水平定位参照物，单击 确定 按钮。

⑧ 系统弹出如图 4.62 所示的【设置圆弧的位置】对话框，在该对话框中单击 圆弧中心 按钮。

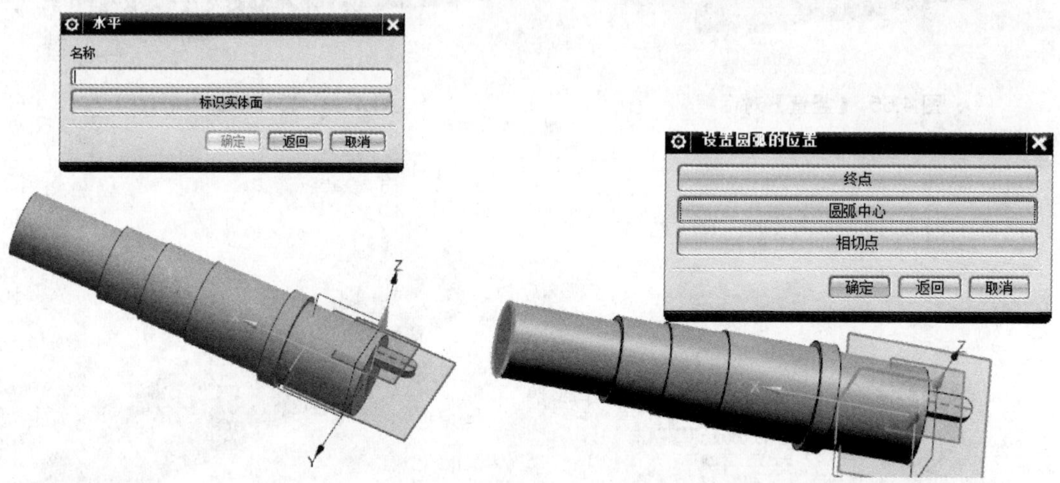

图 4.61 【水平】对话框

图 4.62 【设置圆弧的位置】对话框

⑨ 系统再次弹出如图 4.63 所示的【水平】对话框，选择如图 4.63 所示键的中心线。

弹出【创建表达式】对话框，如图 4.64 所示，输入值为 63.5，单击 确定 按钮，返回【定位】对话框。

图 4.63 【水平】对话框

图 4.64 【创建表达式】对话框

⑩ 在【定位】对话框中单击 按钮，系统弹出图 4.65 所示的【竖直】对话框，选择图 4.65 所示的圆弧，弹出【设置圆弧的位置】对话框，单击 圆弧中心 按钮，返回【竖直】对话框。按图 4.66 所示选择键的中心线，在【创建表达式】对话框中如图 4.67 所示输入值 0，单击 确定 按钮生成键槽；另一个键槽留给读者自行完成。其参数为长度 50、宽度 16、深度 6，建立该键槽的方法与上述方法完全相同。完成后的效果如图 4.68 所示。

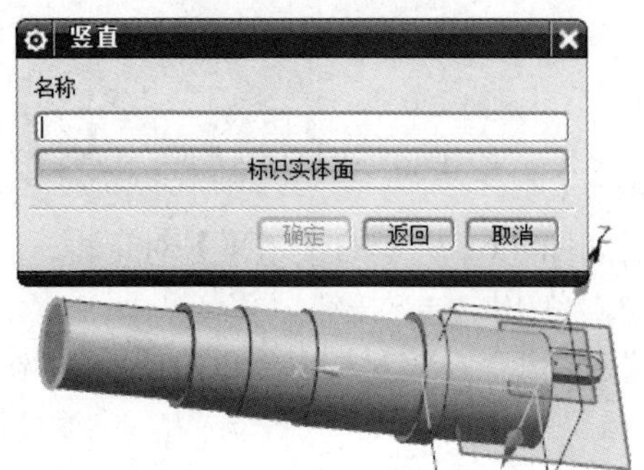

图 4.65 【竖直】对话框

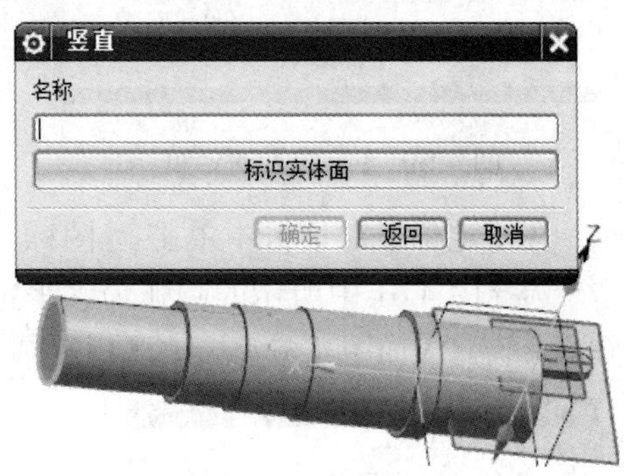

图 4.66 选择键的中心线

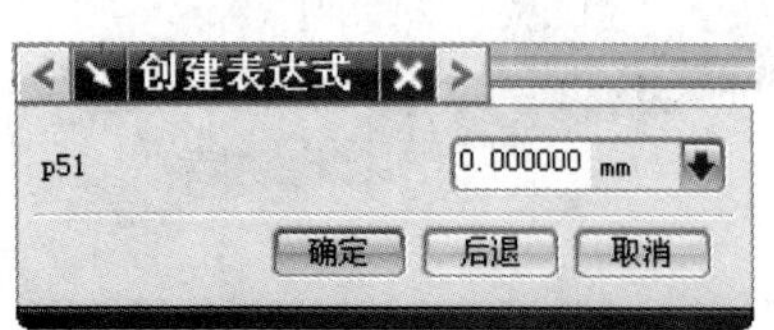

图 4.67 【创建表达式】对话框

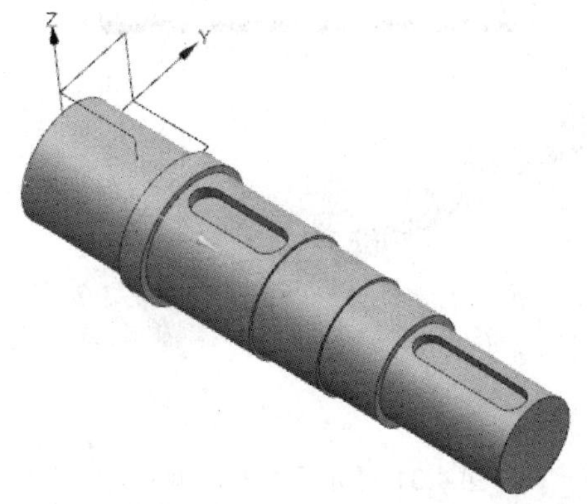

图 4.68 键槽完成图

4.5 综合实例2——创建模架零件

设计要求：通过创建四角导柱模架的零件模型熟悉UG实体建模操作的基本过程。

操作步骤如下。

启动UG NX 9.0，选择【菜单】→【文件】→【新建】选项，或者单击图标，选择【模型】类型，设置单位为毫米，创建新部件，文件名为mojia.prt，进入建立模型模块。

1. 绘制模架底部草图

(1) 单击草图按钮，选择*ZC-YC*平面作为草图绘制平面。

(2) 绘制草图，如图4.69所示。

(3) 单击按钮，退出草图绘制，回到建模状态。

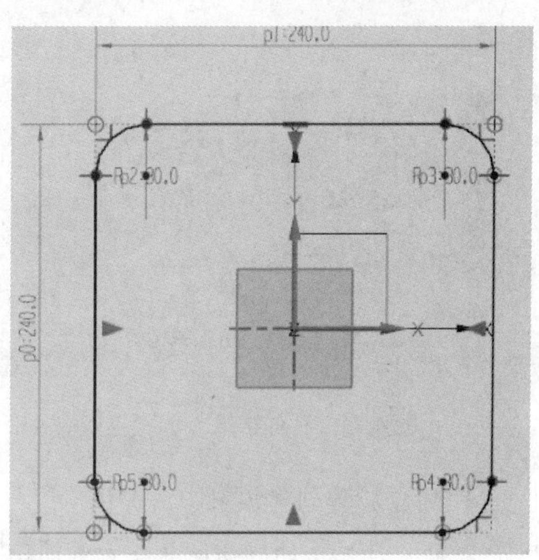

图4.69 绘制草图

2. 通过拉伸创建模架底部

(1) 选择【菜单】→【插入】→【设计特征】→【拉伸】选项，或单击工具栏上的图标，弹出【拉伸】对话框。

(2) 设置拉伸参数，如图4.70所示。把矩形草图作为要拉伸的截面几何体，指定*ZC*轴作为拉伸方向。

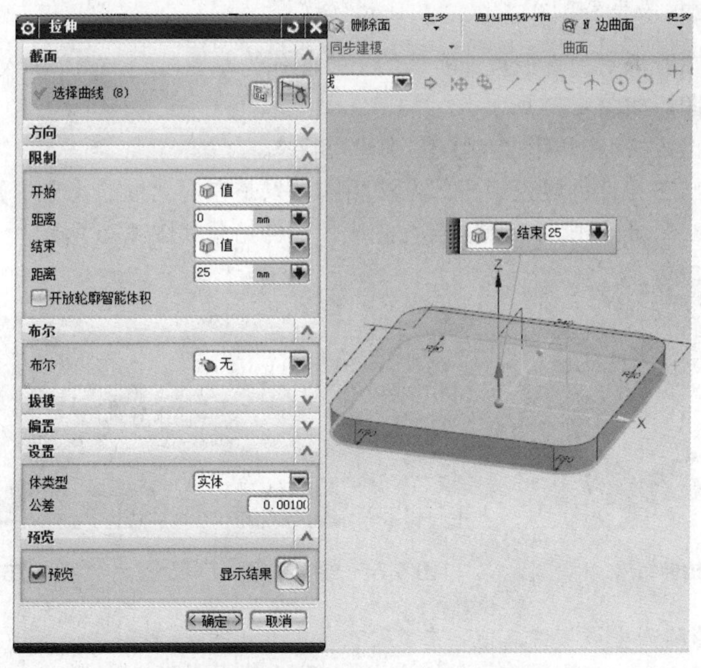

图4.70 选择截面并设置拉伸参数

(3) 单击【确定】按钮，拉伸结果如图 4.71 所示。

3. 绘制四角导套部分草图

(1) 单击草图按钮，选择 *ZC-YC* 平面作为草图绘制面。
(2) 绘制草图，如图 4.72 所示。
(3) 单击按钮，退出草图绘制，回到建模状态。

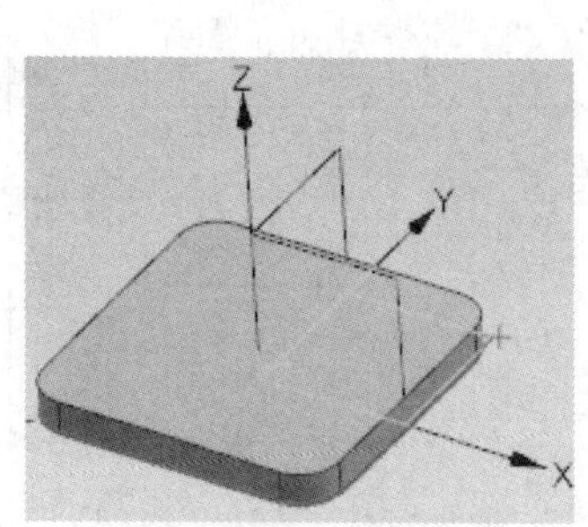

图 4.71　拉伸结果

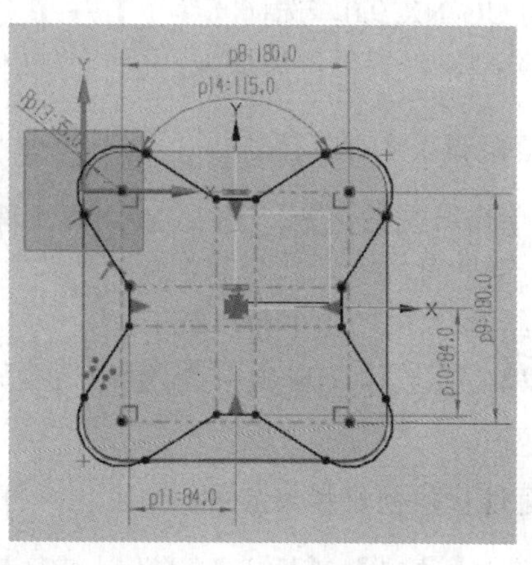

图 4.72　绘制草图

4. 通过拉伸创建模架四角部位

拉伸方法与拉伸创建模架底部方法相同，只是拉伸高度改为 40。读者可自行完成作图，拉伸结果如图 4.73 所示。

5. 生成一个模架导套孔

(1) 单击草图按钮，选取拉伸实体的上平面作为草图绘制平面，进入草图绘制模式。
(2) 绘制草图，如图 4.74 所示。
(3) 单击按钮，退出草图绘制，回到建模状态。
(4) 拉伸方法与拉伸创建模架底部方法相同，只是在对话框的【布尔】下拉列表中选择【求差】选项。下面工作留给读者自行完成，拉伸结果如图 4.75 所示。

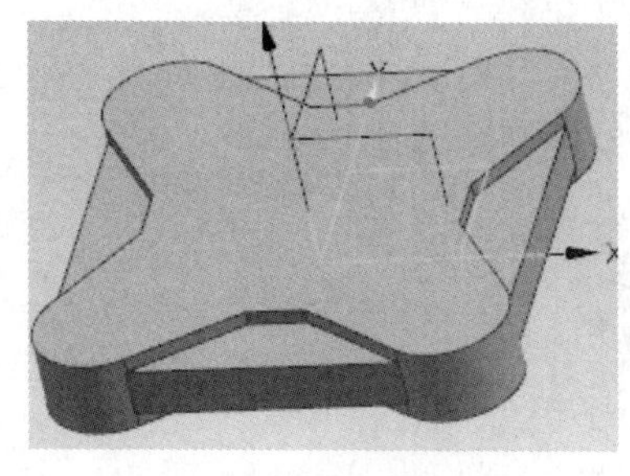

图 4.73　拉伸结果

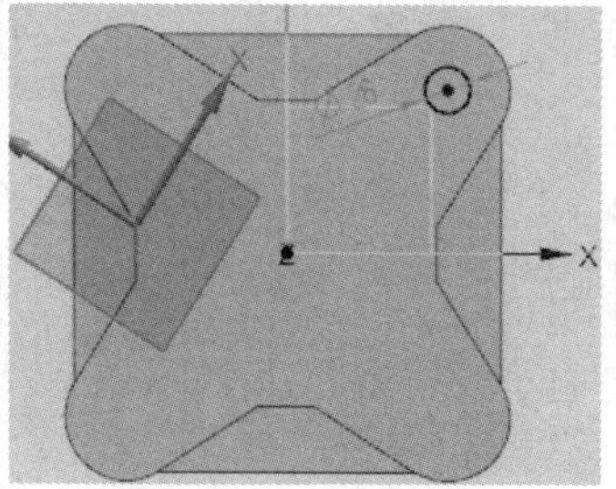

图 4.74　绘制草图

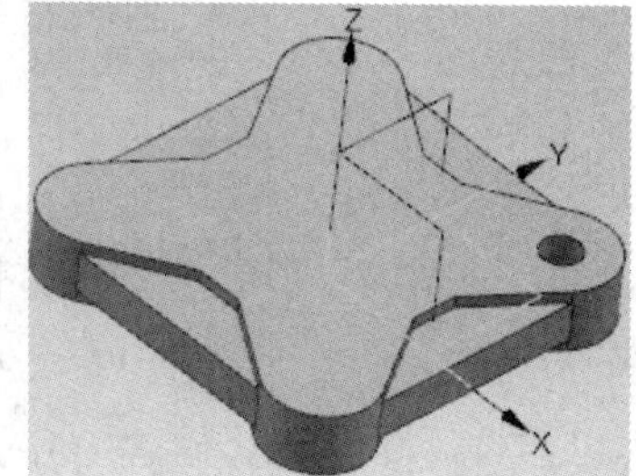

图 4.75　拉伸结果

6. 通过环形阵列生成模架其他导套孔

(1) 选择【菜单】→【插入】→【关联复制】→【阵列特征】选项，弹出【阵列特征】

对话框，如图 4.76 所示。单击圆形阵列按钮，弹出对话框，提示用户选择阵列对象。

(2) 选择模架孔特征，在弹出的对话框中设置阵列参数，如图 4.77 所示。

图 4.76 【阵列特征】对话框

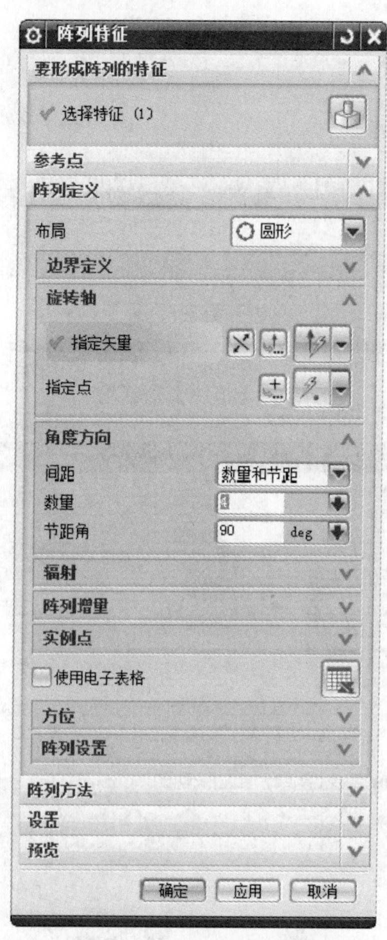

图 4.77 设置阵列参数

(3) 在【指定矢量】对话框中选择 *ZC* 轴为回转轴。

(4) 在【指定点】对话框中选择坐标原点。

(5) 单击确定按钮，阵列结果如图 4.78 所示。

7. 通过凸垫命令生成模架凸台部分

(1) 选择【菜单】→【插入】→【设计特征】→【垫块】选项，或单击工具栏上的图标，弹出【垫块】对话框，如图 4.79 所示。单击矩形按钮，弹出【矩形垫块】对话框，提示用户选择凸垫放置面，所选放置面如图 4.80 所示。

(2) 系统又弹出【水平参考】对话框，指定水平参考，如图 4.81 所示。系统弹出【矩形垫块】对话框，设置凸垫参数，如图 4.82 所示。

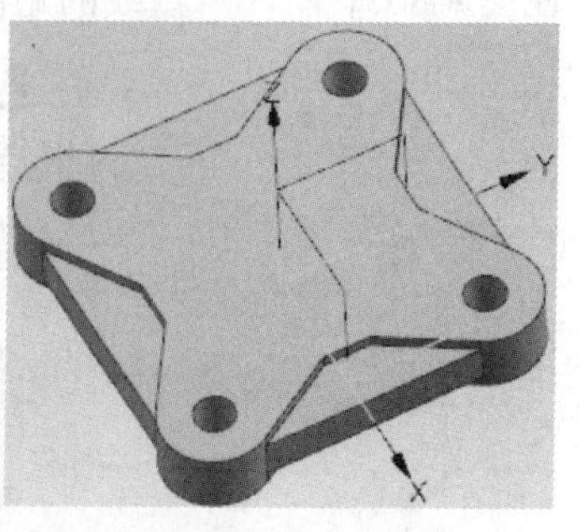

图 4.78 阵列结果

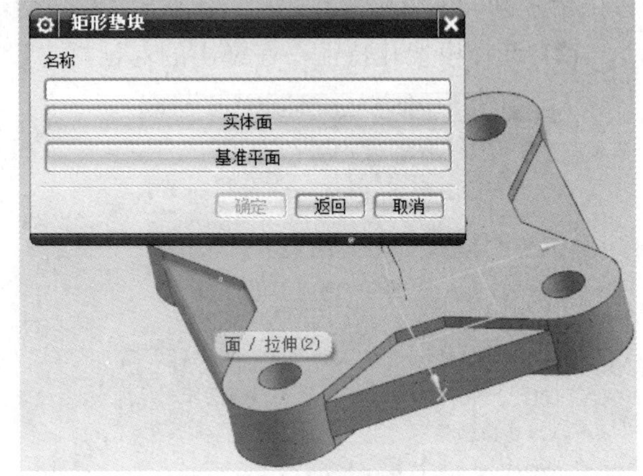

图 4.79 【垫块】对话框

图 4.80 选择放置面

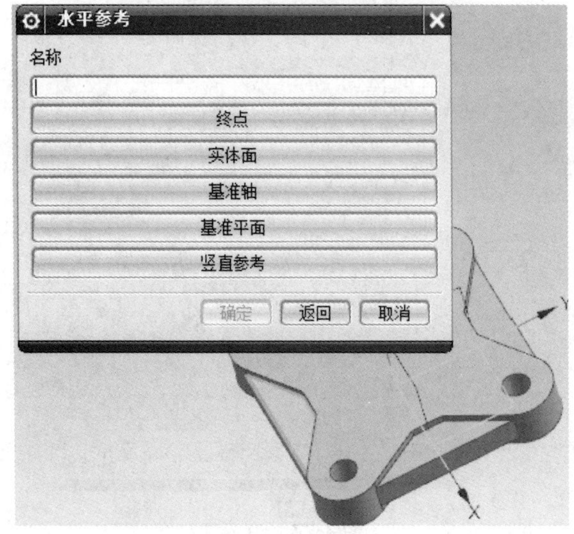

图 4.81 【水平参考】对话框

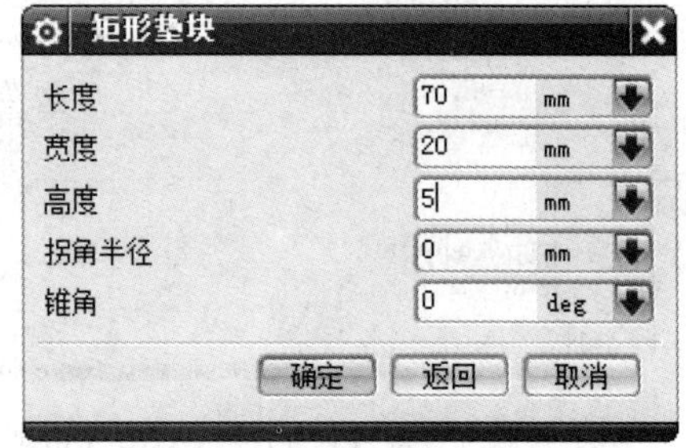

图 4.82 设置凸垫参数

(3) 单击确定按钮，弹出【定位】对话框。选择【竖直】方式，如图 4.83 所示。弹出如图 4.84 所示的【竖直】对话框。首先定位 *X* 方向，选择如图 4.84、图 4.85 所示曲线，在图 4.86 中输入两直线的距离为 0，同理可定位 *Y* 方向。最后凸垫位置如图 4.87 所示。

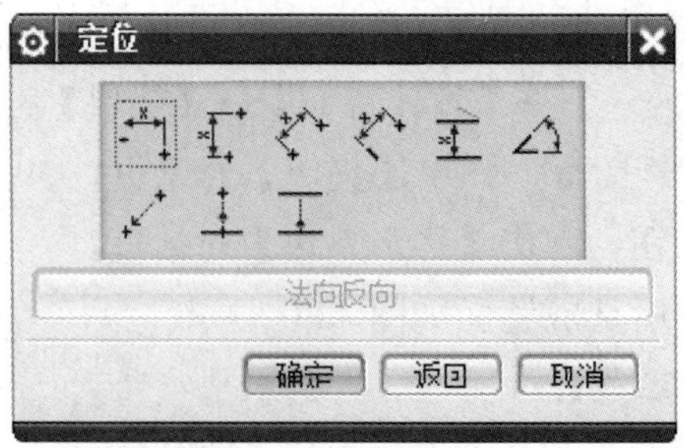

图 4.83 【定位】对话框

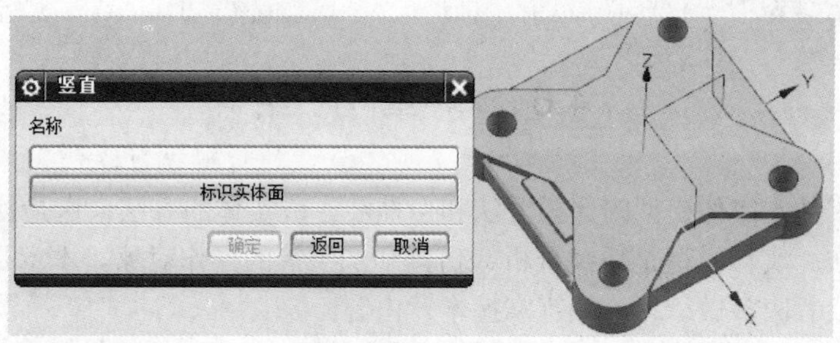

图 4.84 选择曲线(一)

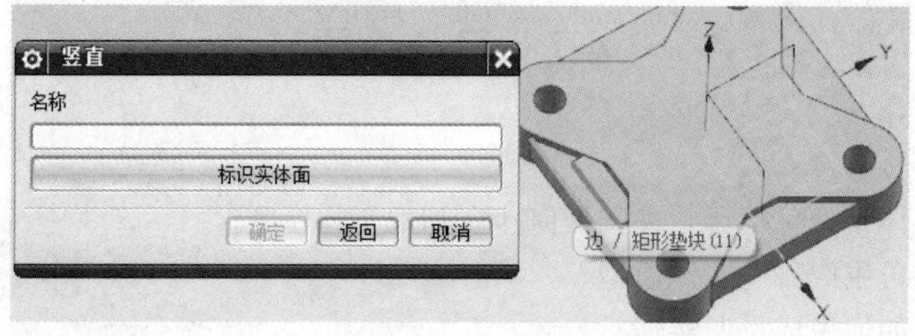

图 4.85 选择曲线(二)

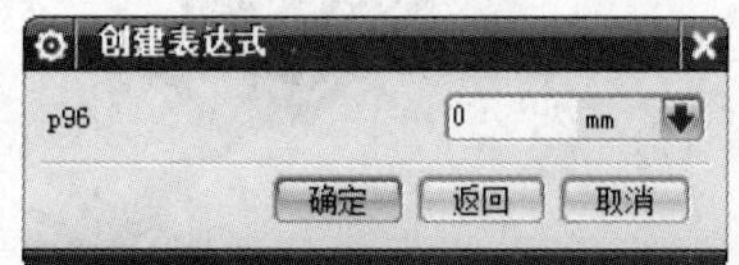

图 4.86 【创建表达式】对话框

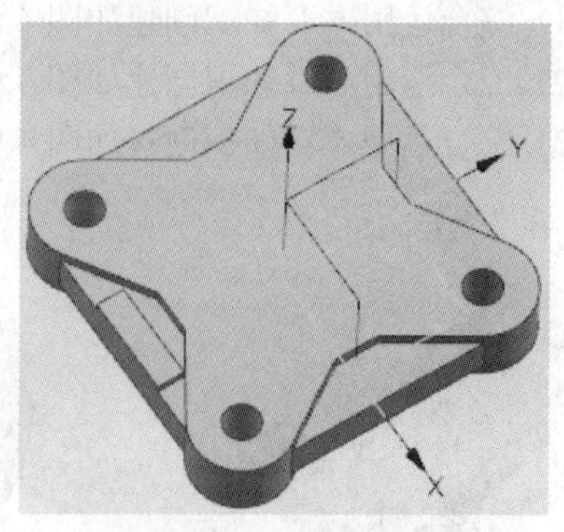

图 4.87 建立的凸台

8. 通过圆形阵列生成其他垫块

阵列方法与步骤 7 相同，读者可自行完成作图，阵列结果如图 4.88 所示。

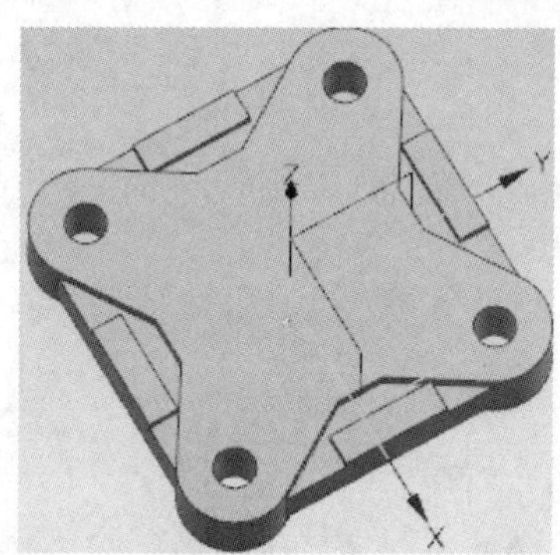

图 4.88 阵列结果

4.6 本章小结

本章介绍了基本实体模型的建模方法和由曲线生成实体的方法，这是使用 UG NX 9.0 建模的基本方法。实体模型是后续分析、仿真和加工等的操作对象。本章是以后深入学习的基础，所以读者应多做练习，熟练掌握本章内容。

4.7 习题

1. 问答题

(1) 基本实体模型包括哪几种？如何建立基本实体模型？

(2) 由曲线可生成哪些实体模型？

(3) 拉伸时如何生成反向实体？

2. 操作题

(1) 综合运用本章知识创建如图 4.89 所示的模板零件。

(2) 综合运用本章知识创建如图 4.90 所示的模柄零件。

(3) 综合运用本章知识创建如图 4.91 所示的轴零件。

图 4.89　模板零件

图 4.90　模柄零件

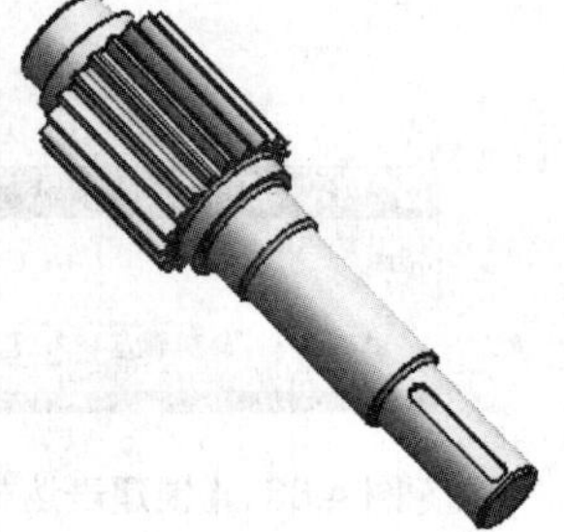

图 4.91　轴零件

第5章 模型编辑

重点讲解模型的设计特征操作(包括孔、凸台、腔体、键、槽、加强筋等)，细节特征操作(包括倒圆、倒角、拔模、螺纹、抽壳、阵列、镜像等)，渲染以及综合应用实例。

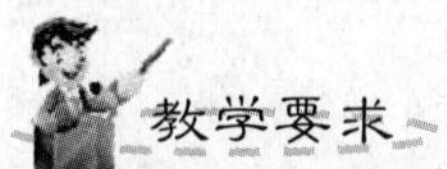

熟练掌握对模型进行细节特征操作以及特征编辑的方法。

5.1 基准的建立

在 UG NX 9.0 的建模中，经常需要建立基准平面、基准轴和基准 CSYS。UG NX 9.0 提供了基准建模工具，通过选择【菜单】→【插入】→【基准/点】选项可以显示，如图 5.1 所示。

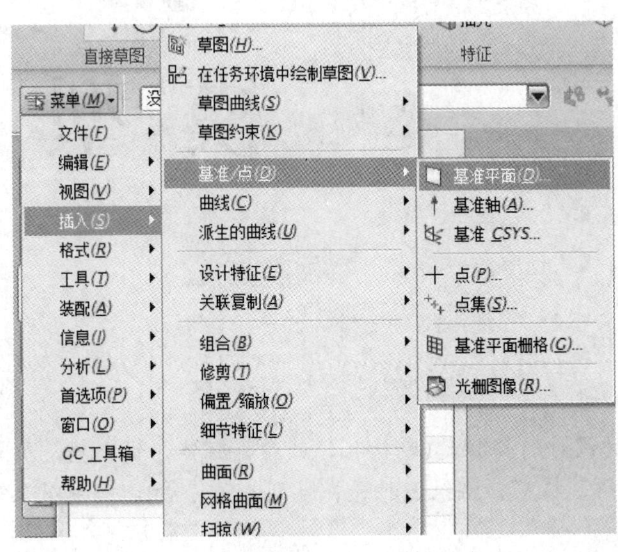

图 5.1 基准建立的界面

5.1.1 基准平面

基准平面的主要作用为辅助在圆柱、圆锥、球、回转体上建立形状特征，当特征定义平面和目标实体上的表面不平行(垂直)时，辅助建立其他特征，或者作为实体的修剪面。

选择【菜单】→【插入】→【基准/点】→【基准平面】选项，或者单击【特征】工具栏中的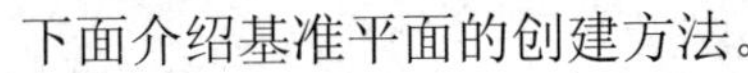图标，弹出如图 5.2 所示的【基准平面】对话框。

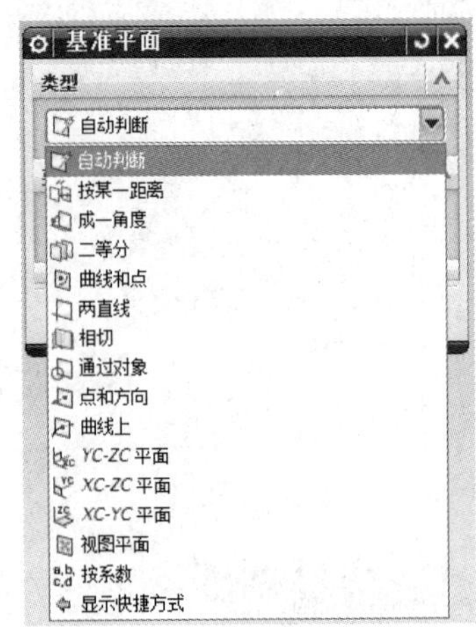

图 5.2 【基准平面】对话框

下面介绍基准平面的创建方法。

(1) 自动判断：系统根据所选对象创建基准平面。

(2) 按某一距离：通过对已存在的参考平面或基准平面进行偏置得到新的基准平面。

(3) 成一角度：通过与一个平面或基准面成指定角度来创建基准平面。

(4) 二等分：通过两个平面间的中心对称平面创建基准平面。

(5) 曲线和点：通过选择曲线和点来创建基准平面。

(6) 两直线：选择两条直线，若两条直线在同一平面内，则以这两条直线所在平面为基准平面；若两条直线不在同一平面内，那么基准平面通过一条直线且和另一条直线平行。

(7) 相切：通过和一曲面相切且通过该曲面上点或线或平面来创建基准平面。

(8) 通过对象：以对象平面为基准平面。

(9) 点和方向：通过选择一个参考点和一个参考矢量来创建基准平面。

(10) 曲线上：通过已存在的曲线，创建在该曲线某点处和该曲线垂直的基准平面。

系统还提供了 *XC-YC* 面、*XC-ZC* 面、*YC-ZC* 面和按系数四种方法。也就是说可选择 *XOY* 面、*XOZ* 面、*YOZ* 面为基准平面，也可以单击图标，自己定义基准平面。

【例 5.1】 创建距离长方体上表面 10mm 的基准面。

解：操作步骤如下。

(1) 新建长方体模型。

(2) 选择【菜单】→【插入】→【基准/点】→【基准平面】选项，或单击【特征】工具栏中的图标，系统弹出【基准平面】对话框，如图 5.2 所示。

(3) 按某一距离作基准面。单击图标，选择长方体上表面，系统自动出现图 5.3 所示的动态图，方向与要求相同，在【距离】文本框中输入参数 10。

(4) 单击【确定】按钮，完成基准平面创建。

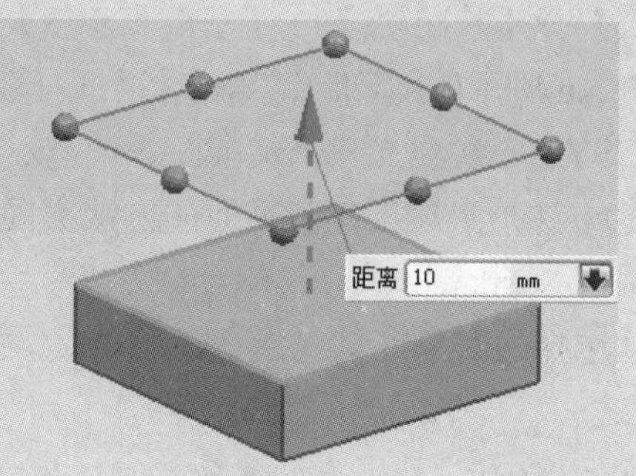

图 5.3 通过【按某一距离】方式创建的基准平面

5.1.2 基准轴

基准轴的主要作用为建立回转特征的旋转轴线，建立拉伸特征的拉伸方向。

选择【菜单】→【插入】→【基准/点】→【基准轴】选项，或者单击【特征】工具栏中的图标，弹出如图 5.4 所示的【基准轴】对话框。

(1) 自动判断：系统根据所选对象创建基准轴。

(2) 交点：选择两条直线交点创建基准轴。

(3) 曲面/面轴：通过选择曲面和曲面上的轴创建基准轴。

(4) 曲线上矢量：通过选择曲线和该曲线上的点创建基准轴。

(5) 点和方向：通过选择一个点和方向矢量创建基准轴。

(6) 两点：通过选择两个点来创建基准轴。

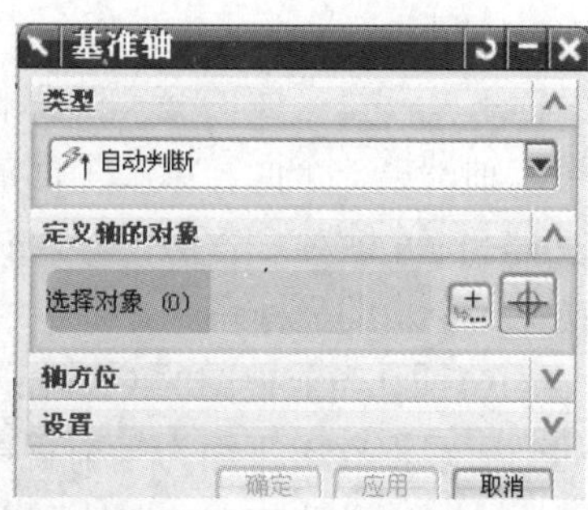

图 5.4 【基准轴】对话框

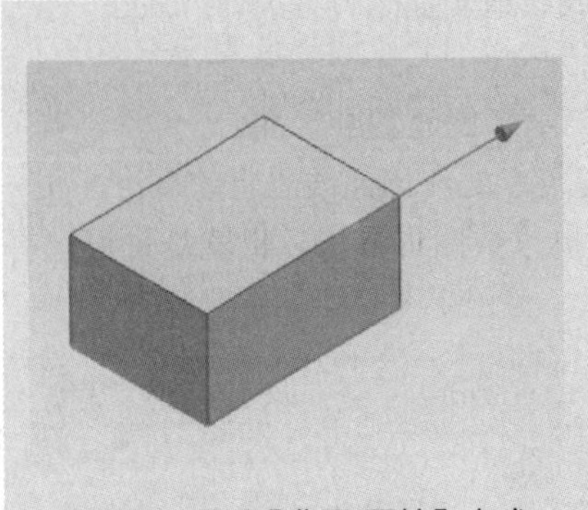

图 5.5 通过【曲面/面轴】方式创建的基准轴

【例 5.2】 在长方体棱上创建基准轴。

(1) 新建长方体模型。

(2) 选择【菜单】→【插入】→【基准/点】→【基准轴】选项，或者单击【特征】工具栏中的图标，弹出如图 5.4 所示的【基准轴】对话框。

(3) 通过曲线/面轴创建基准轴。单击图标，拾取矩形面上一条棱，系统自动出现如图 5.5 所示的动态图。(注：基准轴的方向由拾取棱上的点决定，即拾取点靠近哪端，则方向朝哪端。)

(4) 单击【确定】按钮，完成基准轴的创建。

5.1.3 基准 CSYS

基准 CSYS 用于辅助建立基本特征时的参考位置，如特征的定位及点的构造。

选择【菜单】→【插入】→【基准/点】→【基准 CSYS】选项，或者单击【特征】工具栏中的图标，弹出如图 5.6 所示的【基准 CSYS】对话框，该对话框用于创建基准 CSYS。和坐标系不同的是：基准 CSYS 一次建立三个基准面 *XY*、*YZ* 和 *ZX* 面和三个基准轴 *X*、*Y* 和 *Z* 轴，基准 CSYS 的创建方法与上述创建基准面的方法类同，读者自行练习，下面仅对对话框中的选项功能做介绍。

(1) 自动判断：通过选择的对象或输入沿 *X*、*Y* 和 *Z* 轴方向的偏置值来定义一个坐标系。

(2) 原点，*X* 点，*Y* 点：该方法利用点创建功能先后指定三个点来定义一个坐标系。这三点应分别是原点、*X* 轴上的点和 *Y* 轴上的点。定义的第一点为原点，第一点指向第二点的方向为 *X* 轴的正向，从第二点至第三点按右手定则来确定 *Z* 轴正向。

(3) *X* 轴，*Y* 轴，原点：该方法先利用点创建功能指定一个点作为坐标系原点，再利用矢量创建功能先后选择或定义两个矢量，这样来创建基准 CSYS。坐标系 *X* 轴的正向应为第一矢量的方向，*XOY* 平面平行于第一矢量及第二矢量所在的平面，*Z* 轴正向由从第一矢量在 *XOY* 平面上的投影矢量至第二矢量在 *XOY* 平面上的投影矢量按右手定则确定。

(4) 三平面：该方法通过先后选择三个平面来定义一个坐标系。三个平面的交点为坐标系的原点，第一个面的法向为 *X* 轴，第一个面与第二个面的交线方向为 *Z* 轴。

(5) 绝对 CSYS：该方法在绝对坐标系的(0，0，0)点处定义一个新的坐标系。

(6) 当前视图的 CSYS：该方法用当前视图定义一个新的坐标系。*XOY* 平面为当前视图的所在平面。

(7) 偏置 CSYS：该方法通过输入沿 *X*、*Y* 和 *Z* 轴方向相

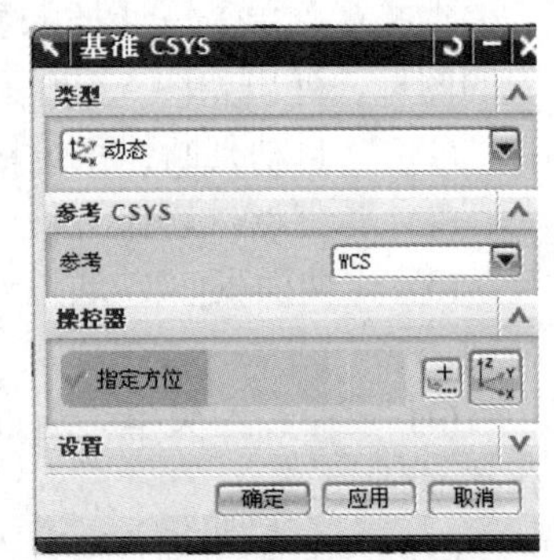

图 5.6 【基准 CSYS】对话框

对于选择坐标系的偏距来定义一个新的坐标系。

(注：读者在每次建模前应建好基准 CSYS，这将为后续工作如创建草图、模型装配等提供方便。)

5.2　设计特征操作

创建实体模型后，通过设计特征操作，在实体上创建辅助特征，包括孔、圆台、腔体、凸台、键槽、槽等。由于本节命令菜单非常多，不再一一举例，读者可根据下面提供的常用命令的操作步骤和实例图勤加练习，熟练掌握特征操作。

5.2.1　孔

选择【菜单】→【插入】→【设计特征】→【孔】选项，或者单击【特征】工具栏中的图标，弹出【孔】对话框，如图 5.7 所示。

创建的孔有三种类型，分别为常规孔、沉头孔和埋头孔。

(1) 常规孔：在如图 5.7(a)所示的【孔】对话框的【类型】下拉列表中单击图标，得到【常规孔】对话框，常规孔的参数包括【直径】、【深度限制】、【深度】和【顶锥角】。

(2) 沉头孔：在如图 5.7(a)所示的【孔】对话框的【类型】下拉列表中单击图标，可以进行沉头孔的参数设置，图 5.7(b)即为沉头孔的参数设置对话框。其中【沉头孔直径】必须大于【直径】，【沉头孔深度】必须小于【深度】，【顶锥角】必须大于或者等于 0° 且小于 180° 。若在【选择步骤】下拉列表中选择了【通过面】选项，那么【深度】和【顶锥角】文本框将不被激活。

(3) 埋头孔：在如图 5.7(a)所示的【孔】对话框的【类型】下拉列表中单击图标，可进行埋头孔的参数设置，图 5.7(c)即为埋头孔的参数设置对话框，【埋头孔角度】必须大于 0° 且小于 180° ，【顶锥角】必须大于或者等于 0° 且小于 180° 。若在【选择步骤】下拉列表中选择了【通过面】选项，那么【深度】和【顶锥角】文本框将不被激活。

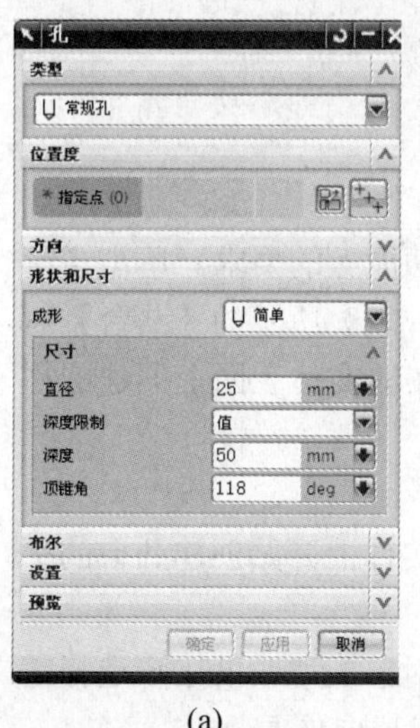

(a)

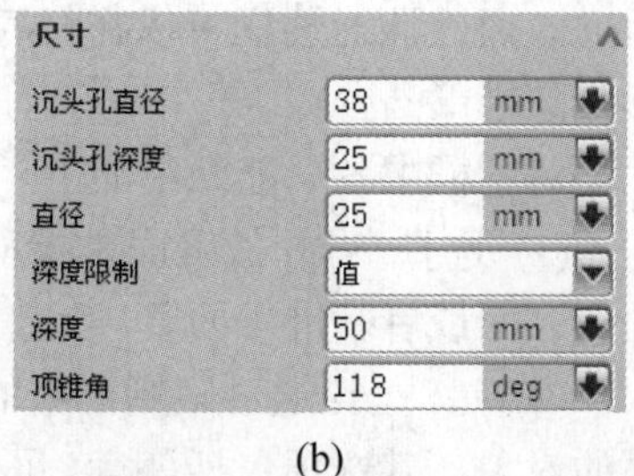

(b)

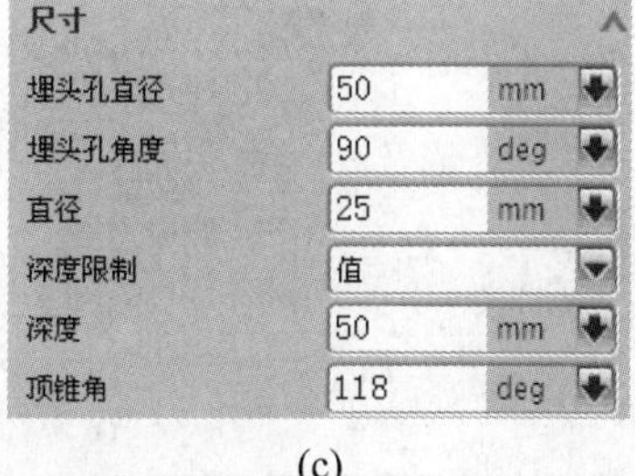

(c)

图 5.7 【孔】及参数对话框

【例 5.3】 练习在长方体上钻出三种类型的孔。

解： 操作步骤如下。

(1) 建立长方体模型。

(2) 选择【菜单】→【菜单】→【插入】→【设计特征】→【孔】选项，或者单击【特征】工具栏中的图标，系统自动弹出【孔】对话框，如图 5.7(a)所示。

(3) 选择孔的类型。在【类型】下拉列表中单击图标，得到【常规孔】对话框。

(4) 选择孔的放置平面。在【位置度】选项组中单击图标，在视图区选择长方体的一个表面作为孔的放置面，系统默认的孔生成方向是沿该长方体表面的法向，指向长方体的内部。

(5) 单击图标，系统弹出【点】对话框，在放置面创建点来确定孔的圆心位置(孔的定位)。

(6) 设置简单孔的参数，如图 5.7(a)所示。

(7) 单击【确定】按钮，在长方体模型上钻出简单孔。

(8) 沉头孔和埋头孔绘制的方法与简单孔类似，读者可自己完成，沉头孔的参数设置参考图 5.7(b)，埋头孔的参数设置参考图 5.7(c)。最终得到的三种类型孔的效果图如图 5.8 所示。

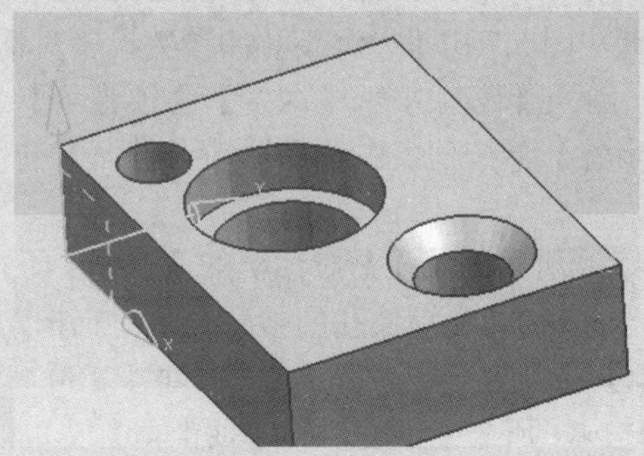

图 5.8　三种类型孔的效果

5.2.2　凸台

在机械设计过程中，常常需要设置一个凸台以满足结构上和功能上的要求。单击【特征】工具栏中的图标，弹出如图 5.9 所示的【凸台】对话框。通过该对话框可以在已存在的实体表面上创建圆柱形或圆锥形凸台。

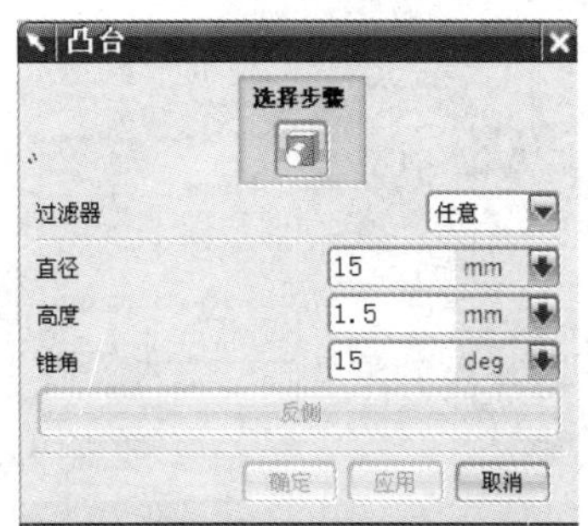

图 5.9　【凸台】对话框

对话框中各功能介绍如下。

(1) 选择步骤：放置面是指从实体上开始创建凸台的平面形表面或者基准平面。

(2) 过滤器：通过限制可用的对象类型帮助用户选择需要的对象。其选项包括任意、面和基准平面。

(3) 凸台的形状参数。

① 直径：圆台在放置面上的直径。

② 高度：圆台沿轴线的高度。

③ 锥角：锥度角。若指定为非0值，则为锥形凸台。正的角度值为向上收缩(即在放置面上的直径最大)，负的角度为向上扩大(即在放置面上的直径最小)。

(4) 反侧：若选择的放置面为基准平面，则可按此按钮改变圆台的凸起方向。

(5) 定位：单击【确定】按钮后，利用【定位】对话框进行定位。

【例5.4】 创建凸台。

解：操作步骤如下。

(1) 建立长方体模型。

(2) 选择【插入】→【设计特征】→【凸台】选项，或单击【特征】工具栏中的图标，弹出如图5.9所示的【凸台】对话框。

(3) 选择长方体上表面为凸台的放置平面。

(4) 设置凸台的形状参数。

(5) 单击【确定】按钮，系统弹出【定位】对话框，定位凸台在放置面上的位置，创建凸台，效果如图5.10所示。

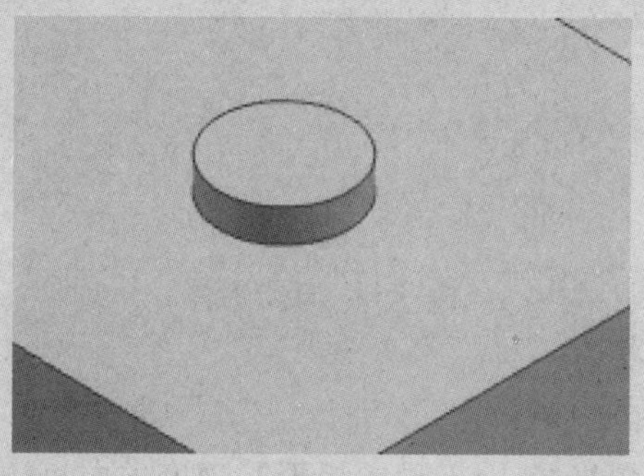

图5.10 凸台效果

5.2.3 腔体

单击【特征】工具栏中的图标，弹出如图5.11(a)所示的【腔体】类型选择对话框。该对话框用于从实体移除材料或用沿矢量对截面进行投影生成的面来修改片体。

【例5.5】 创建腔体。

解：操作步骤如下。

(1) 创建长方体模型。

(2) 单击【特征】工具栏中的图标，弹出如图5.11(a)所示的【腔体】类型选择对话框。

(3) 单击【矩形】按钮，系统自动弹出【矩形腔体】对话框，选择长方体上表面为腔体的放置平面，填写参数，如图5.11(b)所示。

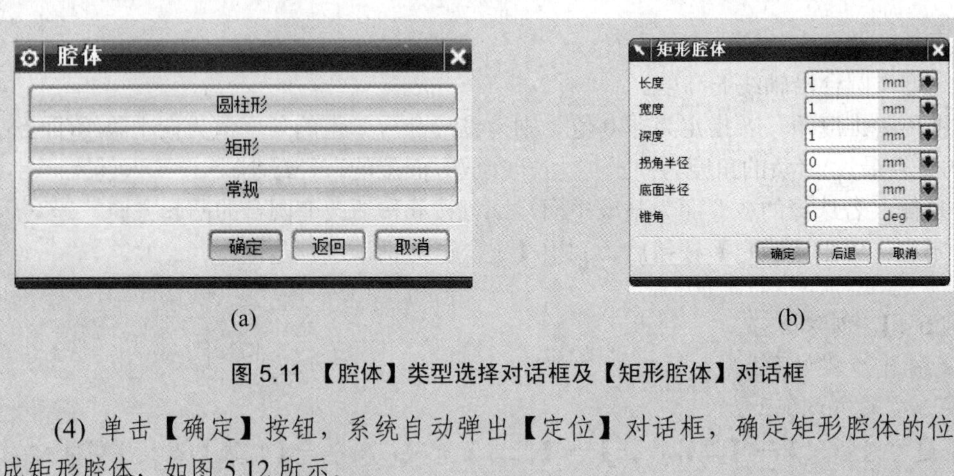

(a)　　　(b)

图 5.11 【腔体】类型选择对话框及【矩形腔体】对话框

(4) 单击【确定】按钮，系统自动弹出【定位】对话框，确定矩形腔体的位置，形成矩形腔体，如图 5.12 所示。

图 5.12 矩形腔体

圆柱形腔体的作法与矩形腔体作法类同，留给读者自己练习。

(注：①矩形腔体的拐角半径(用于设置矩形腔深度方向直边处的拐角半径)的值必须大于或等于 0；底面半径(用于设置矩形腔底面周边的圆弧半径)的值必须大于或等于 0 且小于拐角半径；锥角(用于设置矩形腔的倾斜角度)的值必须大于或等于 0。②圆柱形腔体底面半径(用于设置圆柱形腔底面的圆弧半径)必须大于或等于 0，并且小于深度；锥角(用于设置圆柱形腔的倾斜角度)必须大于或等于 0。)

5.2.4 垫块

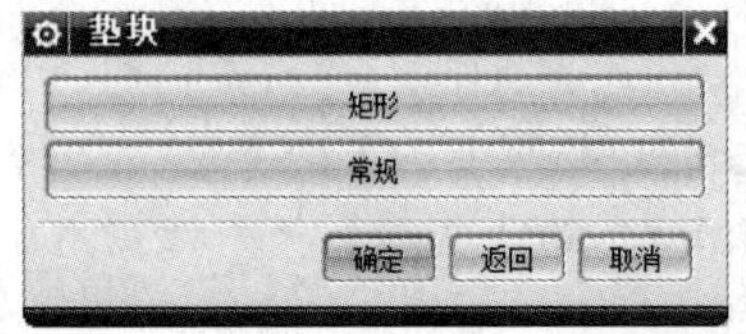

图 5.13 【垫块】类型选择对话框

垫块与凸台最主要的区别在于垫块创建的是矩形凸起，而凸台创建的是圆柱或圆锥凸起。

单击【特征】工具栏中的图标，弹出如图 5.13 所示的【垫块】类型选择对话框。

矩形垫块的创建步骤与腔体创建步骤类同，留给读者自己练习，【矩形垫块】对话框及矩形垫块实例如图 5.14 所示。

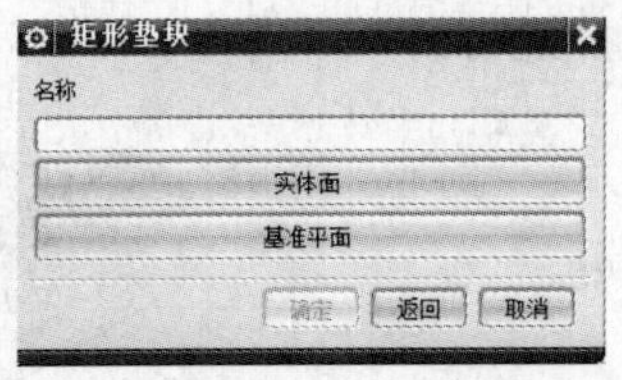

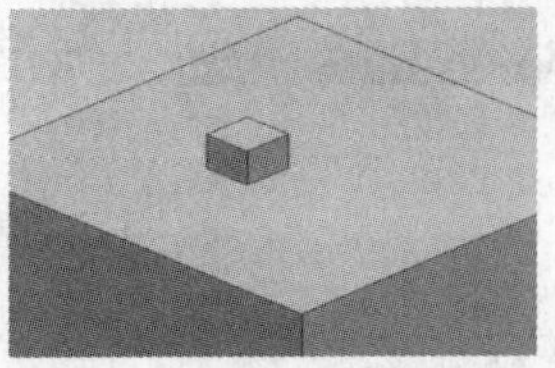

图 5.14 【矩形垫块】对话框及矩形垫块实例

5.2.5 键槽

键槽主要有以下几种类型。

(1) 矩形键槽：槽的横截面形状为矩形。

(2) 球形键槽：槽留下一全半径底部和拐角。

(3) U 形键槽：槽的横截面形状为 U 形，这种槽留下圆的转角和底面半径。

(4) T 型键槽：槽的横截面形状为 T 型。

(5) 燕尾槽：槽的横截面形状为燕尾形。

【例 5.6】 创建球形键槽。

解：操作步骤如下。

(1) 建立长方体模型。

(2) 单击【特征】工具栏中的图标，弹出【键槽】对话框。

(3) 单击【球形键槽】按钮，系统提示选择球形槽放置面，选择长方体上表面；系统弹出【球形键槽】对话框，输入参数如图 5.15(a)所示。

(4) 单击【确定】按钮，系统弹出【定位】对话框，确定键槽的位置。

(5) 单击【确定】按钮，形成球形键槽，如图 5.15(b)所示。

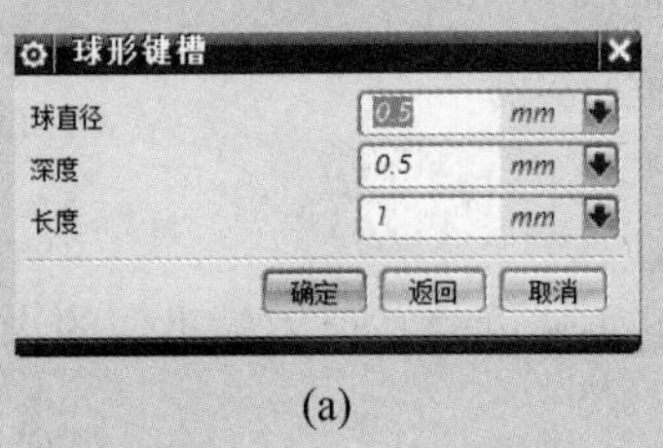

(a)

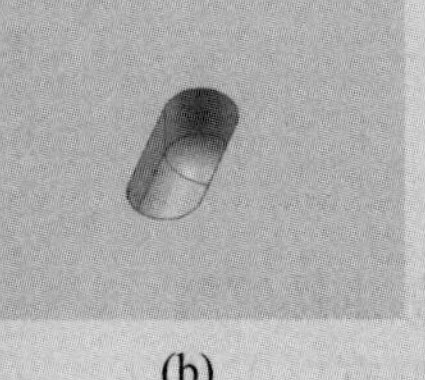

(b)

图 5.15 【球形键槽】参数对话框及实例

其余各类键槽的创建操作步骤和球形键槽的创建步骤类同，在这里给出参数和形成的实例，如图 5.16～图 5.19 所示，留给读者自行练习。

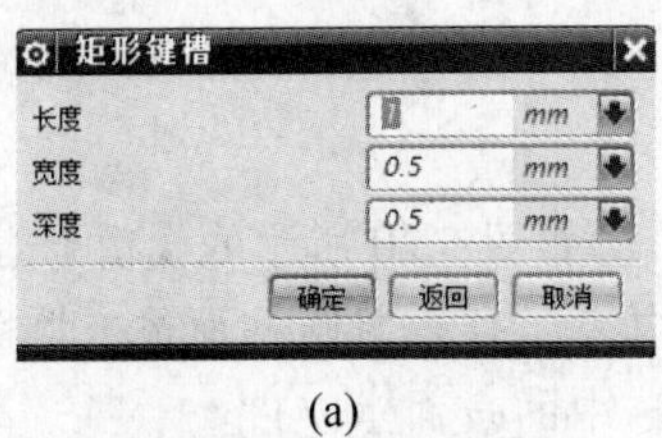

(a)

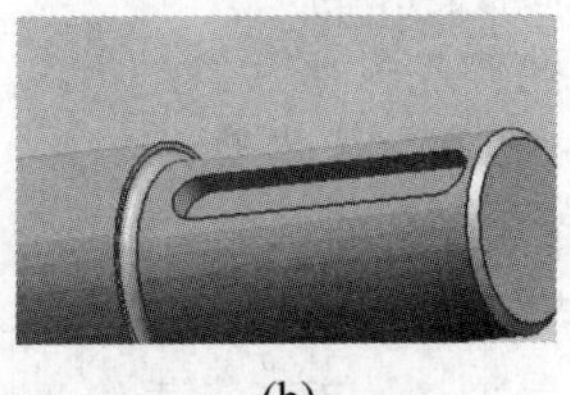

(b)

图 5.16 【矩形键槽】参数对话框及实例

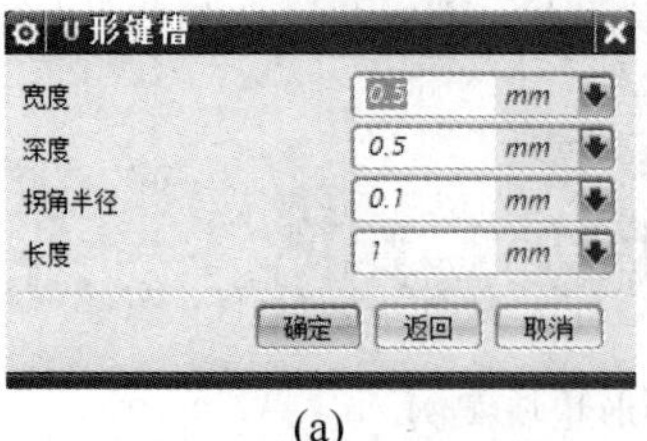

(a)

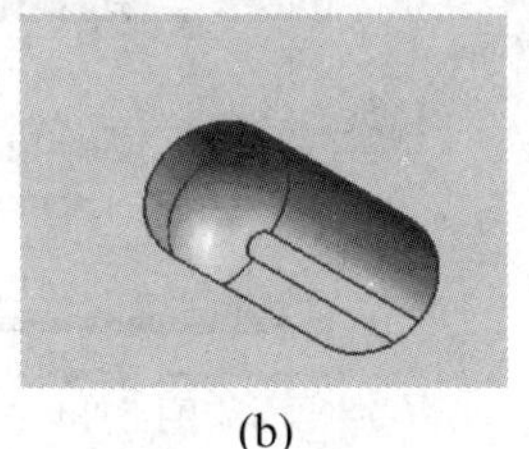

(b)

图 5.17 【U 形键槽】参数对话框及实例

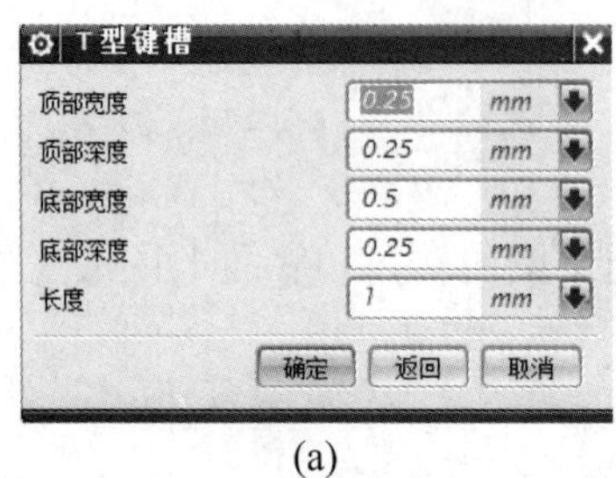

(a)

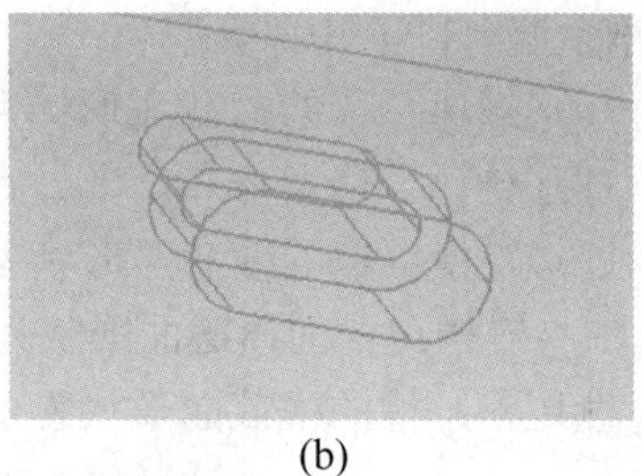

(b)

图 5.18 【T 型键槽】参数对话框及实例

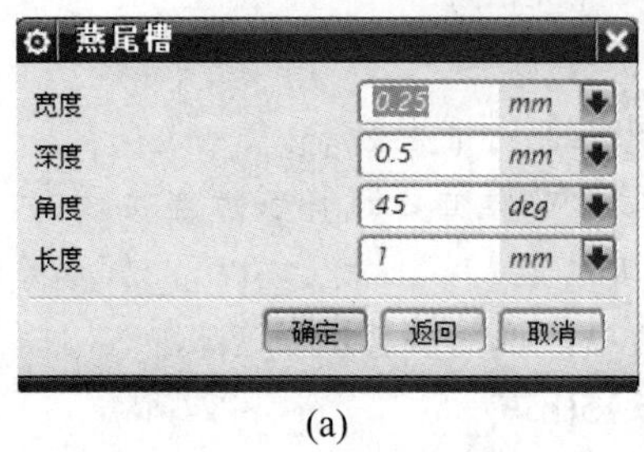

(a)

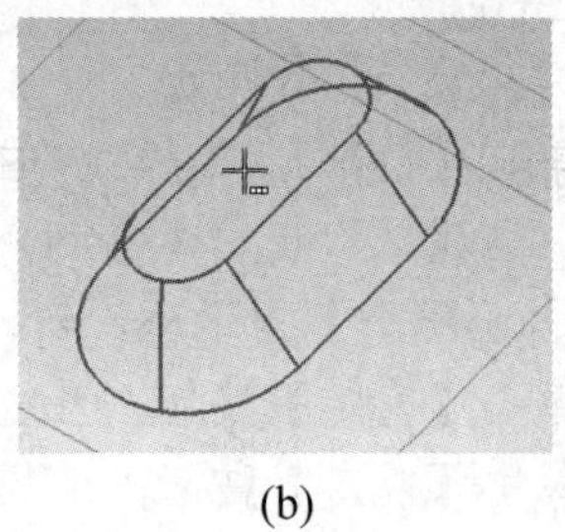

(b)

图 5.19 【燕尾槽】参数对话框及实例

5.2.6 槽

在机械加工螺纹时，常常有退刀槽等，此功能可以快速创建与退刀槽类似的沟槽。槽的类型有以下几种。

(1) 矩形槽：横截面形状为矩形。

(2) 球形端槽：横截面形状为半圆形。

(3) U 形槽：横截面形状为 U 形。

【例 5.7】 创建矩形槽。

解：操作步骤如下。

(1) 建立圆柱体模型。

(2) 单击【特征】工具栏中的图标，系统自动弹出如图 5.20 所示的【槽】对话框。(此命令用于在圆柱面体或圆锥体上建立外沟槽或内沟槽，且只对圆柱面体或圆锥体操作，沟槽在选择该面的位置附近生成，并自动连接到选中的表面上。)

(3) 单击【矩形】按钮，系统提示选择矩形槽放置面，选择圆柱面；弹出【矩形槽】

对话框，输入参数，如图 5.21 所示。

(4) 单击【确定】按钮，系统弹出【定位】对话框，确定矩形槽的位置。

(5) 单击【确定】按钮，形成矩形槽，如图 5.22 所示。

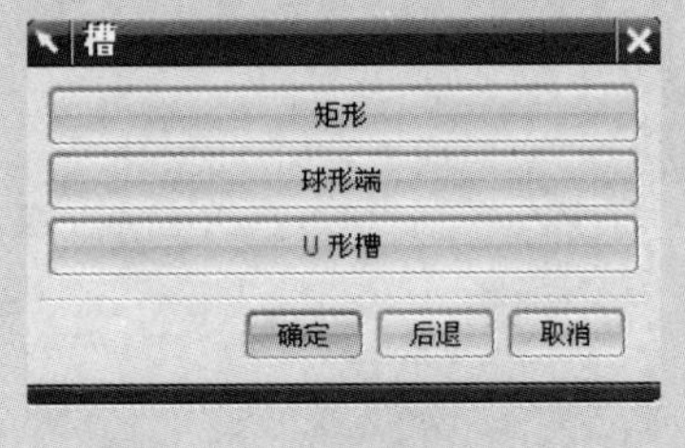

图 5.20 【槽】对话框

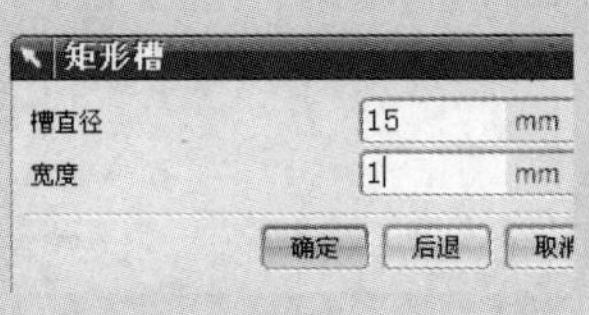

图 5.21 【矩形槽】对话框

图 5.22 矩形槽

5.2.7 三角形加强筋

单击【特征】工具栏中的图标，弹出如图 5.23 所示的【三角形加强筋】对话框。该对话框用于在两组相交面之间创建三角形加强筋特征。

对话框中各功能介绍如下。

图 5.23 【三角形加强筋】对话框

(1) 第一组：单击该图标，选择欲创建的三角形加强筋的第一组放置面。

(2) 第二组：单击该图标，选择欲创建的三角形加强筋的第二组放置面。

(3) 位置曲线：在第二组放置面的选择超过两个曲面时，该按钮被激活，用于选择两组面多条交线中的一条交线作为三角形加强筋的位置曲线。

(4) 位置平面：单击该图标，指定与工作坐标系或绝对坐标系相关的平行平面或在视图区指定一个已存在的平面位置来定位三角形加强筋。

(5) 方向平面：单击该图标，指定三角形加强筋的倾斜方向平面，方向平面可以是已存在平面或基准平面，默认的方向平面是已选两组平面的法向平面。

(6) 修剪选项：设置三角形加强筋的裁剪方法。

(7) 方法：设置三角形加强筋的定位面，包括【沿曲线】和【位置】定位两种方式。

① 沿曲线：采用交互式的方法在两面相交的曲线上选择一点，可通过指定【圆弧长】或【%圆弧长】值来定位。

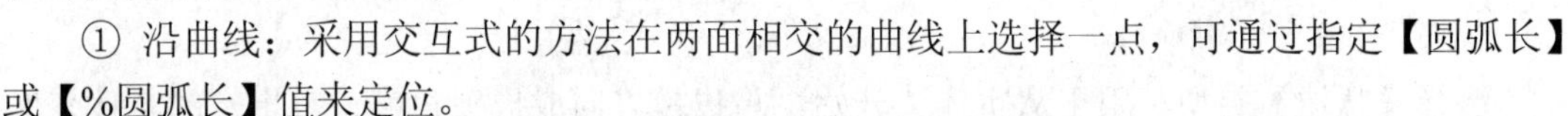

② 位置：选择该选项，则利用坐标系来定义三角形加强筋中心线位置。

【例 5.8】 创建【沿曲线】三角形加强筋。

解：操作步骤如下。

(1) 建立两个叠放的矩形模型，如图 5.24(a)所示。

(2) 单击【特征】工具栏中的图标，弹出如图 5.23 所示的【三角形加强筋】对话框。

(3) 单击图标，选择下面矩形的上表面为第一组放置面。

(4) 单击图标，选择上面矩形的前表面为第二组放置面。

(5) 所有参数设置如图 5.23 所示。

(6) 单击【确定】按钮，完成三角加强筋创建，如图 5.24(b)所示。

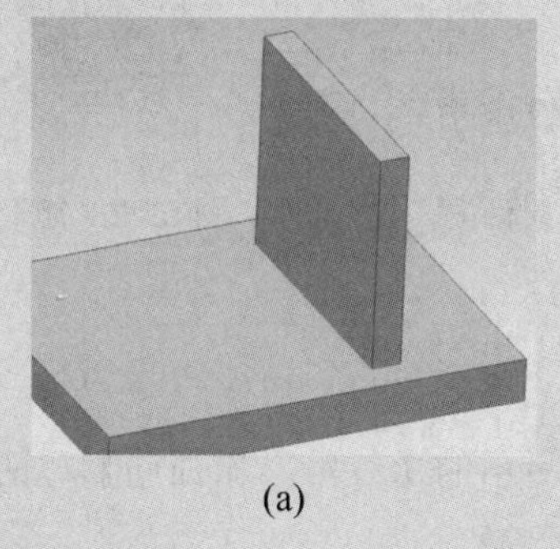
(a)

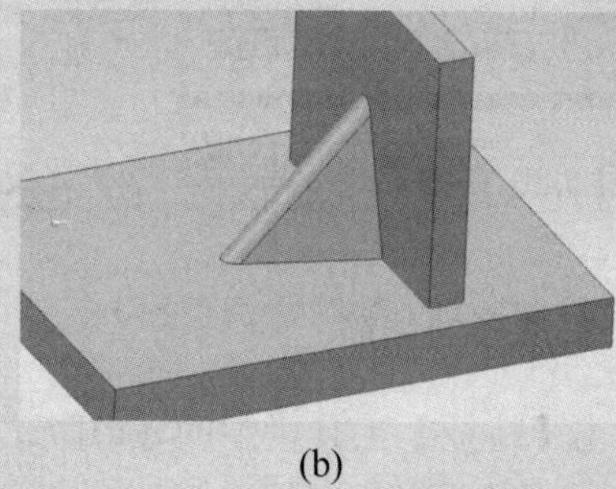
(b)

图 5.24　三角形加强筋实例

5.3　细节特征操作

细节特征操作是指对已经存在的实体或特征进行各种操作以满足设计的要求，如倒圆、倒角和拔模。本节介绍命令菜单的操作步骤及实例，供读者理解练习使用。

5.3.1　拔模

选择【菜单】→【插入】→【细节特征】→【拔模】选项，或者单击【特征】工具栏中的图标，弹出如图 5.25 所示的【拔模】对话框。该对话框用于以一定的角度沿着拔模方向改变选择的面。

拔模有四种方式：从平面或曲面、从边、与多个面相切和至分型边。

1. 从平面或曲面

选择【从平面或曲面】类型，用于从参考平面开始，与拔模方向成拔模角度，对指定的实体表面进行拔模，实例如图 5.26 所示。

2. 从边

选择【从边】类型，用于从实体边开始，与拔模方向成拔模角度，对指定的实体表面进行拔模，实例如图 5.27 所示。

3. 与多个面相切

选择【与多个面相切】类型，用于与拔模方向成拔模角度对实体进行拔模，并使拔模面相切于指定的实体表面，实例如图 5.28 所示。

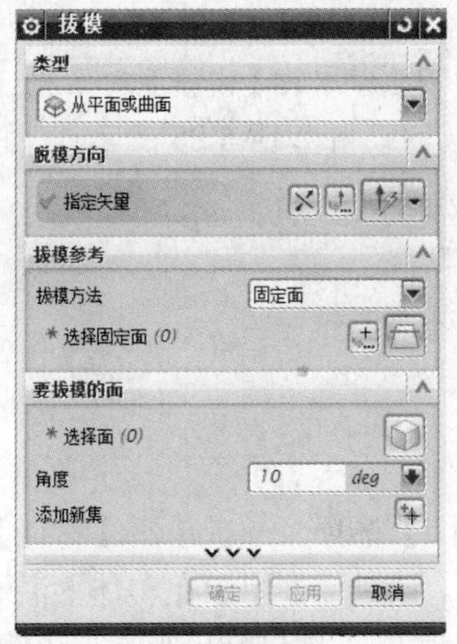

图 5.25 【拔模】对话框

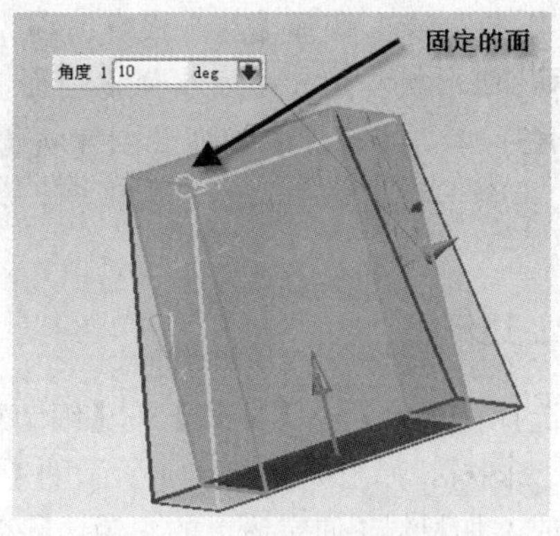

图 5.26 【从平面或曲面】类型及实例

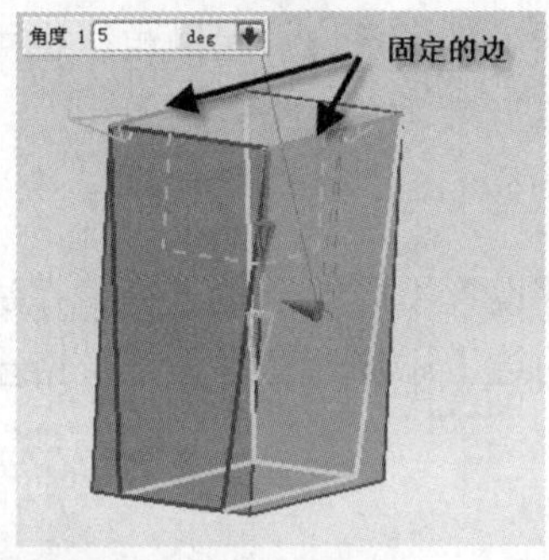

图 5.27 【从边】类型及实例

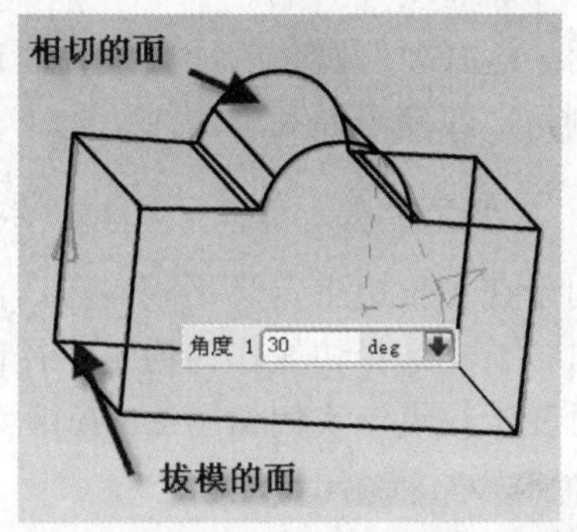

图 5.28 【与多个面相切】类型及实例

4. 至分型边

选择【至分型边】类型，用于从参考面开始，与拔模方向成拔模角度，沿指定的分割边对实体进行拔模，实例如图 5.29 所示。该选项可以在分型边缘不发生改变的情况下拔模，并且分型边缘不在固定平面上。

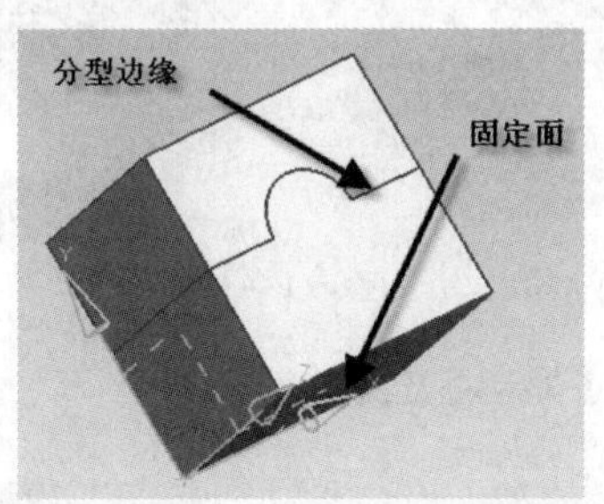

→

图 5.29 【至分型边】类型及实例

【例 5.9】 创建拔模(从平面或曲面)特征。

解：操作步骤如下。

(1) 创建矩形模型。

(2) 单击【特征】工具栏中的图标，弹出如图 5.25 所示的【拔模】对话框，从【类型】下拉列表中选择【从平面或曲面】选项，其他参数的设置如图 5.25 所示。(固定平面表示几何形状和尺寸不发生变化的面，此处也指拔模起始面。)

(3) 单击【确定】按钮，创建拔模面如图 5.26 所示。

其余各拔模方式给出了实例图，操作留给读者自行完成。

5.3.2 边倒圆

选择【菜单】→【插入】→【细节特征】→【边倒圆】选项，或者单击【特征】工具栏中的图标，弹出如图 5.30(a)所示的【边倒圆】对话框。该对话框用于在实体上沿边缘去除材料或添加材料，使实体上的尖锐边缘变成圆滑表面(圆角面)，图 5.30(b)所示为边倒圆实例。

1. 选择边

用于选择要倒圆角的边。设置固定半径的倒角，既可以多条边一起倒角，也可以手动拖动倒角，改变半径大小。

2. 可变半径点

用于在一条边上定义不同的点，然后在各点的位置设置不同的倒角半径，在进行这项操作时，首先选择边缘作为恒定半径倒圆，再在倒圆的边上添加可变半径点，应至少选取两个可变半径点，实例如图 5.30(c)所示。

(a)

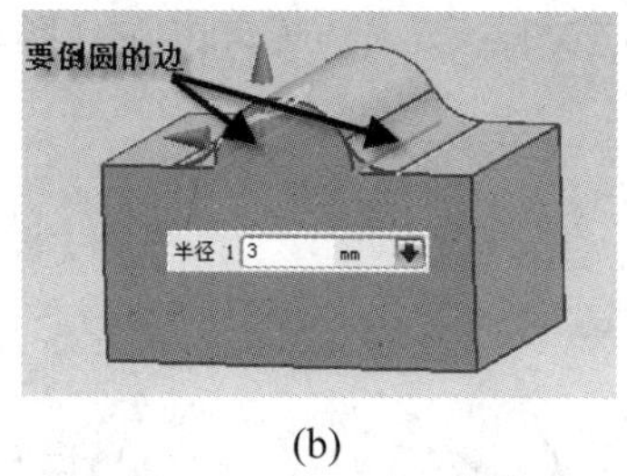

(b)

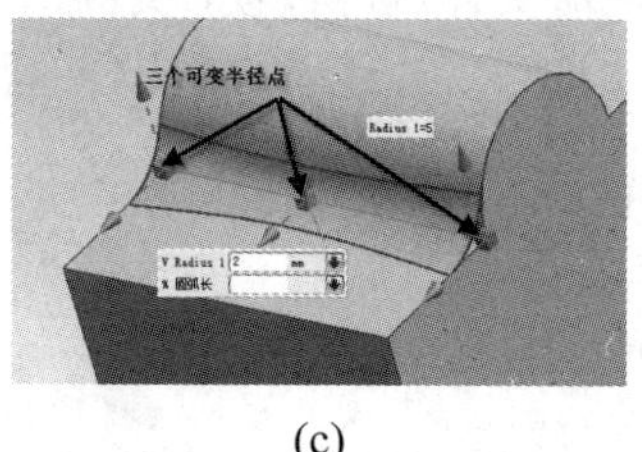

(c)

图 5.30 【边倒圆】对话框及实例

【例 5.10】 边倒圆操作练习。

解：操作步骤如下。

(1) 建立如图 5.31(a)所示的模型。

(2) 单击【特征】工具栏中的图标，弹出如图 5.30(a)所示的【边倒圆】对话框，选择两边，如图 5.30(b)所示，其他参数的设置如图 5.30(a)所示。

(3) 单击【确定】按钮，完成边倒圆，如图 5.31(b)所示。

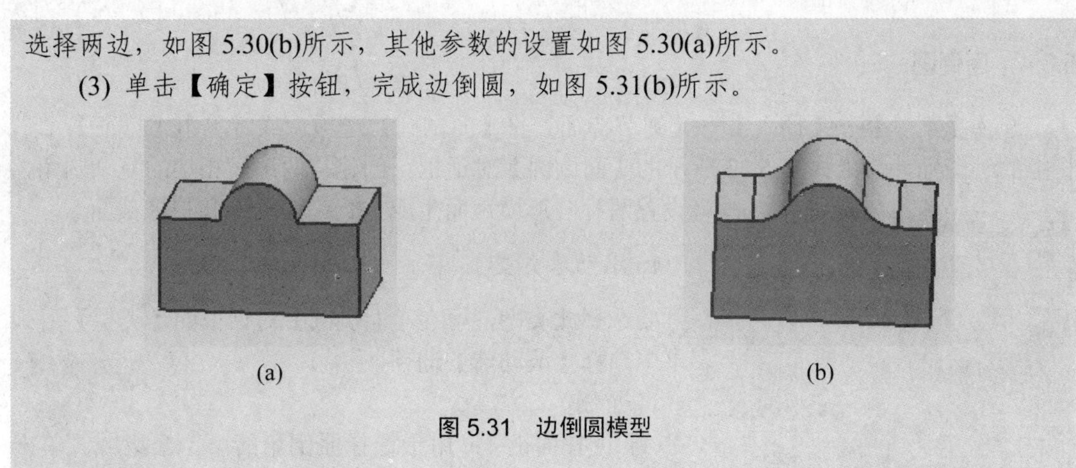

图 5.31 边倒圆模型

5.3.3 倒斜角

选择【菜单】→【插入】→【细节特征】→【倒斜角】选项，或者单击【特征】工具栏中的图标，弹出如图 5.32 所示的【倒斜角】对话框。该对话框用于在已存在的实体上沿指定的边缘作倒角操作。

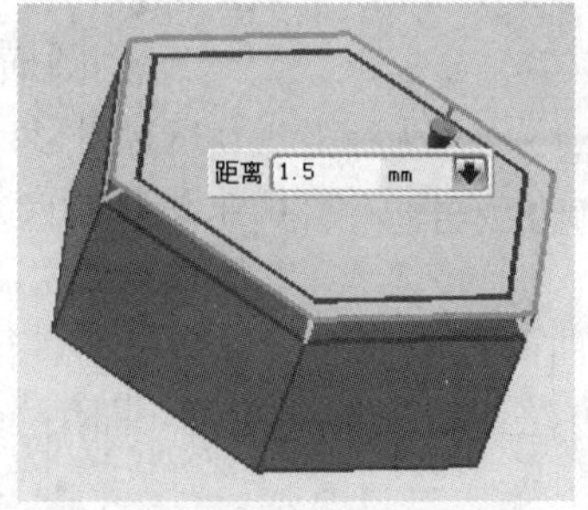

图 5.32 【倒斜角】对话框及【对称】倒斜角实例

1. 选择边

选择要倒角的边。

2. 横截面

(1) 对称：用于与倒角边邻接的两个面采用同一个偏置方式来创建简单的倒角。选择该方式，【距离】文本框被激活，在该文本框中输入倒角边要偏置的值，单击【确定】按钮，即可创建倒角。

(2) 非对称：用于与倒角边邻接的两个面分别采用不同偏置值来创建倒角。选择该方式，【距离 1】和【距离 2】文本框被激活，在这两个文本框中输入用户所需的距离值，单击【确定】按钮，即可创建非对称倒角。

(3) 偏置和角度：用于由一个偏置值和一个角度来创建倒角。选择该方式，【距离】和【角度】文本框被激活，在这两个文本框中输入用户所需的距离值和角度，单击【确定】按钮创建倒角。

倒斜角的创建步骤与边倒圆的步骤类同，留给读者自己练习。

5.3.4 面倒圆

选择【菜单】→【插入】→【细节特征】→【面倒圆】选项，或者单击【特征】工具栏中的图标，弹出如图 5.33 所示的【面倒圆】对话框。创建与两组面相切的复杂圆角，可设置两种圆形横截面生成方式：滚动球和扫掠截面。

图 5.33 【面倒圆】对话框

1. 滚动球类型

要选择此类型，可在【面倒圆】对话框的【类型】下列表单中选择【滚动球】选项。

1) 面链

(1) 选择面链 1：用于选择面倒角的第一个集域。单击该图标，窗口选择第一个面集。选择第一个面集后，视图工作区会显示一个矢量箭头。此矢量箭头应该指向倒角的中心，如果默认的方向不符合要求，可单击图标，使方向反向。

(2) 选择面链 2：用于选择面倒角的第二个面集。单击该图标，在视图区选择第二个面集。

2) 倒圆横截面

(1) 圆形：选择该选项，则用定义好的圆盘与倒圆面相切来进行倒圆。

(2) 二次曲线：选择该选项，则用两个偏移值和指定的脊线构成的二次曲面与选择的两面集相切进行倒角。

(3) 偏置 1 方法：用于设置在第一面集上的偏置值可以设置为【恒定】和【规律控制】两种方式。

(4) 偏置 2 方法：用于设置在第二面集上的偏置值。可以设置为【恒定】和【规律控制】两种方式。

(5) Rho 方法：用于设置二次曲面拱高与弦高之比，Rho 值必须小于或等于 1。Rho 值越接近 0，则倒角面越平坦，否则越尖锐。可以设置为【恒定】、【规律控制】和【自动椭圆】三种方式。

3) 约束和限制几何体

(1) 选择重合边：单击该图标，用户可以在第一个面集和第二个面集上选择一条或多条边作为陡边，使倒角面在第一个面集和第二个面集上相切到陡边处。在选择陡边时，不一定要在两个面集上都指定陡边。

(2) 选择相切曲线：单击该图标，在视图区选择相切控制曲线，系统会沿着指定的相切控制曲线，保持倒角表面和选择面集的相切，从而控制倒角的半径。相切曲线只能在一组表面上选择，不能在两组表面上都指定一条曲线来限制圆角面的半径。

2. 扫掠截面类型

扫掠截面设置与滚动球不同的是在倒圆横截面中多了【选取脊曲线】图标，其余图标的含义和滚动球的相同。

选取脊曲线：单击图标，可在视图区选择某条曲线或实体边作为倒角的脊线。

【例 5.11】 面倒圆操作。

解：操作步骤如下。

(1) 建立如图 5.34(a)所示的模型。

(2) 单击【特征】工具栏中的图标，弹出如图 5.33 所示的【面倒圆】对话框。在【类型】下拉列表中选择【滚动球】选项创建圆角，面链 1 和面链 2 分别选择如图 5.34(b)所示的相交面，其他参数的设置如图 5.33 所示。

(3) 单击【确定】按钮，完成面倒圆，如图 5.34(c)所示。

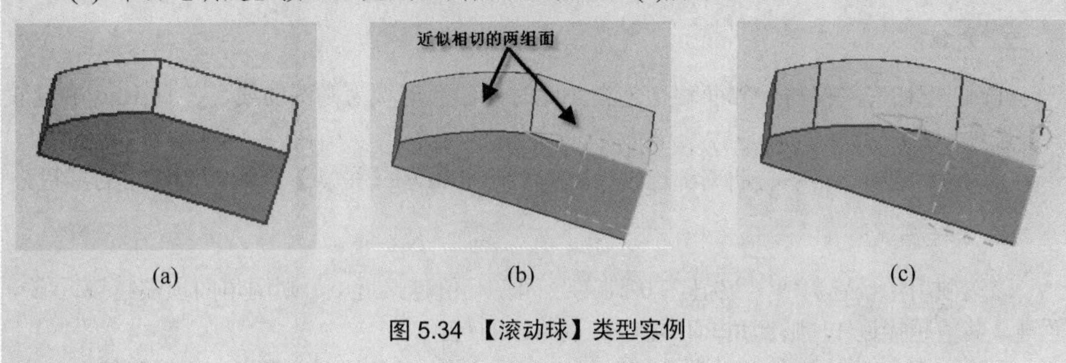

图 5.34 【滚动球】类型实例

5.3.5 软倒圆

单击【特征】工具栏中的图标，弹出如图 5.35 所示的【软倒圆】对话框。该选项用于根据两相切曲线及形状控制参数来决定倒圆形状，可以更好地控制倒圆的横截面形状。软倒圆与面倒圆的选项及操作基本相似。不同之处在于面倒圆可指定两相切曲线来决定倒角类型及半径，而软倒圆则根据两相切曲线以及形状参数来决定倒角的形状，如图 5.35 的实例所示。

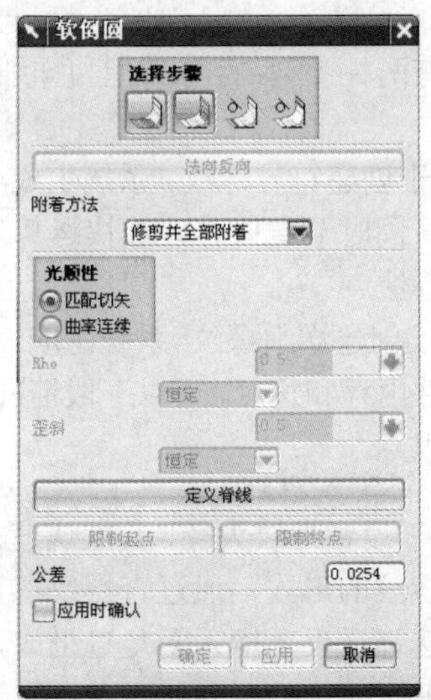

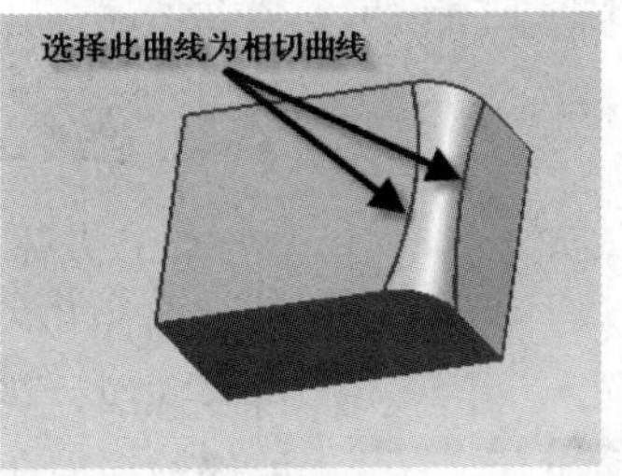

图 5.35 【软倒圆】对话框及实例

1. 选择步骤

(1) 第一组：让用户选择第一组面。选择一个面后，会显示一个矢量，这个矢量应该指向圆角的中心。如果必要的话，单击【法向反向】按钮来反转矢量的方向。

(2) 第二组：让用户选择第二组面。

(3) 第一相切线：让用户通过维持圆角曲面和沿着指定第一相切曲线或边的底层面组的相切，来控制球的半径或二次曲线的偏置。

(4) 第二相切线：让用户通过维持圆角曲面和沿着指定第二相切曲线或边的底层面组的相切，来控制球的半径或二次曲线的偏置。

2. 光顺性

(1) 匹配切矢：仅与相邻面相切连续。此时，截面形状为椭圆曲线，并且 Rho 和【歪斜】选项不被激活。

(2) 曲率连续：斜率与曲率都连续。此时可用 Rho 和【歪斜】选项控制倒角的形状。

3. 歪斜

该选项用于设置斜率。该值在 0 到 1 之间。其值越接近 0，则倒角面顶端越接近第一面链，其值越接近 1，则倒角面顶端越接近第二面链。

图 5.35 给出了软倒圆参数和实例，读者可根据上面软倒圆的介绍，自己练习每个命令，以便加深理解。

5.3.6 螺纹

选择【菜单】→【插入】→【设计特征】→【螺纹】选项，或者单击【特征】工具栏中的图标，弹出如图 5.36 所示的【螺纹】对话框。该命令用于在圆柱面、圆锥面上或孔内创建螺纹。

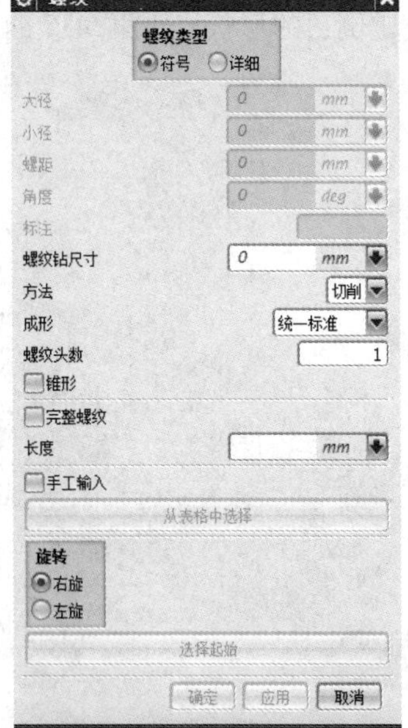

图 5.36 【螺纹】对话框

1. 螺纹类型

创建的螺纹有两种类型：符号类型和详细类型，如图 5.37 所示。

(1) 符号：用于创建符号螺纹。系统生成一个象征性的螺纹，用虚线表示。同时节省内存，加快运算速度，推荐用户采用符号螺纹的方法。

(2) 详细：用于创建详细螺纹。系统生成一个仿真的螺纹。该操作很消耗硬件内存和速度，所以一般情况下不建议使用。

2. 主要选项含义

(1) 大径：用于设置螺纹大径，其默认值是根据选择的圆柱面直径和内外螺纹的形式，通过查螺纹参数表获得。对于符号螺纹，当不选择【手工输入】复选框时，主直径的值不能修改。对于详细螺纹，外螺纹的主直径的值不能修改。

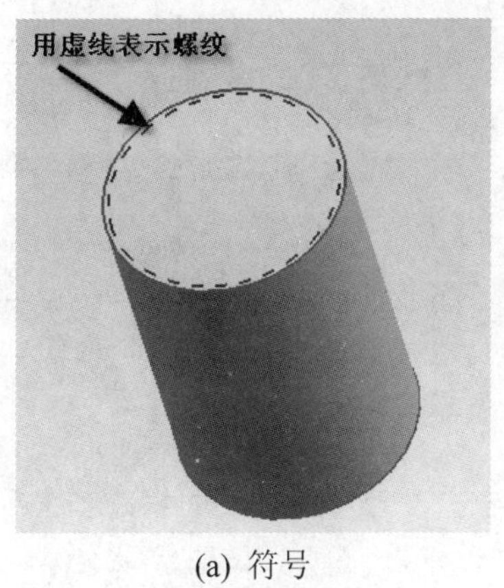

(a) 符号

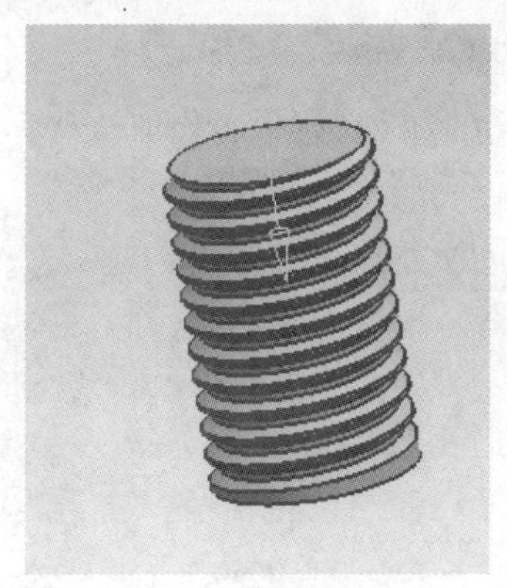

(b) 详细

图 5.37 符号类型和详细类型螺纹

(2) 螺距：用于设置螺距，其默认值根据选择的圆柱面通过查螺纹参数表获得。对于符号螺纹，当不选择【手工输入】复选框时，螺距的值不能修改。

(3) 角度：用于设置螺纹牙型角，默认值为螺纹的标准值。当不选择【手工输入】复选框时，角度的值不能修改。

(4) 螺纹钻尺寸：用于设置外螺纹轴的尺寸或内螺纹的钻孔尺寸，也就是螺纹的名义尺寸，其默认值根据选择的圆柱面通过查螺纹参数表获得。

(5) 方法：用于指定螺纹的加工方法。其中包含切削、Rolled(滚螺纹)、接地和 Milled(镜螺纹)四个选项。

(6) 螺纹头数：用于设置螺纹的头数，即创建单头螺纹还是多头螺纹。

(7) 长度：用于设置螺纹的长度，其默认值根据选择的圆柱面通过查螺纹参数表获得。螺纹长度是沿平行轴线方向，从起始面进行测量的。

(8) 选择起始：用于指定螺纹的起始面，可以选择平面或者基准面。

【例 5.12】 创建螺纹。

解：操作步骤如下。

(1) 建立圆柱模型。

(2) 单击【特征】工具栏中的图标，弹出如图 5.36 所示的【螺纹】对话框。选择圆柱面，其他参数的设置如图 5.36 所示。

(3) 单击【确定】按钮，创建螺纹，如图 5.37(a)所示。

5.3.7 抽壳

选择【菜单】→【插入】→【偏置/缩放】→【抽壳】选项，或者单击【特征】工具栏中的图标，弹出如图 5.38 所示的【抽壳】对话框。利用该命令可以以一定的厚度值抽空一实体。

抽壳有两种类型，即【抽壳所有面】类型和【移除面，然后抽壳】类型，如图 5.39 所示。

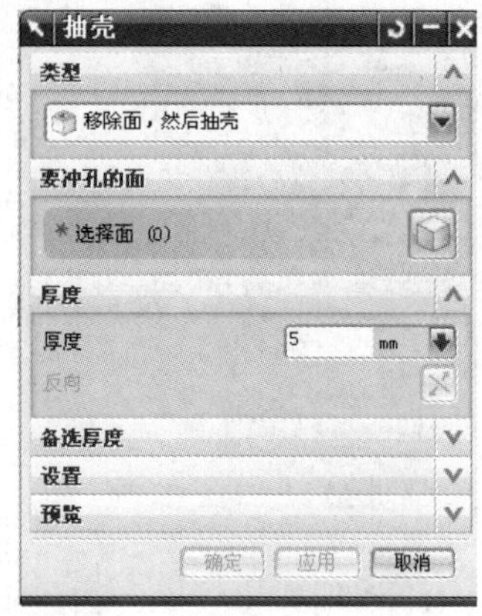

图 5.38 【抽壳】对话框

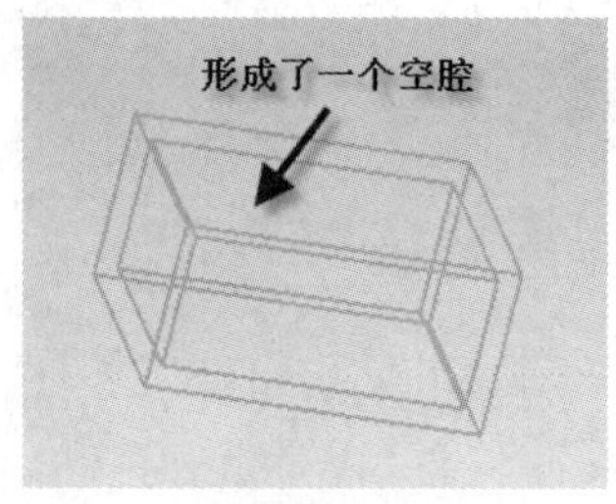

(a) 抽壳所有面

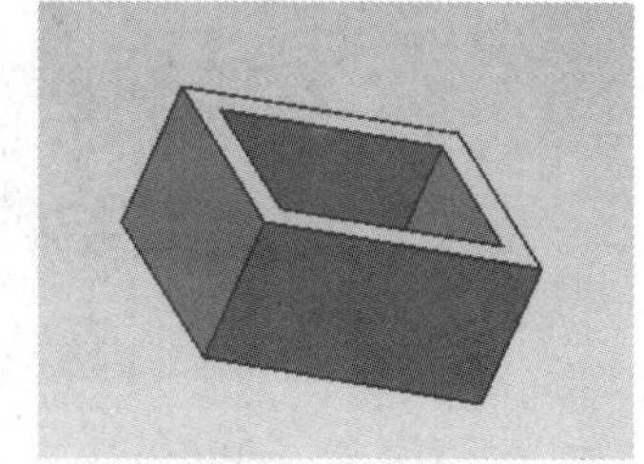

(b) 移除面，然后抽壳

图 5.39 抽壳的两种类型

(1) 抽壳所有面：可在【抽壳】对话框的【类型】下拉列表中选择此类型，在视图区选择要进行抽壳操作的实体。

(2) 移除面，然后抽壳：可在【抽壳】对话框的【类型】下拉列表中选择此类型，用于选择要抽壳的实体表面，所选的表面在抽壳后会形成一个缺口。在大多数情况用此类型，它主要用于创建薄壁零件或箱体。

【抽壳所有面】和【移除面，然后抽壳】的不同之处在于：前者对所有面进行抽空，形成一个空腔；后者在对实体抽空后，移除所选择的面。

【例 5.13】 抽壳操作。

解：操作步骤如下。

(1) 建立长方体模型。

(2) 单击【特征】工具栏中的图标，弹出如图 5.38 所示的【抽壳】对话框，选择【移除面，然后抽壳】选项，系统提示选择去除面，选择长方体上平面，其他参数如图 5.38 所示。

(3) 单击【确定】或【应用】按钮，创建抽壳特征，如图 5.39(b)所示。

5.3.8 实例特征

实例特征主要包括【矩形阵列】、【圆形阵列】和【图样面】，可以快速地对已有特征进行有规律的复制，大大提高了建模效率。

选择【菜单】→【插入】→【关联复制】→【引用特征】选项，或者单击【特征】工具栏中的图标，弹出如图 5.40 所示的【实例】对话框。

1. 矩形阵列

用于以矩形阵列的形式来复制所选的实体特征，该阵列方式使阵列后的特征成矩形排列。单击【矩形阵列】按钮，弹出如图 5.41 所示的【实例】选择对话框，选择要阵列的特征，单击【确定】按钮，弹出【编辑参数】对话框，如图 5.42(b)所示。

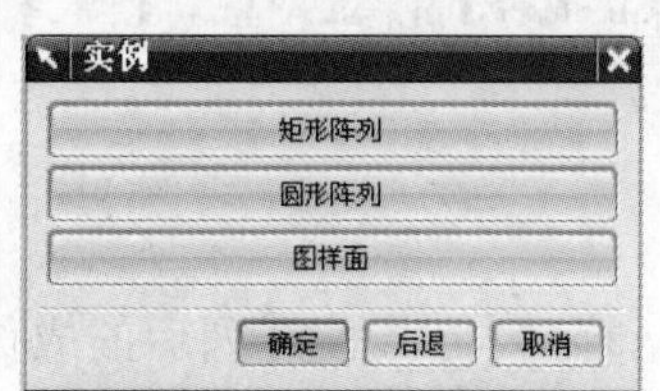

图 5.40 【实例】对话框

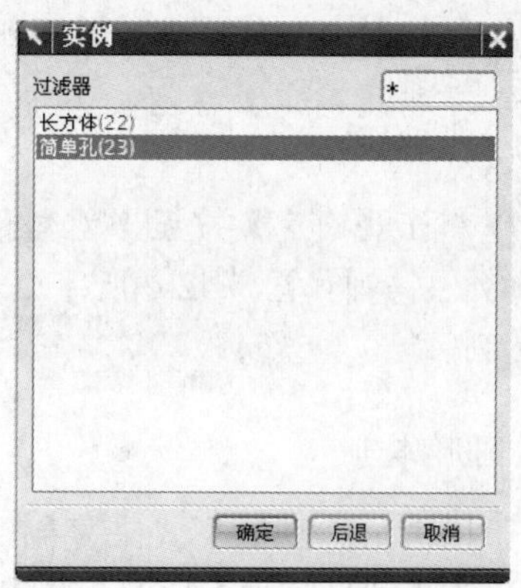

图 5.41 【实例】选择对话框

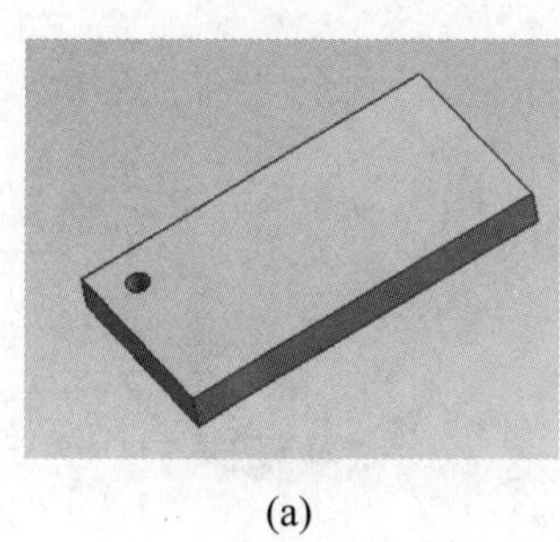

(a)

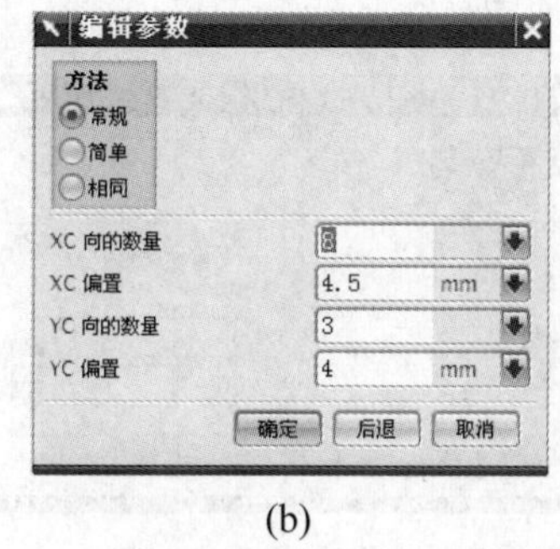

(b)

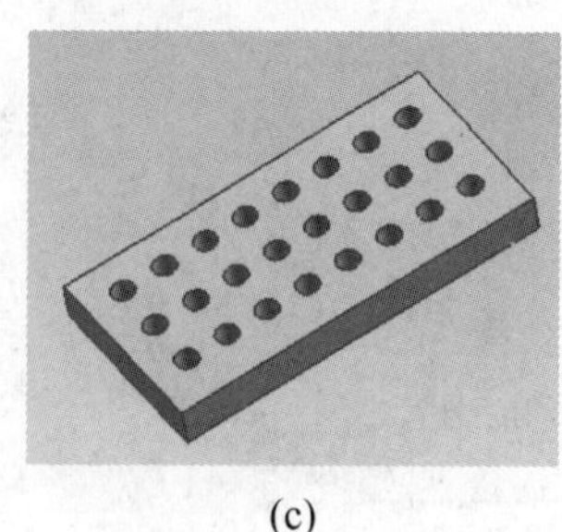

(c)

图 5.42 创建矩形阵列的过程

(1) 方法：用于指定进行矩形阵列的三种建立方法。

① 常规：建立矩形阵列时，将检查所有的几何对象，允许越过表面边缘线从一个表面到另一个表面，为默认选项。

② 简单：与【常规】方法类似，但将消除额外的数据检验和优化操作，可加速阵列的建立过程。建立的成员必须与原特征在同一表面上。

③ 相同：建立阵列特征的最快的方法，所做的检查操作最少，只简单地将原特征的所有表面和边缘线复制和移动，建立的阵列中每一个成员特征都是原特征的精确复制。当复制的数量很大，而又确信每个成员特征完全一样时，可使用这种方法。建立的成员特征必须与原特征在同一表面上。

(2) XC 向的数量：用于输入沿 *XC* 方向的成员特征的总数目。

(3) XC 偏置：用于输入沿 *XC* 方向相邻两成员特征之间的间隔距离。

(4) YC 向的数量：用于输入沿 *YC* 方向的成员特征的总数目。

(5) YC 偏置：用于输入沿 *YC* 方向相邻两成员特征之间的间隔距离。

【例 5.14】 创建矩形阵列。

解：操作步骤如下。

(1) 创建长方体模型，并创建小孔，如图 5.42(a)所示。

(2) 单击【特征】工具栏中的图标，弹出如图 5.40 所示的【实例】对话框，单击

【矩形阵列】按钮，系统弹出【实例】对话框，如图 5.41 所示，选择【简单孔】选项。

(3) 单击【确定】按钮，系统弹出【编辑参数】对话框，输入参数，如图 5.42(b)所示。

(4) 单击【确定】按钮，创建预览阵列结果，符合设计要求，单击【是】按钮创建矩形陈列，阵列如图 5.42(c)所示。若不符合要求，单击【否】按钮，重新输入参数创建矩形阵列。

2. 圆形阵列

用于以圆形阵列的形式来复制所选的实体特征，该阵列方式使阵列后的成员呈圆周排列。单击【圆形阵列】按钮，弹出【实例】选择对话框，选择要阵列的特征，单击【确定】按钮，弹出圆形阵列的【实例】参数输入对话框。图 5.43 所示为圆形阵列参数的设置及实例。

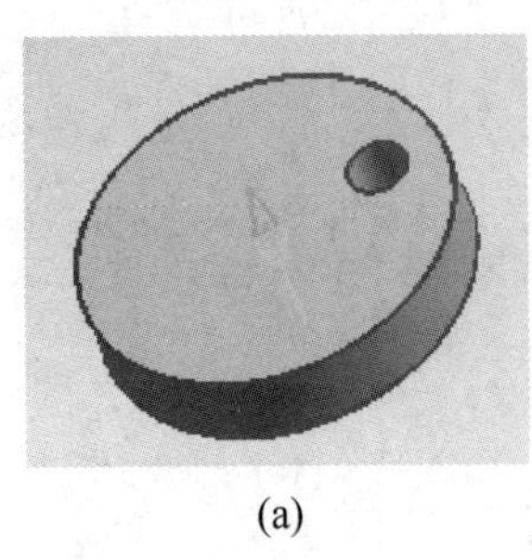

(a)

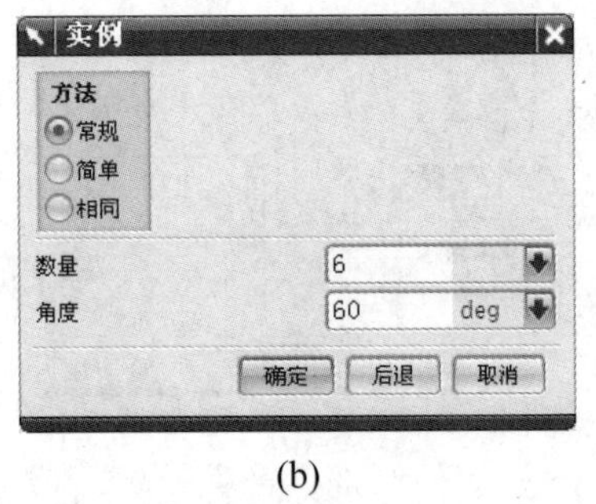

(b)

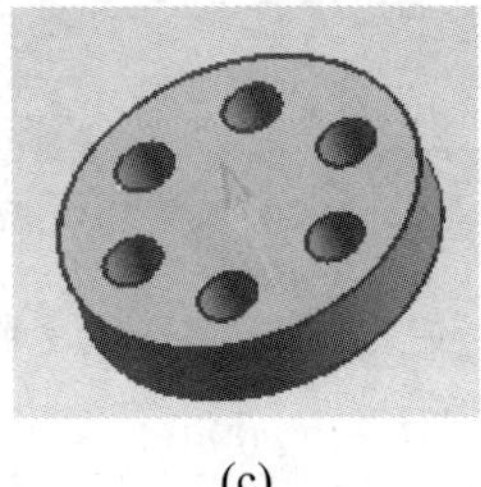

(c)

图 5.43　圆形阵列参数的设置及实例

(1) 数量：用于输入阵列中成员特征的总数目。

(2) 角度：用于输入相邻两成员特征之间的环绕间隔角。

(3) 参考点：用于定义圆形阵列旋转中心点。

(4) 基准轴：用于定义圆形阵列旋转中心基准轴线。

【例 5.15】 圆形阵列。

解：操作步骤如下。

(1) 创建圆柱模型，作出基准轴，并创建小孔，如图 5.43(a)所示。

(2) 单击【特征】工具栏中的图标，弹出如图 5.40 所示的【实例】对话框，单击【圆形阵列】按钮，系统弹出【实例】选择对话框，如图 5.41 所示，选择【简单孔】选项。

(3) 单击【确定】按钮，系统弹出【实例】参数输入对话框，输入参数如图 5.43(b)所示。

(4) 单击【确定】按钮，系统弹出对话框，单击【基准轴】按钮，然后单击【确定】按钮，系统提示在视图中选择基准轴，选择事先作好的基准轴。

(5) 系统自动创建预览阵列结果，符合设计要求，单击【是】按钮创建圆形阵列，如图 5.43(c)所示。若不符合要求，单击【否】按钮，重新输入参数创建圆形阵列。

5.3.9 镜像特征

选择【菜单】→【插入】→【关联复制】→【镜像特征】选项，或者单击【特征】工具栏中的图标，弹出【镜像特征】对话框，如图 5.44(b)所示，通过一基准面或平面镜像选择的特征去建立对称的模型。

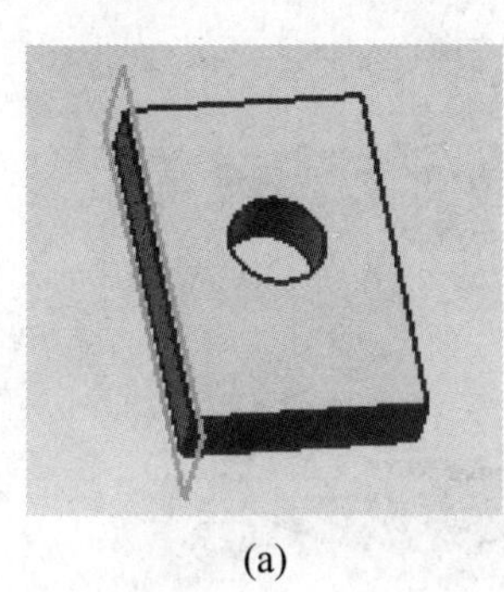

(a)

(b)

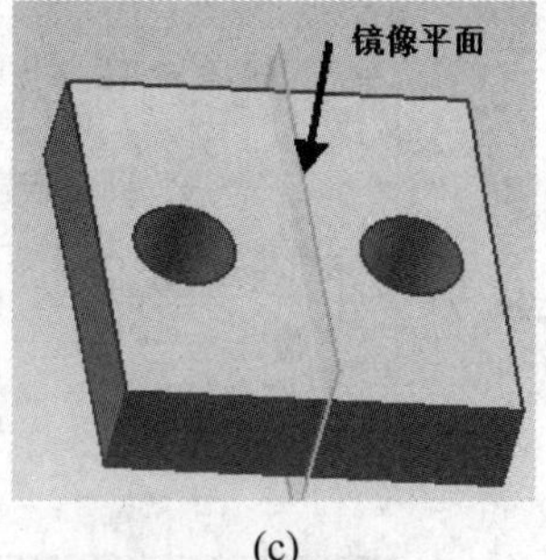

(c)

图 5.44 镜像特征形成过程

1. 选择特征

用于在部件中选择要镜像的特征。

2. 相关特征

(1) 添加相关特征：选择该复选框，则将选定要镜像的特征的相关特征也包括在【候选特征】列表框中。

(2) 添加体中的全部特征：选择该复选框，则将选定要镜像的特征所在实体中的所有特征都包含在【候选特征】列表框中。

3. 镜像平面

用于选择镜像平面，可在【平面】下拉列表中选择镜像平面，也可以通过【选择平面】按钮直接在视图中选取镜像平面。

【例 5.16】 镜像特征。

解：操作步骤如下。

(1) 通过拉伸创建带孔的长方形，作一平面，如图 5.44(a)所示。

(2) 单击【特征】工具栏中的图标，弹出【镜像特征】对话框，如图 5.44(b)所示，用鼠标选择特征，也可在对话框中选择【拉伸】选项，在【平面】下拉列表中选择【现有平面】为镜像平面，如图 5.44(b)所示。

(3) 单击【确定】按钮，系统自动生成镜像图形，如图 5.44(c)所示。

5.3.10　拆分体

选择【菜单】→【插入】→【修剪】→【拆分体】选项，或单击【特征】工具栏中的图标，系统弹出如图 5.45 所示的对话框。此命令可使用基准平面或其他几何体拆分一个或多个目标体，拆分体将目标体作分割处理，操作结果会导致模型非参数化。

拆分的操作过程比较简单，这里给出拆分体的操作实例，如图 5.45 所示，读者可自己练习，加深理解。

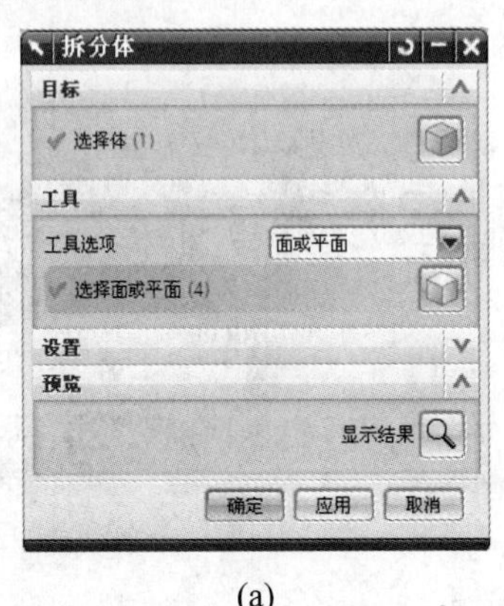

(a)

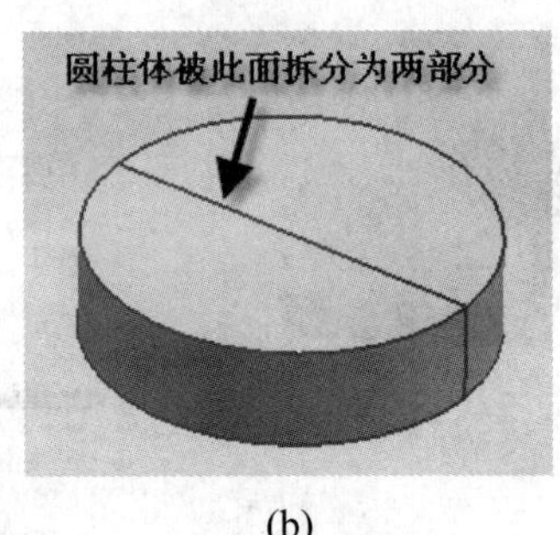

(b)

图 5.45 【拆分体】对话框及实例

5.4　特 征 编 辑

特征编辑主要是完成特征创建后，对特征不满意的地方进行的各种操作，包括参数编辑、编辑定位、特征移动、特征的重新排序、替换特征和抑制/取消抑制特征等。UG NX 9.0 的编辑特征功能主要是通过选择【菜单】→【编辑】→【特征】选项后弹出的如图 5.46 所示的【特征】子菜单或通过【编辑特征】工具条来实现。

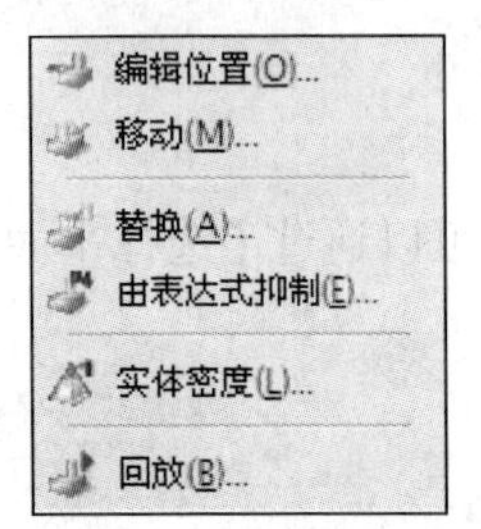

图 5.46 【特征】子菜单

5.4.1　参数编辑

编辑特征参数用来修改特征的定义参数。单击【编辑特征】工具条中的图标，弹出如图 5.47 所示的【编辑参数】对话框，不同的特征具有的【编辑参数】对话框形式不完全相同。例如，有的特征(孔)具有放置面，可以重新修改其放置面；有的特征没有这项修改内容。

根据编辑各特征对话框的相似性，现将编辑特征参数分成四类情况进行介绍。它们分别是编辑一般实体特征参数、编辑扫描特征参数、编辑阵列特征参数和编辑其他特征参数。

1. 编辑一般实体特征参数

一般实体特征是指基本特征、成形特征与用户自定义特征等，它们的【编辑参数】对话框类似。对于某些特征，其【编辑参数】对话框可能只有其中的一个或两个选项，如图 5.48 所示。

(1) 特征对话框：用于编辑特征的存在参数。单击该按钮，弹出创建所选特征时对应的参数对话框，修改需要改变的参数值即可。

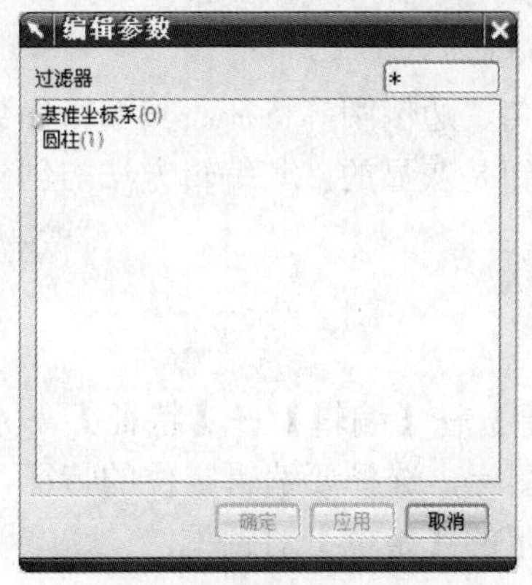

图 5.47 【编辑参数】对话框

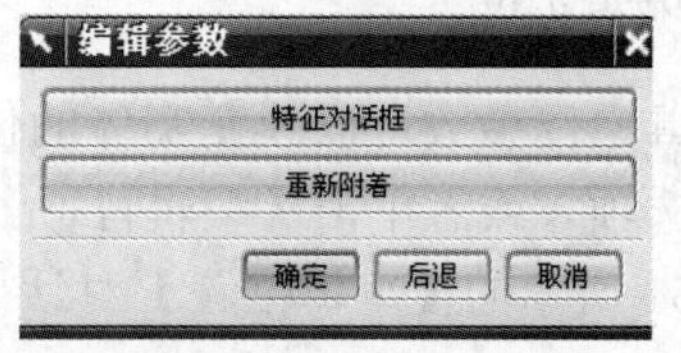

图 5.48 只有两项的【编辑参数】对话框

(2) 重新附着：用于重新指定所选特征附着平面。可以把建立在一个平面上的特征重新附着到新的特征上去。已经具有定位尺寸的特征，需要重新指定新平面上的参考方向和参考边。

(3) 更改类型：用于编辑成形特征的类型。可以把一个成形的特征更改为这个特征的其他类型，如将常规孔改为沉头孔或埋头孔。

2. 编辑扫描特征参数

扫描特征包括拉伸、回转、沿引导线扫掠和软管特征。这些特征既可通过修改与扫描特征关联的曲线、草图、面和边来编辑，也可以通过修改这些特征的特征参数来编辑。例如，回转特征的参数编辑如图 5.49 所示。

该对话框根据所选特征的不同显示不同的选项，对于某些特征，其编辑参数对话框可能只有其中的几项。

3. 编辑阵列特征参数

当所选特征为阵列特征时，其编辑参数对话框如图 5.50 所示。

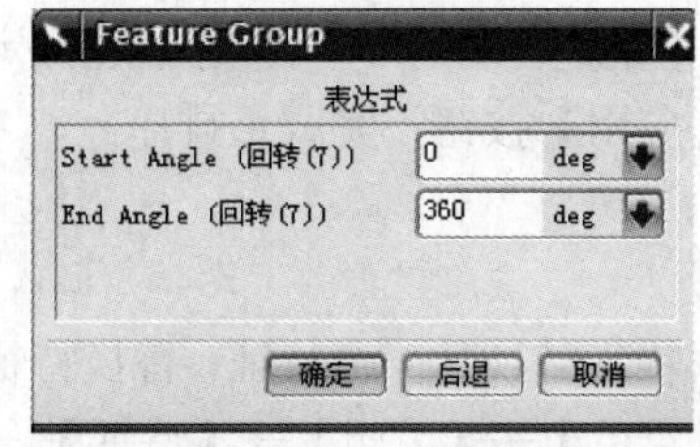

图 5.49 回转特征的编辑参数

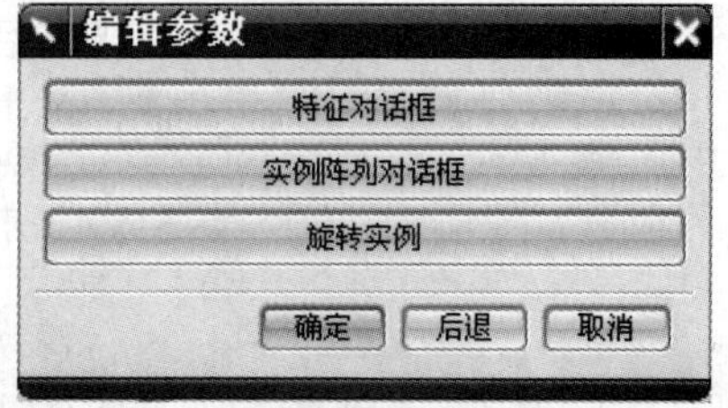

图 5.50 【阵列特征】的编辑参数

(1) 特征对话框：用于编辑阵列特征中目标特征的相关参数。单击该按钮，弹出创建目标特征时的参数对话框，用户可以修改目标特征的特征参数值。修改参数后，阵列特征中的目标特征和所有成员均会按指定的参数进行修改。

(2) 实例阵列对话框：用于编辑阵列的创建方式、成员的数目与成员间的间距。

(3) 旋转实例：用于编辑阵列特征在实体上的布局。

4. 编辑其他特征参数

这种编辑特征参数中的特征包括拔模、抽壳、倒角、边倒圆等特征。其编辑参数对话框就是创建对应特征时的对话框，只是有些选项和按钮是灰显的，其编辑方法与创建时的方法相同。

5.4.2 编辑定位

编辑定位参数可以改变实体的位置。选择【菜单】→【编辑】→【特征】→【编辑位置】选项，或者单击【编辑特征】工具条中的图标，选择要编辑定位的特征，弹出如图 5.51 所示的【编辑位置】对话框或如图 5.52 所示的【定位】对话框。

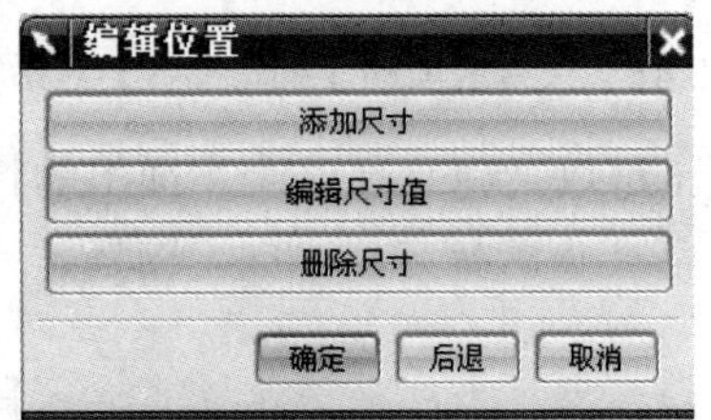

图 5.51 【编辑位置】对话框

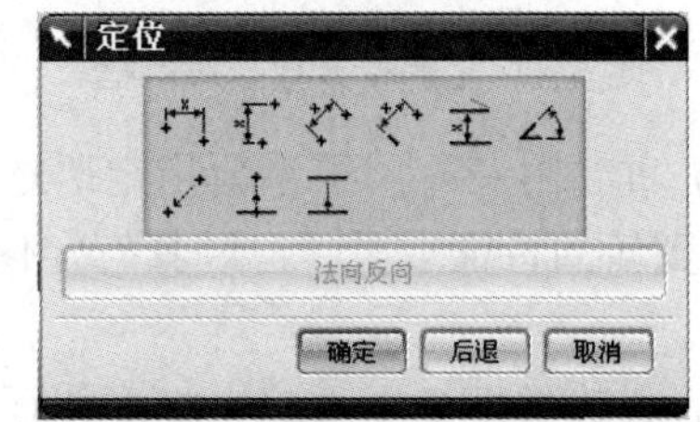

图 5.52 【定位】对话框

【编辑位置】对话框用于添加定位尺寸、编辑或删除已存在的定位尺寸。单击【添加尺寸】按钮，系统弹出如图 5.52 所示的对话框，用于在实体上定义尺寸的参考边。

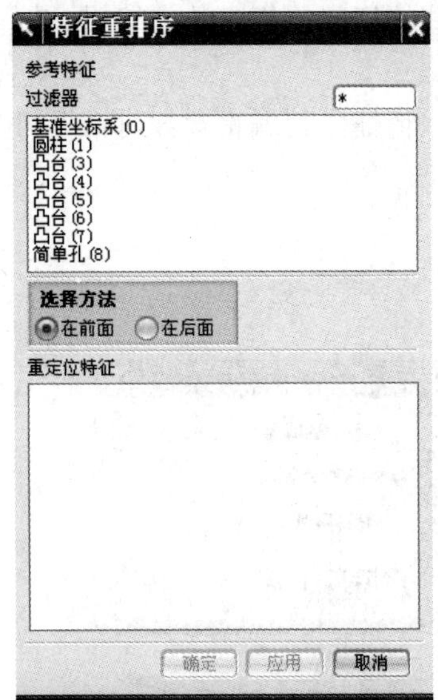

图 5.53 【特征重排序】对话框

5.4.3 特征重新排列

特征重新排列是指调整特征的先后顺序。单击【编辑特征】工具条中的图标，弹出如图 5.53 所示的【特征重排序】对话框。首先在对话框上方的列表框中选择需要排序的特征，或者在视图区直接选取特征，然后将选取后的相关特征显示在【重定位特征】列表框中，选择排序方法【在前面】或【在后面】，最后在【重定位特征】列表框中选择定位特征，单击【确定】或【应用】按钮，完成重排序。

5.4.4 替换特征

替换特征即用一个特征替换另一个特征，替换特征可以是实体或基准。选择【菜单】→【编辑】→【特征】→【替换】选项，或单击【编辑特征】工具条中的图标，弹出如图 5.54 所示的【替换特征】对话框。该对话框用于更改实体与基准的特征，并提供用户快速找到要编辑的步骤来提高模型创建的效率。

图 5.54 【替换特征】对话框

(1) 要替换的特征：用于选择要替换的原始特征，原始特征可以是相同实体上的一组特征、基准轴或基准平面特征。

(2) 替换特征：用于选择要替换原始特征的形状，替代特征可以是同一零件中不同物体实体上的一组特征，如果原始特征为基准轴，则替代特征也需为基准轴：原始特征为基准平面，则替代特征也需为基准平面。

替换特征主要应用于以下几个方面。

① 对来自其他系统的旧版本模型进行更新，而不必重新建模。

② 用不同的曲面造型方法构造的曲面替换原曲面。

③ 在一个物体上，用不同方法重新构造一组特征替换原特征。

(3) 映射：选择替换后新的父子关系。

5.4.5 抑制/取消抑制特征

抑制特征是指将所选择的特征暂时抑制，隐去不显示。当建模的特征较多时，为了更好地观察和创建模型，可以将其他特征隐去不显示，也可提高计算机速度。单击【编辑特征】工具条中的图标，弹出如图 5.55 所示的【抑制特征】对话框。该对话框用于将一个或多个特征从视图区和实体中临时删除。被抑制特征并没有从特征数据库中删除，可以通过【取消抑制】命令重新显示。取消抑制特征是与抑制特征相反的操作。

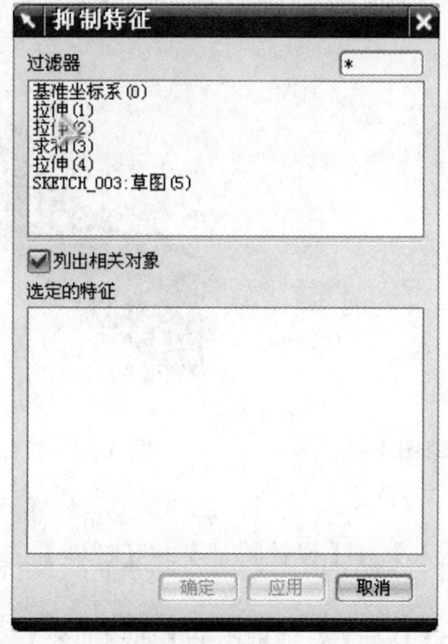

图 5.55 【抑制特征】对话框

5.5 综合实例

下面通过一个操作实例——托架的设计来巩固本章的知识。

本实例介绍了托架的设计过程。通过练习本例，读者可以进一步理解掌握实体设计特征、细节特征的应用。零件模型如图 5.56 所示。

图 5.56 零件模型

1. 准备建模

(1) 创建文件，单击【新建】按钮，在文本框中输入文件名称 bracket，单击【确定】按钮。

(2) 单击 建模(M)... 图标，进入建模环境。

2. 绘制基础特征

(1) 创建拉伸特征(1)作为零件模型的基础特征。

① 选择【菜单】→【插入】→【设计特征】→【拉伸】选项，或者单击工具栏中的图标，弹出【拉伸】对话框。

② 定义拉伸剖面。

(a) 单击【拉伸】对话框中【选择曲线】选项组中的按钮，弹出【创建草图】对话框。

(b) 定义草绘平面。单击【草图平面】中的按钮，选取 *XC-YC* 平面为草绘平面，单击【确定】按钮。

(c) 绘制如图 5.57 所示的剖面草图，单击图标完成草图。

③ 定义拉伸属性。在【拉伸】对话框中的【开始】文本框中输入 0，在【结束】文本框中输入 165，单击【确定】按钮，完成拉伸特征(1)的创建，如图 5.58 所示。

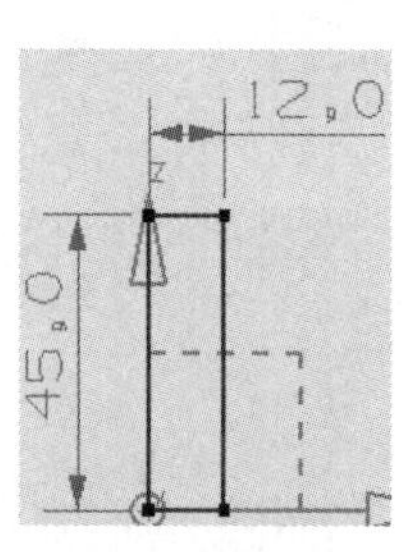

图 5.57 剖面草图 1

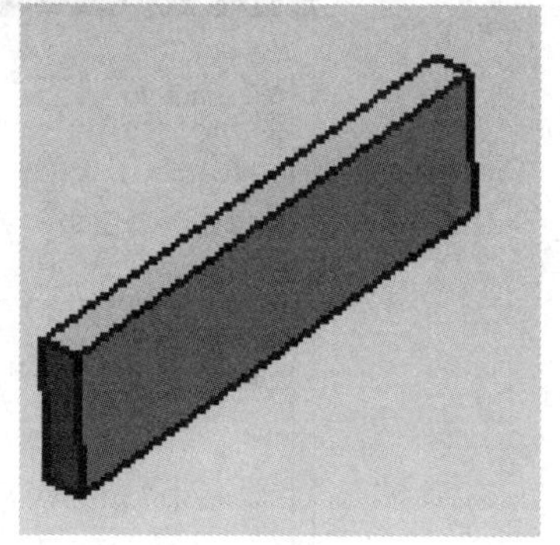

图 5.58 拉伸特征(1)

(2) 创建拉伸特征(2) 。

① 选择【菜单】→【插入】→【设计特征】→【拉伸】选项，或者单击工具栏中的图标，弹出【拉伸】对话框。

② 定义拉伸剖面。单击【拉伸】对话框中的【选择曲线】选项组中的按钮，弹出【创建草图】对话框，选取 *XC-YC* 为草绘平面。绘制如图 5.59 所示的剖面草图。

③ 定义拉伸属性。在【拉伸】对话框的【开始】文本框中输入 0，在【结束】文本框中输入 12，若拉伸方向不相同，可单击图标，调整方向；单击图标，单击【确定】按钮，完成拉伸特征(2)的创建，如图 5.60 所示。

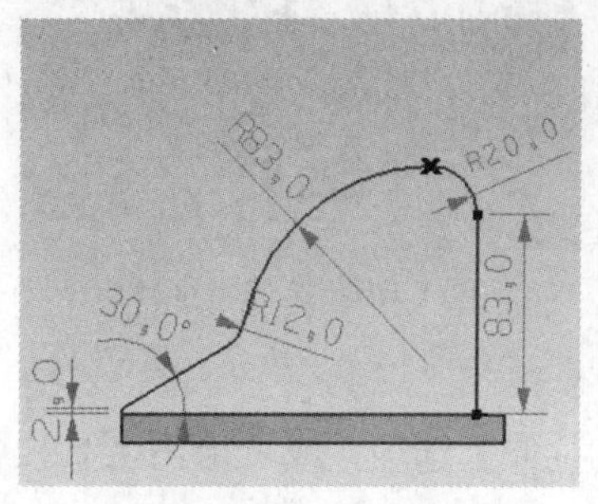

图 5.59　剖面草图 2

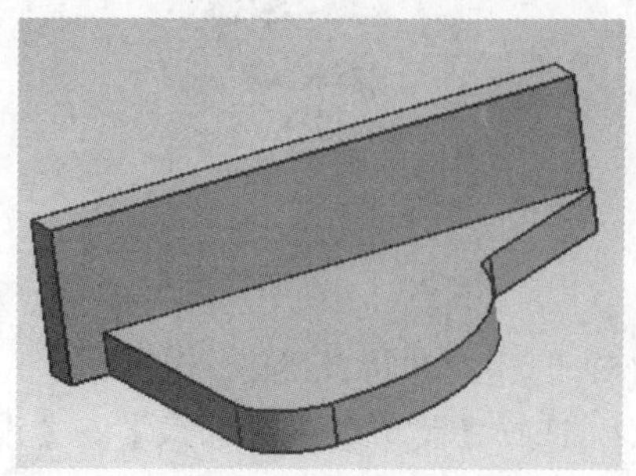

图 5.60　拉伸特征(2)

(3) 创建拉伸特征(3)。

① 选择【菜单】→【插入】→【设计特征】→【拉伸】选项，或者单击工具栏中的图标，弹出【拉伸】对话框。

② 定义拉伸剖面。单击【拉伸】对话框中【选择曲线】选项组的按钮，弹出【创建草图】对话框，选取如图 5.61 所示平面为草绘平面，绘制如图 5.62 所示的剖面草图。

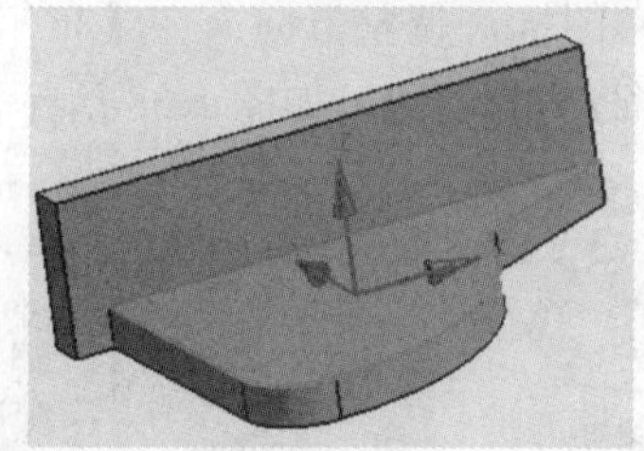

图 5.61　选取草绘平面 1

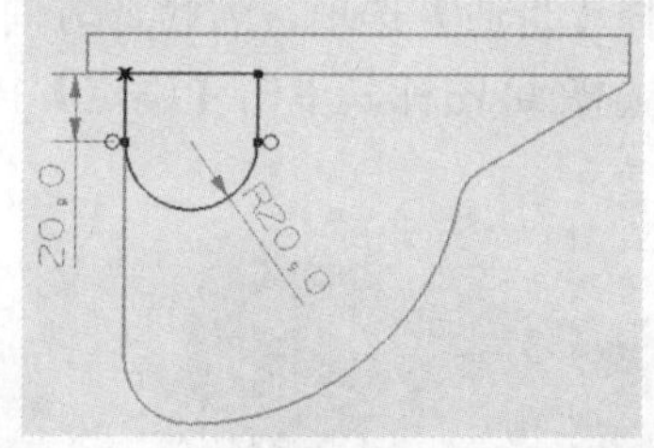

图 5.62　剖面草图 3

③ 定义拉伸属性。在【拉伸】对话框中的【开始】文本框中输入 0，在【结束】文本框中输入 28，若拉伸方向不相同，可单击图标，调整方向；并在【布尔】下拉列表中选择图标，单击【确定】，完成拉伸特征(3)的创建，如图 5.63 所示。

(4) 创建拉伸特征(4)。

① 选择【菜单】→【插入】→【设计特征】→【拉伸】选项，或者单击工具栏中的图标，弹出【拉伸】对话框。

② 定义拉伸剖面。单击【拉伸】对话框中的【选择曲线】选项组中的按钮，弹出【创建草图】对话框，选取如图 5.62 所示平面为草绘平面。绘制如图 5.64 所示的剖面草图。

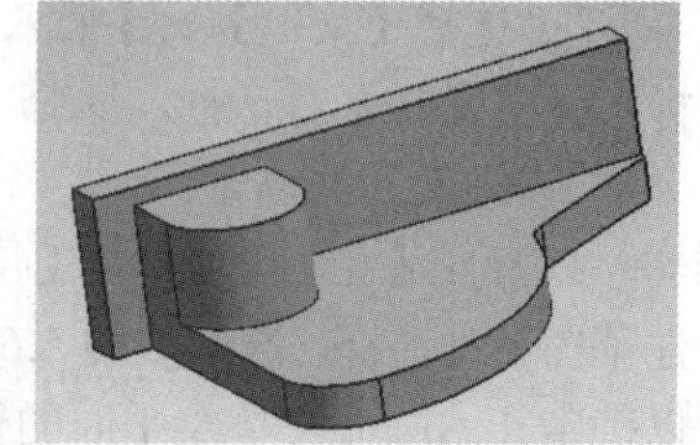

图 5.63　拉伸特征(3)

③ 定义拉伸属性。在【拉伸】对话框中的【开始】文本框中输入 0，在【结束】文本框中输入 3，若拉伸方向不相同，可单击图标，调整方向；【布尔】下拉列表中选择图标，单击【确定】按钮，完成拉伸特征(4)的创建，如图 5.65 所示。

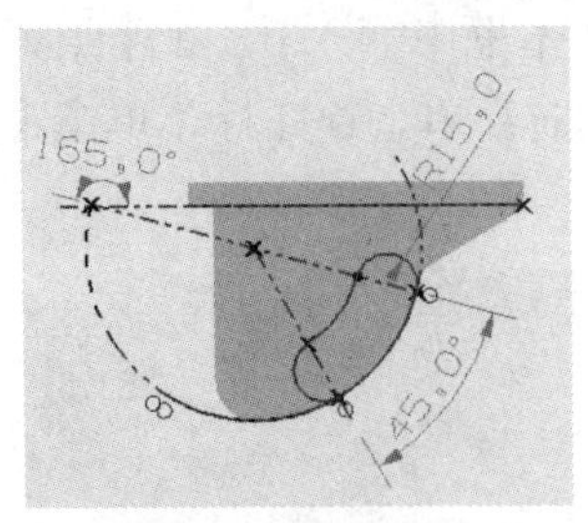

图 5.64　剖面草图 4

图 5.65　拉伸特征(4)

(5) 创建拉伸特征(5)。

① 选择【菜单】→【插入】→【设计特征】→【拉伸】选项，或者单击工具栏中的图标，弹出【拉伸】对话框。

② 定义拉伸剖面。单击【拉伸】对话框中的【选择曲线】选项组中的按钮，弹出【创建草图】对话框，选取如图 5.66 所示平面为草绘平面。选择【插入】→【来自曲线的曲线】→【偏置曲线】选项，弹出【偏置曲线】对话框，选取图 5.67 所示的偏置边为要偏置的曲线，在【距离】文本框中输入偏置距离 7.5，并单击按钮使其反向，再单击【确定】按钮，完成剖面草图的绘制。

③ 定义拉伸属性。在【拉伸】对话框的【开始】文本框中输入 0，在【结束】下拉列表中选择【贯通】选项，若拉伸方向不相同，可单击图标，调整方向；在【布尔】下拉列表中选择图标，单击【确定】按钮，完成拉伸特征(5)的创建，如图 5.68 所示。

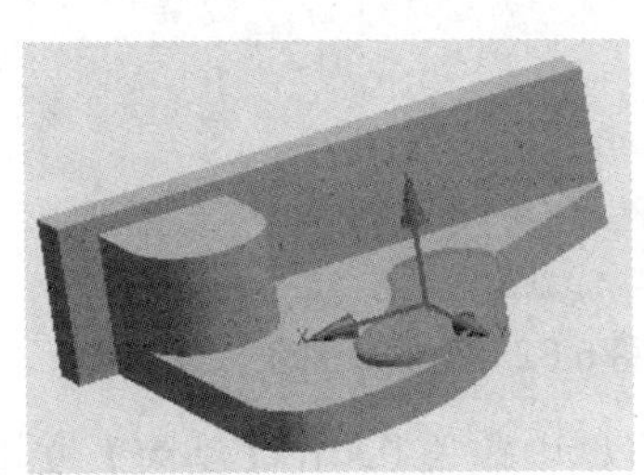

图 5.66　选取草绘平面 2

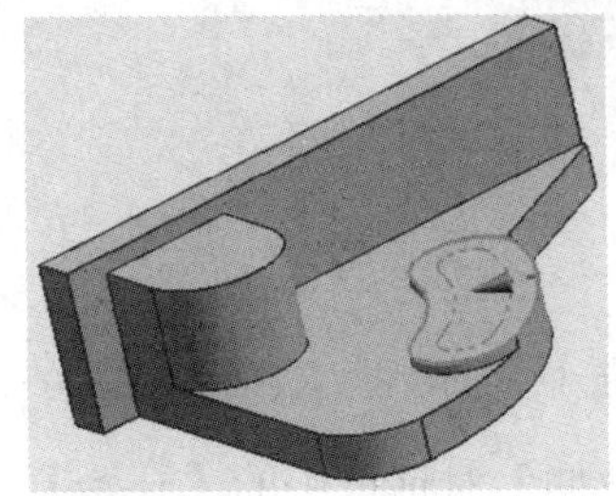

图 5.67　曲线的偏置

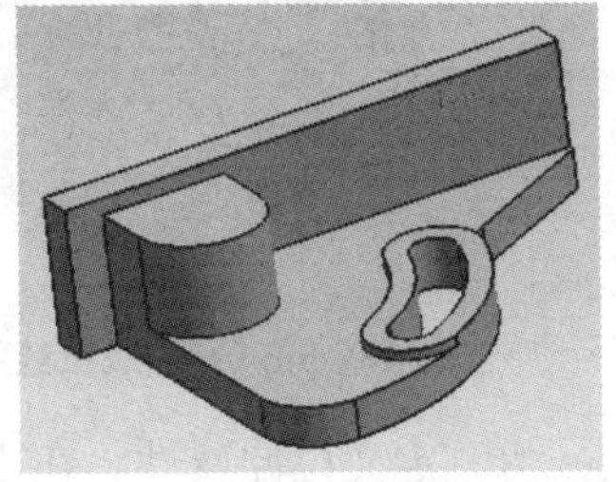

图 5.68　拉伸特征(5)

3. 孔特征的创建

(1) 创建常规孔特征(1)。

① 选择【菜单】→【插入】→【设计特征】→【孔】选项，或者单击工具栏中的图标，弹出【孔】对话框，选择【常规孔】选项。

② 定义孔的位置。

a. 单击【孔】对话框中【位置度】选项组中的按钮，确定孔所通过的平面。弹出【创建草图】对话框，选取如图 5.69 所示平面为草绘平面，单击【确定】按钮后，弹出对话框，以确定孔的圆心在草绘平面的位置。

b. 鼠标移动至如图 5.70 所示发亮的圆弧时，可以捕捉到此圆弧的圆心，即孔的圆心位置，单击左键，捕捉圆心。在【点】对话框中单击【确定】按钮，并单击按钮完成孔的位置的定义。

③ 定义孔的属性。在【孔】对话框中的【孔方向】中选择图标，并在【尺寸】选项组中输入【直径】为20，在【深度限制】下拉列表中选择【贯通体】选项，最后单击【求差】按钮，单击【确定】按钮，完成常规孔特征(1)的绘制，如图5.71所示。

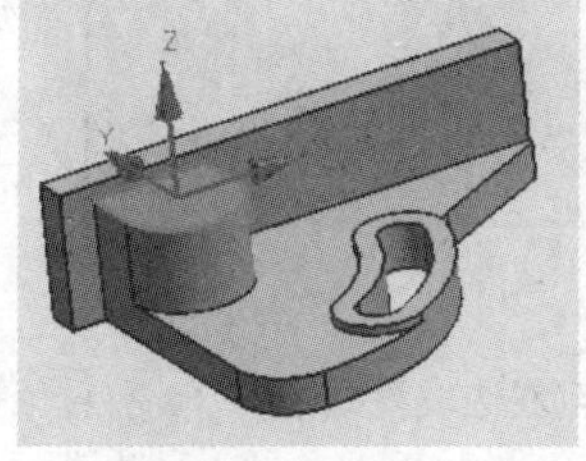

图5.69 选取草绘平面3

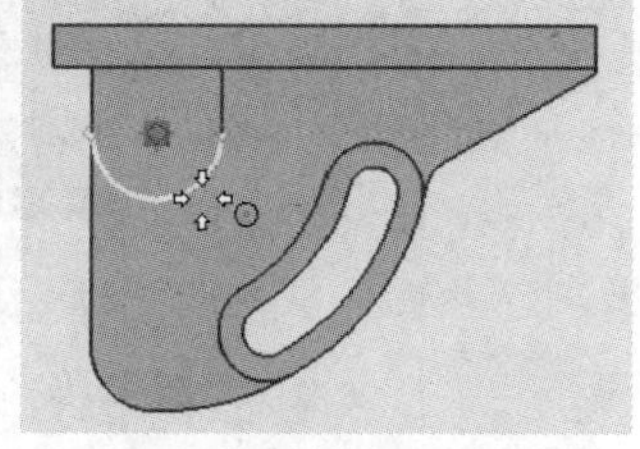

图5.70 选取发亮圆弧的圆心1

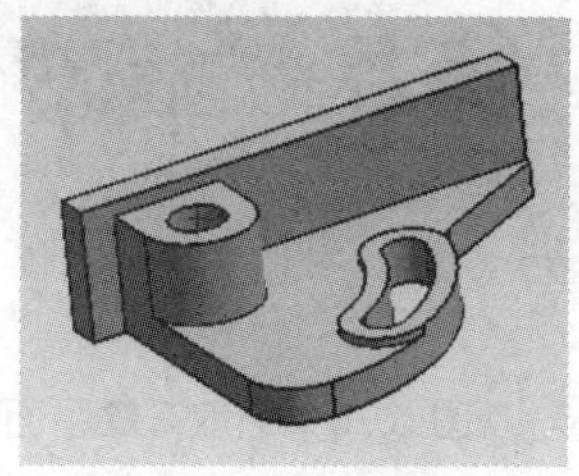

图5.71 常规孔特征(1)

(2) 创建常规孔特征(2)。

① 选择【菜单】→【插入】→【设计特征】→【孔】选项，或者单击工具栏中的图标，弹出【孔】对话框，选择【常规孔】选项。

② 定义孔的位置。在【孔】对话框的【位置度】选项组中单击按钮，选取如图5.72所示平面为草绘平面。并在【点】对话框中选取图5.73中发亮的圆弧的圆心为孔的圆心位置。

③ 定义孔的属性。在【孔】对话框中的【孔方向】中选择，并在【尺寸】选项组中输入【直径】为20，在【深度限制】下拉列表中选择【贯通体】选项，最后单击【求差】按钮，单击【确定】按钮，完成常规孔特征(2)的绘制，如图5.74所示。

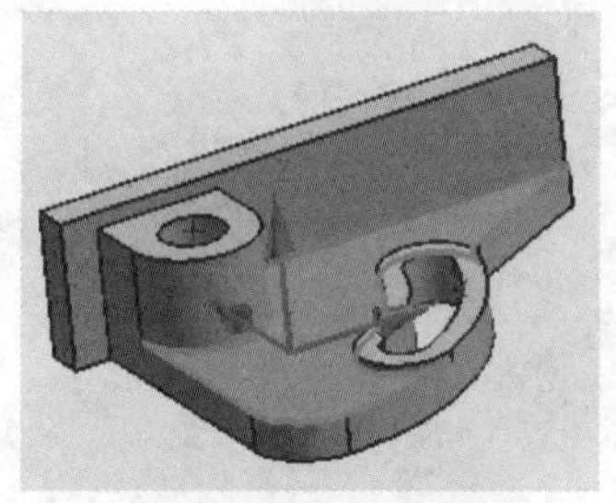

图5.72 选取草绘平面4

图5.73 选取发亮圆弧的圆心2

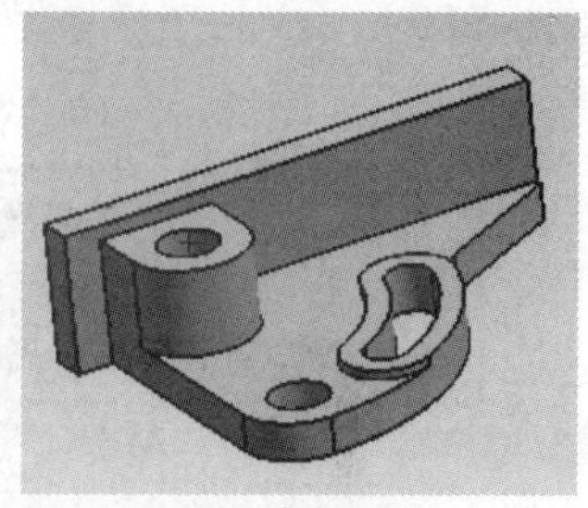

图5.74 常规孔特征(2)

(3) 创建沉头孔特征(1)。

① 选择【菜单】→【插入】→【设计特征】→【孔】选项，或者单击工具栏中的图标，弹出【孔】 对话框，选择【沉头孔】选项。

② 定义孔的位置。

a. 单击【孔】对话框中【位置度】选项组中的按钮，选取如图5.75所示平面为草绘平面。

b. 孔圆心位置的确定。首先在【点】对话框中选取如图5.76所示的发亮点为参考点，此时发亮点的相对坐标如图5.77所示，孔圆心应在参考点的基础上$XC+80$，$YC-10$(结果如图5.78所示)，即如图5.79所示的点为圆心，最后删除参考点。

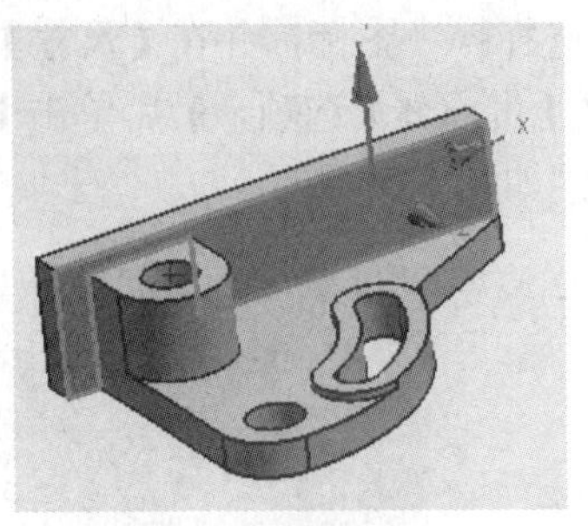

图 5.75　选取草绘平面 5

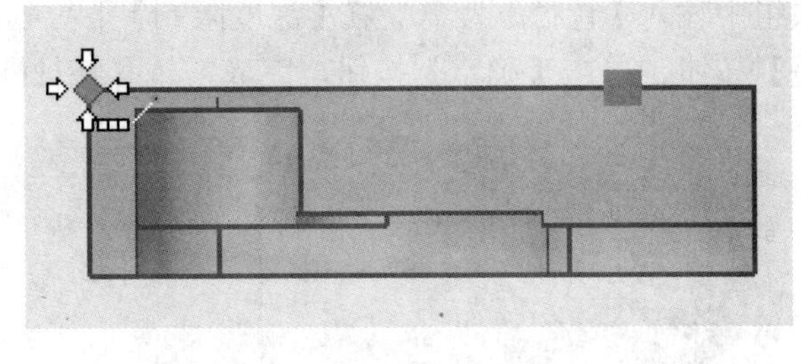

图 5.76　参考点(左边发亮的点)

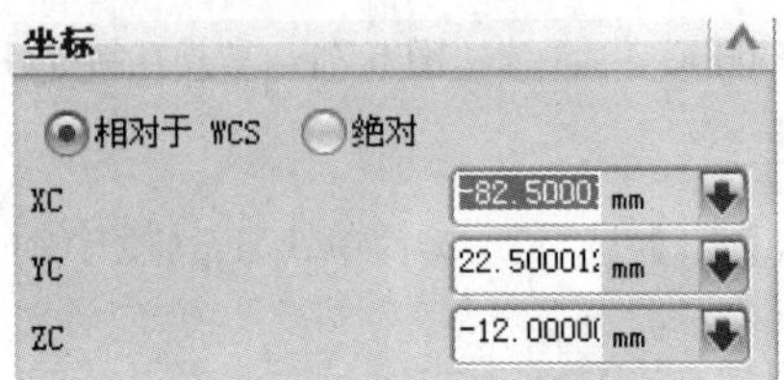

图 5.77　参考点的坐标

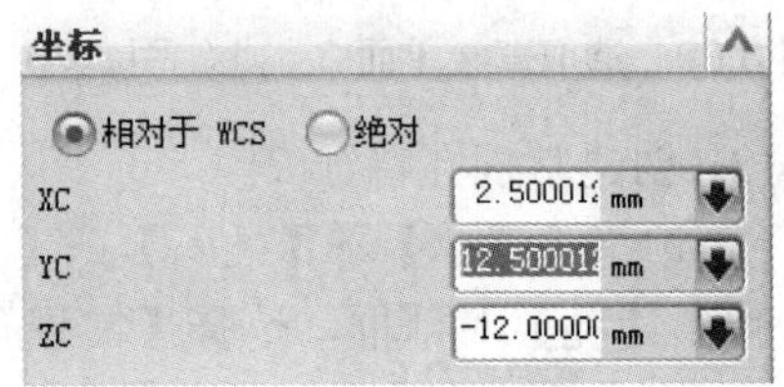

图 5.78　沉头孔 1 圆心的坐标

③ 定义孔的属性。在【孔】对话框中的【孔方向】中选择 ↑，并在【尺寸】中输入【沉头孔直径】为 16，【沉头孔深度】为 5，【直径】为 8，在【深度限制】下拉列表中选择【贯通体】选项，最后单击【求差】按钮，单击【确定】按钮，完成沉头孔(1)特征的绘制，如图 5.80 所示。

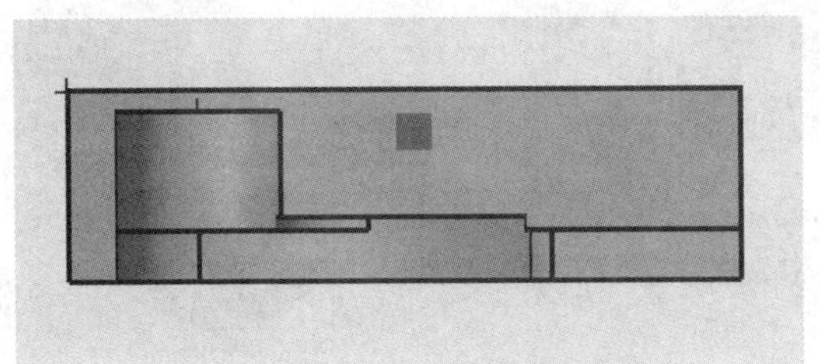

图 5.79　沉头孔 1 圆心的位置

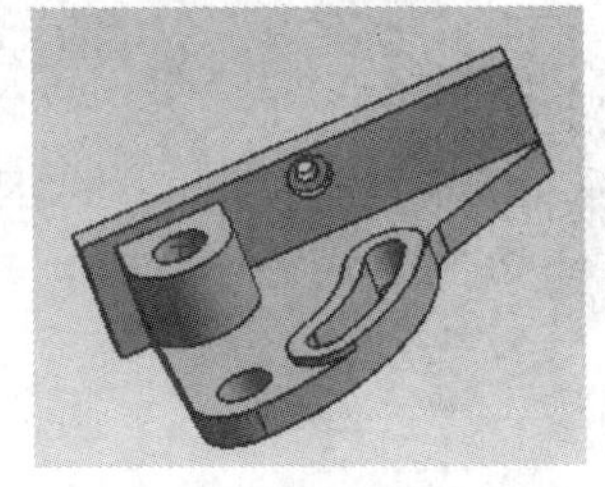

图 5.80　沉头孔特征(1)

(4) 创建沉头孔特征(2)。

① 选择【菜单】→【插入】→【设计特征】→【孔】选项，或者单击工具栏中的图标，弹出【孔】对话框，选择【沉头孔】。

② 定义孔的位置。

a. 单击【孔】对话框中【位置度】选项组中的按钮，选取如图 5.75 所示平面为草绘平面。

b. 孔圆心位置的确定。在【点】对话框中选取图 5.76 所示的发亮点为参考点，此时发亮点的相对坐标如图 5.77 所示，孔圆心应在参考点的基础上 *XC*+150，*YC*−15 (结果如图 5.81 所示)，即如图 5.82 所示的点即为圆心，最后删除参考点。

③ 定义孔的属性。在【孔】对话框中的【孔方向】中选择 ↑，并在【尺寸】中输入【沉头孔直径】为 16，【沉头孔深度】为 5，【直径】为 8，在【深度限制】下拉列表中选择

【贯通体】选项，最后单击【求差】按钮，单击【确定】按钮，完成沉头孔特征(2)的绘制，如图 5.83 所示。

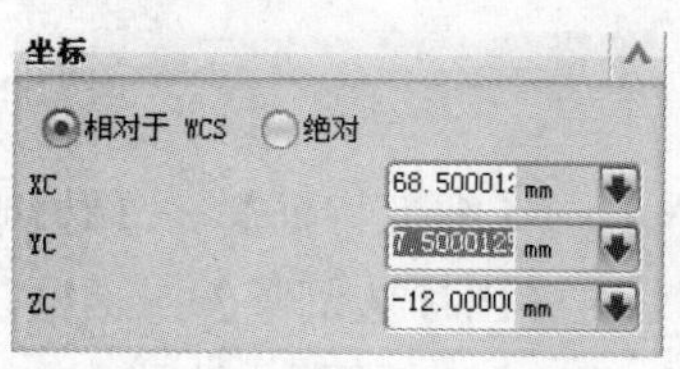

图 5.81 沉头孔 2 圆心的坐标

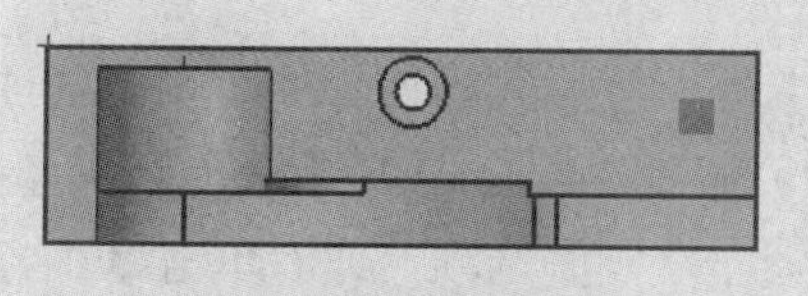

图 5.82 沉头孔 2 圆心的位置

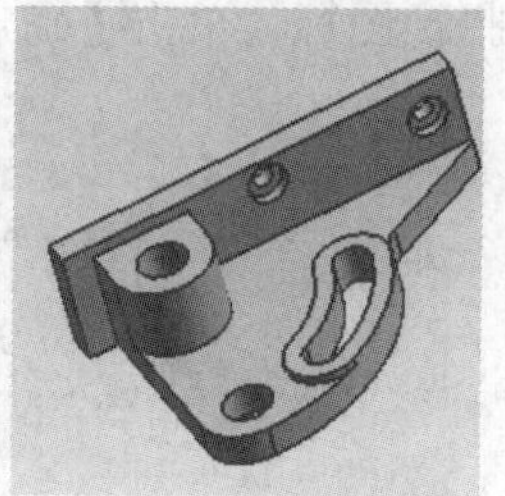

图 5.83 沉头孔特征(2)

4. 加强筋的创建

创建拉伸特征(6)。

(1) 基准平面的创建。选择【菜单】→【插入】→【基准点】→【基准平面】选项，或者单击工具栏中的图标，弹出【基准平面】对话框，在【类型】下拉栏中选取【点和方向】选项，在【通过点】选项目中单击图标，选取如图 5.84 所示的圆心，在【法向】选项组中单击图标，选取坐标系的 Y 轴如图 5.85 所示，单击【确定】按钮完成创建基准平面，如图 5.86 所示。

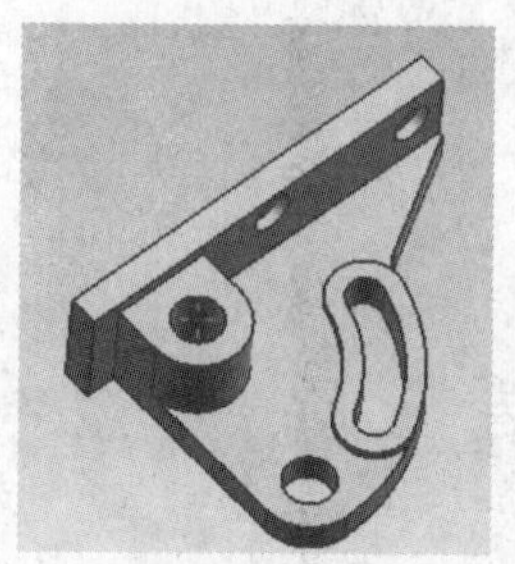

图 5.84 常规孔 1 的圆心(十字光标)

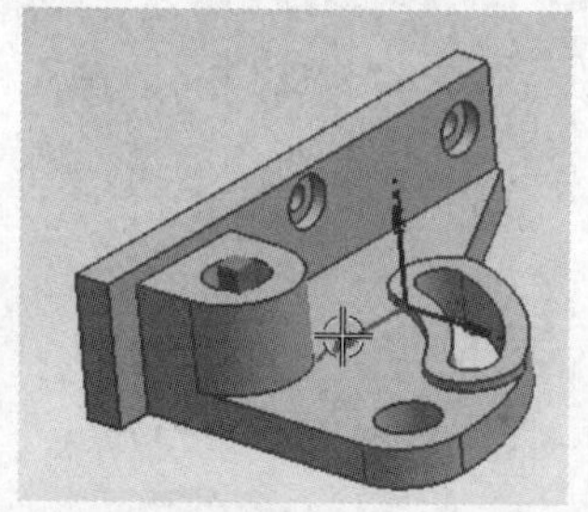

图 5.85 基准平面的法向方向

(2) 选择【菜单】→【插入】→【设计特征】→【拉伸】选项，或者单击工具栏中的图标，弹出【拉伸】对话框。

(3) 定义拉伸剖面。单击【拉伸】对话框中【选择曲线】选项组中的按钮，弹出【创建草图】对话框。选取刚创建的基准平面，绘制如图 5.87 所示的剖面草图。

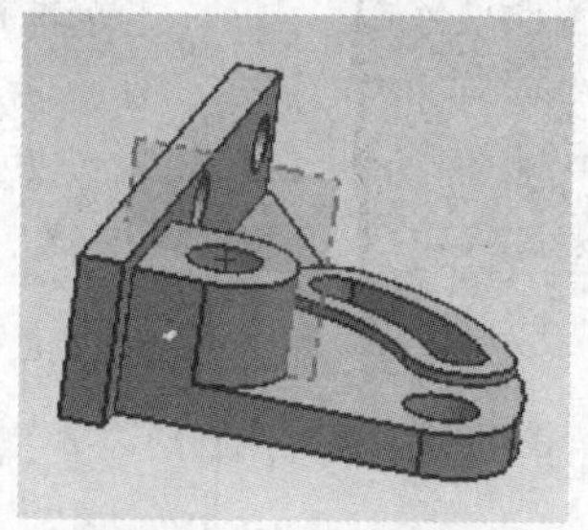

图 5.86 创建的基准平面

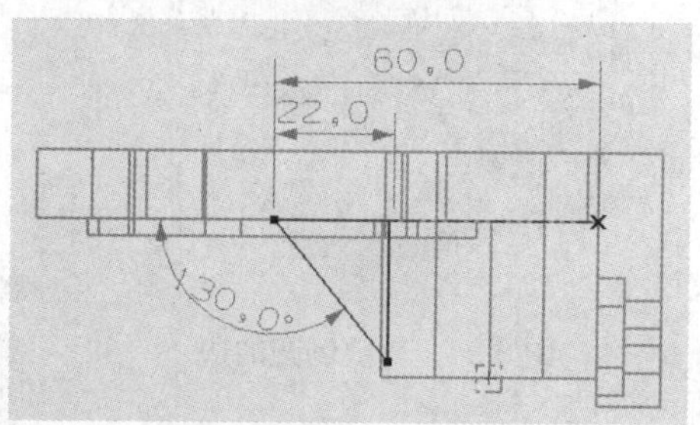

图 5.87 剖面草图 5

(4) 定义拉伸属性。在【拉伸】对话框的【开始】文本框中输入−6，在【结束】文本框中输入 6，若拉伸方向不相同，可单击图标，调整方向；并在【布尔】下拉列表中选择图标，单击【确定】按钮，完成拉伸特征(6)的创建，如图 5.88 所示。

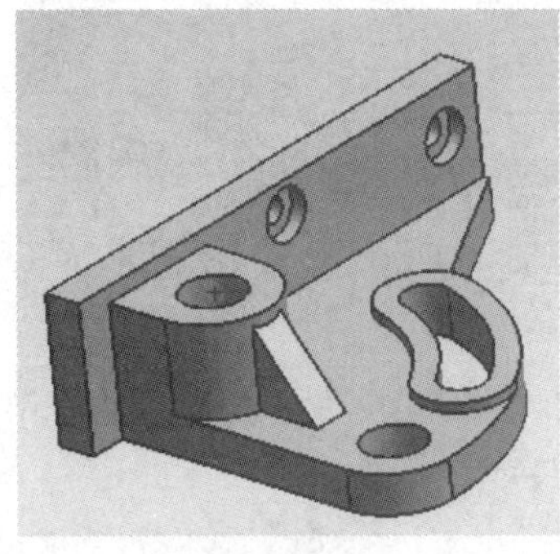

图 5.88 拉伸特征(6)

5. 添加细节特征

(1) 添加边倒圆特征(1)。

① 选择【菜单】→【插入】→【细节特征】→【边倒圆】选项，或者单击图标，系统弹出【边倒圆】对话框。

② 选取如图 5.89 所示的边，在【边倒圆】对话框中输入半径 2。

③ 单击【确定】按钮，完成边倒圆的创建。

(2) 添加边倒圆特征(2)。选取如图 5.90 所示的 4 条边，在【边倒圆】对话框中输入半径 2。

(3) 添加边倒圆特征(3)。选取如图 5.91 所示的边，在【边倒圆】对话框中输入半径 1.5。

(4) 添加边倒圆特征(4)。选取如图 5.92 所示的边，在【边倒圆】对话框中输入半径 1。

(5) 添加边倒圆特征(5)。选取如图 5.93 所示的边，在【边倒圆】对话框中输入半径 1.5。

(6) 添加边倒圆特征(6)。选取如图 5.94 所示的边，在【边倒圆】对话框中输入半径 3。

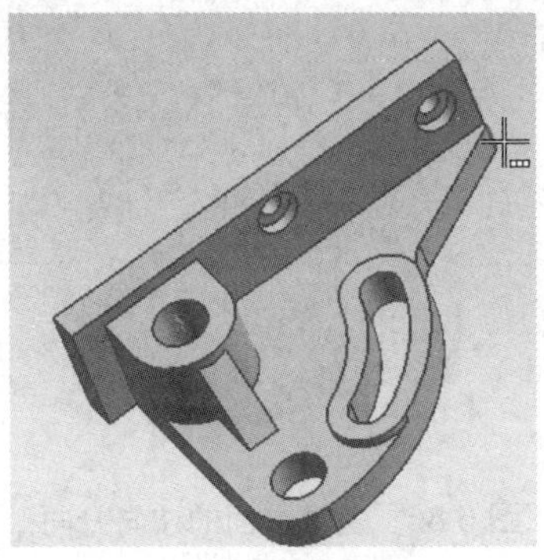

图 5.89 需要倒圆的边

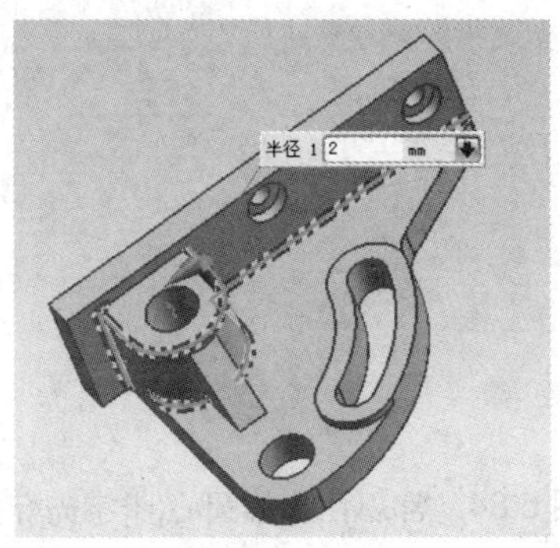

图 5.90 需要倒圆的 4 条边

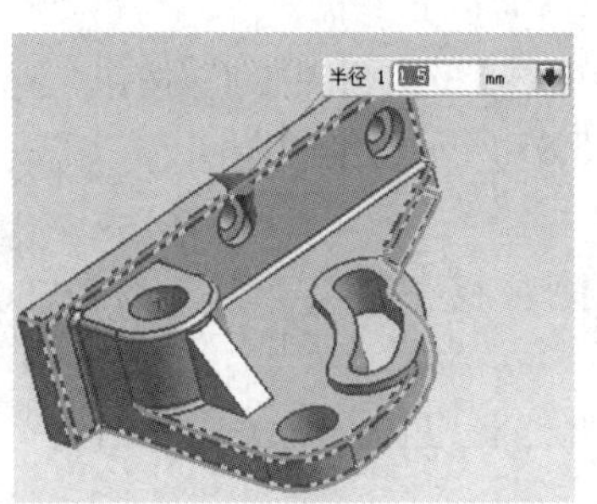

图 5.91 需要倒圆的边 1

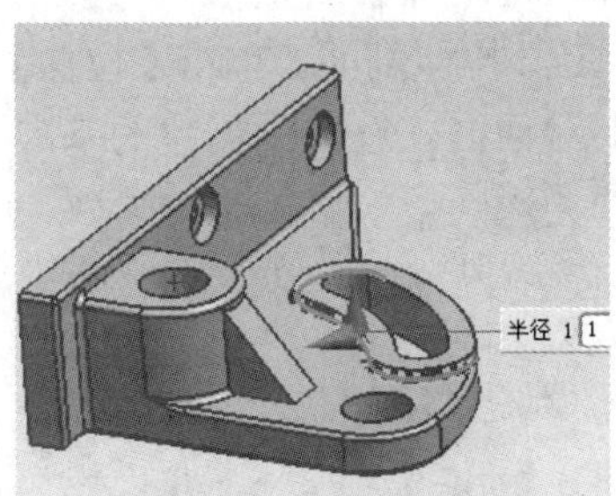

图 5.92 需要倒圆的边 2

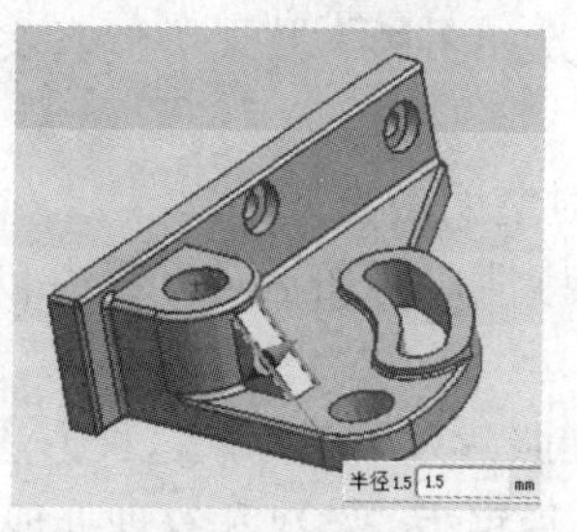

图 5.93 需要倒圆的边 3

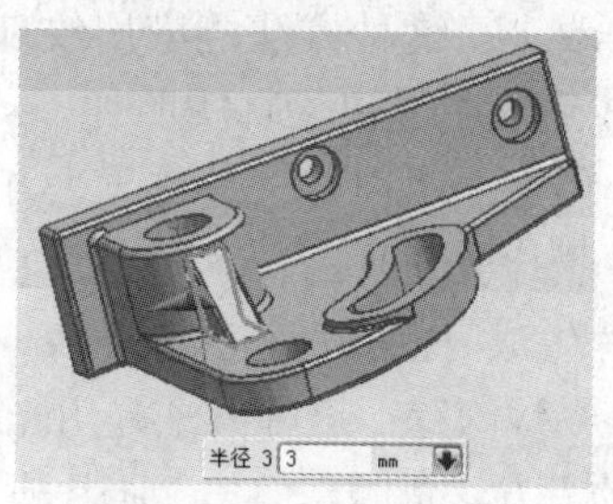

图 5.94 需要倒圆的边 4

(7) 添加斜倒角特征(1)。

① 选择【菜单】→【插入】→【细节特征】→【倒斜角】选项，或者单击图标，系统弹出【斜倒角】对话框。

② 在【偏置】中的【横截面】下拉菜单中选取【偏置和角度】选项，在【距离】中输入 1，在【角度】文本框中输入 45。

③ 选取如图 5.95 所示的边，单击【确定】按钮完成斜倒角创建。

图 5.95 需要倒角的边

6. 保存零件模型

选择【菜单】→【文件】→【保存】→下拉菜单

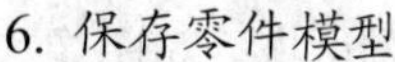

命令，完成零件创建并保存。

5.6 模型的渲染

5.6.1 高质量图像

高质量图像必须在工作室模式下才能正确显示渲染效果。高质量图像可制作具有 24 位颜色、类似照片效果的图片。

选择【菜单】→【视图】→【可视化】→【高质量图像】选项，或者单击【艺术外观设置】工具栏的图标，弹出如图 5.96 所示的【高质量图像】对话框。

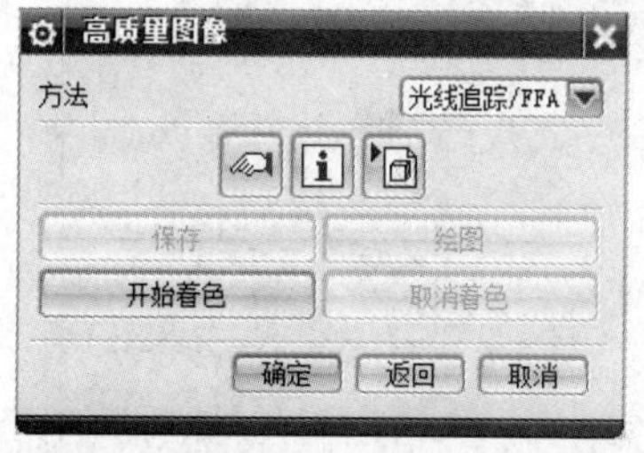

图 5.96 【高质量图像】对话框

1. 方法

在高质量图像对话框中选择一种渲染方法，这些方法将决定图片的质量。这些方法按其产生图像的真实度自上而下排列，生成图像的时间也依次增加。下面介绍一些常用的产生图像的方法。

(1) 平面：这是一种最快的着色方法，它将物体分成很多小平面，每个小平面被赋予同一种颜色。

(2) 哥拉得：这种方法提供一种光滑的插值颜色，图片生成速度慢于平面。

(3) 范奇：这种方法能使高亮区比哥拉得更光滑。

(4) 改进：这种方法能应用纹理、材料、高亮度反光和阴影。效果类似真实照片，但图片生成速度明显快于真实照片。

(5) 预览：这种方法是对改进方法的改进，增加了对透明的支持。

(6) 照片般逼真的：这种方法包含改进方法的所有特性，再加上对反锯齿和透明的支持。图片生成时间是改进方法的 2～3 倍。

(7) 光线跟踪：这种方法是用光线跟踪形式产生真实照片效果图片，这种方法比“照片般逼真的”方法费时。但与“照片般逼真的”方法相比，反锯齿、渲染和纹理处理更准确(反锯齿是一种技术，可以用来减少图像中锯齿边缘的阶梯效果，从而使线和边缘显得更光滑)。

(8) 光线跟踪/FEA：FEA 是特征跟踪反锯齿的缩写。在低分辨率下，采用光线跟踪/FEA 方法将产生高度反锯齿的图像，用这种方法生成图像时，系统首先寻找出图像中的颜色突变处，然后开始在该特征处进行反锯齿处理以使图像尽可能地渲染精细。该方法非常适合微小特征的着色。

(9) 辐射(散光)：如果光照效果对于所生成的图像非常重要，如产生柔和照明、反射光照效果等，可以采用此方法，该方法也非常适合微小特征的着色。

(10) 混合辐射(散光)：真实照片与辐射方法混合使用。

2. 图像首选项

单击【图像首选项】图标，弹出如图 5.97 所示【图像首选项】对话框。对图像大小、分辨率、图像质量进行调整。

3. 信息

单击按钮，弹出【信息】对话框，如图 5.98 所示。

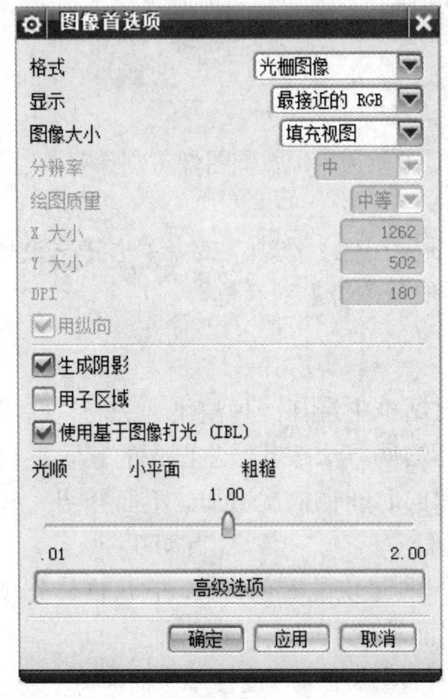

图 5.97 【图像首选项】对话框

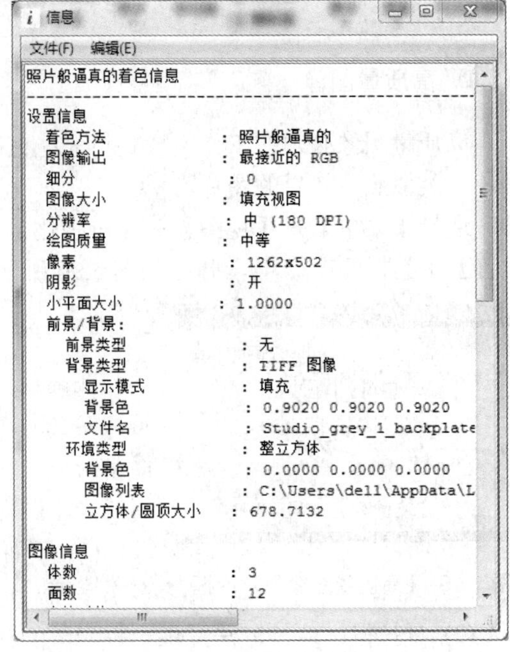

图 5.98 【信息】对话框

4. 开始着色

设置好图像参数后，单击【开始着色】按钮，对图 5.99 进行着色。完成着色后自动弹出【高质量图像】对话框，单击【确定】按钮，图像着色后如图 5.100 所示，着色完成后，单击【保存】按钮，弹出【保存图像】对话框，单击【确定】按钮对图像进行保存。

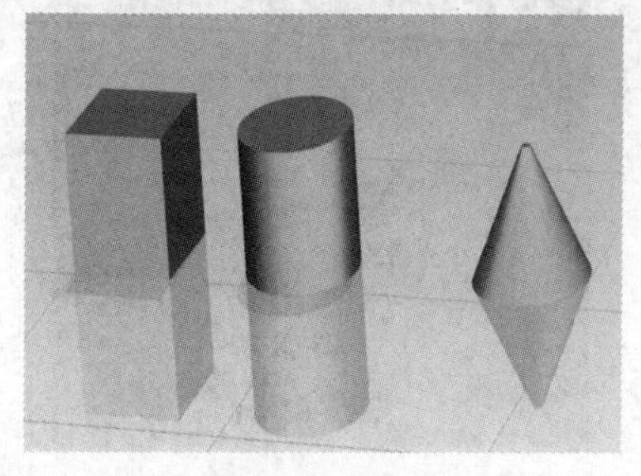

图 5.99 着色前

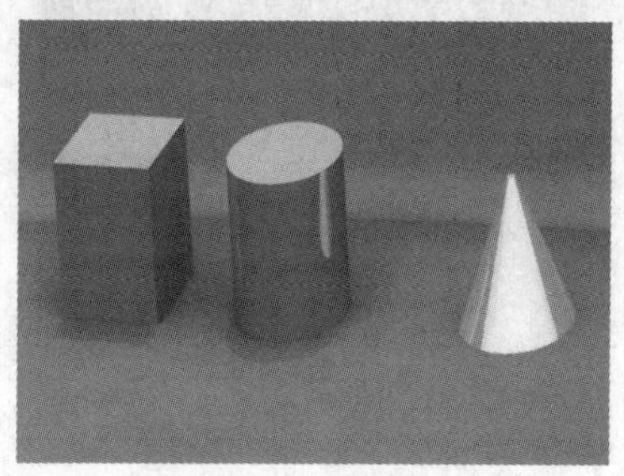

图 5.100 着色后

5. 绘图

单击【绘图】按钮，弹出【绘图】对话框，如图 5.101 所示。单击【确定】按钮，弹出【NX 打印】对话框，如图 5.102 所示，进行打印。

图 5.101 【绘图】对话框

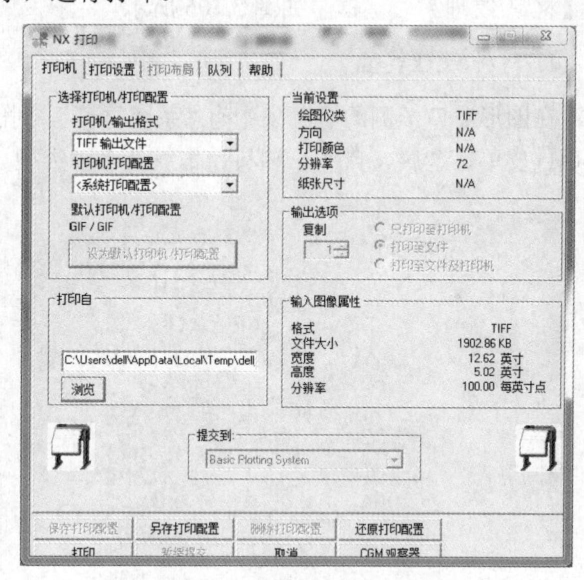

图 5.102 【NX 打印】对话框

5.6.2 艺术图像

选择【菜单】→【视图】→【可视化】→【艺术图像】选项，或者单击【高级艺术外观】工具栏中的按钮，弹出【艺术图像】对话框，如图 5.103 所示。

艺术图像有八种方法：卡通、颜色衰减、铅笔渲染、手绘、喷墨打印、线条和阴影、粗糙铅笔、点刻。设置相应参数后，单击按钮对图像进行着色，如图 5.104 所示。完成着色后单击【高质量图像】中的【保存】按钮对图像进行保存。

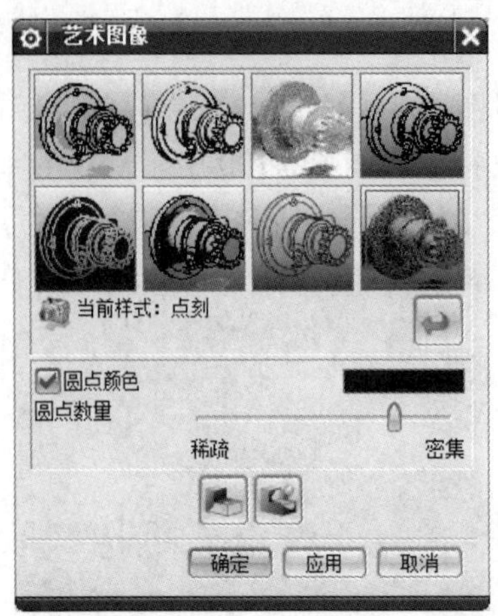

图 5.103 【艺术图像】对话框

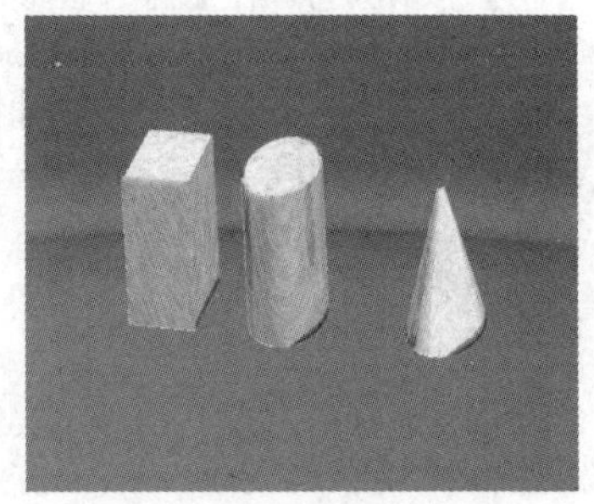

图 5.104 铅笔着色图

5.6.3 材料/纹理设置

选择【菜单】→【视图】→【可视化】→【材料/纹理】选项，或者单击图标，弹出【材料/纹理】对话框，如图 5.105 所示。

1. 材料/纹理类型

在图形窗口一侧的资源条中有“系统材料”，列出的材料类型如图 5.106 所示，有汽车、玻璃、皮革、金属、自然、塑料、木纹共七种类型。

图 5.105 【材料/纹理】对话框

系统材料
汽车
玻璃
皮革_英制
皮革_公制
金属
金属_拉丝_英制
金属_拉丝_公制
自然
塑料
木纹_英制
木纹_公制

图 5.106 系统材料

2. 材料编辑器

双击需要的材料或拖动材料到零件上，则零件的材料自动更新(要使用工作室模式，才能显示材料)。

单击图标，弹出【材料编辑器】对话框，如图 5.107 所示，对材料的颜色、亮度、纹理等进行设置。

首先在对话框中的材料列表区选取一种需要改名的材料或纹理，然后在材料或纹理栏输入新的名字，单击【改名】按钮，即可更改原有的材料或纹理名。零件图设置完成后，如图 5.108 所示。

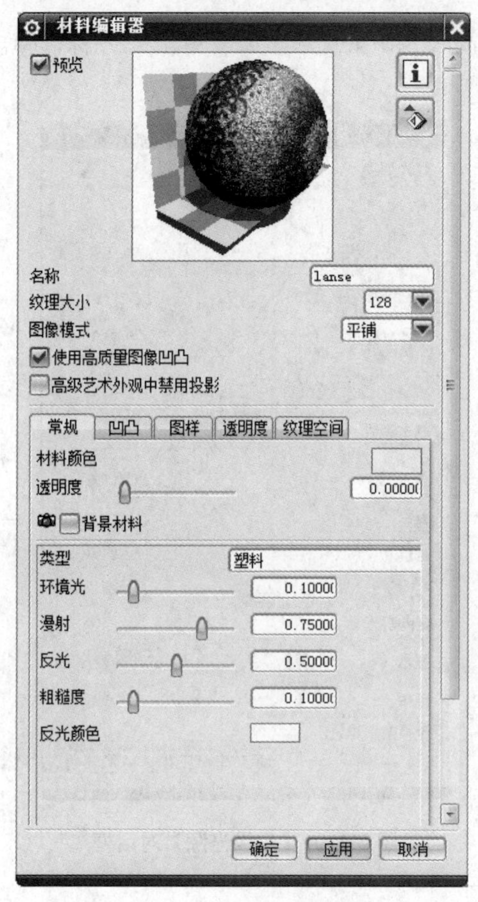

图 5.107 【材料编辑器】对话框

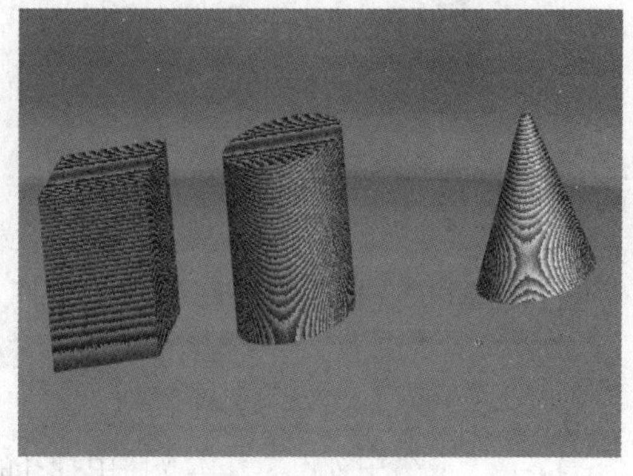

图 5.108 实例

常规选项卡：对材料类型、材料颜色进行设置。

凹凸选项卡：可用来改变表面的贴图，贴图应用于表面，显得粗糙或带有花纹。系统提供了多种类型，默认状态为无突起。

图样选项卡：将某些图像作为纹理应用到物体或表面上。例如，缠绕图像中，可从系统选择材料贴图或从外部选择 TIFF 图像贴图。贴图之后需要到纹理空间选项卡进行设置。

透明度选项卡：定义一些透明的效果。

纹理空间选项卡：控制纹理在面上的形式及比例参数。

5.6.4 灯光设置

1. 基本光源

选择【菜单】→【视图】→【可视化】→【基本光源】选项，或者单击图标，弹出【基本光源】对话框，如图 5.109 所示。

基本光源有八种，默认打开三种，若需要增加其他光照，打开开关即可，并可通过相应滑块调整亮度。

2. 高级光源

选择【菜单】→【视图】→【可视化】→【高级光源】选项，或者单击图标，弹出【高级光源】对话框，如图 5.110 所示。

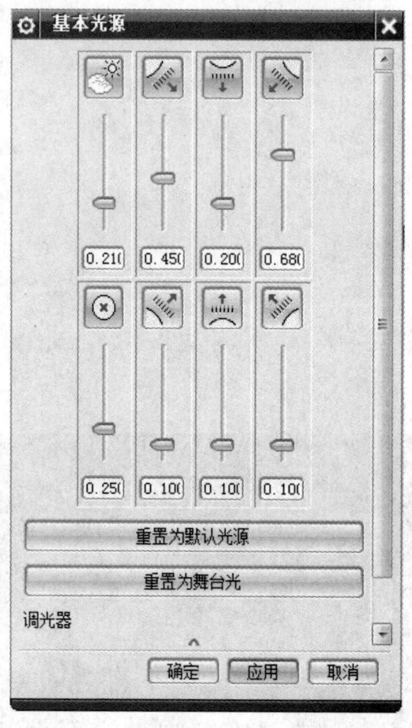

图 5.109 【基本光源】对话框

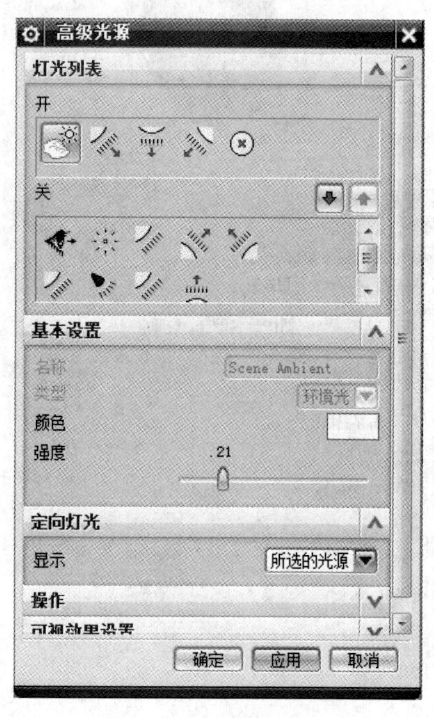

图 5.110 【高级光源】对话框

(1) 在“开”中列出了基本光照中打开的光源。

(2) 在“关”中列出了处于关闭状态的光源。

若需打开，选中光源，单击↑符号；若需关闭，选中光源，单击↓符号。

例如，视线光源：光源的照射方向和视线方向相同；Z 点光源：可旋转或移动光源到合适位置，并可改变强度趋势；聚光灯：可改变位置、角度、圆锥角度等。

5.6.5 视觉效果

选择【菜单】→【视图】→【可视化】→【视觉效果】选项，或者单击图标，弹出【视觉效果】对话框，如图 5.111 所示。

利用此对话框，可设置不同的前景和背景、各种环境背景，以及产生类似照相机采用不同镜头照出的效果。

1. 前景

利用此选项可以进行前景设置。设置类型有无、雾、深度线索、地面雾、雪、TIFF 图像、光散射共七种。

2. 背景

利用此选项可以进行背景设置。设置类型有简单、混合、光线立方体、两平面共四种，在每种选项下还有一个子类型，子类型有五种。

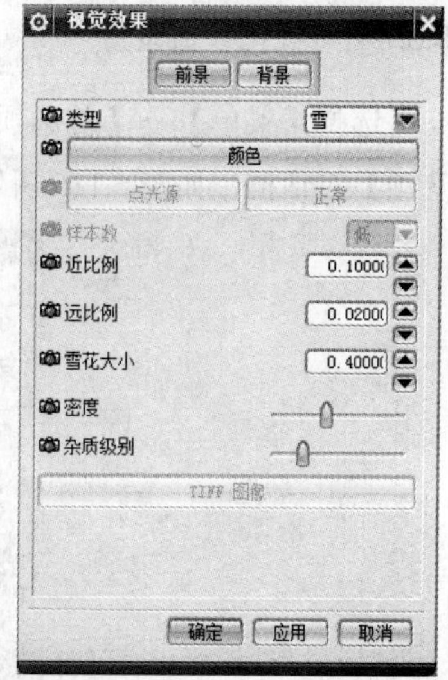

图 5.111 【视觉效果】对话框

5.6.6 展示室环境

选择【菜单】→【视图】→【可视化】→【展示室环境】选项，或者单击图标，弹出【展示室环境】对话框，如图 5.112 所示。

图 5.112 【展示室环境】对话框

单击图标弹出【编辑环境立方体图像】对话框，如图 5.113 所示，可对展示室环境进行设置。

单击图标弹出【转台设置】对话框，如图 5.114 所示，可使零件旋转。

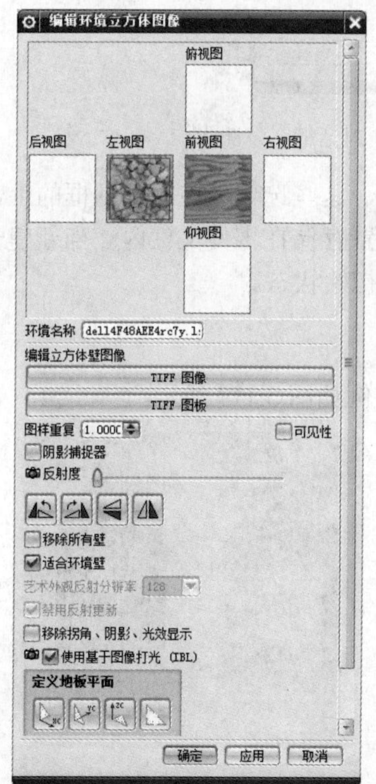

图 5.113 【编辑环境立方体图像】对话框

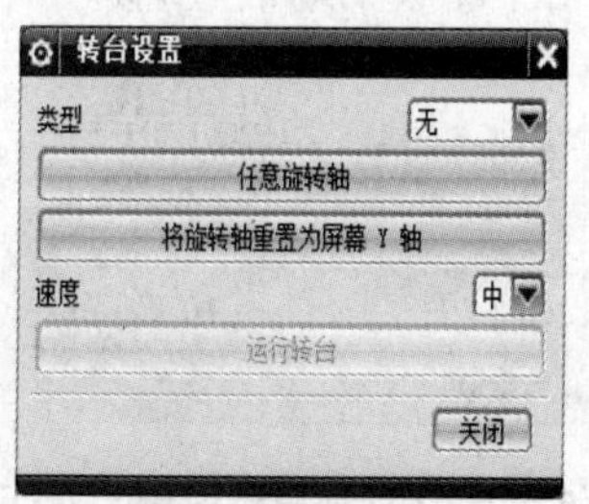

图 5.114 【转台设置】对话框

5.6.7 可视化参数设置

选择【菜单】→【首选项】→【可视化】选项，或者单击首选项图标，弹出【可视化首选项】对话框，如图 5.115 所示。

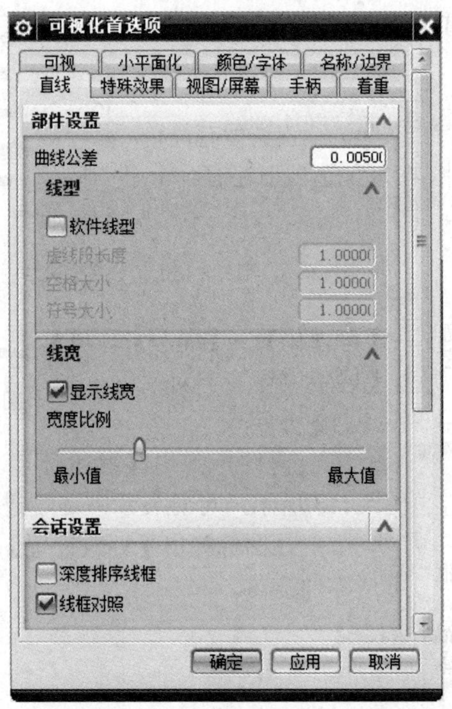

图 5.115 【可视化首选项】对话框

利用此对话框可控制视图区有关选项的显示特性，这些选项处在此对话框的上部。一些特性与零件或与零件的特定视图有关，这些特性设置存储在零件文件内。当新建一个零件文件，这些特性设置会回到用户默认文件所定义的初始状态。

1. 可视

【常规显示设置】对话框如图 5.116 所示，零件实例如图 5.117 所示。

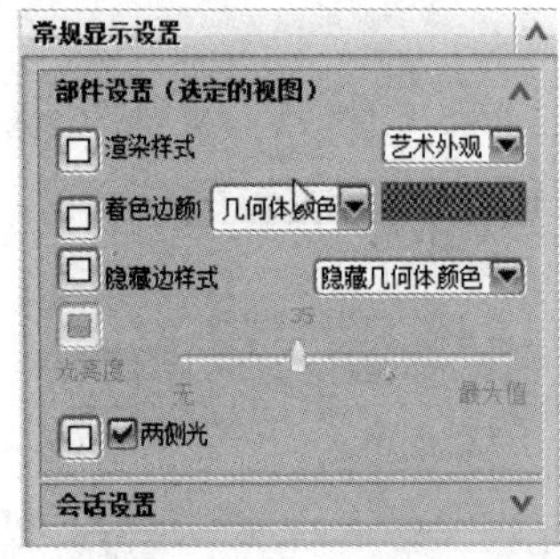

图 5.116 【常规显示设置】对话框

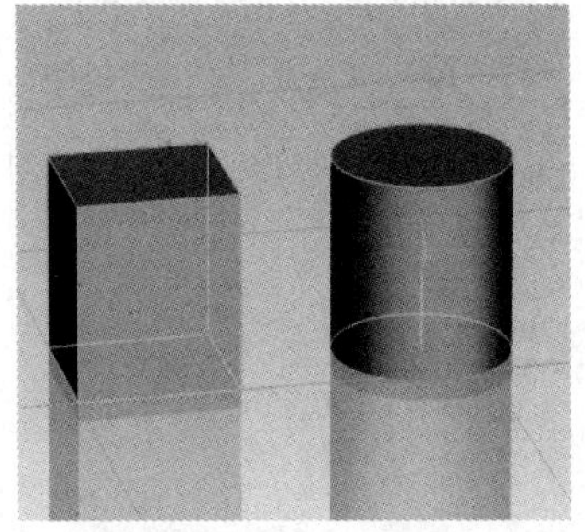

图 5.117 零件实例

2. 颜色/字体

选择【颜色/字体】选项卡，对话框如图 5.118 所示。

(1) 预选色：用于显示当前物体被预选后的颜色，并且可以改变物体预选后的颜色，默认的预选颜色为品红色。预选色存储在零件文件内。当新建一个零件文件时，对预选色的设置会回到用户默认文件定义的初始状态。

(2) 图纸部件设置：用于显示装配工作部件强调色，并且可以改变该颜色，默认装配工作部件强调色为灰色。装配工作部件强调色是指在装配中除工作零件以外的物体所显示的颜色，以便更清楚地区分装配中的工作部件。

3. 直线

选择【直线】选项卡，出现如图 5.119 所示对话框。可对线型、线宽、曲线公差、深度排序线框进行设置。

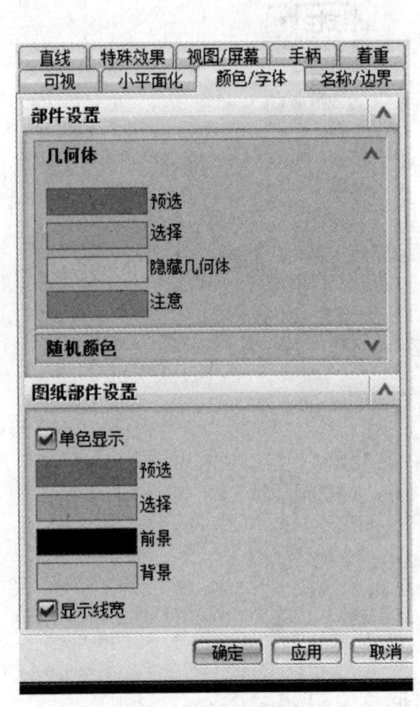

图 5.118 【颜色/字体】对话框

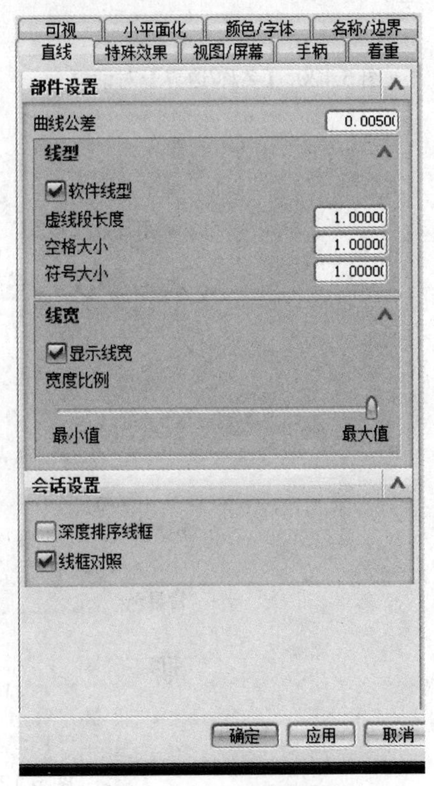

图 5.119 【直线】对话框

4. 名称/边界

选择【名称/边界】选项卡，出现图 5.120 所示对话框。可对物体名称、模型视图名、模型视图边界进行设置。

5. 特殊效果

选择【特殊效果】选项卡，出现图 5.121 所示对话框。利用【雾】选项可以使着色状态下的较近物体与较远物体显示的不一样。打开【雾效果】选项开关后，雾效果设置选项被激活。雾效果设置选项可用于定义雾的种类(如使用线性雾还是非线性雾)、雾的颜色和密度及前、后雾平面的位置等。选择雾效果设置后出现图 5.122 所示对话框。

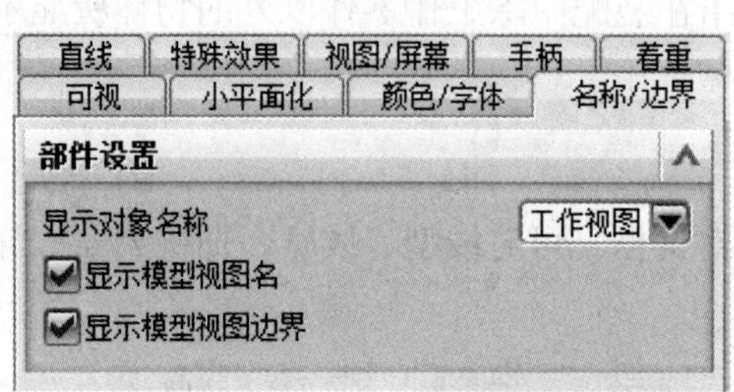

图 5.120 【名称/边界】对话框

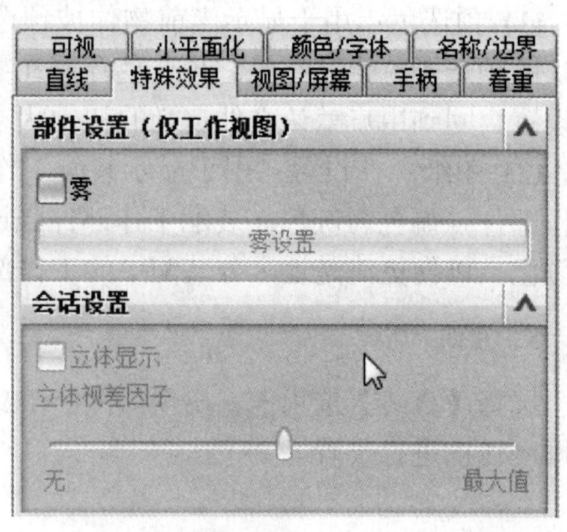

图 5.121 【特殊效果】对话框

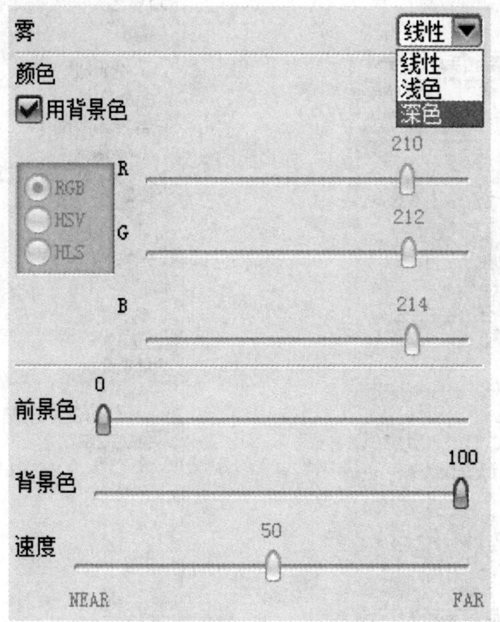

图 5.122 【雾】对话框

5.7 本 章 小 结

本章主要介绍了 UG NX 9.0 实体建模的特点，实例特征的创建方法、特征操作、特征编辑和模型的渲染。同时，通过对简单零件实体模型创建过程的介绍，使读者能够快速掌握实体建模的一般方法。

5.8 习　　题

1. 问答题

(1) 在 UG NX 9.0 中提供了几种创建基准平面的方法？

(2) 利用 UG NX 9.0 系统可创建的细节特征有哪些？

2. 操作题

(1) 已知零件的工程图如图 5.123 所示，建立其实体模型。

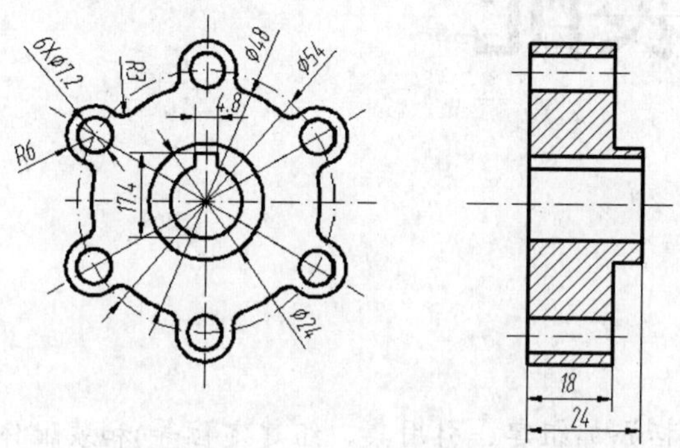

图 5.123　法兰盘

(2) 已知零件的工程图如图 5.124 所示，建立其实体模型。

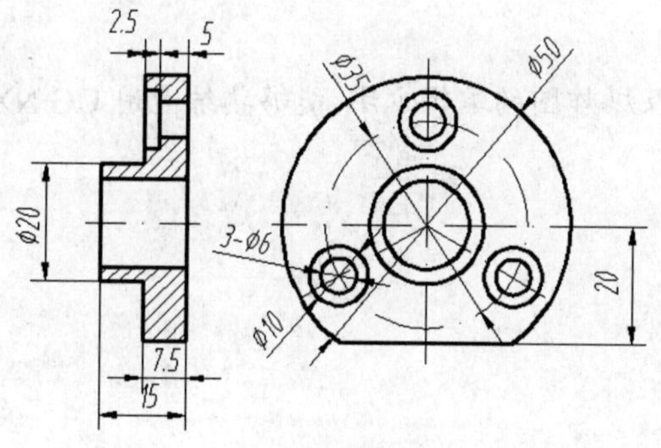

图 5.124　端盖

第 6 章 模型的装配

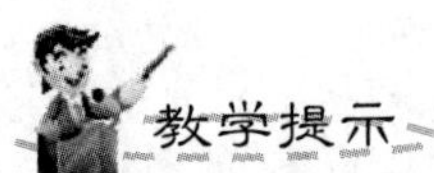

重点讲解装配体(包括添加组建、引用集、组建定位等)和装配体爆炸图的建立及将其引入到装配工程图中。

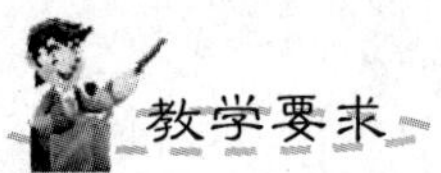

掌握装配图的创建以及爆炸图的编辑方法,能够熟练运用 UG NX 9.0 进行零件的装配。

6.1 装配概述

启动UG NX 9.0，选择【菜单】→【文件】→【新建】选项，或者单击按钮，选择【装配】类型，输入文件名，选择文件储存位置，单击【确定】按钮，即可进入装配模式。

进入装配模块后，会自动打开【添加组件】对话框，如图6.1所示，除此以外，还可以在进入装配模块后利用如图6.2所示的选项卡中的添加按钮添加组件。通过装配可以直观形象地表达零件间的装配和尺寸配合关系，表达部件或机器的工作原理，从而可以指导模型的修改和完善。

图6.1 【添加组件】对话框

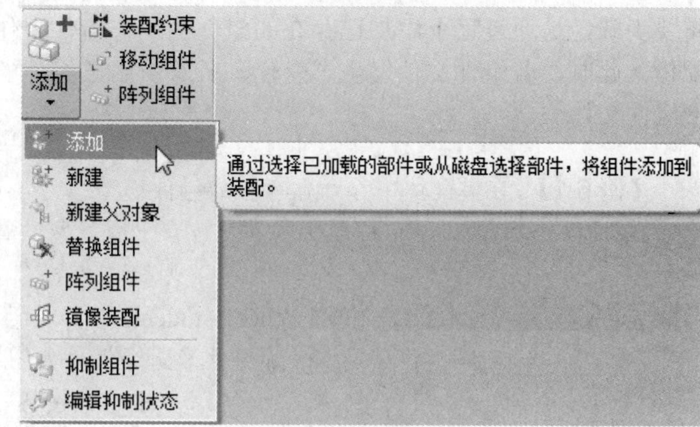

图6.2 选项卡

下面介绍一些装配术语与定义。

(1) 装配部件：表示由零件和子装配构成的部件，它是其子装配和子零件的指针集合，其中不包括子装配和子零件的实体模型，只包含指向子装配和子零件的指针。

(2) 子装配：表示是在更高一层的装配件中作为组件的一个装配，一个子装配包含它自己的组件。

(3) 组件对象：一个从装配部件链接到部件主模型的指针。

(4) 组件：由一个装配内的组件对象指向部件文件或主模型。组件可以是单个零件，也可以是子装配。组件是由装配部件引用而不是复制到装配部件中。

(5) 单个零件：装配外存在的几何零件。

(6) 自底向上装配：先创建部件几何模型，再组合成子装配，最后生成装配部件的装配方法。

(7) 自顶向下装配：在装配级中创建与其他部件相关的部件模型，是在装配部件的顶级向下产生子装配和零件的装配方法。

(8) 混合装配：将自顶向下装配和自底向上装配混合运用的装配方法。

(9) 主模型：供UG NX 9.0其他模块共同引用的部件模型。同一主模型可以被工程图、装配、加工、机构分析和有限元等模块引用。

(10) 引用集：为在高一级装配中简化显示而在组件中定义命名的数据子集。它可以代表相应的组件部件载入更高一级的装配。

(11) 配对条件：配对条件可以建立装配中各部件之间的参数化的相对位置和方位的条件。

6.2 建立装配体

6.2.1 添加组件

添加已存在的组件(就是已经建立的部件)到装配体中是自底向上装配方法中的一个重要步骤，是通过逐个添加已存在的组件到工作组件中作为装配部件，从而构成整个装配体。此时，若组件文件发生了变化，所有引用该组件的装配体在打开时将自动更新相应组件文件。

【例 6.1】 在装配体中添加已存在的组件模型。

解：操作步骤如下。(例题所需素材可在出版社网站查找。)

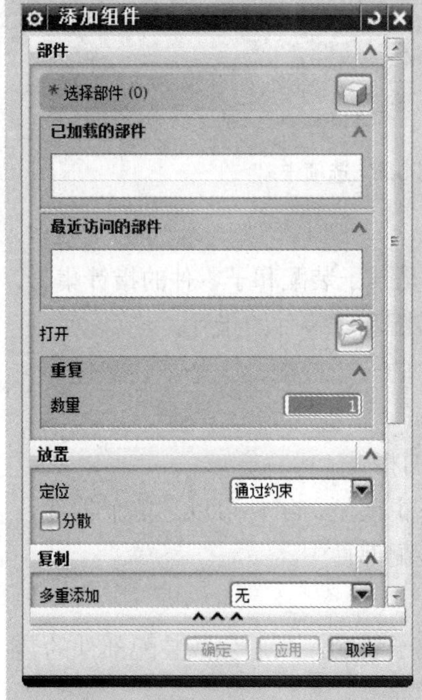

图 6.3 【添加组件】对话框

(1) 用装配模板建立一个文件，输入文件名称：ch6-1-student，选择文件储存位置，单击确定，弹出【添加组件】对话框，如图 6.3 所示。

(2) 单击打开按钮，弹出如图 6.4 所示的【部件名】对话框，选择所需文件 ch6-1-asm.prt，右方是当前加亮部件或装配的预览图，单击【OK】按钮，则返回到如图 6.5 所示的【添加组件】对话框。可以看到，在已加载部件中，除了 ch6-1-asm，还有该装配所包含的所有组件也都被加载了。

(3) 在图 6.5 所示【添加组件】对话框中的【已加载的部件】列表框中选择 ch6-1-asm，系统弹出如图 6.6 所示的【组件预览】窗口。

(4) 保持【已加载的部件】列表框中的 ch6-1-asm 处于选中状态，将【添加组件】对话框中【放置】列表框中的定位选项选择为【绝对原点】方式，单击【应用】按钮，即可将 ch6-1-asm 组件添加到当前装配中。如果还要继续添加组件，则可在已加载部件中选择新的部件添加，如果不需要再添加，则可单击【取消】按钮退出【添加组件】对话框。

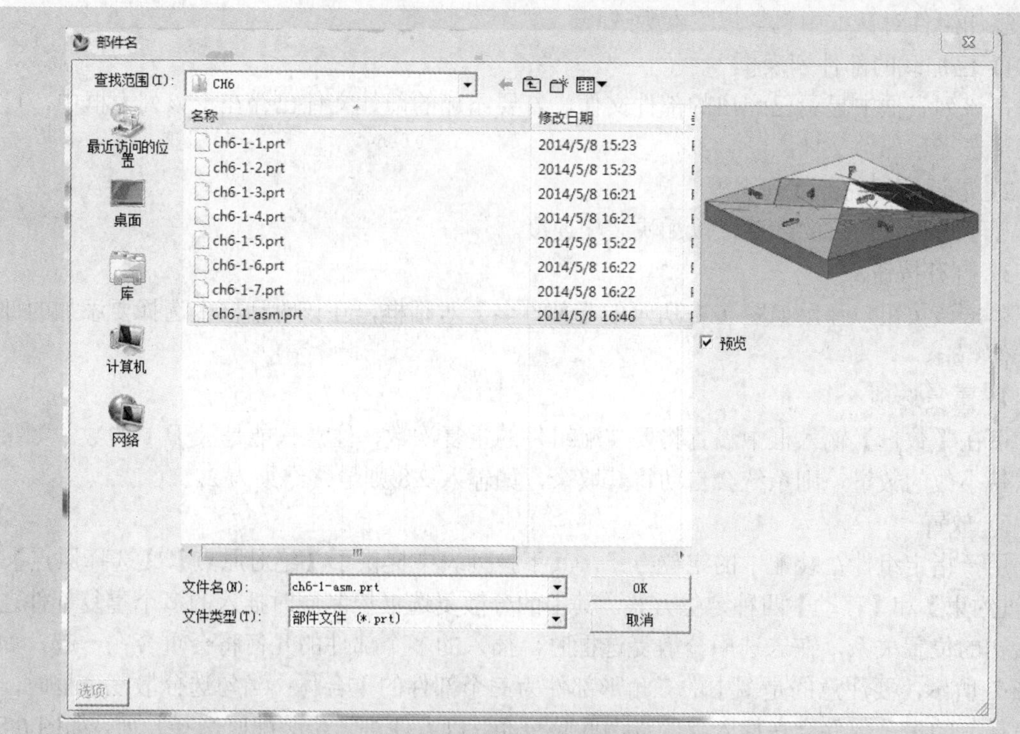

图 6.4 【部件名】对话框

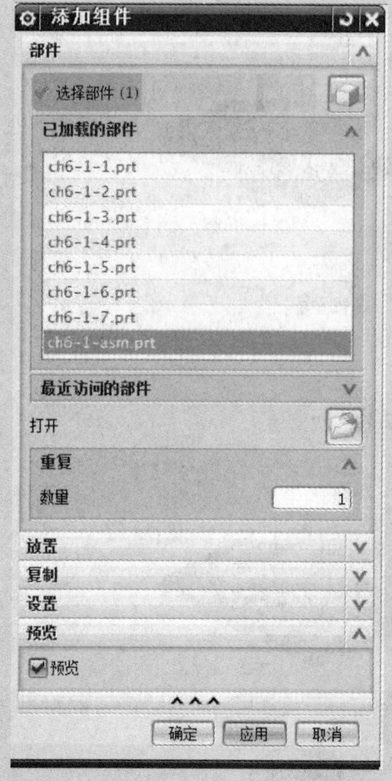

图 6.5 【添加组件】对话框

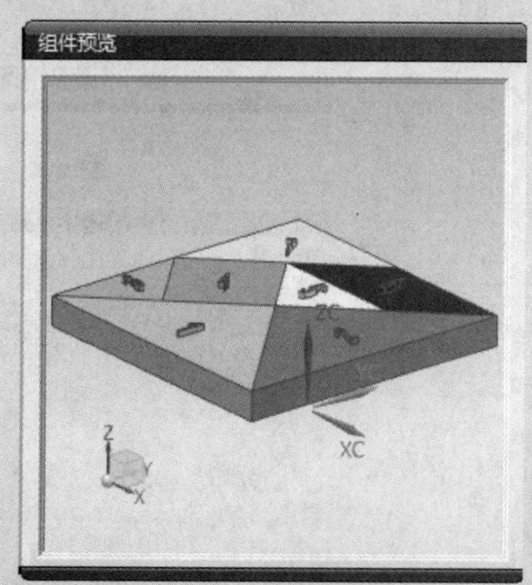

图 6.6 【组件预览】窗口

添加组件对话框中包含以下参数选项。

1) 已加载的部件列表框

在该列表框中显示已弹出的部件文件，若要添加的部件文件已存在于该列表框中，可以直接选择该部件文件。

2) 最近访问的部件列表框

显示最近访问过的部件，以加快装配速度。

3) 打开按钮

单击该按钮，弹出如图 6.4 所示的【部件名】对话框，在该对话框中选择要添加的部件文件*.prt。

4) 重复选项

可在【数量】输入框中设置将要装配组件的重复次数，注意只能是大于 1 的数。如果输入带小数的数量，则系统会自动将其取余，如输入 2.8 则最终结果为 2。

5) 放置

用于指定组件在装配中的定位方式，其下拉列表中提供了【绝对原点】、【选择原点】、【通过约束】和【移动】四种定位方式。其中的分散复选框控制同时插入的多个重复部件之间最初的位置关系，在未选中分散复选框时，插入的多个部件的几何将会重合在一起，如图 6.7 所示，要注意的是图中的三角形部件为三个部件的重合体；当勾选分散复选框时，同时插入的多个部件会在插入点的周围间隔分布，以方便进一步装配时选择几何，如图 6.8 所示。

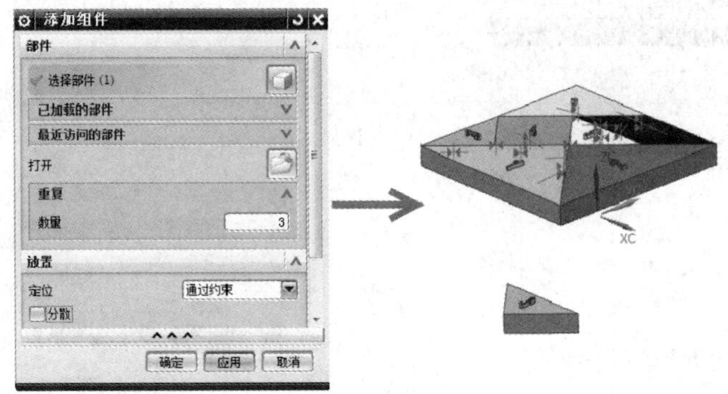

图 6.7 【添加组件】对话框

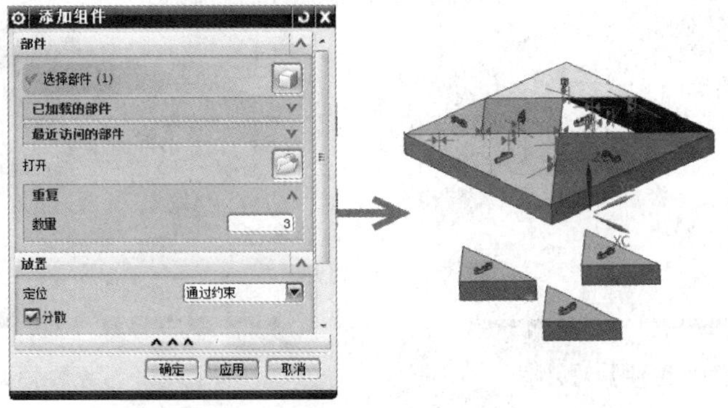

图 6.8 【添加组件】对话框

6) 复制

在复制菜单下定义添加选择的组件被添加后将进行怎样的操作，其三个选项的意义分别如下。

(1) 无：不进行其他操作。

(2) 添加后重复：在完成【部件】中预定重复数量的一组部件的添加后，立即重新添加一组部件。即当前面预设的重复数为1时，添加完1个部件后，可继续添加第二个零件，直到取消为止；当前面预设的重复数为 *n* 时，则添加完 *n* 个部件，完成约束后，可进入第二组部件的添加，其数量也为 *n*，这个过程一直持续到用户取消添加为止。

(3) 添加后创建阵列：为新添加的组件创建一个阵列。

7) 设置

名称：如果需要添加的组件有一个不同于原部件的名称，则在此进行设置。

引用集：为添加的部件指定引用集，默认引用集是【模型“MODEL”】，它只包含部件中的实体，用户可以通过其下拉列表选择所需的引用集。

图层选择：用于设置将添加组件加到装配组件中的哪一层，其下拉列表中包括【原始的】、【工作的】、【按指定的】三个选项。

8) 预览

选择是否打开将要添加组件的预览窗口。

6.2.2 引用集

1. 引用集的概念

由于在零件设计中，包含了大量的草图、基准平面及其他辅助图形数据，如果要显示装配中各组件和子装配的所有数据，一方面容易混淆图形，另一方面由于要加载组件的所有数据，需要占用大量内存，因此不利于装配工作的进行。于是，在NX 9.0的装配中，为了优化大模型的装配，引入了引用集的概念。通过引用集的操作，用户可以在需要的几何信息之间自由操作，同时避免了加载不需要的几何信息，极大地优化了装配的过程。

引用集是用户在部件中定义的部分几何对象，它代表相应的部件进行装配。引用集可以包含下列数据：实体、组件、片体、曲线、草图、原点、方向、坐标系、基准轴及基准平面等。引用集一旦产生，就可以单独装配到组件中。一个组件可以有多个引用集。

UG NX 9.0系统包含的默认的引用集有以下几种。

(1) 模型“MODEL”：只包含整个实体的引用集。

(2) 整个部件：表示引用集是整个组件，即引用组件的全部几何数据。

(3) 无：表示引用集是空的引用集，即不含任何几何对象。当组件以空的引用集形式添加到装配中时，在装配中看不到该组件。

2. 打开【引用集】对话框

选择【菜单】→【格式】→【引用集】选项，弹出如图6.9所示的【引用集】对话框。该对话框用于对引用集进行创建、删除、更名、编辑属性、查看信息等操作。

(1) 创建：用于创建引用集。组件和子装配都可以创建引用集。组件的引用集既可在组件中建立，也可在装配中建立。但组件要在装配中创建引用集，必须使其成为工作部件。单击该按钮，新创建的引用集“REFERENCE_SET1”出现在如图 6.10 所示【引用集】对话框中，其中，【引用集名称】文本框用于输入引用集的名称。

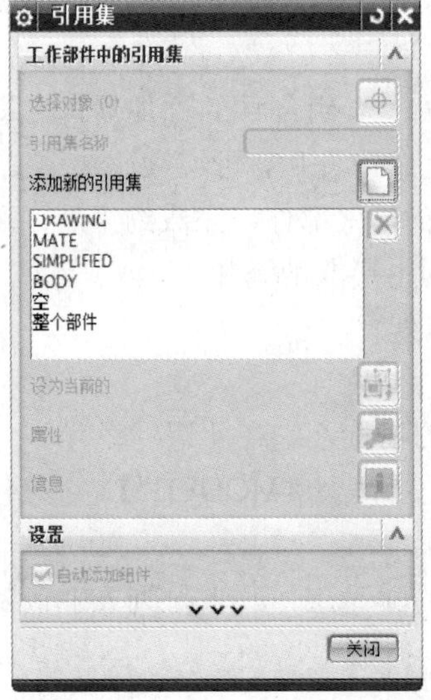

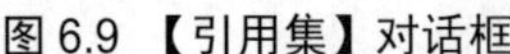

图 6.9 【引用集】对话框

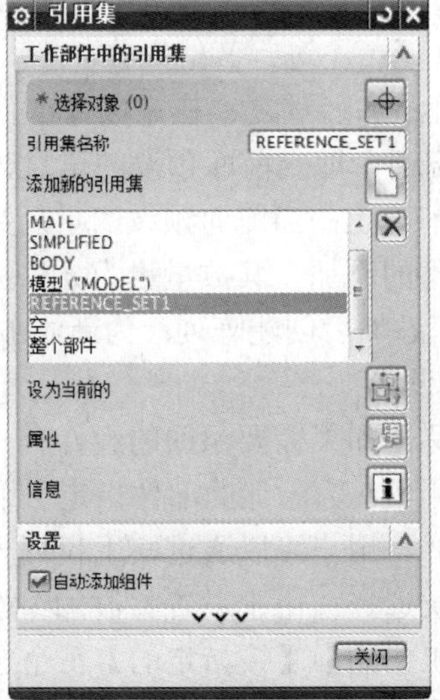

图 6.10 【引用集】对话框

(2) 移除：用于移除组件或子装配中已创建的引用集。在【引用集】对话框中选中需要移除的引用集后，单击该按钮移除所选引用集。

(3) 编辑属性：用于编辑所选引用集的属性。单击该按钮，弹出如图 6.11 所示的【引用集属性】对话框。该对话框用于输入属性的名称和属性值。

(4) 信息：单击该按钮，弹出如图 6.12 所示的【信息】窗口，该窗口用于输出当前零组件中已存在的引用集的相关信息。

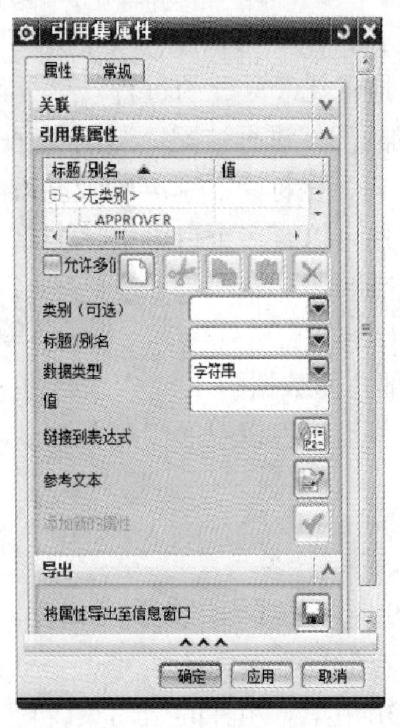

图 6.11 【引用集属性】对话框

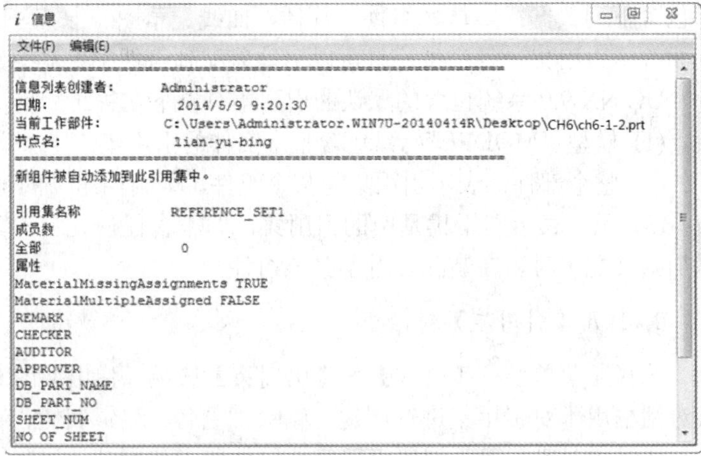

信息

文件(F) 编辑(E)

信息列表创建者: Administrator
日期: 2014/5/9 9:20:30
当前工作部件: C:\Users\Administrator.WIN7U-20140414R\Desktop\CH6\ch6-1-2.prt
节点名: lian-yu-bing

新组件被自动添加到此引用集中。

引用集名称 REFERENCE_SET1
成员数
全部 0
属性
MaterialMissingAssignments TRUE
MaterialMultipleAssigned FALSE
REMARK
CHECKER
AUDITOR
APPROVER
DB_PART_NAME
DB_PART_NO
SHEET_NUM
NO_OF_SHEET

图 6.12 【信息】窗口

(5) 设为当前值：用于将所选引用集设置为当前引用集。

在正确地建立了引用集后，保存文件，以后在该零件加入装配的时候，在【引用集】选项中就会有用户自己设定的引用集了。在加入零件以后，还可以通过装配导航器在定义的不同引用集之间切换。

6.2.3　组件定位

在装配过程中，用户除了添加组件，还需要确定组件间的关系，这就要求对组件进行定位。UG NX 9.0 提供了绝对原点、选择原点、通过约束和移动四种定位方式。

1. 绝对原点

用于按绝对原点方式添加组件到装配的操作。

2. 选择原点

用于按绝对定位方式添加组件到装配的操作。在如图 6.5 所示的对话框中选择该选项，单击【确定】按钮，弹出【点】对话框，该对话框用于指定组件在装配中的目标位置。

3. 通过约束

用于按照配对条件确定组件在装配中的位置。在如图 6.5 所示的对话框中，选择该选项，单击【确定】按钮，或单击【主页】选项卡中的 装配约束 按钮，弹出如图 6.13 所示的【装配约束】对话框。该对话框用于通过配对约束确定组件在装配中的相对位置。

1) 配对类型

【类型】下拉列表如图 6.14 所示。

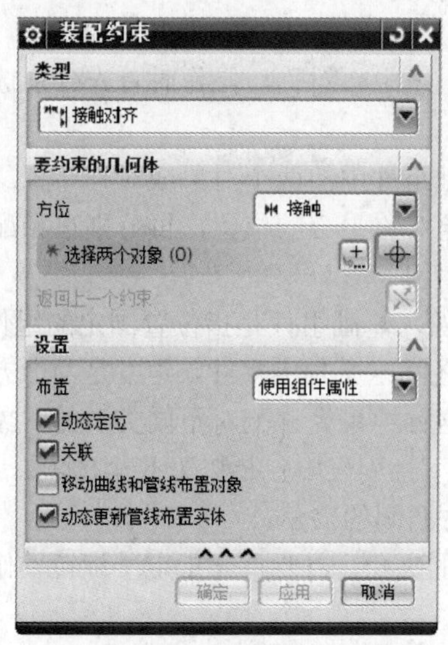

图 6.13 【装配约束】对话框

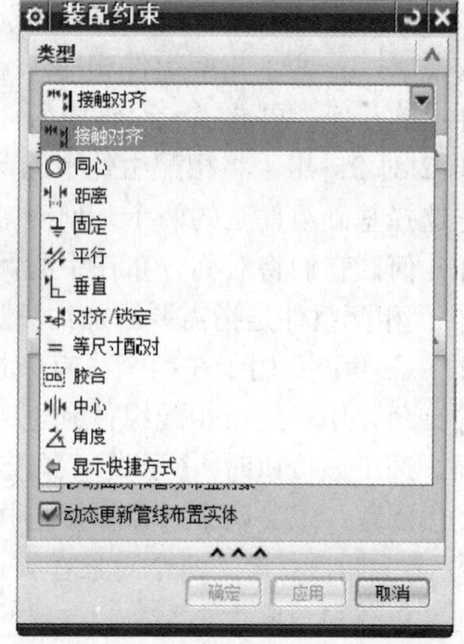

图 6.14　配对【类型】下拉列表

(1) 接触对齐：选中该按钮时，【方位】选项被激活，单击【返回上一个约束】按钮可以在接触和对齐之间切换，之后遇到此按钮效果相似，不再赘述，其下拉列表中包括以下几个选项。

① 首选接触：系统采用自动判断模式根据用户的选择，自动判断是接触还是对齐。推荐初学者选用。

② 接触：用于定位两个贴合对象，其贴合面法向方向相反。当对象是平面时，它们共面且法向方向相反。

③ 对齐：用于对齐相配对象。当对齐平面时，使两个表面共面且法向方向相同。

④ 自动判断中心/轴：系统自动判断所选对象的中心或轴。

(2) ◎同心：定位两个对象的圆形或椭圆边使其中心同心，且边所在的面同向。

(3) 距离：用于指定两个相配对象间的最小三维距离，距离可以是正值也可以是负值，正负号确定相配对象是在目标对象的哪一边。当选择该选项时，【距离】文本框被激活，该文本框用于输入要偏置的距离值。

(4) 固定：约束对象固定在当前位置。

(5) 平行：用于约束两个对象的方向矢量彼此平行。

(6) 垂直：用于约束两个对象的方向矢量彼此正交。

(7) 对齐/锁定：用于将两个对象快速对齐/锁定，其选择的对象要一致，如直边线对直边线、圆柱面对圆柱面。

(8) ＝等尺寸配对：用于约束两个对象保持适合的位置关系。

(9) 胶合：用于约束两个对象胶合在一起，不能相互运动。

(10) 中心：用于约束两个对象的中心对齐。实际上，因为翻译的原因，这里的“中心”实际上是“对称”的意思，选中该按钮时，【子类型】选项被激活，其下拉列表中包括以下几个选项。

① 1对2：两个相配组件相对于一个基础组件上一中心对称，操作时首先选择一对称中心，再分别选择相配组件上的几何。

② 2对1：两个相配组件相对于一个基础组件上一中心对称，操作时首先分别选择相配组件上的几何，再选择一对称中心。

③ 2对2：用于将相配组件中的两个对象与基础组件中的两个对象成对称布置。操作时首先选择基础组件上的两个几何对象，它们将确定对称中心的位置，再分别在相配组件中选择几何，它们将对称分布在中心两侧。

(注：相配组件是指需要添加约束进行定位的组件，基础组件是指位置固定的组件。)

(11) 角度：用于在两个具有矢量方向的对象之间定义角度尺寸，角度是两个方向矢量间的夹角，用于约束相配组件到正确的方位上。这种约束允许配对不同类型的对象，如边和面。选中该按钮时，【子类型】选项被激活，其下拉列表中包括以下几个选项。

① 3D角：定义两个对象在被选择几何的矢量方向间的夹角。

② 方向角度：定义两个对象在被选择矢量方向的夹角，需要首先指定一旋转轴作为旋转中心，以计量角度大小。

2) 要约束的几何体

用于选择需要约束的几何体和选择相应的约束定义方式。

3) 设置

(1) 动态定位：用于设置是否显示动态定位。

(2) 关联：用于设置所选对象是否建立关联。

(3) 移动曲线和管线布置对象：用于设置是否可以通过移动曲线和管线布置对象。

(4) 动态更新管线布置实体：用于设置是否动态更新管线布置实体。

4) 预览

用于预览配对效果。

(1) 预览窗口：用于设置是否显示预览窗口。

(2) 在主窗口中预览组件：用于设置是否在主窗口中预览部件。

4. 移动组件

如果使用配对的方法不能满足用户的实际需要，还可以通过手动编辑的方式来进行定位。在 UG NX 9.0 中可以通过以下 5 种途径对组件进行移动操作。

(1) 通过【主页】面板中的移动组件按钮。

(2) 单击选取组件，在弹出的快捷菜单中单击移动组件按钮。

(3) 单击选取组件，再单击鼠标右键，从弹出的快捷菜单中单击移动组件的按钮(长按和短按都可弹出)。

(4) 选择【菜单】→【装配】→【组件位置】→【移动组件】选项。

(5) 在【装配导航器】中选中需要移动的组件，单击鼠标右键，在弹出的快捷菜单中选中【移动组件】选项。

单击【移动组件】按钮后，将弹出【移动组件】对话框，如图 6.15 所示，其移动类型如图 6.16 所示，每种方式含义如下。

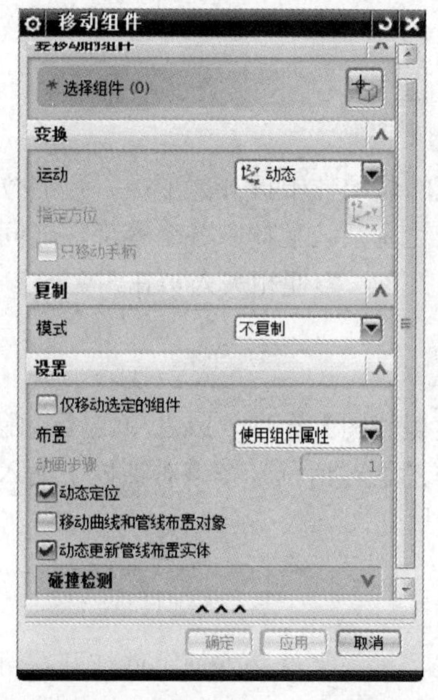

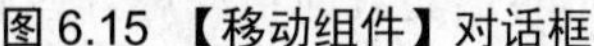
图 6.15 【移动组件】对话框

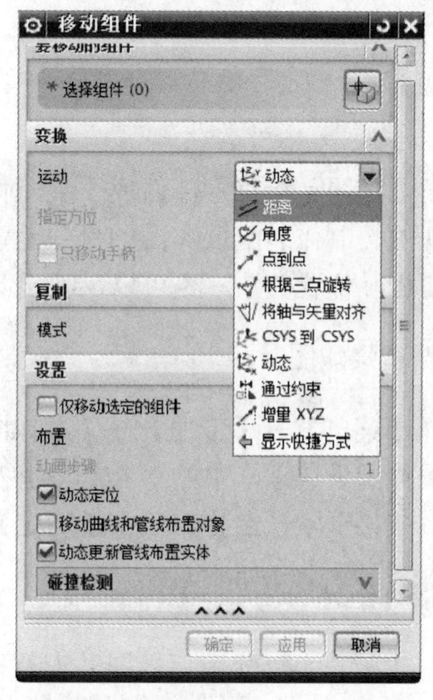

图 6.16 移动【类型】下拉列表

(1) 动态：系统根据用户鼠标所选位置动态定位组件，可以移动组件本身或者使组件坐标系相对组件移动。

(2) 距离：通过指定一矢量方向和距离来移动组件。

(3) 角度：用于绕轴线旋转所选组件。选择该选项时，弹出【点】对话框，用来定义一个点。然后弹出【矢量】对话框，要求定义一个矢量。系统会将 WCS 原点移动到定义的点，然后 WCS 的 X 轴会沿着定义的矢量方向，最后回到【绕点旋转】类似的对话框，用来旋转组件。

(4) 点到点：用于采用点到点的方式移动组件。选择该选项时，弹出【点】对话框，提示先后选择两个点，系统根据这两点构成的矢量和两点间的距离来沿着这个矢量方向移动组件。

(5) 根据三点旋转：用于按选定的矢量方向基于一选定点来旋转组件，默认选定点为选定矢量上一点，旋转量由指定的两点决定。

(6) 将轴与矢量对齐：用于将组件绕一选定点从一选定矢量方向旋转至另一矢量方向，在选择的两轴之间旋转所选的组件。选择该选项，弹出【移动组件】对话框，用于指定参考点，然后弹出【矢量】对话框，用于指定参考轴和目标轴的方向。在参考轴和目标轴定义后，回到【根据三点旋转】类似的对话框，用来旋转组件。

(7) CSYS 到 CSYS：用于采用移动坐标方式重新定位所选组件。选择该选项时，弹出【CSYS 构造器】对话框，该对话框用于指定参考坐标系和目标坐标系。选择一种坐标定义方式定义参考坐标系和目标坐标系后，单击【确定】按钮，则组件从参考坐标系的相对位置移动到目标坐标系中的对应位置。

(8) 通过约束：通过装配约束定位组件。

(9) 增量 XYZ：通过指定在 X、Y、Z 方向上的移动量来移动组件。

6.3 装配爆炸图

装配爆炸图是指将零部件或子装配件从完成装配的装配体中拆开并形成特定的位置和状态的视图。制作装配爆炸图的目的是为了清楚地表达复杂装配体中各个零部件之间的配合关系和相互位置关系，也可以反映出其正确的装配关系，方便相关人员在组装时参考。

6.3.1 新建爆炸图

选择【菜单】→【装配】→【爆炸图】→【新建爆炸图】选项，或者单击【装配】面板→【爆炸图】选项卡中的按钮，弹出【新建爆炸图】对话框。在该对话框中输入爆炸图名称，或接受默认名称，单击【确定】按钮，新建爆炸图。

6.3.2 爆炸组件

新创建了一个爆炸图后视图并没有发生什么变化，接下来就必须使组件炸开。可以使用自动爆炸方式完成爆炸图，即基于组件配对条件沿表面的正交方向自动爆炸组件。

【例 6.2】 创建七巧板的爆炸图。

解： 操作步骤如下。

(1) 打开已建好的七巧板装配图，即“ch6-1-asm.prt”。

(2) 选择【菜单】→【装配】→【爆炸图】→【新建爆炸图】选项，或者单击【装配】面板→【爆炸图】选项卡中的按钮，系统弹出【新建爆炸图】对话框，如图6.17(a)所示，接受默认名称，单击【确定】按钮。

(3) 选择【菜单】→【装配】→【爆炸图】→【自动爆炸组件】选项，或者单击按钮，弹出【类选择】对话框。

(4) 选择要爆炸装配体或组件，单击【确定】按钮，弹出如图6.17(b)所示的【自动爆炸组件】对话框，输入距离参数。

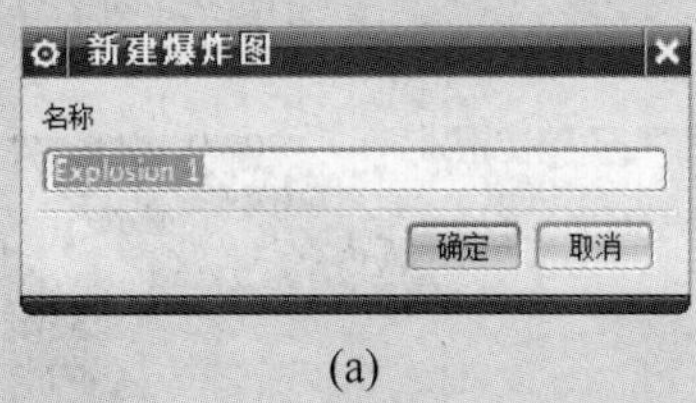

(a)

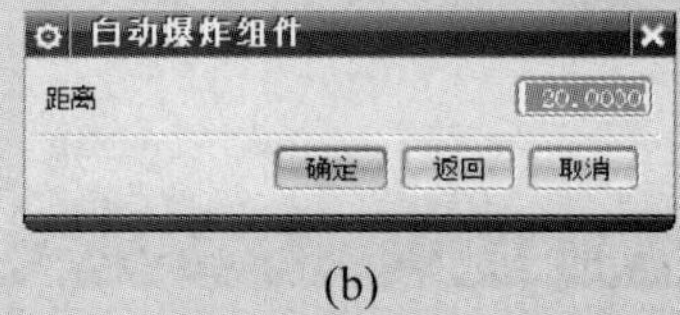

(b)

图6.17 【新建爆炸图】对话框及【自动爆炸组件】对话框

(注：自动爆炸组件对话框用于指定自动爆炸参数。其中，距离文本框用于设置自动爆炸组件之间的距离，距离值可正可负)

(5) 单击【确定】按钮，创建自动爆炸视图，如图6.18所示。

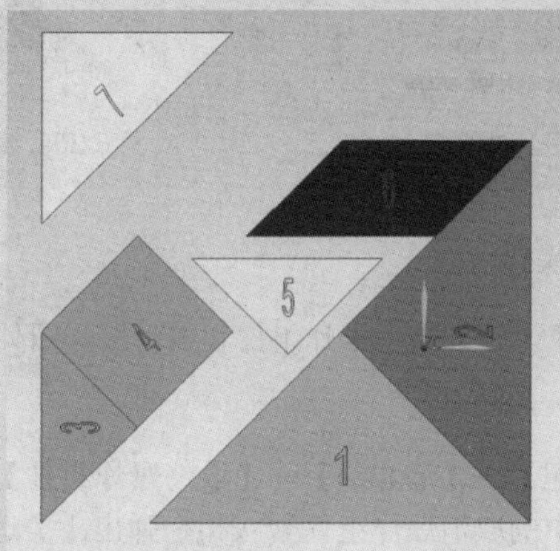

图6.18 七巧板自动爆炸视图

(注：自动爆炸只能爆炸具有配对条件的组件，对于没有配对条件的组件需要使用手动编辑的方式。)

6.3.3 编辑爆炸图

如果没有得到理想的爆炸效果，通常还需要对爆炸图进行编辑。

【例6.3】 编辑爆炸图。

解：操作步骤如下。

(1) 打开例6.2的自动爆炸视图。

(2) 选择【菜单】→【装配】→【爆炸图】→【编辑爆炸】选项，或者单击【装配】

面板→【爆炸图】选项卡中的按钮，弹出如图 6.19 所示的【编辑爆炸图】对话框。在视图区选择需要进行调整的组件，然后在对话框中选中【移动对象】单选按钮，在视图区选择一个坐标方向，【距离】、【捕捉增量】和【方向】选项被激活，在该对话框中输入所选组件的偏移距离和方向。如果需要将所选对象坐标系与 WCS 坐标系对齐，则可单击捕捉手柄至 WCS按钮。

(3) 单击【确定】或【应用】按钮，即可完成该组件位置的调整。七巧板编辑后的视图如图 6.20 所示。

图 6.19 【编辑爆炸图】对话框

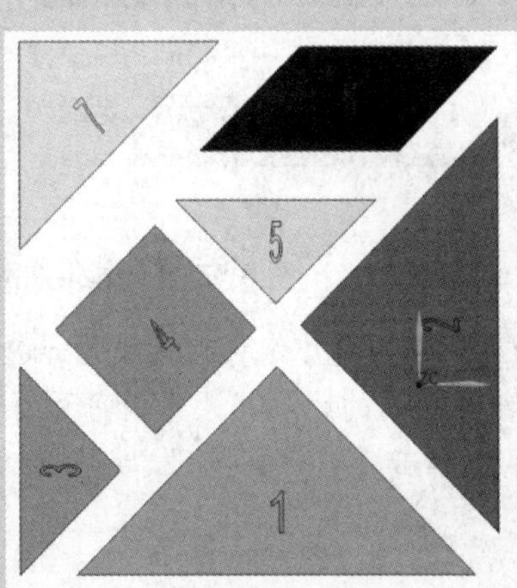

图 6.20 编辑后的七巧板爆炸图

6.3.4 装配爆炸图的其他操作

装配爆炸图的操作除了上述的自动爆炸组件和编辑爆炸图外，还包括以下一些操作。

1. 组件不爆炸

选择【菜单】→【装配】→【爆炸图】→【取消爆炸组件】选项，或者单击【装配】面板→【爆炸图】选项卡中的取消爆炸组件按钮，弹出【类选择】对话框，在视图区选择不进行爆炸的组件，单击【确定】按钮，使已爆炸的组件恢复到原来的位置。

2. 删除爆炸图

选择【菜单】→【装配】→【爆炸图】→【删除爆炸图】选项，或者单击【装配】面板→【爆炸图】选项卡中的删除爆炸图按钮，弹出如图 6.21 所示的【爆炸图】对话框，在该对话框中选择要删除的爆炸图名称，单击【确定】按钮，删除所选爆炸图。

图 6.21 【爆炸图】对话框

3. 隐藏爆炸图

选择【菜单】→【装配】→【爆炸图】→【隐藏爆炸图】选项，或者在【装配】面板→【爆炸图】选项卡中选择【无爆炸】按钮，则将当前爆炸图隐藏起来，使视图区中的组件恢复到爆炸前的状态。

4. 显示爆炸

选择【菜单】→【装配】→【爆炸图】→【显示爆炸图】选项，则将已建立的爆炸图显示在视图区。

5. 从视图中隐藏组件

单击【爆炸图】选项卡中的隐藏视图中的组件按钮，弹出【隐藏视图中的组件】对话框，在视图区选择要隐藏的组件，单击【确定】按钮，则在视图区将所选定的组件隐藏起来。

6. 显示视图中的组件

单击【爆炸图】选项卡中的显示视图中的组件按钮，弹出如图 6.22 所示的【显示视图中的组件】对话框。在该对话框中选择要显示的隐藏组件，单击【确定】按钮，则在视图区显示所选的隐藏组件。

图 6.22 【显示视图中的组件】对话框

7. 创建追踪线

单击【爆炸图】选项卡中的追踪线按钮，弹出如图 6.23 所示的【追踪线】对话框。在视图区选择起点和终点，即可创建追踪线。在爆炸图中创建追踪线有利于指示组件的装配位置和方式。追踪线效果如图 6.24 所示。

图 6.23 【追踪线】对话框

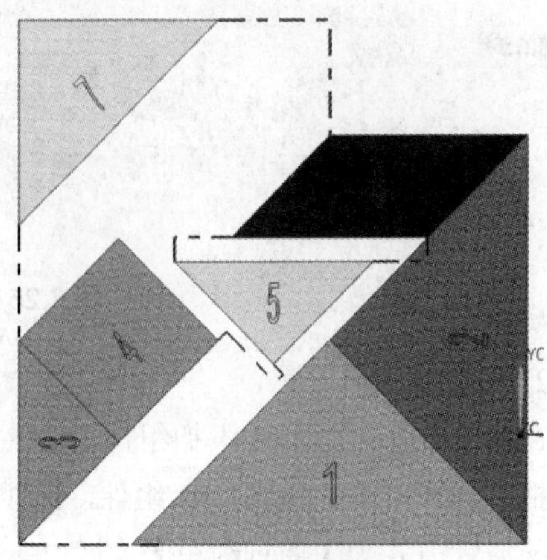

图 6.24 追踪线效果

6.4 综合运用举例——简易机械手的装配

简易机械手的装配步骤如下。

1) 创建部件文件

运行 UG NX 9.0 程序，单击工具栏中的图标，在弹出的对话框中先选择【装配】模板，再选择文件的保存路径，然后输入文件名 CH6-student-01，选择度量单位为毫米，选择默认的文件类型，后缀为.prt，设置完成后单击【确定】按钮，即可创建部件文件，如图 6.25 所示。

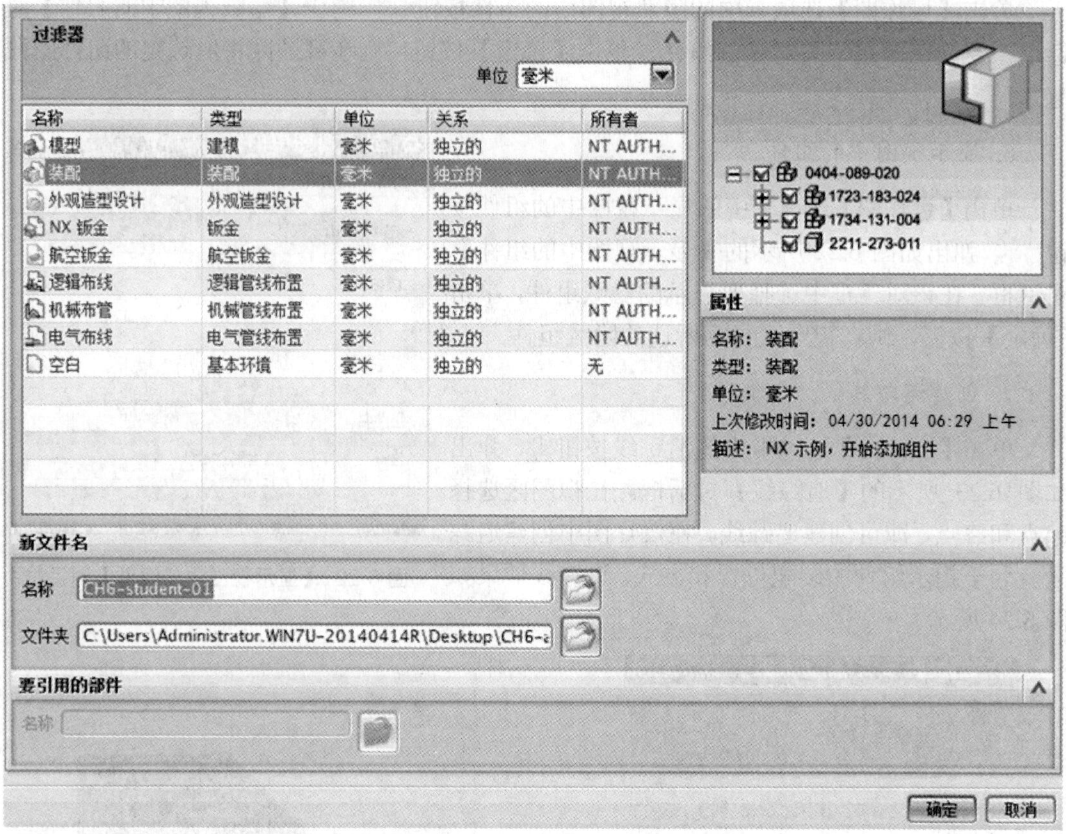

图 6.25 【新建】对话框

2) 添加零部件

在如图 6.26 所示的【添加组件】对话框中单击按钮，打开如图 6.27 所示的【部件名】对话框，选择 CH6-asm-01.prt 组件，此组件为支架，单击 OK 按钮，在【添加组件】菜单中选择放置方式为【通过约束】，继续单击【添加组件】对话框中的【确定】按钮，弹出如图 6.28 所示的【装配约束】对话框，选择【固定】约束，再去掉【在主窗口中预览组件】选项的勾选，以免组件在预览状态下干扰装配过程，之后单击【确定】按钮即可，最终效果如图 6.29 所示。

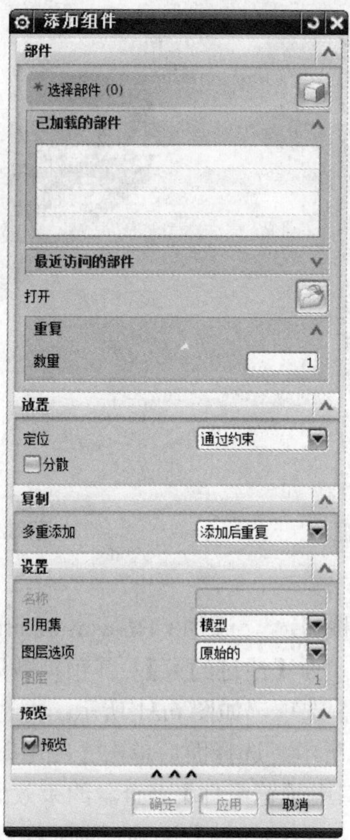

图 6.26 【添加组件】对话框

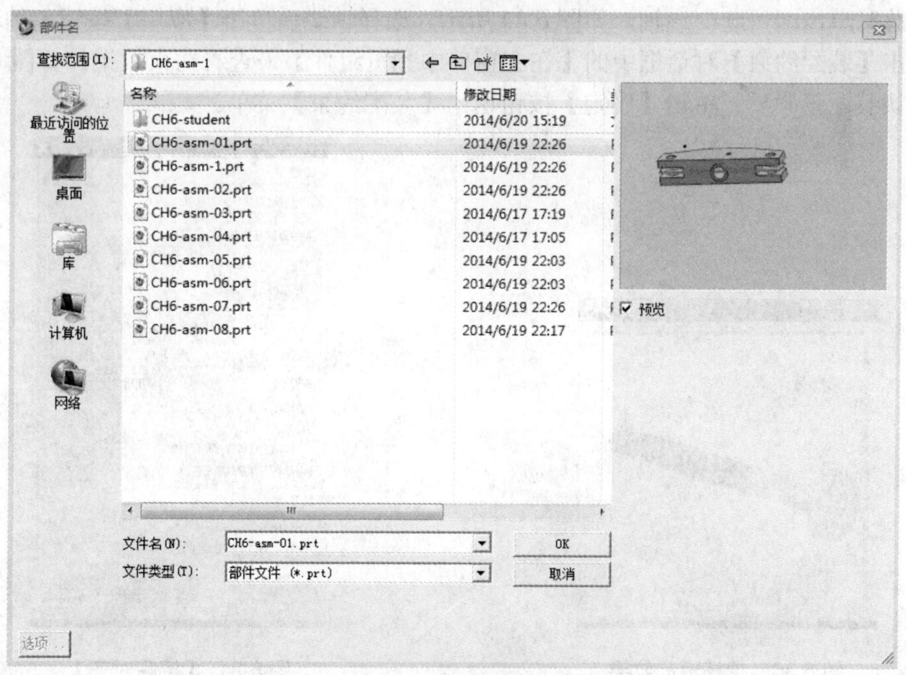

图 6.27 【部件名】对话框

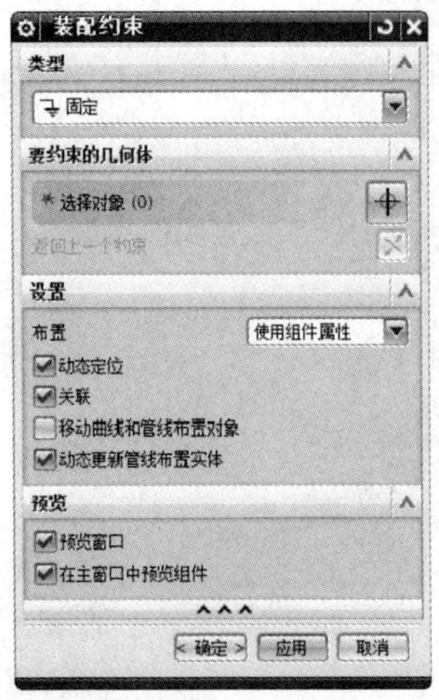

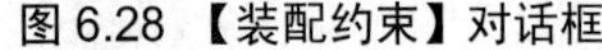

图 6.28 【装配约束】对话框

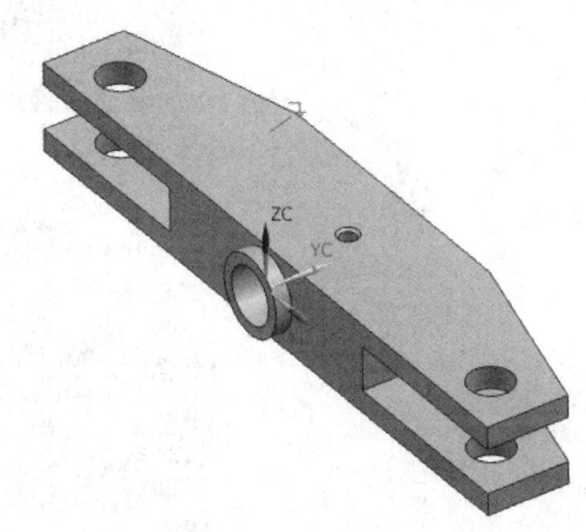

图 6.29 添加组件效果

3) 将螺杆和支架配对

在主页选项卡中单击添加按钮，添加 CH6-asm-02.prt 组件，此组件为螺杆，在【添加组件】对话框中选择放置方式为【通过约束】，其预览效果图如图 6.30 所示。选择【接触对齐】配对方式中的【接触】选项，如图 6.31 所示；再选择螺杆上法兰盘的一端面和支架上凸台“接触”，如图 6.32 所示，选择面后单击【应用】按钮，约束成功后可单击【装配约束】对话框中的【在主窗口中预览组件】来查看约束效果，如图 6.33 所示；再选择【接触对齐】配对方式中的【自动判断中心/轴】选项，选择螺杆轴线和支架孔轴线，选择方法是将光标移动到螺杆上，出现绿色的轴线，移动光标对齐绿色轴线，对齐后绿色轴线变为棕色，此时单击即可选中该轴，如图 6.34 所示，选择轴线后单击【应用】按钮，约束成功后可单击【装配约束】对话框中的【在主窗口中预览组件】来查看约束效果，如图 6.35 所示。确认装配正确后，单击【确定】按钮退出【装配约束】菜单。

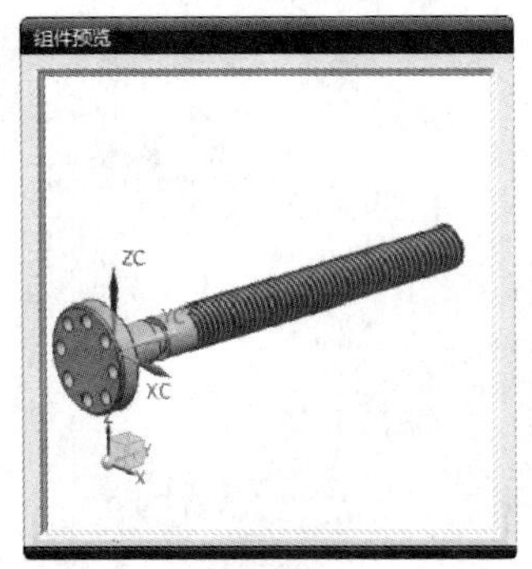

图 6.30 螺杆预览效果

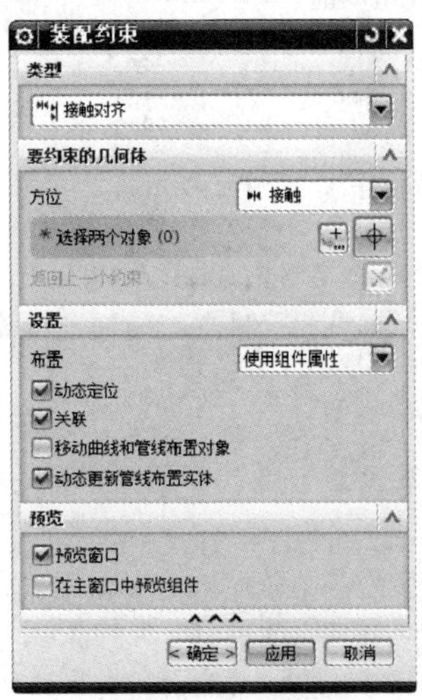

图 6.31 【接触对齐】

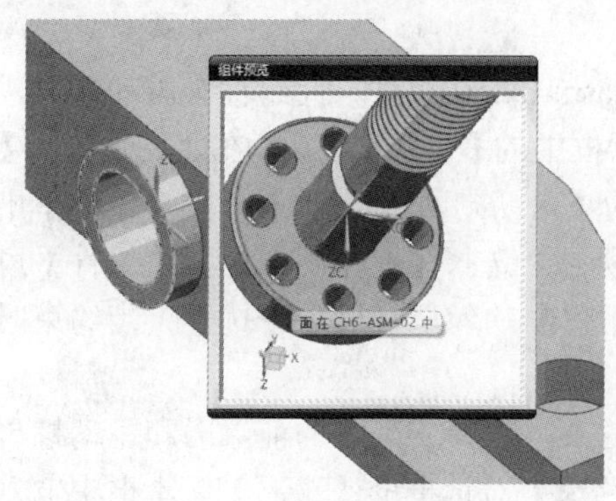

图 6.32 选择接触曲面

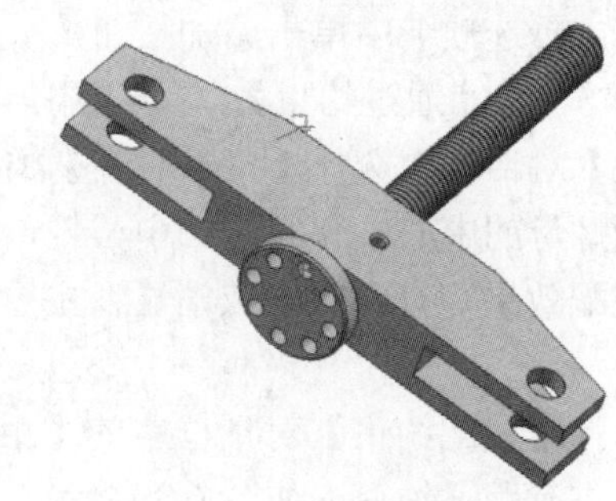

图 6.33 接触对齐效果

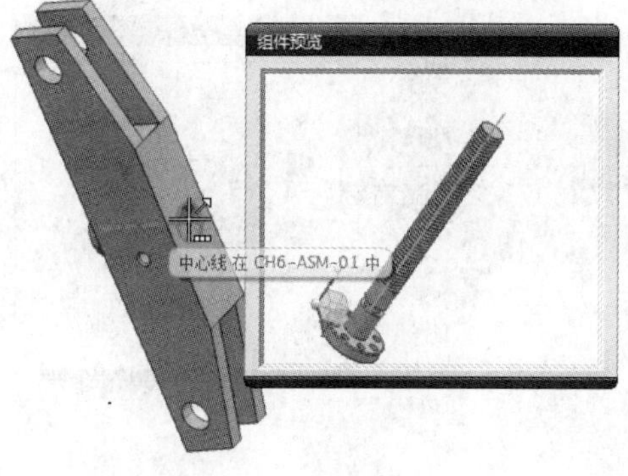

图 6.34 选择中心轴

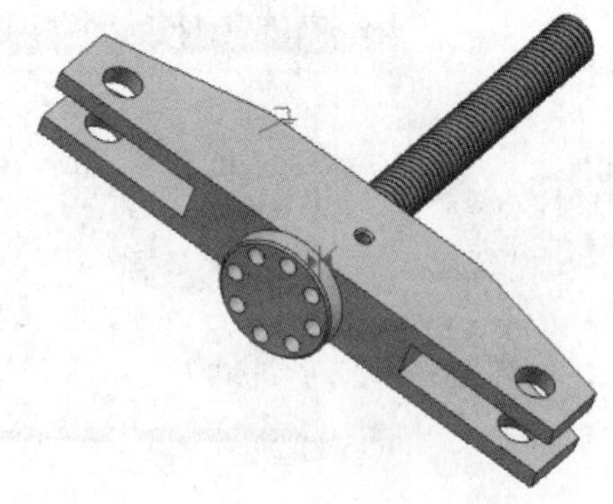

图 6.35 螺杆装配效果

4) 安装螺杆止动销

在主页选项卡中单击添加按钮，添加 CH6-asm-03.prt 组件，此组件为止动销，选择放置方式为【通过约束】，单击【添加组件】对话框中的【应用】按钮，在随后弹出的【装配约束】对话框中选择【同心】类型约束，选择支架上的销孔倒角形成的小圆和止动销上端的圆为同心的圆，如图 6.36 所示。选择【在主窗口中预览组件】可以查看装配效果，如果止动销朝外，则可单击【装配约束】对话框中的返回上一个约束按钮来改变其位置。确认无误后，单击【装配约束】对话框中的【确定】按钮，装配效果如图 6.37 所示。请注意出现的同心约束图标。

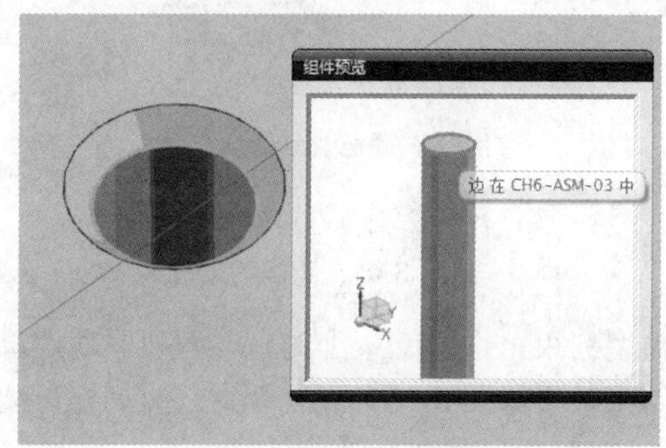

图 6.36 选择同心的圆

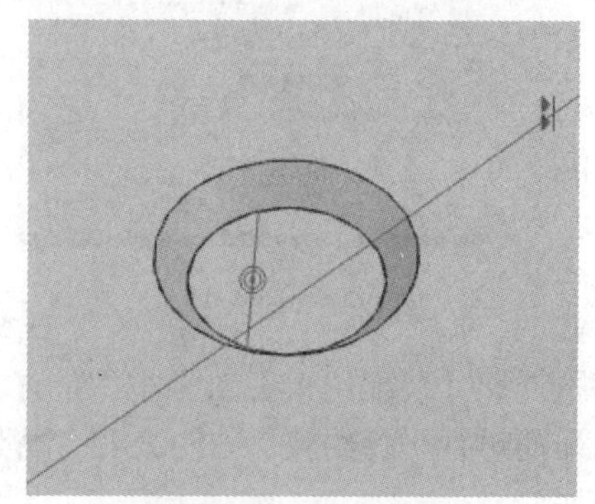

图 6.37 同心约束后效果

5) 安装驱动螺母

在主页选项卡中单击添加按钮，添加 CH6-asm-04.prt 组件，此组件为驱动螺母，选择放置方式为【通过约束】，单击【添加组件】对话框中的【应用】按钮；在随后弹出的【装配约束】对话框中选择【接触对齐】类型约束中的【自动判断中心/轴】分类，依次单击选择驱动螺母的中心轴和螺杆的中心轴，如图 6.38 所示。选择【在主窗口中预览组件】可以查看装配效果，查看完毕取消【在主窗口中预览组件】的勾选，以免干扰下一步约束时的选择。

选择【装配约束】对话框中的【距离】类型约束，选择支架上的前端面和驱动螺母的后端面进行距离约束，如图 6.39 所示。在【装配约束】对话框的【距离】文本框中输入距离值为−40，如图 6.40 所示。距离约束效果如图 6.41 所示。

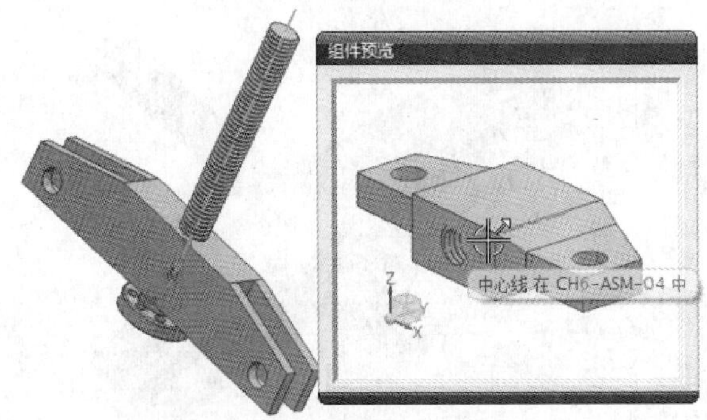

图 6.38 选择中心轴

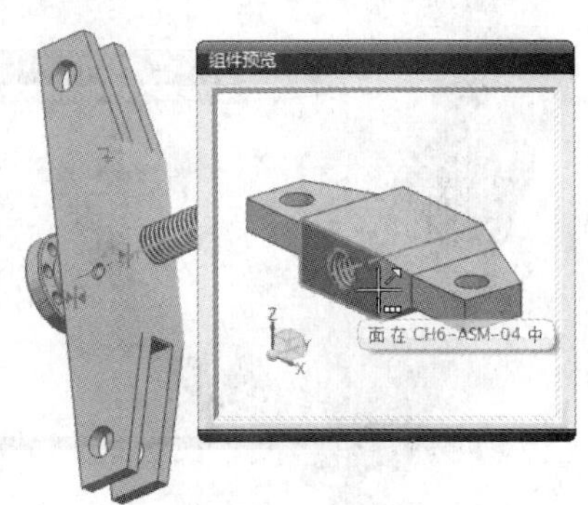

图 6.39 选择面

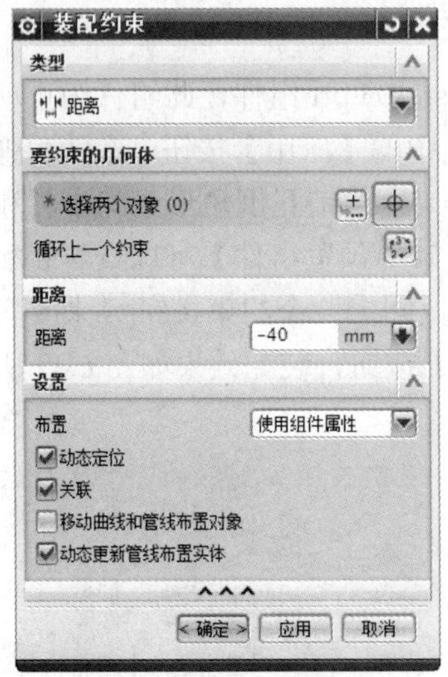

图 6.40 输入距离参数

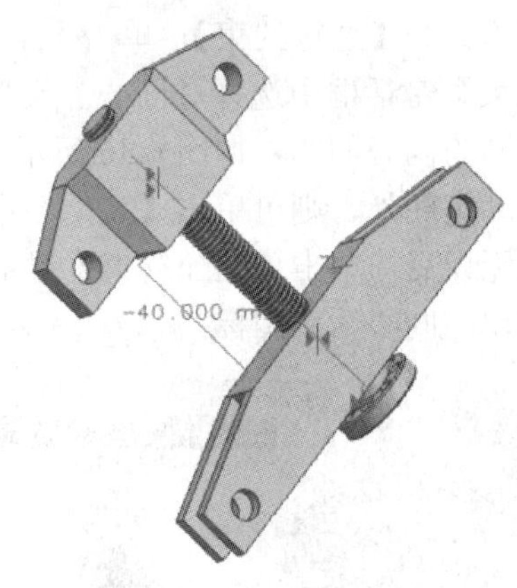

图 6.41 距离约束效果

再选择【装配约束】对话框中的【平行】类型约束，选择支架上的上端面和驱动螺母的上端面进行平行约束，如图 6.42 所示。平行约束效果如图 6.43 所示。至此，驱动螺母装配完毕。

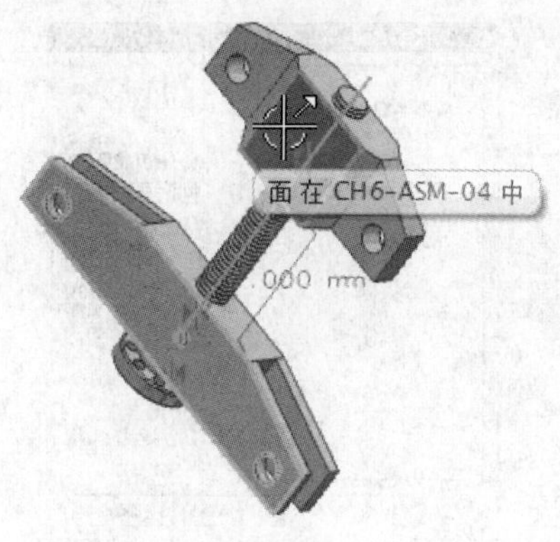

图 6.42 选择平行面

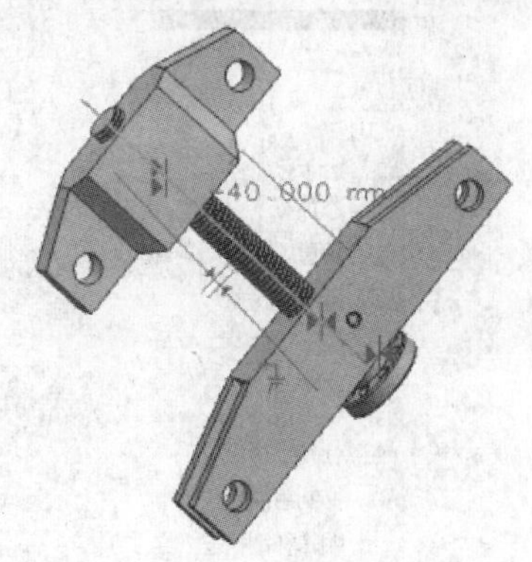

图 6.43 平行约束效果

6) 安装机械手右爪

在主页选项卡中单击添加按钮，添加 CH6-asm-05.prt 组件，此组件为机械手右爪，选择放置方式为【通过约束】，单击【添加组件】对话框中的【应用】按钮；在随后弹出的【装配约束】对话框中选择【接触对齐】类型约束中的【自动判断中心/轴】分类，依次单击选择支架右端孔的中心轴和右爪下端的中心轴，如图 6.44 所示。选择【在主窗口中预览组件】可以查看装配效果，查看完毕取消【在主窗口中预览组件】的勾选，以免干扰下一步约束时的选择。

再选择【接触对齐】类型约束中的【接触】类型约束，选择支架右方下翼板的上表面和右臂的下表面接触，如图 6.45 所示。至此，机械手右爪装配完毕，如图 6.46 所示。

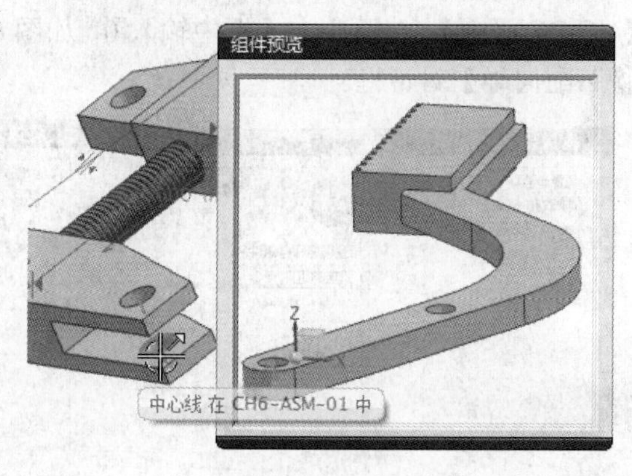

图 6.44 选择中心轴

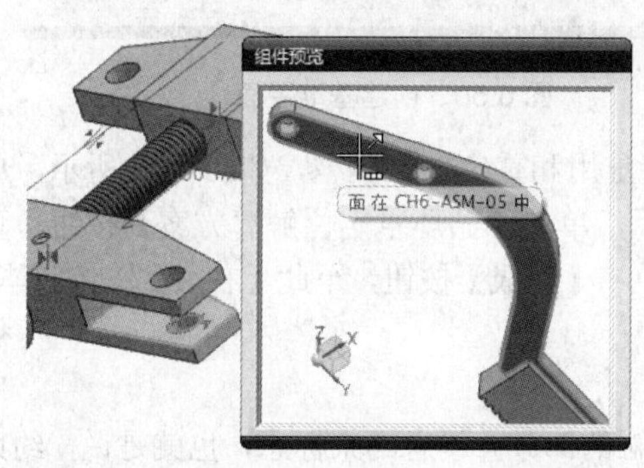

图 6.45 选择接触面

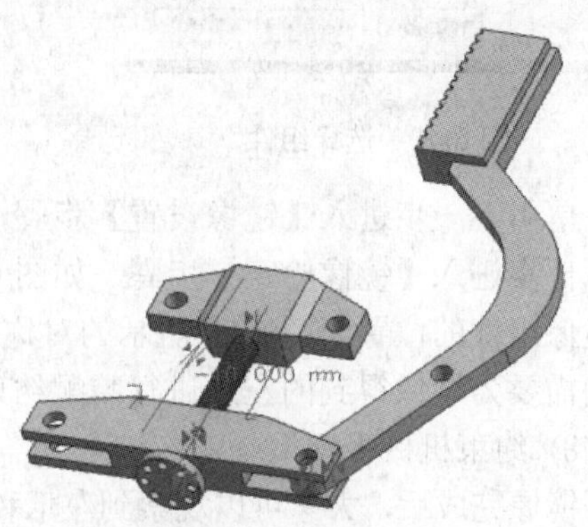

图 6.46 右爪装配效果

7) 镜像机械手右爪

在主页选项卡中单击【镜像装配】按钮，如图 6.47 所示，随后弹出【镜像装配向导】对话框，左方【镜像步骤】中的箭头指示当前动作，如图 6.48 所示。

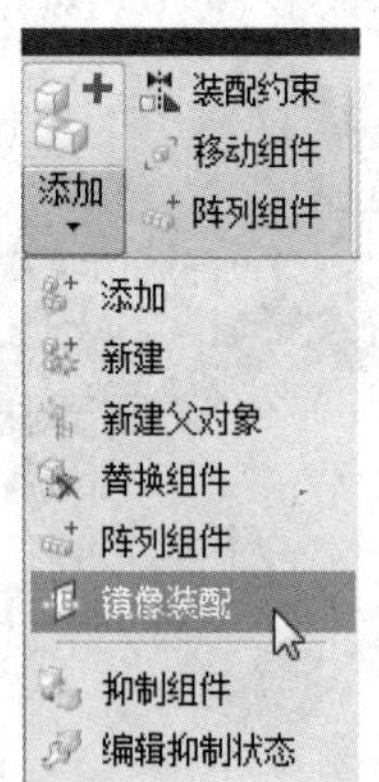

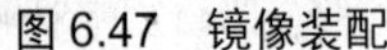

图 6.47　镜像装配

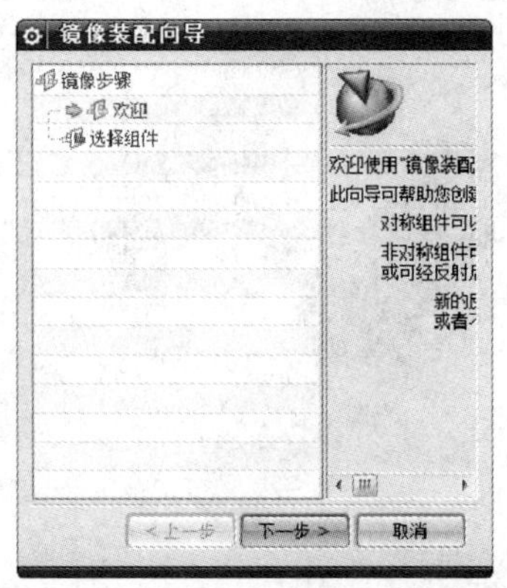

图 6.48 【镜像装配向导】对话框

单击下一步进入【选择组件】环节，在视图区单击左键选择【右爪】，即 CH6-asm-05.prt，该零件出现在目录中，如图 6.49 所示；单击下一步，进入【选择平面】步骤，如图 6.50 所示，单击【创建基准平面】按钮，弹出【基准平面】对话框，在【类型】下拉列表中选择【YC-ZC 平面】，在距离文本框中输入 0，如图 6.51 所示，随后单击【确定】按钮，回到【镜像装配向导】对话框。

图 6.49　选择组件

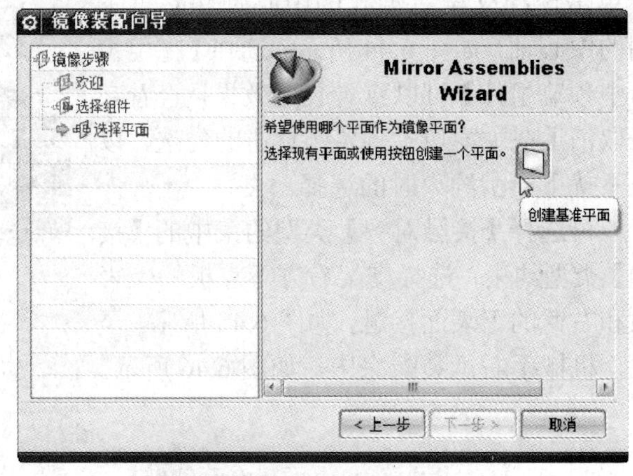

图 6.50　创建基准平面

单击下一步进入【镜像设置】步骤，选择【重用和重定位】类型，如图 6.52 所示，单击下一步进入【镜像检查】步骤，如图 6.53 所示，单击【循环重定位解算方案】按钮，直至镜像组件的位置为图 6.54 所示的对称位置，单击【完成】按钮，至此【右爪】镜像完毕。下面需要为镜像得到的左爪进行装配约束。

8) 约束机械手左爪

镜像完成后，大家可以观察到左爪和支架接触的部分并没有约束标志，也就是说，约束条件并没有一同镜像，所以我们现在需要对左爪进行约束。单击主页面板上的装配约束按钮，弹出【装配约束】对话框，接下来的工作，就和第 6)步类似，区别在于没有【组件预览】对话框来帮助选择。同样使用【自动判断中心/轴】和【接触】两种约束条件来约束左爪，最后的约束效果如图 6.55 所示，大家可以看到，此时左爪和支架中间已经出现约束标志。

图 6.51　选择 YC-ZC 平面

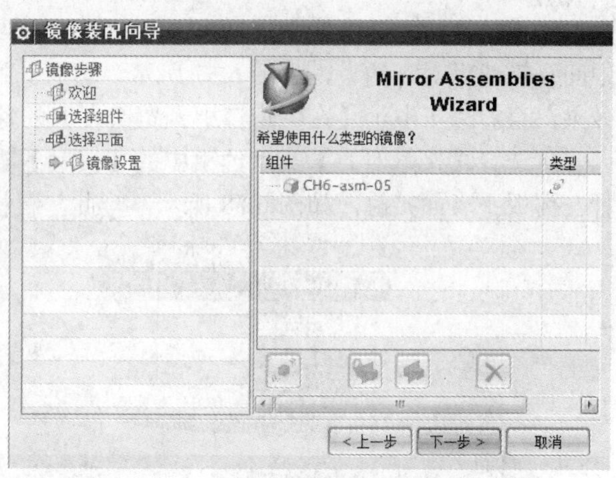

图 6.52　镜像设置

图 6.53　循环重定位解算方案

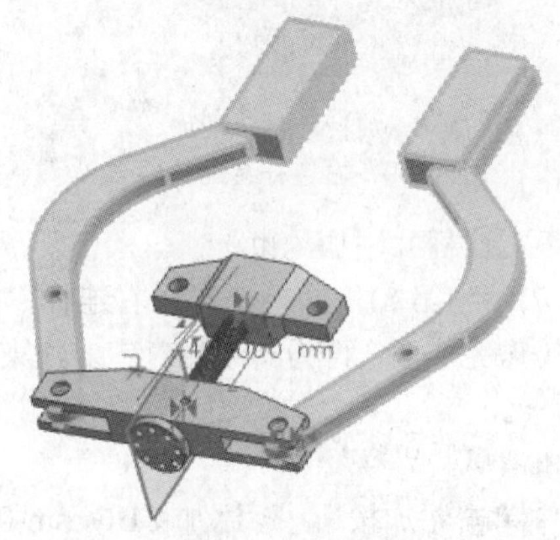

图 6.54　正确位置

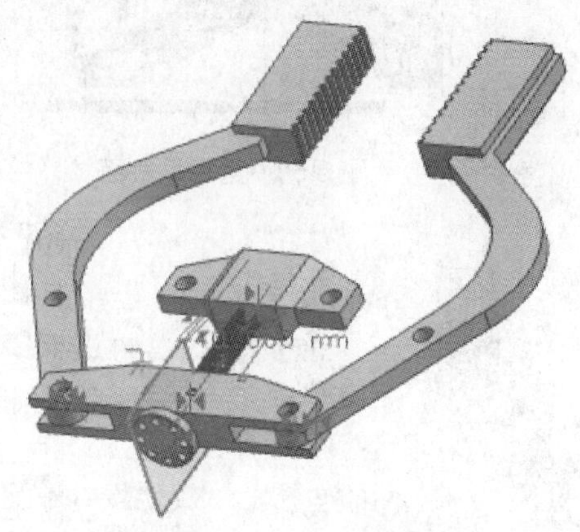

图 6.55　约束机械手左爪

9) 装配机械手右连杆

在主页选项卡中单击添加按钮，添加 CH6-asm-06.prt 组件，此组件为机械手右连杆，选择放置方式为【通过约束】，单击【添加组件】对话框中的【应用】按钮；在随后弹出的【装配约束】对话框中选择【接触对齐】类型约束中的【自动判断中心/轴】分类，依次单击选择驱动螺母右孔轴线和连杆上左孔轴线，如图 6.56 所示。再选择连杆右孔轴线和右爪中间孔轴线做对齐约束，如图 6.57 所示，然后选择【在主窗口中预览组件】可以查看装配效果，查看完毕取消【在主窗口中预览组件】的勾选，以免干扰下一步约束时的选择。

再选择【接触对齐】类型约束中的【接触】类型约束，选择驱动螺母右端上表面和连杆左翼板下表面接触，如图 6.58 所示。至此，机械手右爪装配完毕，如图 6.59 所示。

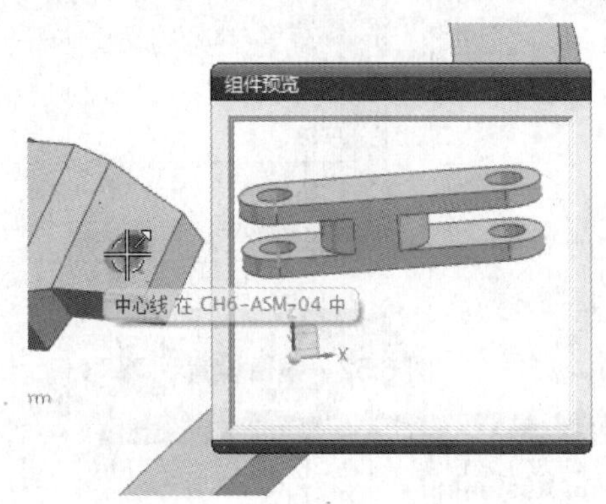

图 6.56　选择轴线 1

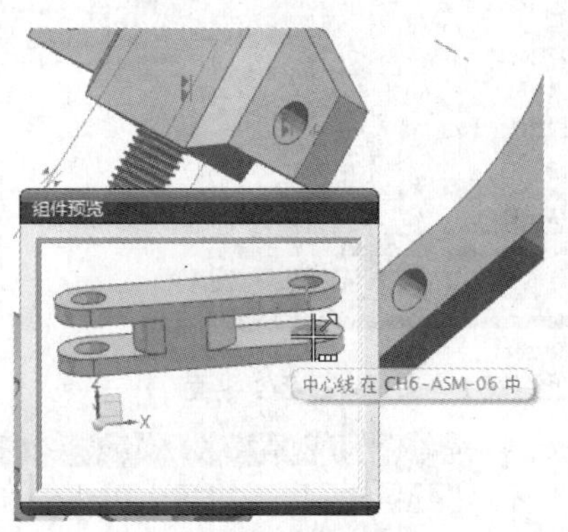

图 6.57　选择轴线 2

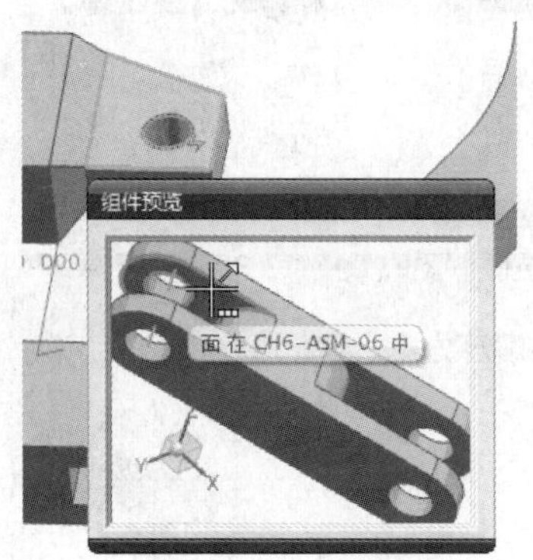

图 6.58　选择接触面

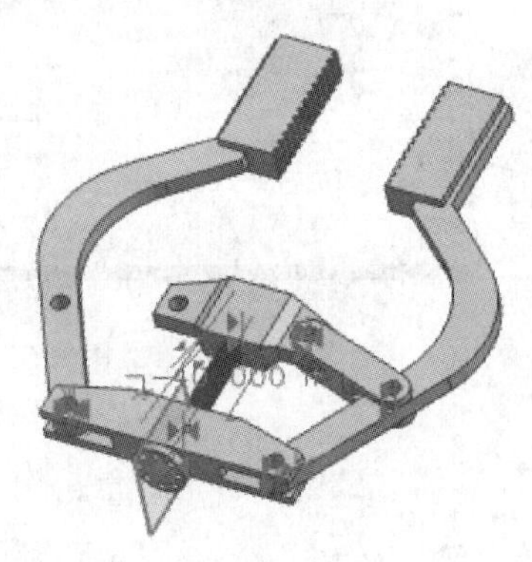

图 6.59　右连杆装配效果

10) 镜像机械手右连杆并添加约束

具体步骤同第 7)步和第 8)步，首先选择右连杆，然后再进行镜像操作，镜像完成后，再为其添加对应的约束，装配效果如图 6.60 所示。

图 6.60　连杆装配效果

11) 装配螺钉和螺母

在主页选项卡中单击添加按钮，添加 CH6-asm-06.prt 组件，此组件为螺钉，选择放置方式为【通过约束】，并在【添加组件】对话框中选择【添加后重复】方式，再单击【添加组件】对话框中的【应用】按钮，如图 6.61 所示；在随后弹出的【装配约束】对话框中选择【接触对齐】类型约束中的【自动判断中心/轴】分类，依次单击选择螺钉轴线和机架上右孔轴线，如图 6.62 所示；再选择机架上表面和螺钉头下表面做【接触】约束，如图6.63所示，然后单击【装配约束】对话框中的【确定】按钮，结束对这一螺钉的约束，因为之前选择了【添加后重复】方式，故现在已进入重复模式，每当单击【装配约束】对话框中的【确定】按钮时就会进入下一重复组件的装配约束过程，如此反复，直到单击【取消】按钮。我们重复装配6次，其装配效果如图6.64所示。

图6.61　选择【添加后重复】方式

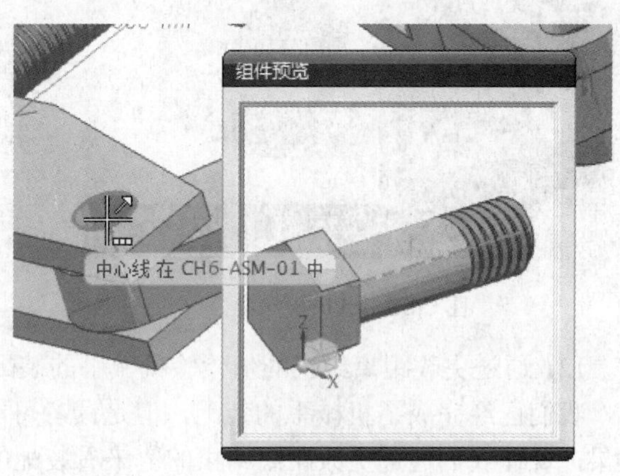

图6.62　选择轴线

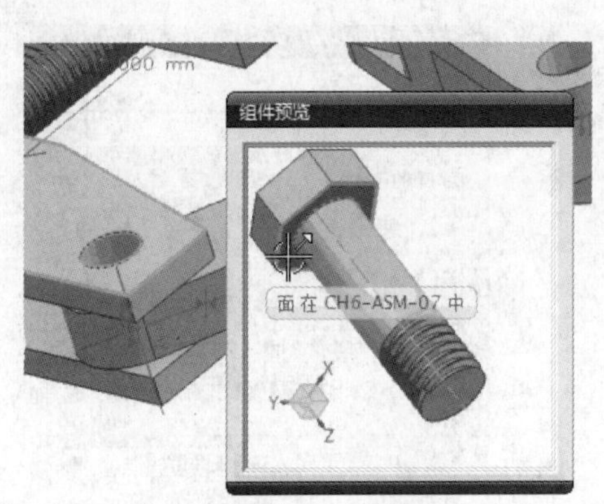

图6.63　选择接触面

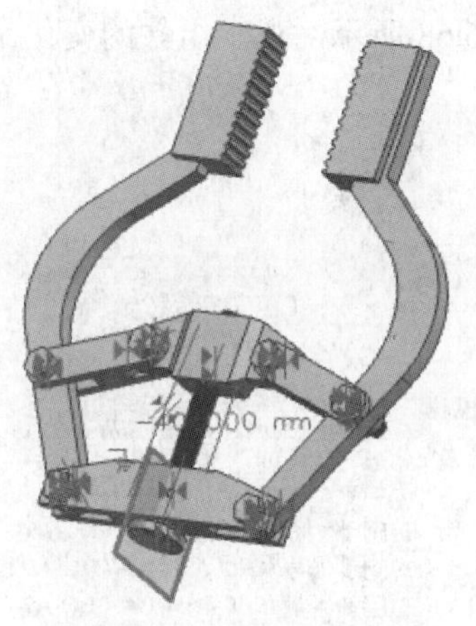

图6.64　螺钉装配效果

螺钉装配完毕后再装配螺母，在主页选项卡中单击添加按钮，添加CH6-asm-08.prt组件，此组件为螺母，选择放置方式为【通过约束】，并在【添加组件】对话框中选择【添加后重复】方式，再单击【添加组件】对话框中的【应用】按钮，在随后弹出的【装配约束】对话框中选择【接触对齐】类型约束中的【自动判断中心/轴】分类，依次单击选择螺钉轴线和螺母轴线；再选择机架下表面和螺母任意一端面做【接触】约束，如图6.65所示，然后单击【装配约束】对话框中的【确定】按钮，结束对这一螺母的约束，因为之前选择了【添加后重复】方式，故现在已进入重复模式，每当单击【装配约束】对话框中的【确定】按钮时就会进入下一重复组件的装配约束过程，如此反复，直到单击【取消】按钮。我们重复装配 6 次，其装配效果如图 6.66 所示。

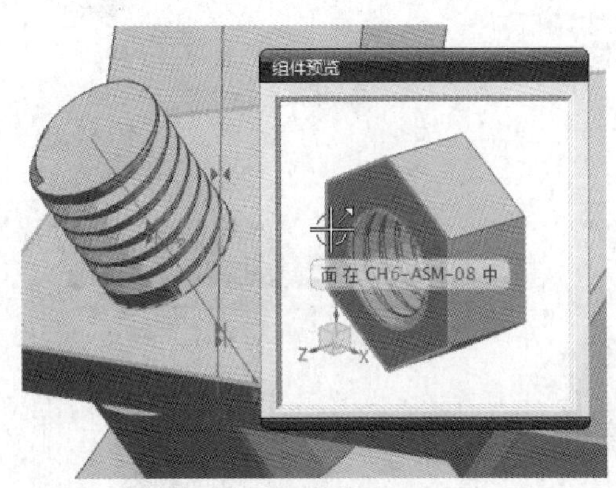

图 6.65 选择接触面

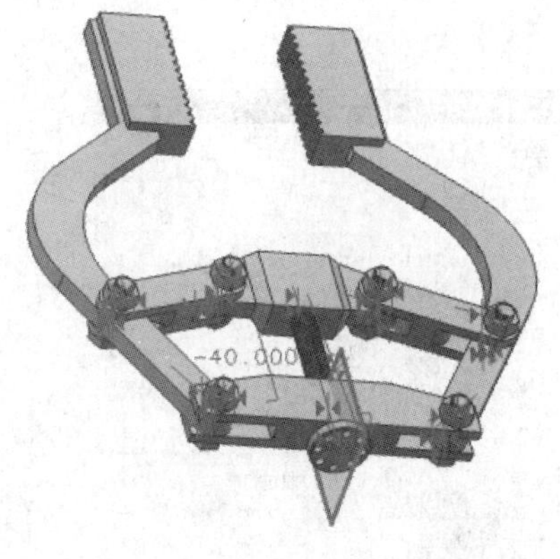

图 6.66 螺栓装配效果

12) 通过更改距离约束的值检验机械手的装配是否成功

我们已经完成了机械手的装配，但是读者可能不明白我们之前的装配究竟达到了什么效果，现在我们通过更改距离约束的值来看装配的效果。

首先在视图区选择【驱动螺母】，然后在左侧【装配导航器】下的【相依性】中双击距离约束，如图 6.67 所示，弹出【装配约束】对话框，将其中的【距离】数值改为【-20】，如图 6.68 所示，观察组件的变化。

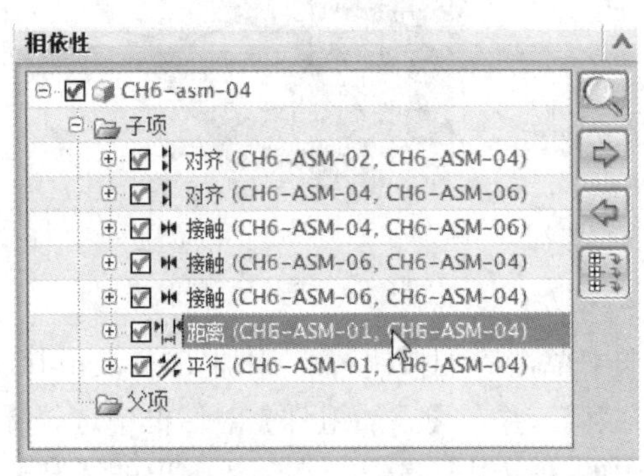

图 6.67 双击【距离】约束

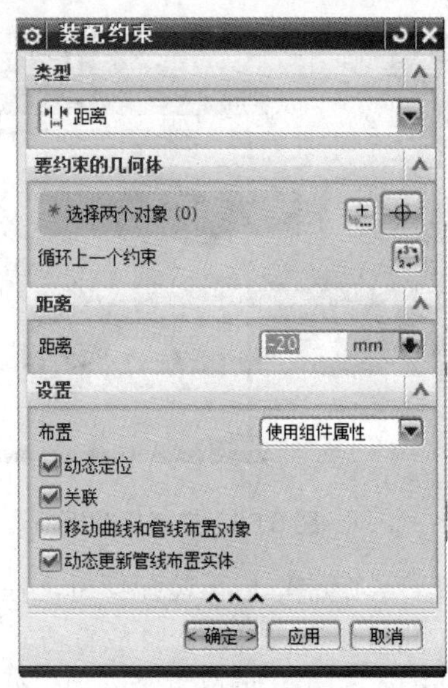

图 6.68 改变距离

组件的变化如图 6.69 和图 6.70 所示，可以看到随着【距离】值的减小，机械手张开了，各部分的装配关系依旧保持。随后单击【装配约束】对话框中的【取消】按钮，在随后弹出的【装配约束】对话框中选择【是】按钮，放弃对距离值的更改，如图6.71所示，随后保存组件。

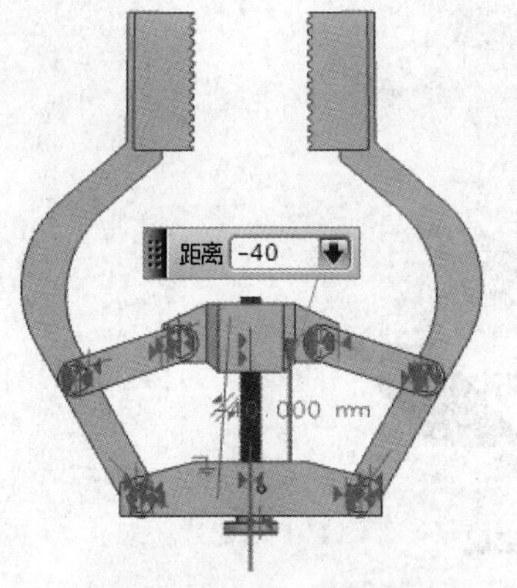

图6.69 改变距离值前

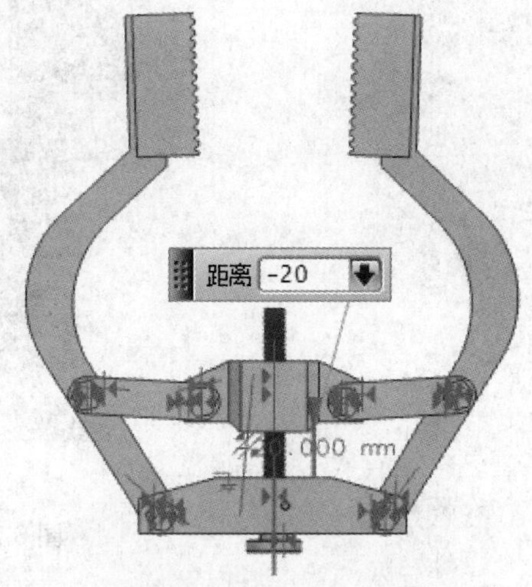

图6.70 改变距离值后

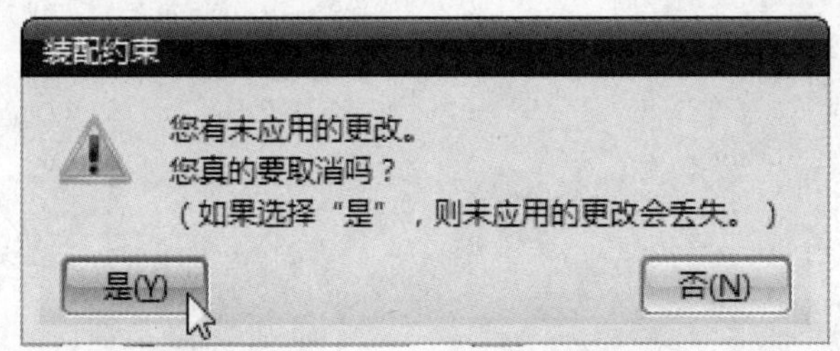

图6.71 放弃【装配约束】更改

6.5 本章小结

本章主要介绍了UG NX 9.0如何建立装配体及装配体的爆炸视图，并通过简易机械手的装配实例进行具体的说明。通过本章的学习，读者应掌握UG NX 9.0建立装配体和装配体爆炸视图的具体方法。

6.6 习题

1. 名词解释

装配件；子装配；装配组件；自底向上装配；自顶向下装配。

2. 问答题

如何建立两零件的装配基准？

3. 操作题

利用七巧板部件建立如图6.72所示的“猫”的装配。

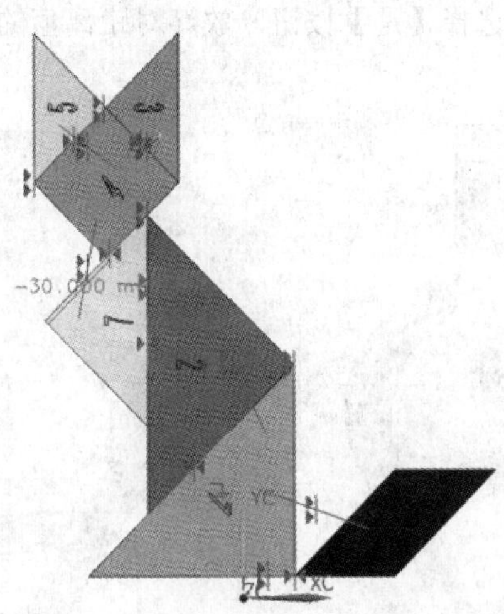

图 6.72 猫的装配

第7章 模型的测量与分析

重点讲解模型的测量与分析，包括空间的点、线、面间的距离测量，弧度长度测量，半径测量，角度测量，面积测量，模型的质量属性分析以及装配干涉等。

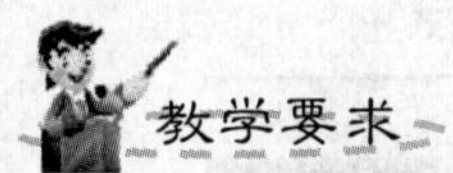

掌握模型测量与分析各种测量方法的使用，能够熟练地运用 UG NX 9.0 进行模型的测量与分析。

7.1　模型的测量

7.1.1　测量距离

下面通过一个简单的模型，来说明测量距离的操作过程。

(1) 启动 UG NX 9.0，选择【菜单】→【文件】→【打开】选项，或者是单击打开图标，打开任一模型文件。

(2) 选择【菜单】→【分析】→【测量距离】选项，系统弹出图 7.1 所示的【测量距离】对话框。

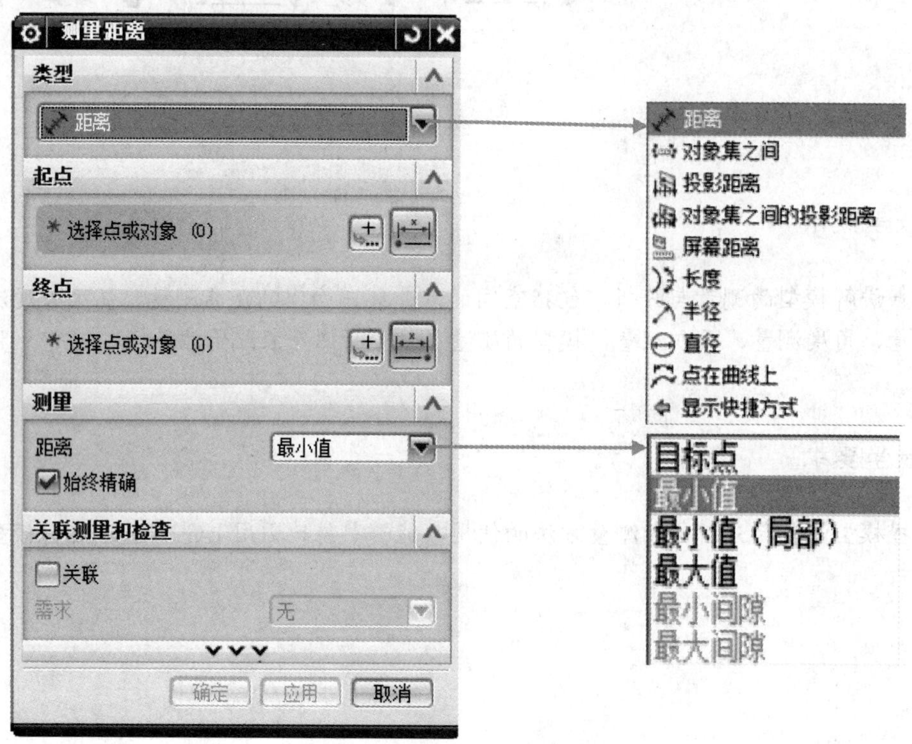

图 7.1 【测量距离】对话框

测量距离对话框中类型下拉列表的各选项的说明如下。

距离选项：可以测量点、线、面之间的任意距离。

投影距离选项：可以测量空间上的点、线投影到同一面上，在该平面上它们之间的距离。

屏幕距离选项：可以测量图形区的任意位置距离。

长度选项：可以测量任意线段的距离。

半径选项：可以测量圆的半径。

直径 选项：可以测量圆的直径。

点在曲线上选项：用于测量两点在曲线上之间的最短距离。

(3) 测量面到面的距离。

① 定义测量类型。在【测量距离】对话框的【类型】下拉列表中选择 距离 选项。

② 定义测量距离。在【测量距离】对话框的【测量】区域的【距离】下拉列表中选取【最小值】选项。

③ 定义测量对象。选取图 7.2(a)所示的表面 1，再选取表面 2，测量结果如图 7.2(b)所示。

④ 单击 应用 按钮，完成测量面到面的距离。

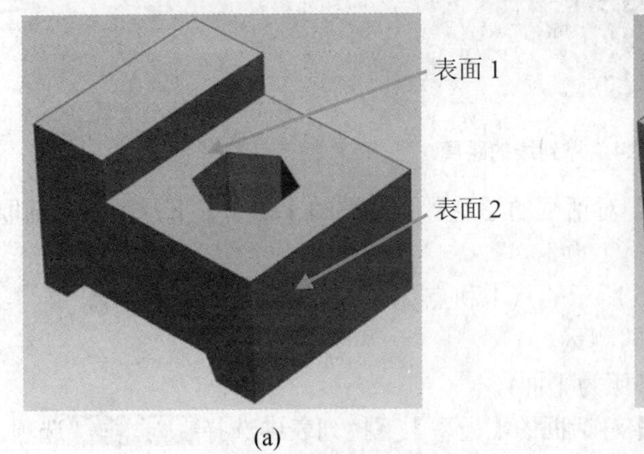

(a)

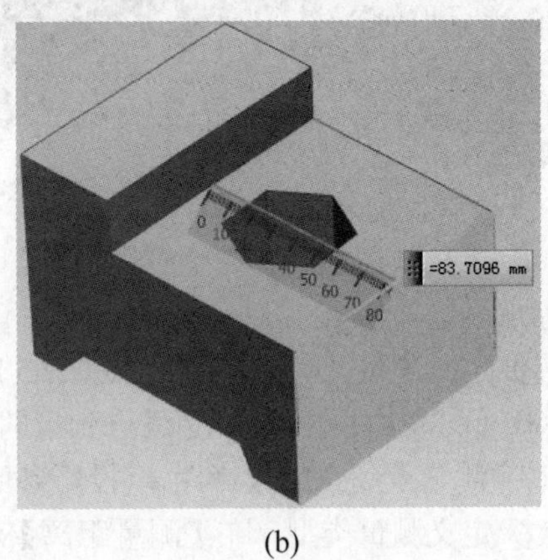

(b)

图 7.2 测量面到面的距离

(4) 测量线到线的距离(图 7.3)，其操作方法可以参见测量面到面的距离，分别选取边线 1 和边线 2，单击 应用 按钮。

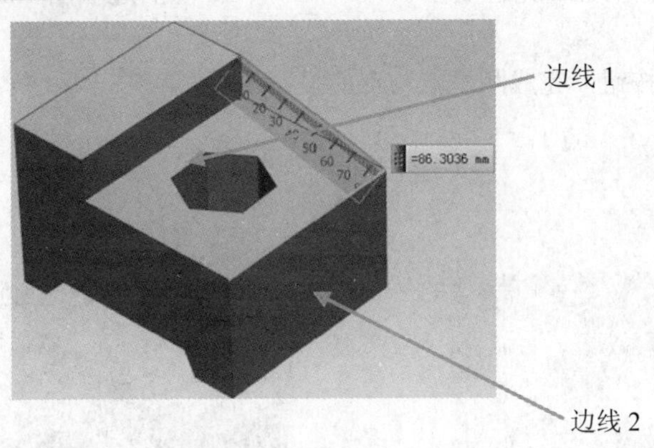

图 7.3 线到线的距离

(5) 测量点到线的距离(图 7.4)，操作方法与测量面到面的距离相似，先选取中点 1，再选取边线，单击 应用 按钮。

(6) 测量点到点的距离。

① 定义测量类型。在【测量距离】对话框的【类型】下拉列表中选择 距离 选项。

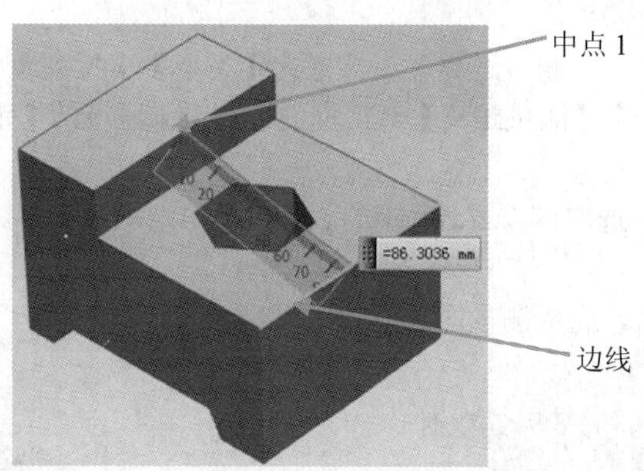

图 7.4　点到线的距离

② 定义测量距离。在【测量距离】对话框的【测量】区域的【距离】下拉列表中选取【目标点】选项。

③ 定义测量几何对象。选取图 7.5 所示的点 1 和点 2，测量结果如图 7.5 所示。

④ 单击 应用 按钮，完成点到点的测量。

(7) 测量点到点的投影距离(投影参照为平面)。

① 定义测量类型。在【测量距离】对话框的【类型】下拉列表中选择 投影距离 选项。

② 定义测量距离。在【测量距离】对话框的【测量】区域的【距离】下拉列表中选取【最小值】选项。

③ 定义投影表面。选取图 7.6 所示的面 1。

④ 定义测量几何对象。先选取图 7.6 所示的点 1，然后选取图 7.6 所示的点 2，测量结果如图 7.6 所示。

⑤ 单击 确定 按钮，完成测量点与点的投影距离。

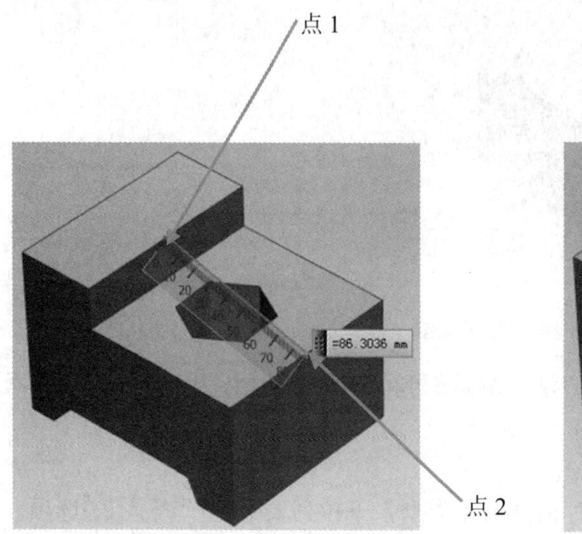

图 7.5　点到点的距离

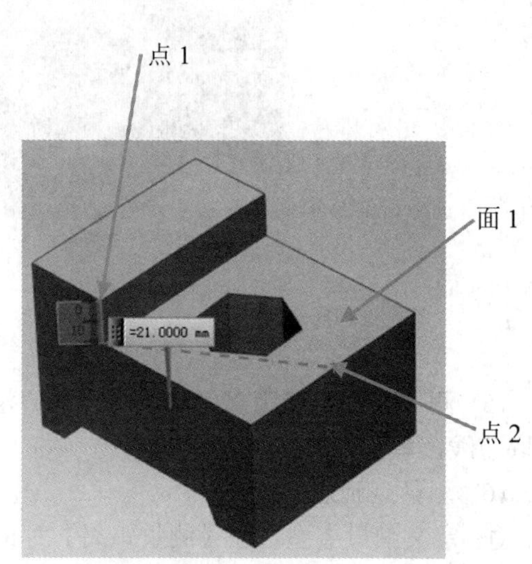

图 7.6　点到点的投影距离

7.1.2 测量角度

下面以一个模型为例说明测量角度的一般操作过程。

(1) 打开模型文件。

(2) 选择【菜单】→【分析】→【测量角度】选项，系统弹出如图 7.7 所示的【测量角度】对话框。

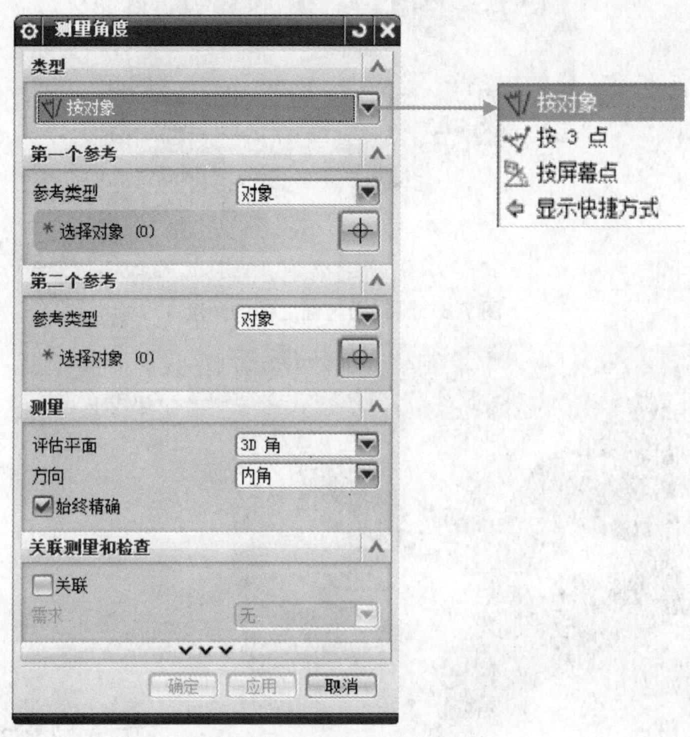

图 7.7 【测量角度】对话框

(3) 测量面与面之间的角度。

① 定义测量类型。在【测量角度】对话框的【类型】下拉列表中选择按对象选项。

② 定义测量计算平面。选取【测量】区域【评估平面】下拉列表中【3D 角】选项，选取【方向】下拉列表中【内角】选项。

③ 定义测量几何对象。选取如图 7.8 所示的模型表面 1，再选取图中的模型表面 2，测量结果如图 7.8 所示。

④ 单击应用按钮，完成面与面之间的角度测量。

(4) 测量线与面之间的角度。步骤参见面与面之间的角度测量。一次选取如图 7.9 所示的边线 1 和表面 2，测量结果如图 7.9 所示，单击应用按钮。

提示：选取线的位置不同，即线上标示的箭头方向不同，所显示的角度值也会不同，两个方向的角度值之和为 180°。

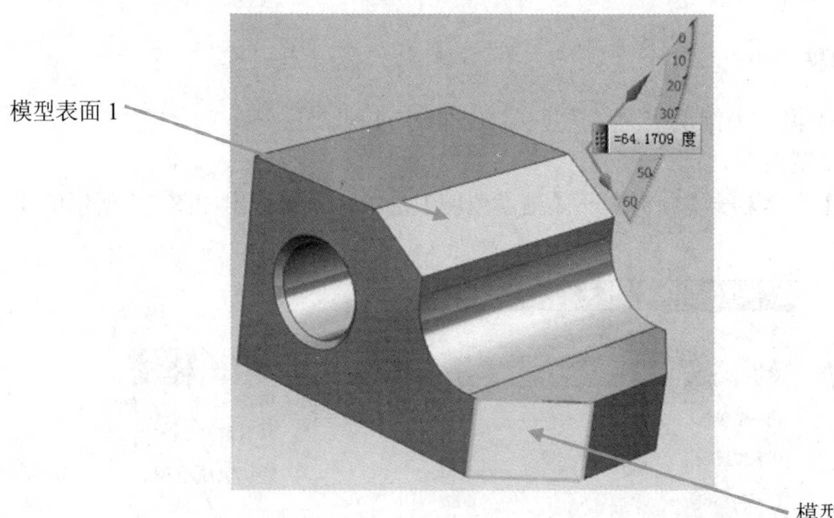

图 7.8　测量面与面之间的角度

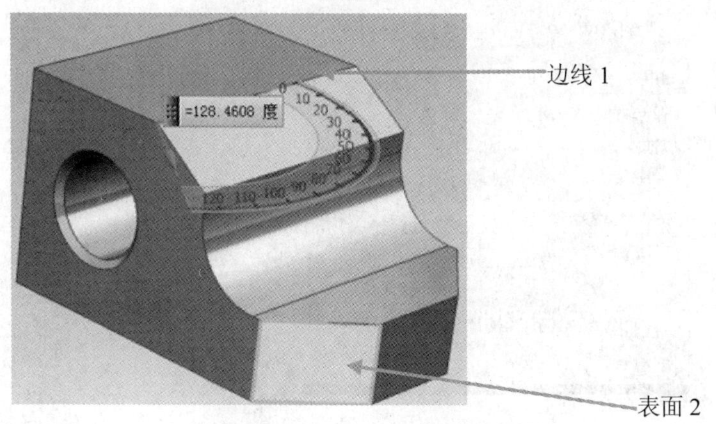

图 7.9　测量线与面之间的角度

(5) 测量线与线之间的角度。参见测量面与面之间的角度。依次选取如图 7.10 所示的边线 1 和边线 2，测量结果如图 7.10 所示。

(6) 单击 确定 按钮，完成角度的测量。

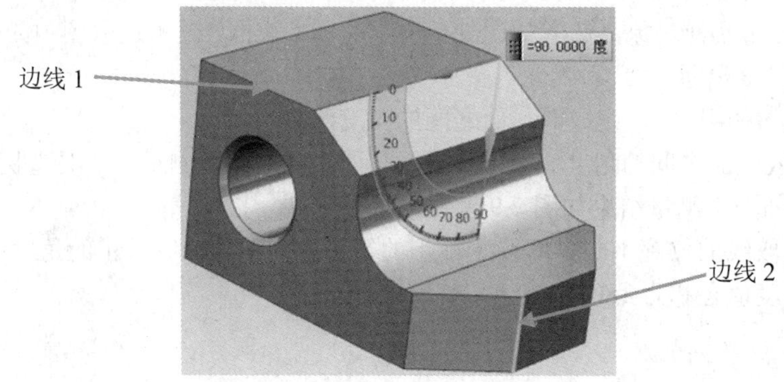

图 7.10　测量线与线之间的角度

7.1.3　测量面积与周长

通过一个实例说明测量面积及周长的一般操作过程。

(1) 打开模型文件。

(2) 选择【菜单】→【分析】→【测量面】选项，系统弹出【测量面】对话框。

(3) 在【选择条】工具条的下拉列表中选择【单个面】选项。

(4) 测量模型表面面积。选取如图 7.11 所示的模型表面 1，系统显示这个曲面的面积结果。

(5) 测量曲面的周长。在图 7.11 所示的结果中，选择【面积】下拉列表中的【周长】选项，测量周长的结果如图 7.12 所示。

(6) 单击 确定 按钮，完成测量面积与周长。

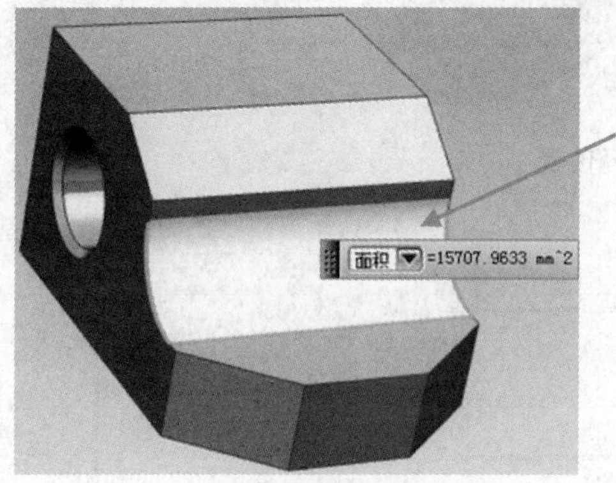

图 7.11　测量面积

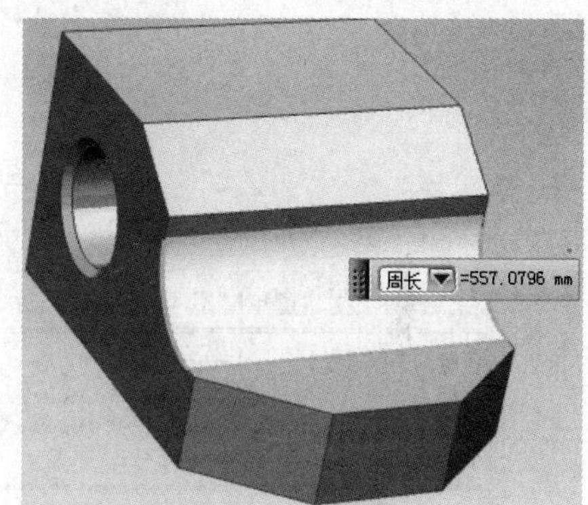

图 7.12　测量周长

7.1.4　测量最小半径

通过一个简单的实例说明测量最小半径的一般操作过程。

(1) 打开模型文件。

(2) 选择【菜单】→【分析】→【最小半径】选项，系统弹出如图 7.13 所示的【最小半径】对话框，选中【在最小半径处创建点】复选框。

(3) 测量多个曲面的最小半径。

① 连续选取如图 7.14 所示的模型表面 1 和模型表面 2。

② 单击 确定 按钮，曲面的最小半径位置如图 7.15 所示，半径值显示在如图 7.16 所示的【信息】窗口。

图 7.13 【最小半径】对话框

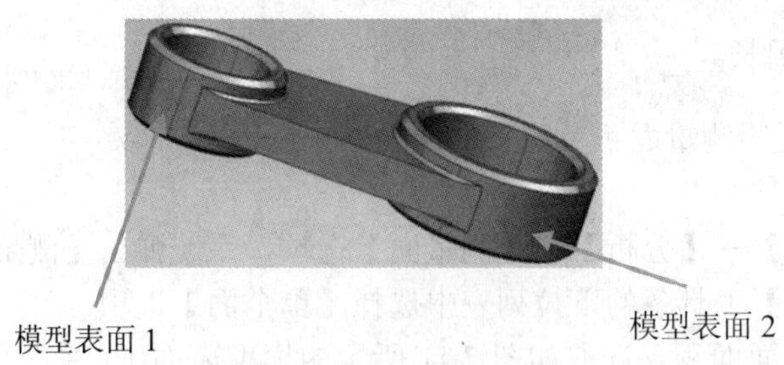

图 7.14　选取模型表面

图 7.15　最小半径位置

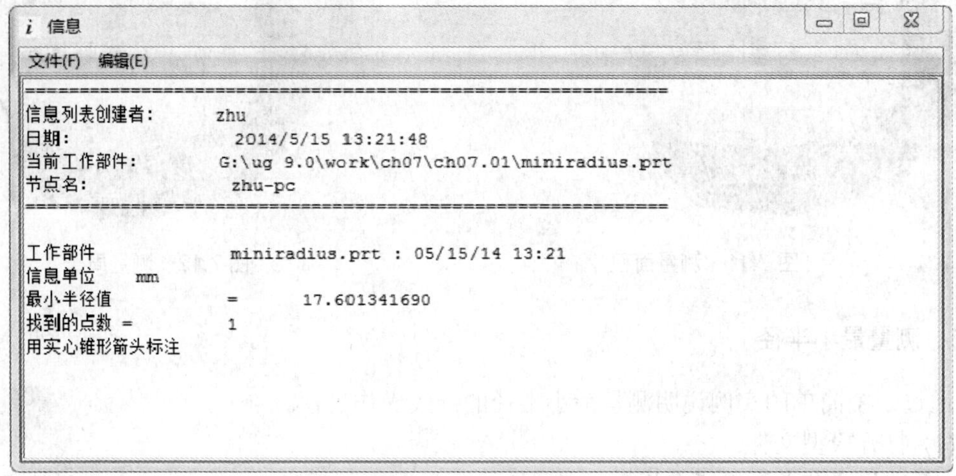

图 7.16 【信息】窗口

(4) 单击 取消 按钮，完成最小半径的测量。

7.2　模型的基本分析

7.2.1　模型的质量属性分析

通过模型质量属性分析，可以获得模型的体积、表面积、质量、回转半径和重量等数据。通过一个简单的实例，简要说明模型质量属性分析的一般操作过程。

(1) 打开模型文件。

(2) 选择【菜单】→【分析】→【测量体】选项，系统弹出【测量体】对话框。

(3) 选取如图 7.17 所示的模型实体，系统弹出如图所示的【体积】下拉列表。

(4) 选择【体积】下拉列表中的【表面积】选项，系统显示该模型的表面积。

(5) 选择【体积】下拉列表中的【质量】选项，系统显示该模型的质量。

(6) 选择【体积】下拉列表中的【回转半径】选项，系统显示该模型的回转半径。

(7) 选择【体积】下拉列表中的【重量】选项，系统显示该模型的表重量。

(8) 单击确定按钮，完成模型质量属性分析。

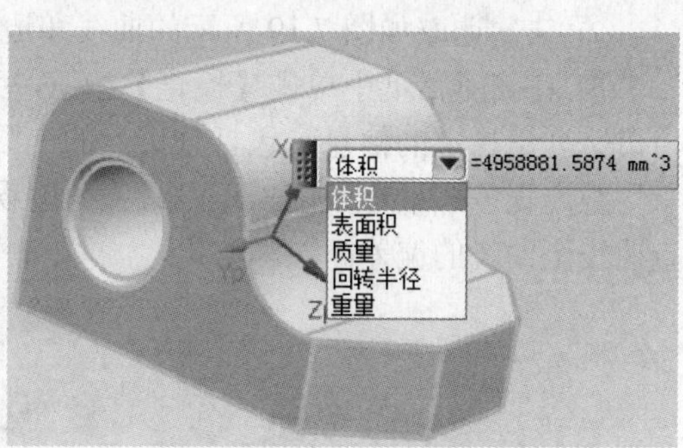

图 7.17 体积分析

7.2.2 模型的偏差分析

通过模型的偏差分析，可以检查所选的对象是否相接、相切及边界是否对齐等，并得到所选对象的距离偏移值和角度偏移值。通过一个简单实例，简要说明其操作过程。

(1) 打开模型文件。

(2) 选择【菜单】→【分析】→【偏差】→【检查】选项，系统弹出如图 7.18 所示的【偏差检查】对话框。

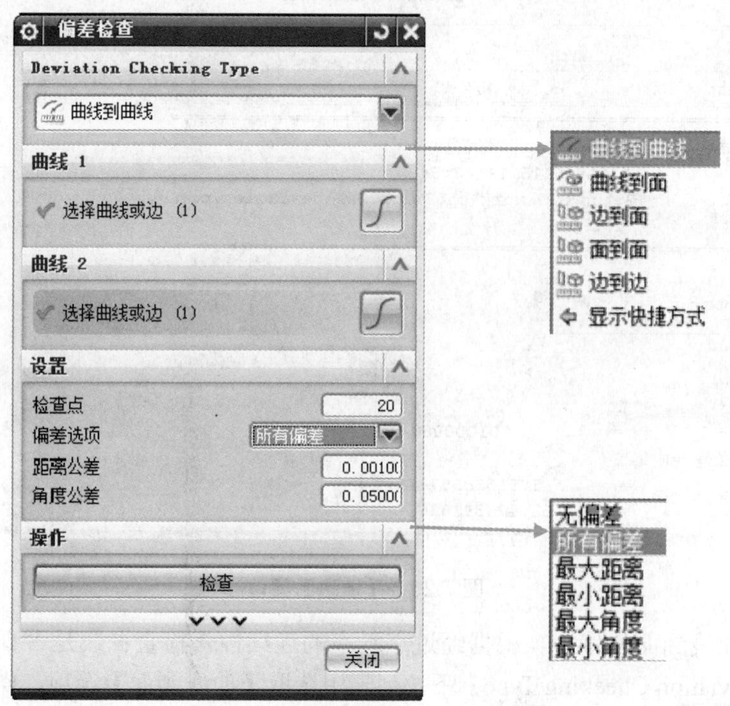

图 7.18 【偏差检查】对话框

(3) 检查曲线到曲线的偏差。

① 在该对话框的【Deviation Checking Type】下拉列表中选取【曲线到曲线】选项，在【设置】区域的【偏差选项】下拉列表中选择【所有偏差】选项。

② 依次选取如图 7.19 所示的曲线和边线。

③ 在该对话框中单击【检查】按钮，系统弹出如图 7.20 所示的【信息】窗口。信息窗口会列出指定的信息，包括分析点的个数、两个对象的最小距离误差、最大距离误差、平均距离误差、最小角度误差、最大角度误差、平均角度误差及各检查点的数据。完成检查曲线至曲线的偏差。

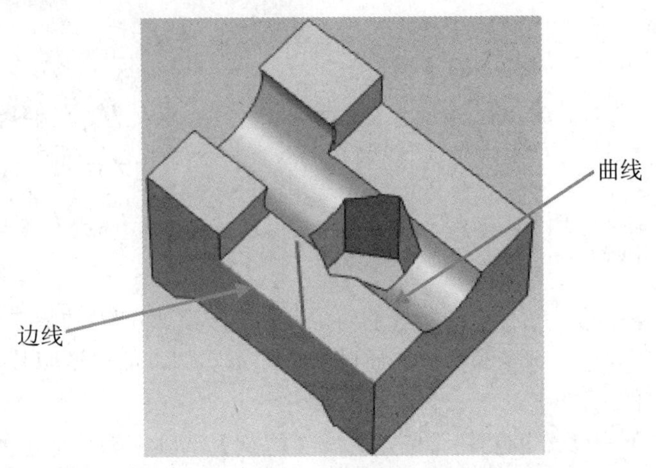

图 7.19　选择对象

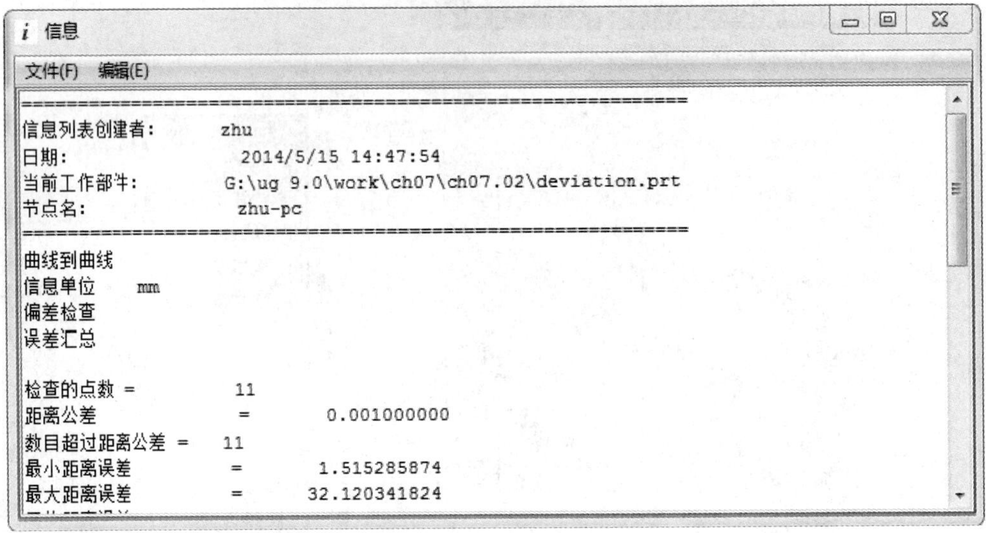

图 7.20　【信息】窗口

(4) 检查曲线到面的偏差。根据经过点斜率的连续性，检查曲线是否真的位于模型表面上。在【Deviation Checking Type】下拉列表中选取【曲线到面】选项，操作方法参见检查曲线到曲线的偏差。

说明：进行曲线到面的偏差检查时，选取如图 7.21 所示的曲线 1 和曲面为检查对象。曲线到面的偏差检查只能选取非边缘的曲线，所以只能选择曲线 1。

(5) 对于检查边到面的偏差、面到面的偏差、边到边的偏差，操作方法参见检查曲线到曲线的偏差。

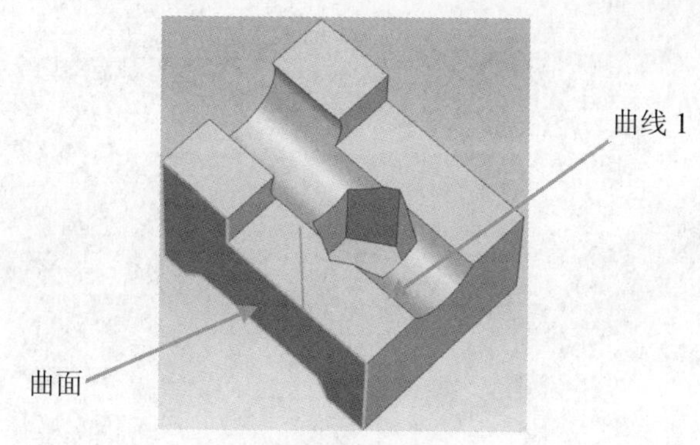

图 7.21 对象选择

7.2.3 模型的几何对象检查

检查几何体工具可以分析各种类型的几何对象，找出错误的或无效的集合体；也可以分析面和边等几何对象，找出其中无用的几何对象和错误的数据结构。通过一个实例，简要说明几何对象检查的一般过程。

(1) 打开模型文件。

(2) 选择【菜单】→【分析】→【检查几何体】选项，系统弹出如图 7.22 所示的【检查几何体】对话框。

(3) 定义检查项。单击【全部设置】按钮，在键盘上按 Ctrl＋A 组合键选择模型中所有对象(图 7.23)，然后单击【检查几何体】按钮，【检查几何体】对话框将变成如图 7.24 所示的带有对象的窗口，模型检查结果如图 7.25 所示。

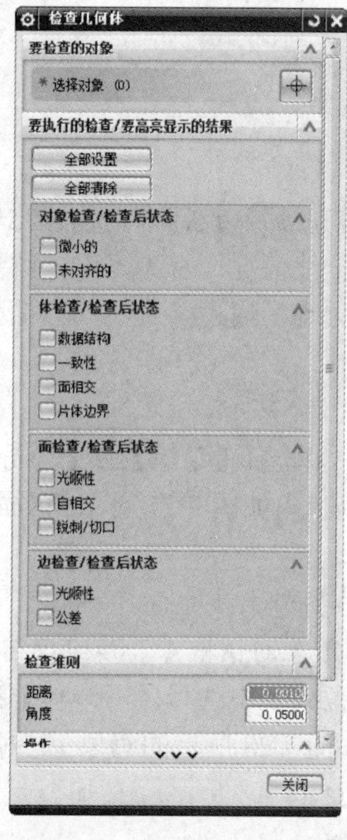

图 7.22 【检查几何体】对话框

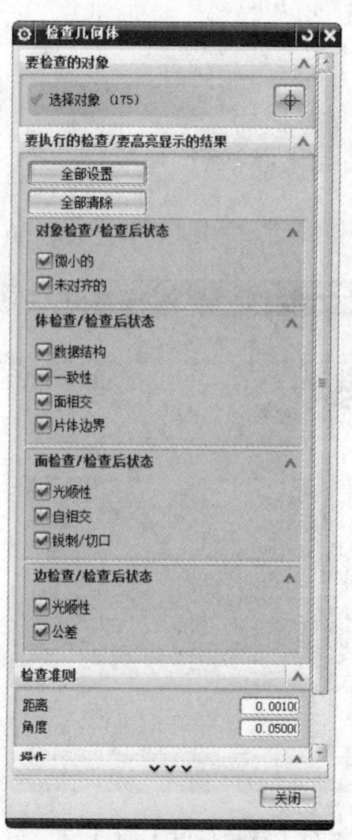

图 7.23 【检查几何体】对话框

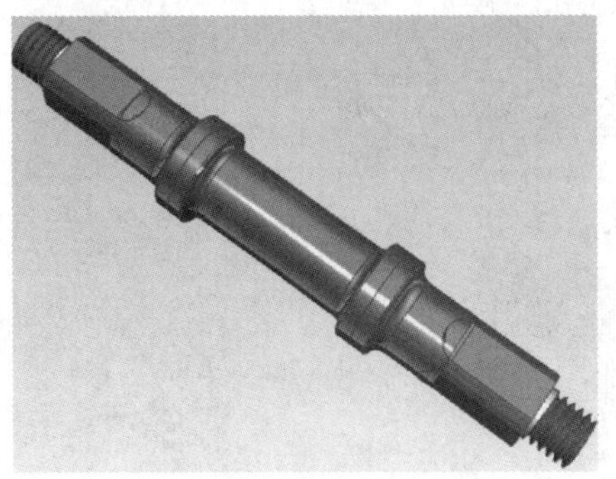

图 7.24　对象选择

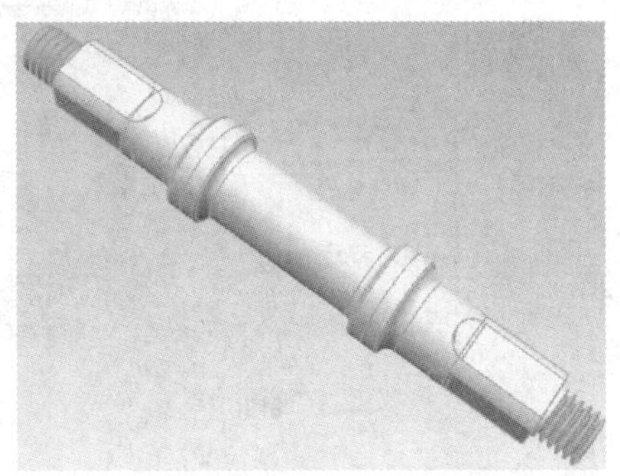

图 7.25　检查结果

(4) 单击信息按钮，可以在【信息】对话框中检查结果，如图 7.26 所示。

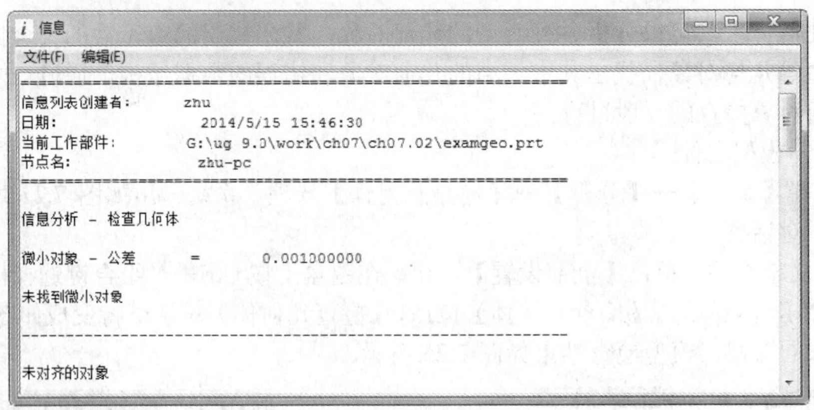

图 7.26 【信息】对话框

7.2.4　装配干涉检查

在实际的产品设计中，当产品中的各个零部件组装完成后，设计人员往往比较关心产品中各个零部件的干涉情况：有无干涉；哪些零件间有干涉；干涉量多大等。通过一个实例，简要说明干涉分析的一般过程。

图 7.27 【简单干涉】对话框

(1) 打开模型文件。

(2) 在装配模块中选择【菜单】→【分析】→【简单干涉】选项，系统弹出如图 7.27 所示的【简单干涉】对话框。

(3) 创建干涉体简单干涉检查。

① 在【简单干涉】对话框【干涉检查结果】区域的【结果对象】下拉列表中选择【干涉体】选项。

② 依次选取如图 7.28 所示的对象 1、对象 2，单击【简单干涉】对话框中的 应用 按钮，系统弹出如图 7.29 所示的【简单干涉】对话框。

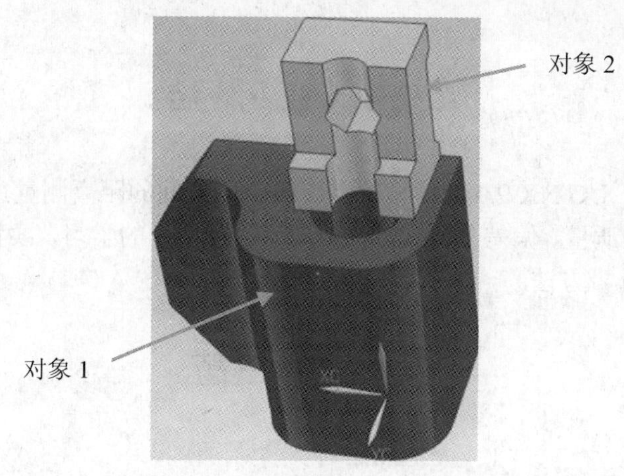

图 7.28　创建干涉实体

③ 单击【简单干涉】对话框的 确定(O) 按钮，完成创建干涉体简单干涉检查。

(4) 高亮显示面简单干涉检查。

① 在【简单干涉】对话框【干涉检查结果】区域的【结果对象】下拉列表中选择【高亮显示的面对】选项，如图 7.27 所示。

② 在【简单干涉】对话框【干涉检查结果】区域的【要高亮显示的面】下拉列表中选择【仅第一对】选项，依次选取如图 7.28 所示的对象 1、对象 2。模型中将显示如图 7.30 所示的干涉平面。

图 7.29 【简单干涉】对话框

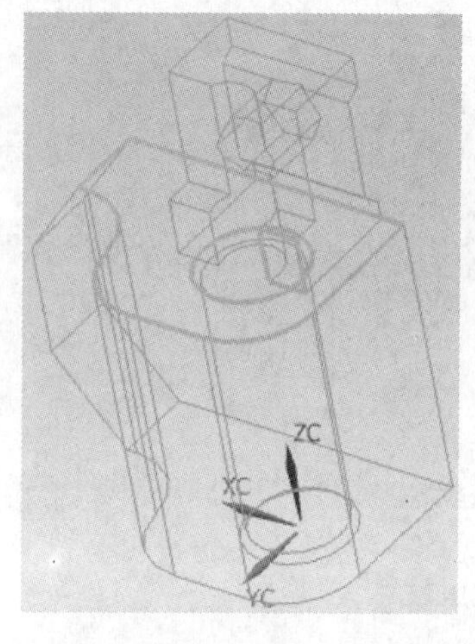

图 7.30　高亮显示面干涉检查

③ 在【简单干涉】对话框【干涉检查结果】区域的【要高亮显示的面】下拉列表中选择【在所有对之间循环】选项，系统将弹出 显示下一对 按钮，单击 显示下一对 按钮，模型中将依次显示所有干涉平面。

④ 单击【简单干涉】对话框中的 取消 按钮，完成高亮显示面简单干涉检查操作。

7.3 本 章 小 结

本章主要介绍了 UG NX 9.0 的模型的点、线、面之间的距离测量，角度、面积、周长的测量，以及模型的质量、偏差分析和干涉检查。通过本章的学习，读者应掌握 UG NX 9.0 基本的模型测量和分析方法。

7.4 习　　题

1. 问答题

UG NX 9.0 可以对模型进行哪些基本测量？对模型进行哪些基本分析？

2. 操作题

通过第 6 章的综合运用举例中的简易机械手的装配，对机械手装配模型进行面积、体积、质量的测量分析，并进行机械手各零部件之间的干涉检查。

第 8 章 工程制图

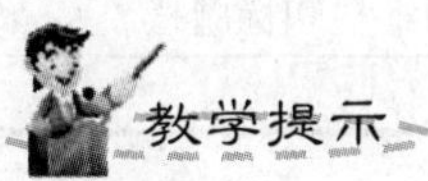

重点讲解 UG NX 9.0 的制图模块，基于三维实体模型提供绘制和管理工程图的完整过程与工具，用户可以用其创建并修改图、图上的视图、尺寸和其他各类制图注释。

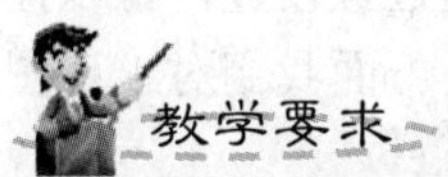

熟练掌握各种视图的建立、视图的编辑、图纸标注及图纸输出等操作。

8.1 工程图的建立流程

打开三维零件模型，选择【菜单】→【文件】→【新建】→【制图】选项，系统进入制图模块，准备创建平面工程图。制作平面工程图的流程见表 8-1。

表 8-1 平面工程图的建立流程

步 骤	操 作	功 能 介 绍
1	设定图纸	设置图纸的尺寸、绘图比例和投影方式等参数
2	添加基本视图	添加主视图、俯视图、左视图等基本视图
3	添加其他视图	添加投影视图、局部放大图、剖视图等辅助视图
4	视图布局	视图移动、复制、对齐、删除及定义视图边界
5	视图编辑	添加曲线、擦除曲线、修改剖视符号、自定义剖面线等
6	插入制图符号	插入各种中心线、偏置点、交叉符号等
7	图纸标注	标注尺寸、公差、表面粗糙度、文字注释，建立明细栏和标题栏
8	输出工程图	输出工程图纸

8.2 制图参数预设置

进入 UG NX 9.0 的工程图时，一般首先要进行制图参数预设置，通过预设置，可以控制箭头的大小、线条的粗细、隐藏线的显示与否、标注的字体大小等。下面我们对工程图绘制过程中常用的命令进行参数预设置。

选择【菜单】→【文件】→【新建】→【所有首选项】→【制图】命令并单击，如图 8.1 所示，弹出【制图首选项】对话框，如图 8.2 所示。

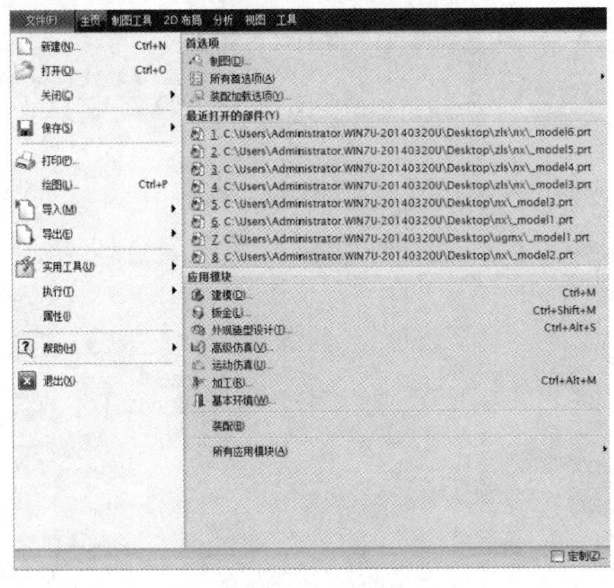

图 8.1 进行制图参数预设置

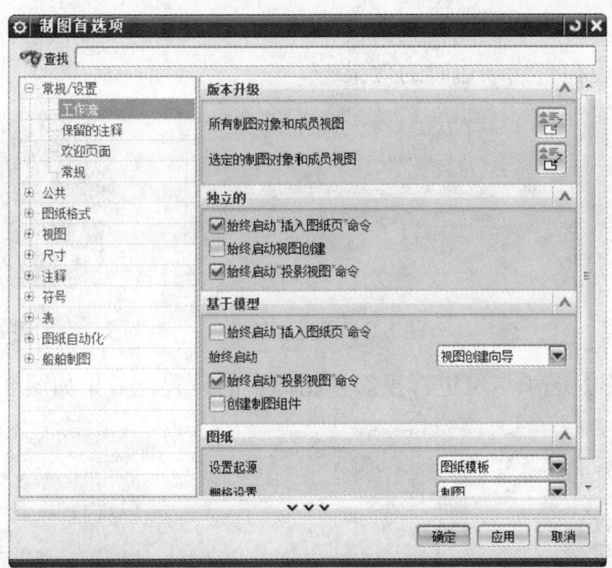

图 8.2 【制图首选项】对话框

8.2.1 视图参数的预设置

(1) 单击图 8.2 中的【视图】选项卡，如图 8.3 所示，选中【边界】选项下的【显示】，得到的效果图如图 8.4 所示。

图 8.3 视图选项卡

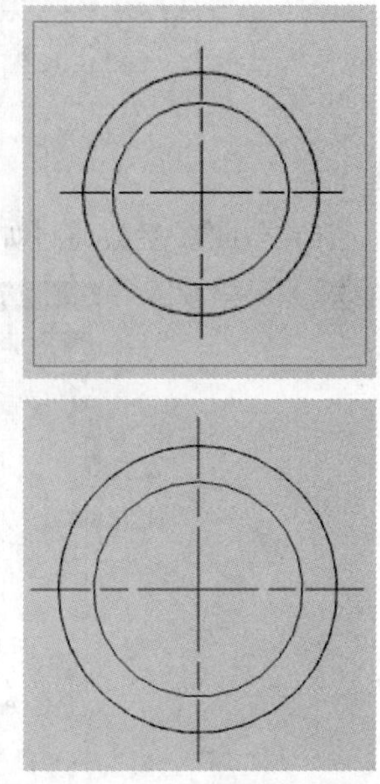

图 8.4 有边界和无边界

(2) 选择【视图】→【公共】→【角度】选项卡，用户可以根据情况设置角度的格式、小数位数和小数分隔符的样式。

(3) 选择【视图】→【公共】选项卡还可进行可见线的线型和宽度、隐藏线的线型和宽度、光顺边的显示与否和视图标签的设置，对于图 8.5 的实体模型，图 8.6、图 8.7 分别显示了模型无光顺边和有光顺边时的效果。

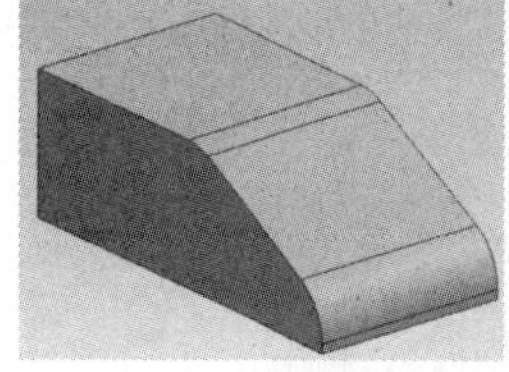

图 8.5 实体模型

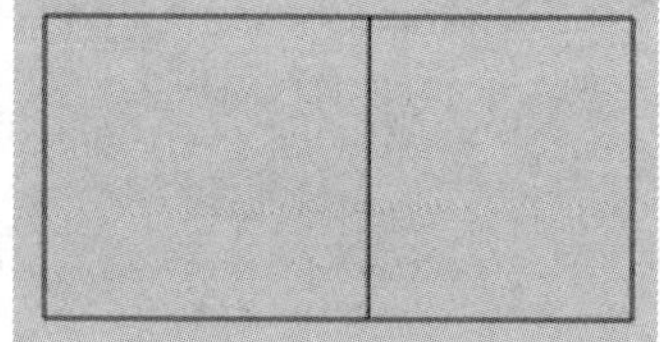

图 8.6 无光顺边

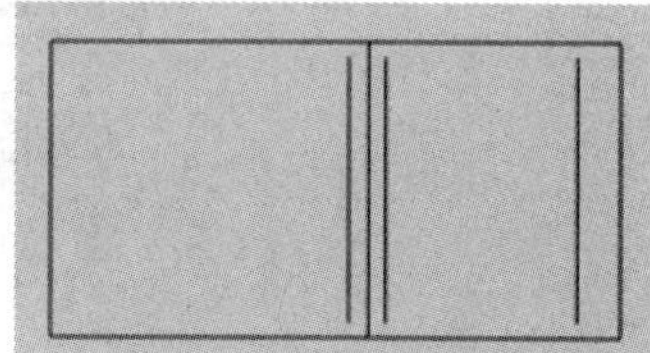

图 8.7 有光顺边

(4) 选择【投影】选项卡可进行投影视图标签的设置，效果如图 8.8 和图 8.9 所示。

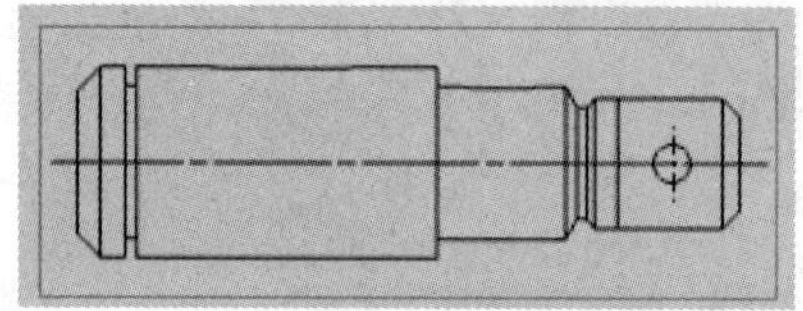

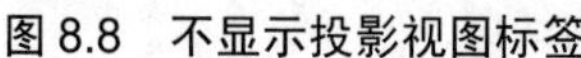

图 8.8 不显示投影视图标签

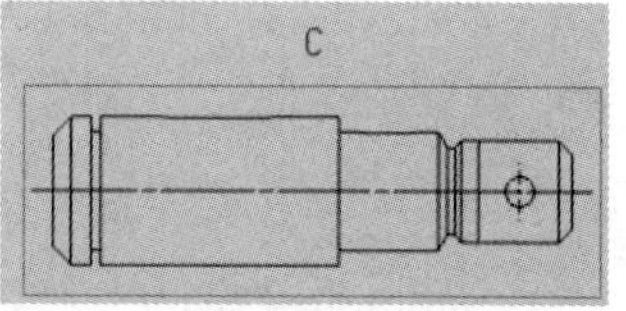

图 8.9 显示投影视图标签

(5) 选择【截面】下的【标签】选项卡，可进行截面视图标签的设置，如图 8.10 所示。

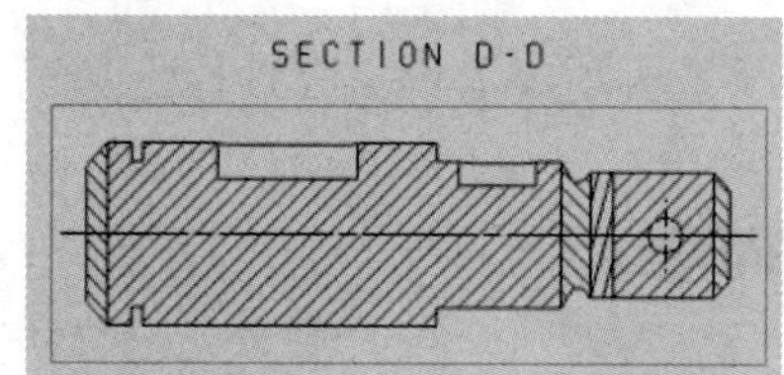

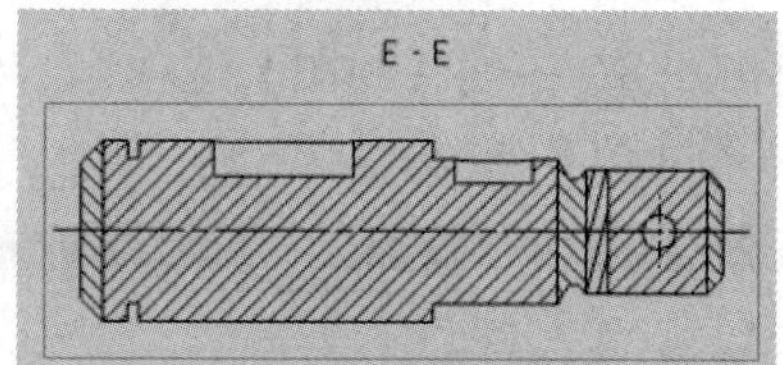

图 8.10 截面标签

(6) 截面线参数通过如图 8.11 所示的对话框进行设置。

图 8.11 截面线的设置

(7) 选择【详细】→【标签】选项卡，用户可以进行局部放大图标签参数的相关设置，如图 8.12 所示，效果如图 8.13 所示。

图 8.12　局部放大图参数设置

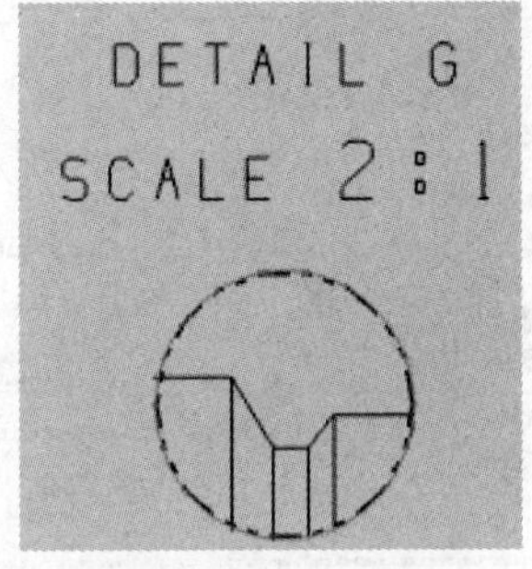

图 8.13　局部放大图

8.2.2　设置尺寸和箭头

(1) 在【公共】选项卡里面可以根据图纸和产品的大小选择不同的文本，可以根据不同行业标准选择箭头和箭头线的显示样式，也可以设置延伸线的样式等。可根据需要在图 8.14、图 8.15 和图 8.16 对应的对话框中进行相关设置。

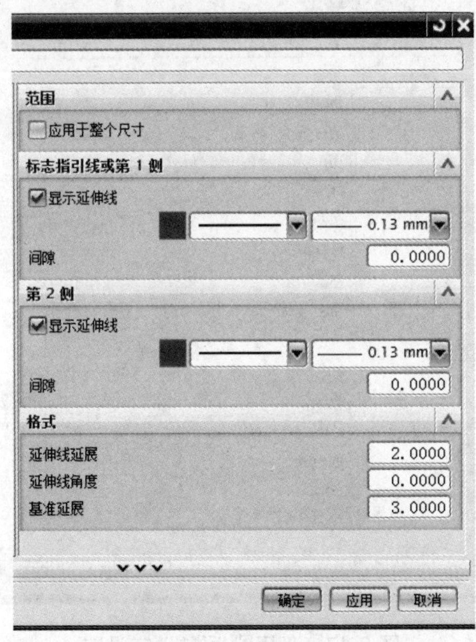

图 8.14　延伸线的设置

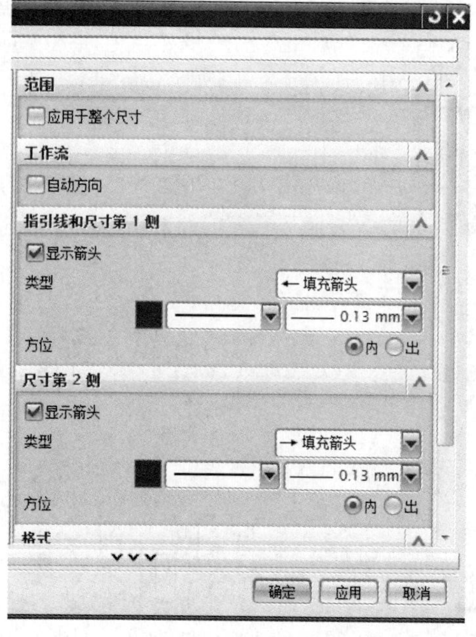

图 8.15 箭头的设置

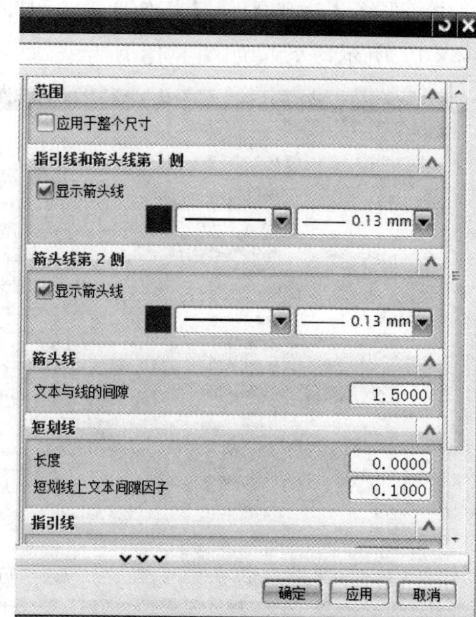

图 8.16 箭头线的设置

(2) 在【尺寸】选项卡里面可根据需要进行尺寸文本、公差格式、单位等参数的设置。

8.2.3 设置注释参数

注释主要是对表面粗糙度、焊接符号和中心线等进行参数设置，剖面线/区域填充样式的设置如图 8.17 所示。

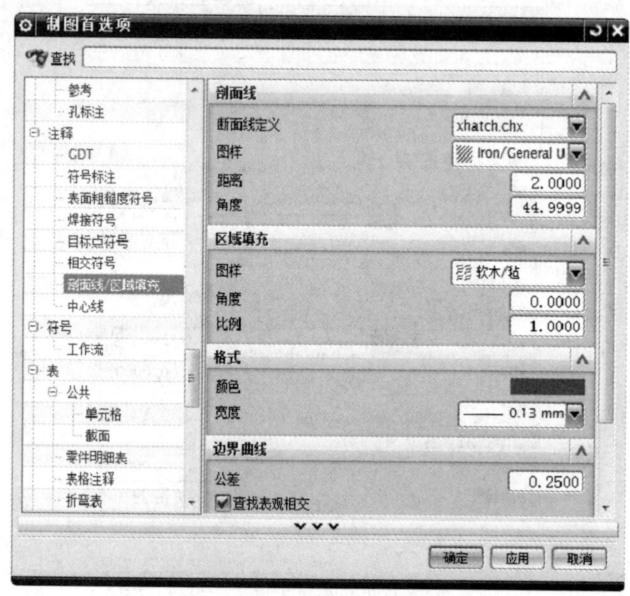

图 8.17 剖面线/区域填充设置

8.3 图 纸 管 理

单击工具栏中的【新建图纸页】按钮，系统弹出如图 8.18 所示的【图纸页】对话框。利用该对话框，可在当前模型文件内新建一张或多张指定名称、尺寸、比例和投影象限角的图纸。

8.3.1 大小选项组的设置

(1) 选择【使用模板】选项，【图纸页】对话框如图 8.18 所示。可选择 A0、A1、A2、A3 和 A4 五种型号的图纸模板来新建图纸。

(2) 选择【标准尺寸】选项，【图纸页】对话框如图 8.19 所示，可选择 A0、A1、A2、A3 和 A4 五种型号的图纸尺寸作为新建图纸的尺寸。

(3) 选择【定制尺寸】选项，【图纸页】对话框如图 8.20 所示。用户可在【高度】和【长度】文本框中输入高度和长度值来自定义图纸的尺寸。

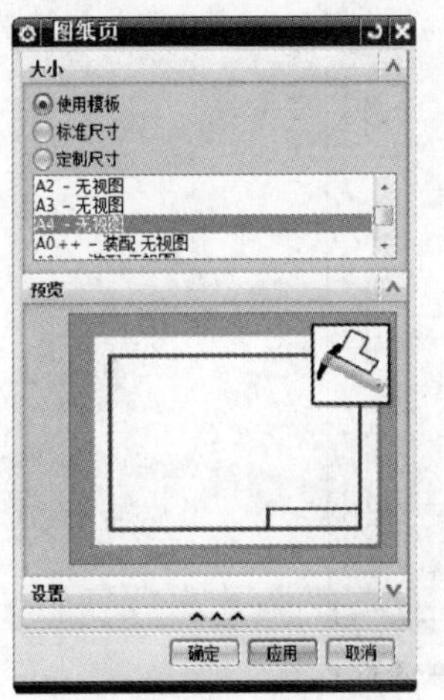

图 8.18　选择使用模板

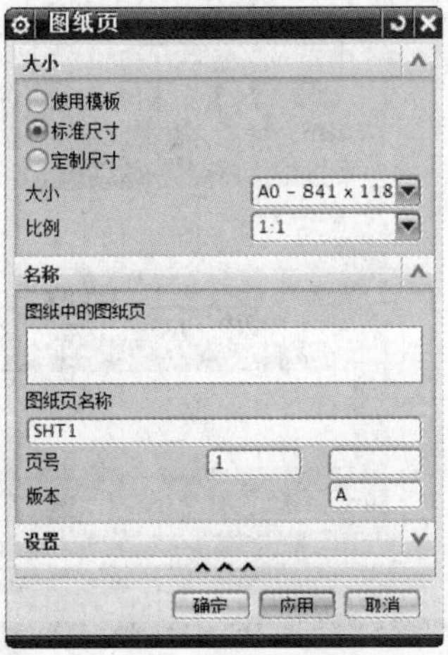

图 8.19　选择标准尺寸

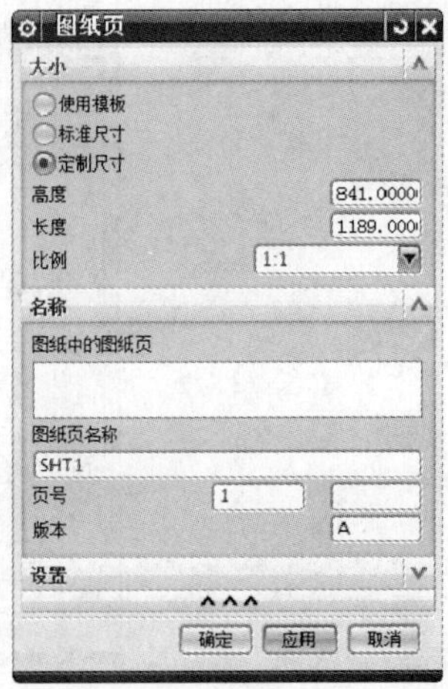

图 8.20　选择定制尺寸

8.3.2 图纸页名称文本框

在图纸页名称文本框中输入新建的图纸名称。系统默认的新建图纸名为 Sheet1、Sheet2、Sheet 3 等。

8.3.3 单位

设置图纸的度量单位，有两种单位可供选择：英寸和毫米。

8.3.4 投影象限角

设置图纸的投影角度。系统根据各个国家所使用的绘图标准不同提供了两种投影方式。如果使用中国国家标准，则比较常用的是第 1 象限角度投影方式，如图 8.21 所示；若使用美国绘图标准，则一般使用第 3 象限角度投影方式，如图 8.22 所示。

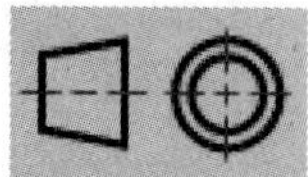

图 8.21　第 1 象限角度投影方式

图 8.22　第 3 象限角度投影方式

8.4　添 加 视 图

图纸创建好后，需要为其添加视图，以便很好地表达建立的三维实体模型。

8.4.1　添加基本视图

单击功能区【主页】下【视图】组中的【视图创建导向】按钮，弹出如图 8.23 所示的【视图创建导向】对话框，通过这个对话框，用户可以根据向导一步步完成基本视图的创建。

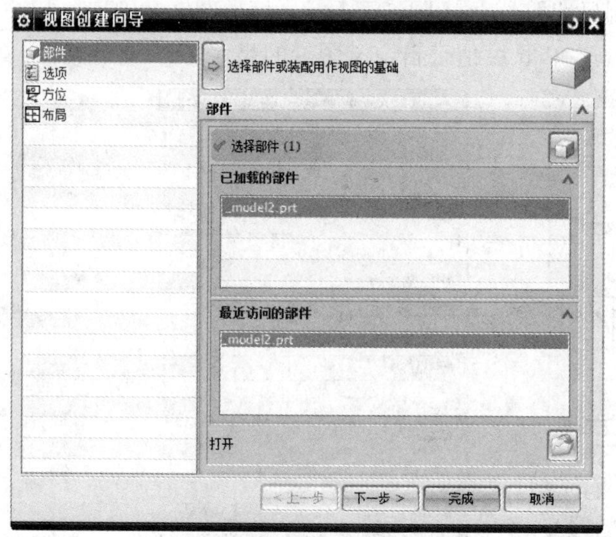

图 8.23　【视图创建导向】对话框

选择【菜单】→【插入】→【视图】→【基本视图】选项，或单击工具栏中的按钮，弹出如图 8.24 所示的【基本视图】对话框，利用该对话框可将三维模型的各种视图添加到当前图纸的指定位置。下面具体介绍该对话框中各选项的含义。

1. 添加视图类型

打开【要使用的模型视图】下拉列表，如图 8.25 所示，在其中可选择要添加的视图，包括俯视图、前视图、右视图、后视图、仰视图、左视图、正等测图和正三轴测图八种视图。

2. 比例

这个选项用于设置要添加视图的比例，如图 8.26 所示。在默认情况下，该比例与新建图纸时设置的比例相同。用户可以在下拉列表中选择合适的比例，也可利用表达式来设置视图的比例。

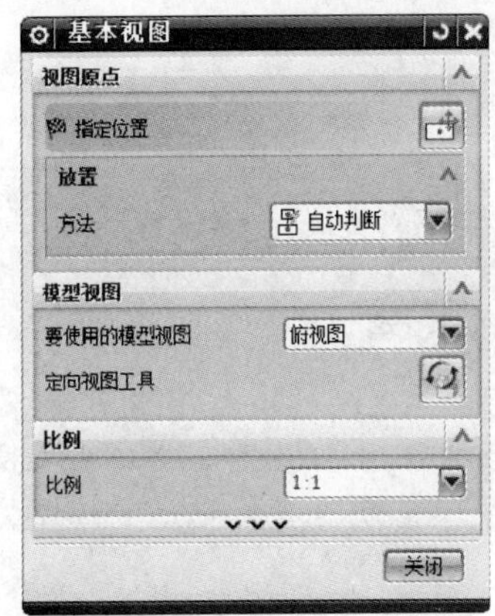

图 8.24 【基本视图】对话框

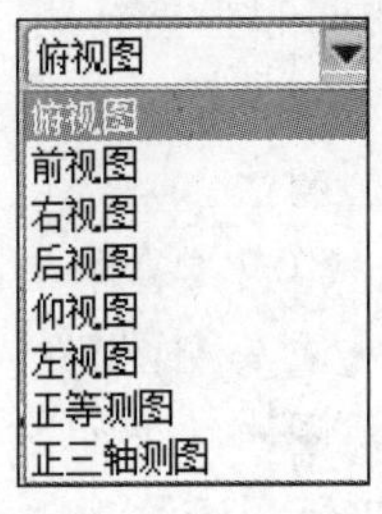

图 8.25 添加视图类型

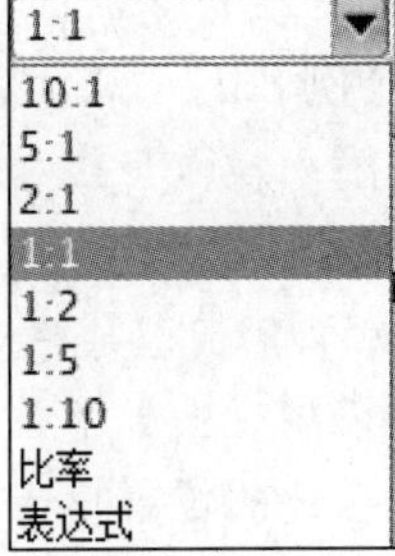

图 8.26 比例

3. 移动视图

单击【基本视图】对话框中的按钮，拖动某个视图可将其移动到需要的合适位置。

8.4.2 添加正投影视图

正投影视图是创建平面工程图的第一个视图，可将其作为父视图，以它为基础可根据投影关系衍生出其他平面视图。下面通过一个具体例子来演示如何添加正投影视图。

【例 8.1】 建立零件的正投影视图。

解：操作步骤如下。

(1) 打开一个已建立的部件文件，零件模型如图 8.27 所示。

(2) 选择【菜单】→【文件】→【制图】选项，或者选择【菜单】→【文件】→【新建】→【图纸】选项，通过后者打开方式可以选择 NX 9.0 自带的不同模板。

(3) 选择【标准尺寸】复选框，设置图纸尺寸为 A3(297×420)，比例为 1∶1，图纸名称为 Sheet 1，单位为毫米，投影象限角为第 1 象限角。

(4) 单击 确定 按钮，系统进入制图模块。

(5) 系统自动弹出【基本视图】对话框。同时在视图区出现随光标移动的模型，选择合适的位置，单击生成正投影视图(主视图)，结果如图 8.28 所示。

(6) 以生成的主视图为父视图，在垂直方向上移动光标到合适位置单击，可建立俯视图，以主视图为父视图，在水平方向上移动光标到合适位置单击，可建立左视图，如图 8.29 所示。

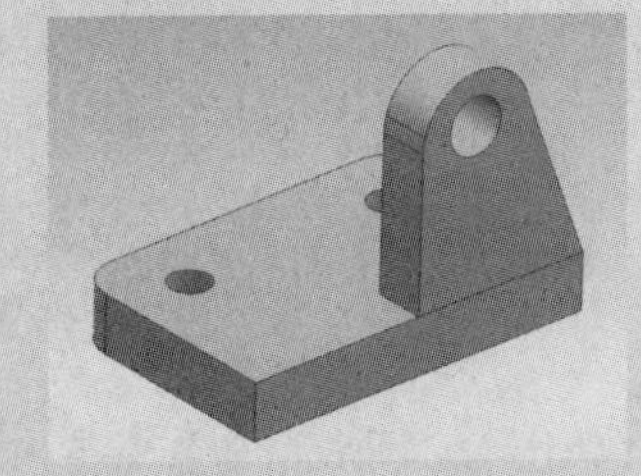

图 8.27 零件三维模型

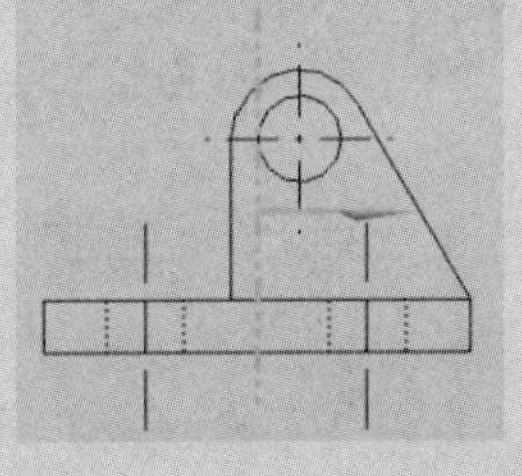

图 8.28 添加的主视图

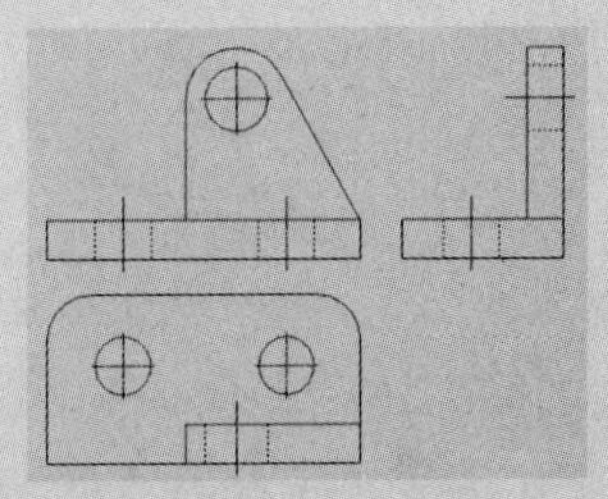

图 8.29 添加俯视图和左视图

8.4.3 添加正等测视图

下面以实例说明正等测图和正三轴测图的建立方法。

【例 8.2】 添加零件的正等测图和正三轴测图。

解：操作步骤如下。

(1)～(4)步与例 8.1 步骤相同，略去。

(5) 单击工具栏中的按钮，弹出【基本视图】对话框，如图 8.24 所示，在【要使用的模型视图】下拉列表中选择【正等测图】选项，在视图区出现随光标移动的模型，选择合适的位置单击生成正等测视图，结果如图 8.30 所示。

(6) 在下拉列表中选择【正三轴测图】选项，在视图区出现随光标移动的模型，选择合适的位置单击，生成正三轴测图，结果如图 8.31 所示。

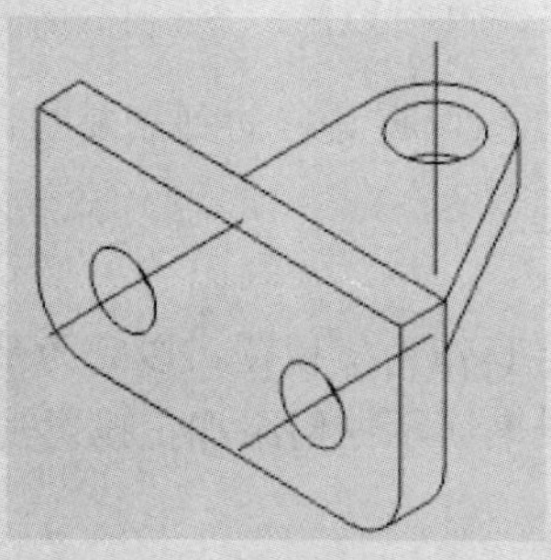

图 8.30 添加正等轴测图

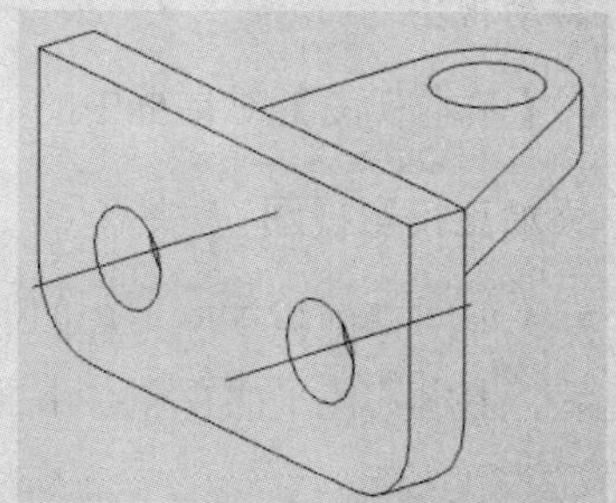

图 8.31 添加正三轴测图

8.4.4 建立剖视图

剖视图包括全剖视图、半剖视图、旋转剖视图及局部剖视图，下面用几个实例来说明各种剖视图的建立方法。

【例 8.3】 利用俯视图建立全剖视图。

解：具体操作步骤如下。

(1) 打开一个已建立的部件文件，零件模型如图 8.32 所示。

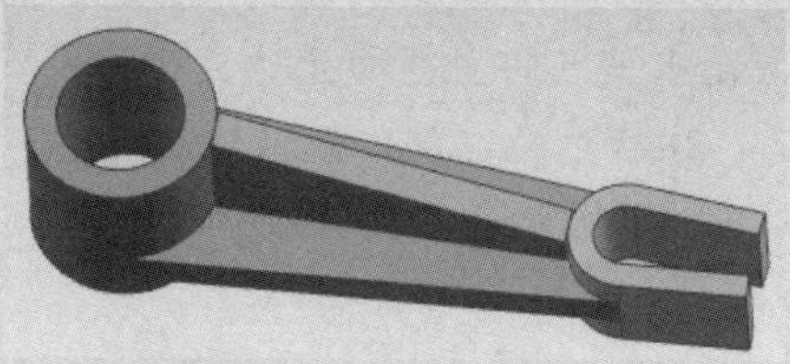

图 8.32 零件三维图

(2)～(4)步与例 8.1 步骤相同，略去。

(5) 单击工具栏中的按钮，弹出【基本视图】对话框，如图 8.24 所示，在【要使用的模型视图】下拉列表中选择【后视图】选项，在视图区出现随光标移动的模型，选择合适的位置单击生成俯视图。

(6) 单击工具栏中的按钮，系统弹出【剖视图】工具栏，如图 8.33 所示，提示选择父视图。

(7) 选择刚创建的俯视图作为父视图，此时【剖视图】工具栏按钮自动激活，工具栏变成如图 8.34 所示状态。

图 8.33 【剖视图】工具栏

图 8.34 激活后的【剖视图】工具栏

(8) 按图 8.35 所示，移动光标选择剖面线切割位置，确定后单击，定义剖面线。

(9) 定义剖切位置，通过移动光标选择剖面图的中心和调整投影角度，在合适的位置单击，建立剖面图，如图 8.36 所示。

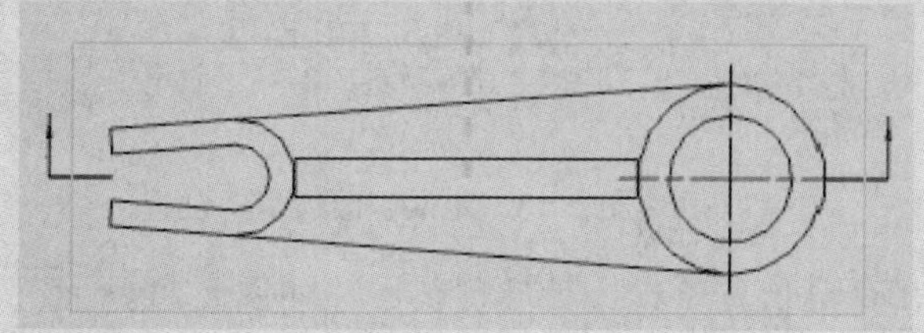

图 8.35 定义剖面线

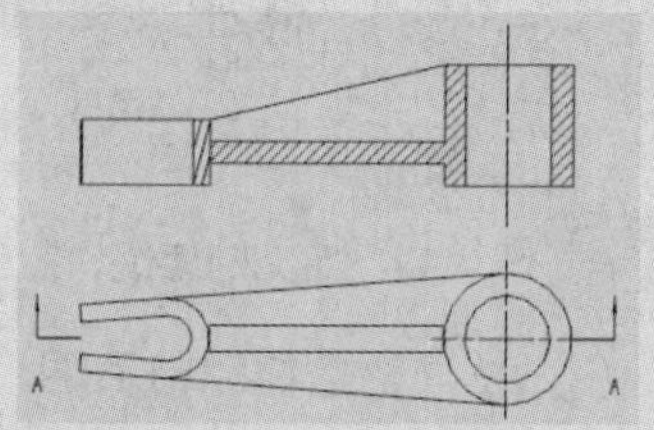

图 8.36 生成剖面图

【例 8.4】利用俯视图和主视图建立半剖视图。

解：具体操作步骤如下。

(1) 打开一个已建立的部件文件。

(2)~(4)步与例 8.1 步骤相同，略去。

(5) 单击工具栏中的按钮，弹出【基本视图】对话框，如图 8.24 所示，在定向视图工具后面单击按钮，弹出如图 8.37 所示的【定向视图工具】和图 8.38 所示的【定向视图】对话框，通过这两个对话框调整视图方向，调整结果如图 8.39 所示。

图 8.37 【定向视图工具】对话框

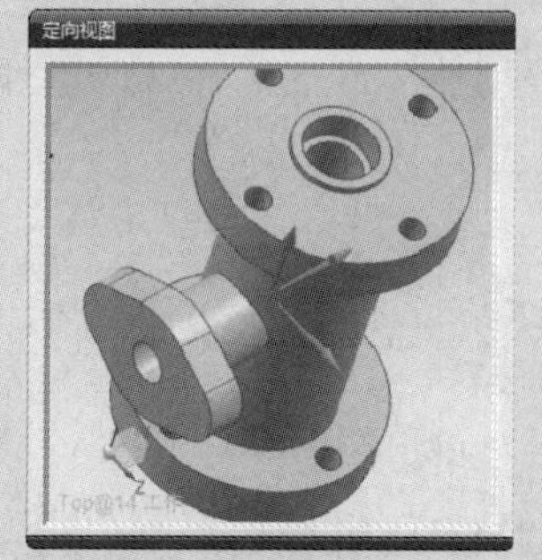

图 8.38 【定向视图】对话框

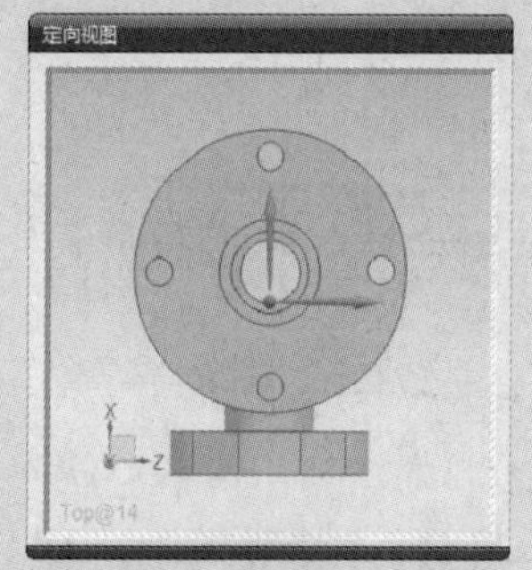

图 8.39 调整视图

(6) 单击工具栏中后面下拉列表的按钮，系统弹出【半剖视图】工具栏，如图 8.40 所示，提示选择父视图。

(7) 选择创建的俯视图作为父视图，此时【半剖视图】工具栏按钮自动激活，工具栏变成如图8.41所示状态。

图8.40 【半剖视图】工具栏

图8.41 激活后的【半剖视图】工具栏

(8) 按照图8.42和图8.43所示的位置分别定义剖面线切割的位置和折弯位置。

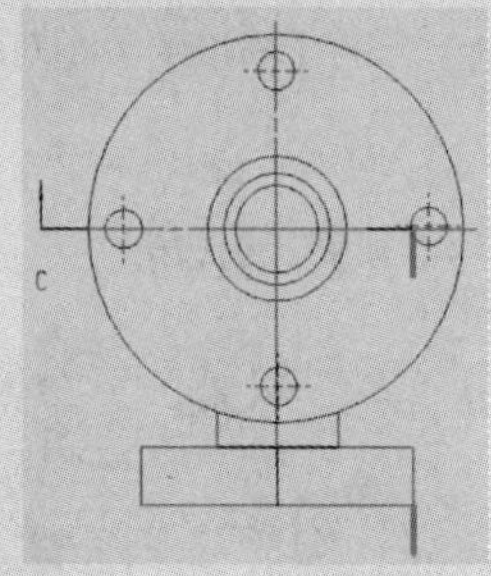

图8.42 定义剖面线切割位置

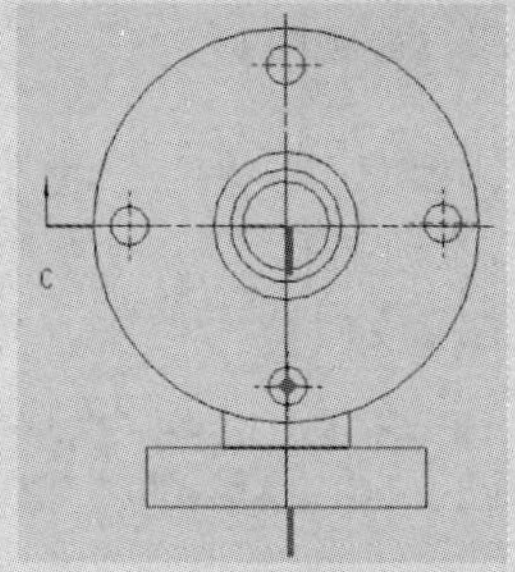

图8.43 定义剖面线折弯位置

(9) 移动鼠标选择剖面图的中心，在合适位置单击，生成剖视图，如图8.44所示。
(10) 删除所有视图，再次利用【基本视图】对话框生成主视图，如图8.45所示。
(11) 以主视图为父视图，分别定义剖面线切割的位置和折弯位置，如图8.46所示，
(12) 生成俯视图，如图8.47所示。

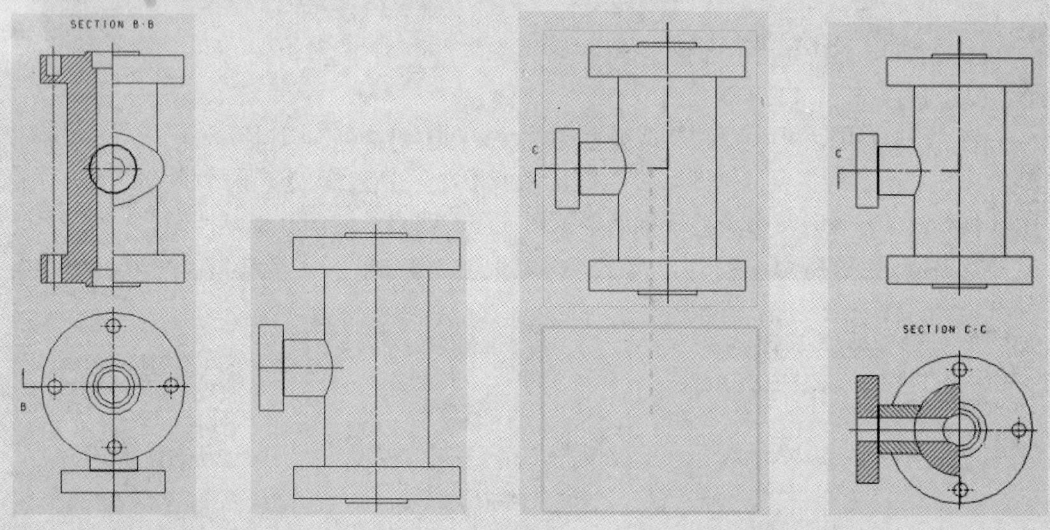

图8.44 生成剖视图　图8.45 生成主视图　图8.46 以主视图为父视图　图8.47 生成俯视图

【例8.5】 利用俯视图建立旋转剖视图。

解：具体操作步骤如下。

(1) 打开一个已建立的文件，零件模型如图8.48所示。

(2) 选择【菜单】→【文件】→【制图】选项，单击工具栏中的【新建图纸页】按钮，弹出【图纸页】对话框。

(3) 在【图纸页】对话框中设置图纸名称为 Sheet3，图纸尺寸为 A3(297×420)，比例为 1∶1，单位为毫米，如图 8.49 所示。

(4) 单击 确定 按钮，系统进入制图模块，单击工具栏中的【基本视图】按钮。

(5) 在【基本视图】对话框中选择【要使用的模型视图】下拉列表中的【右视图】，移动鼠标，在合适的位置单击生成俯视图，结果如图 8.50 所示。

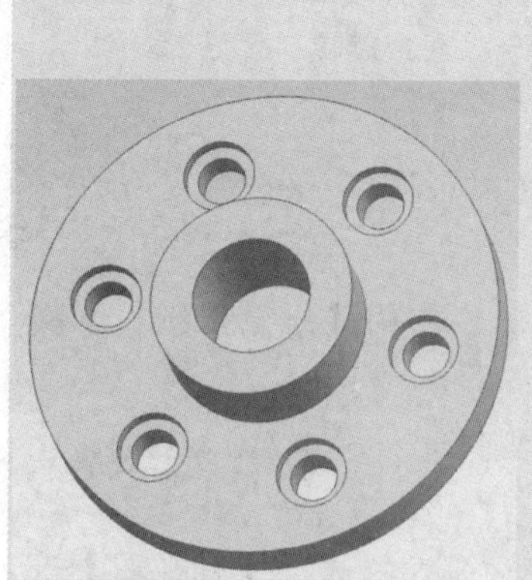

图 8.48 零件模型

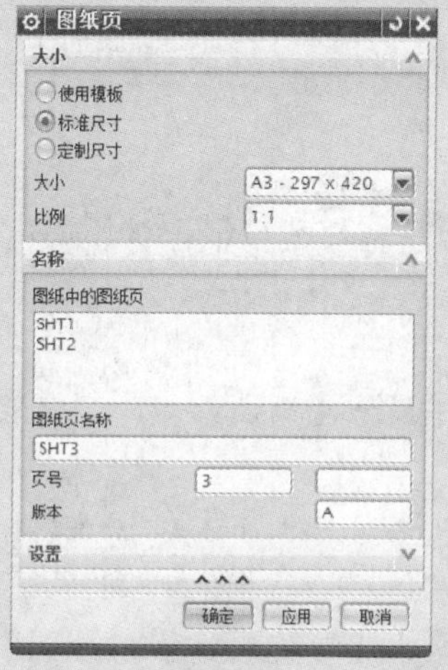

图 8.49 【图纸页】对话框

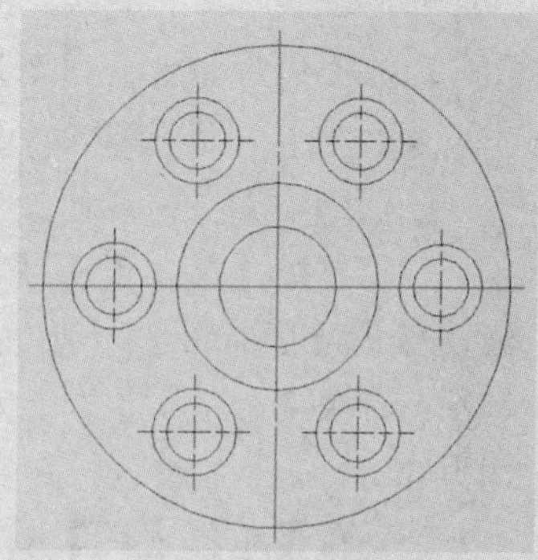

图 8.50 生成俯视图

(6) 单击工具栏中的 按钮，系统弹出【旋转剖视图】工具栏，如图 8.51 所示，并提示选择父视图。

(7) 选择创建的主图作为父视图，此时【旋转剖视图】工具栏按钮自动激活，工具栏变成如图 8.52 所示。

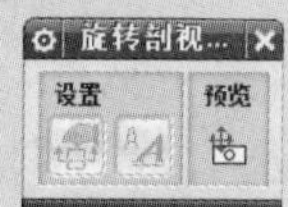

图 8.51 【旋转剖视图】工具栏

图 8.52 激活后的【旋转剖视图】工具栏

(8) 按图 8.53 所示定义剖面线旋转中心，单击以确定。按图 8.54 和图 8.55 所示定义剖面线的切割位置，单击以确定。

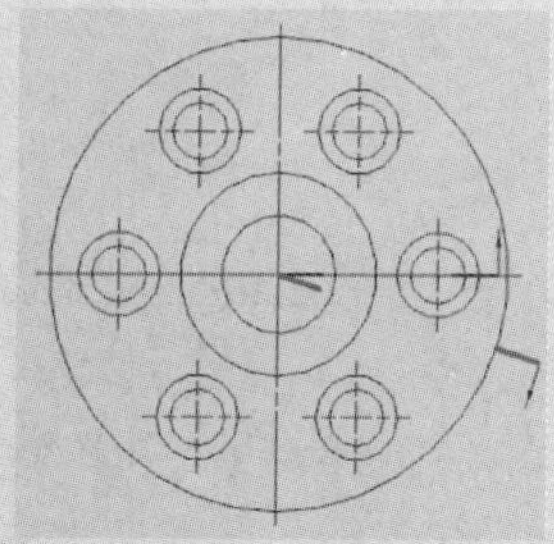

图 8.53 定义剖面线旋转中心

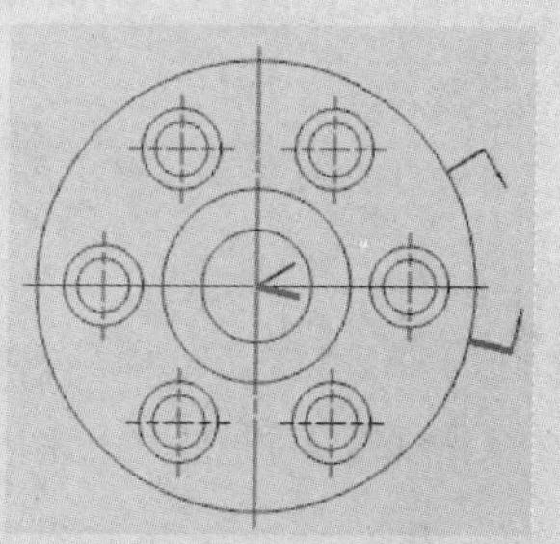

图 8.54 定义切割位置

(9) 选择完后，在合适位置单击，建立剖面图，如图 8.56 所示。

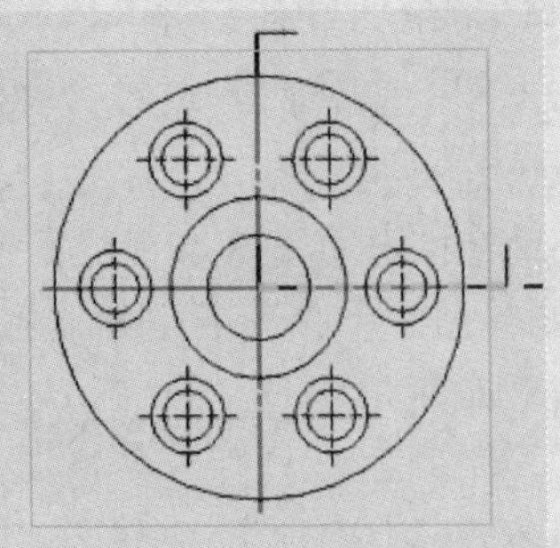

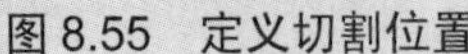
图 8.55　定义切割位置

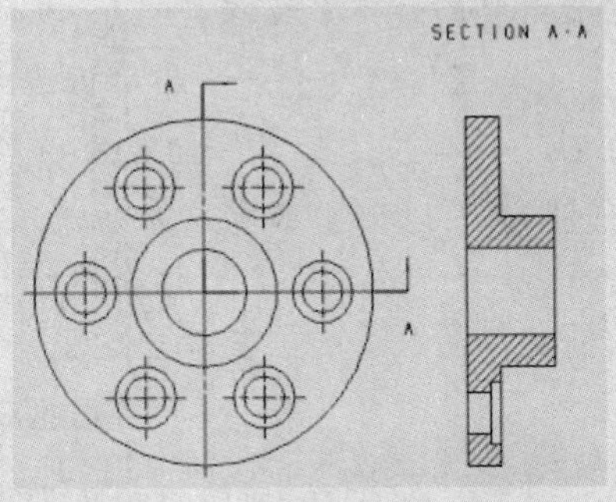

图 8.56　生成旋转剖面图

【例 8.6】 利用主视图、俯视图建立局部剖视图。

解：具体操作步骤如下。

(1) 打开建立的部件文件。

(2) 选择【菜单】→【文件】→【制图】选项，单击工具栏中的【新建图纸页】按钮，弹出【图纸页】对话框。

(3) 在【图纸页】对话框中设置图纸名称为 Sheet3，图纸尺寸为 A4(210×297)，比例为 1∶1，单位为毫米。

(5) 在【基本视图】对话框的【要使用的模型视图】下拉列表中选择【俯视图】选项，选择合适的位置单击，生成俯视图。同理生成主视图，如图 8.57 所示。

(6) 选择【菜单】→【编辑】→【视图】→【边界】选项，弹出【视图边界】对话框，如图 8.58 所示。

(7) 在下拉列表中选择【手工生成矩形】选项，拖动鼠标定义一个矩形边界，如图 8.59 所示。

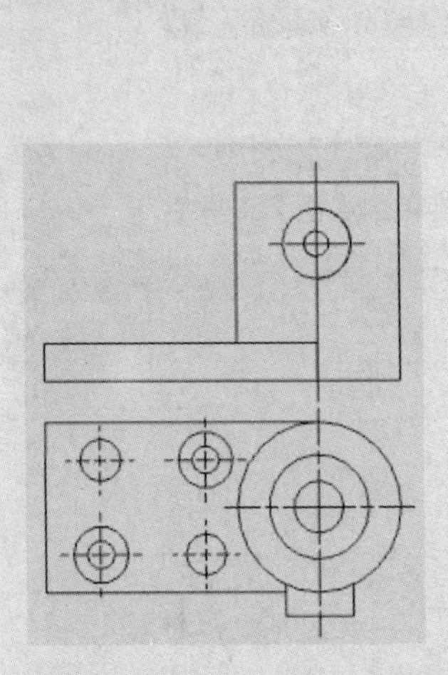
图 8.57　生成俯视图、主视图

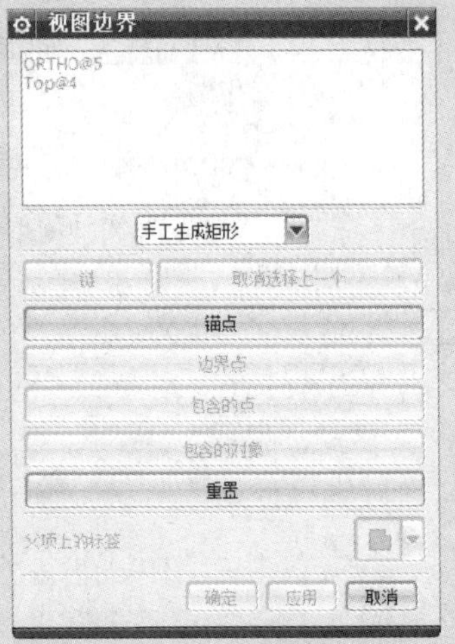

图 8.58　【视图边界】对话框

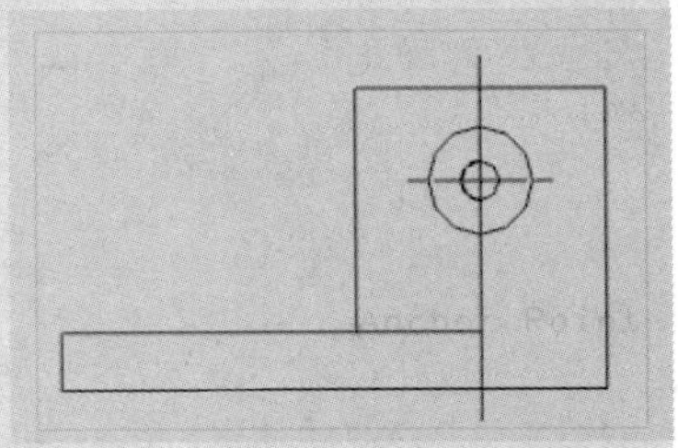

图 8.59　定义矩形边界

(8) 用鼠标右键单击矩形边界，弹出如图 8.60 所示的快捷菜单。

(9) 选择快捷菜单中的【活动草图视图】命令，矩形边界内的前视图进入编辑状态。

(10) 单击【菜单】→【插入】→【草图曲线】→【艺术样条】按钮，系统弹出【艺术样条】对话框，如图 8.61 所示。

(11) 选择【封闭】复选框，绘制如图 8.62 所示的样条曲线，单击鼠标右键选择【完成草图】命令。

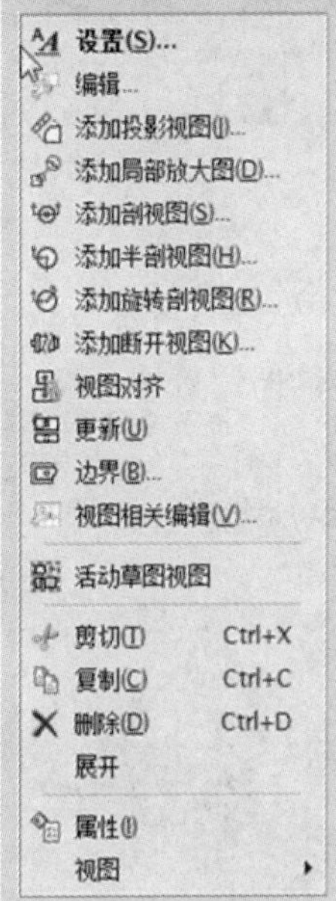

图 8.60 快捷菜单

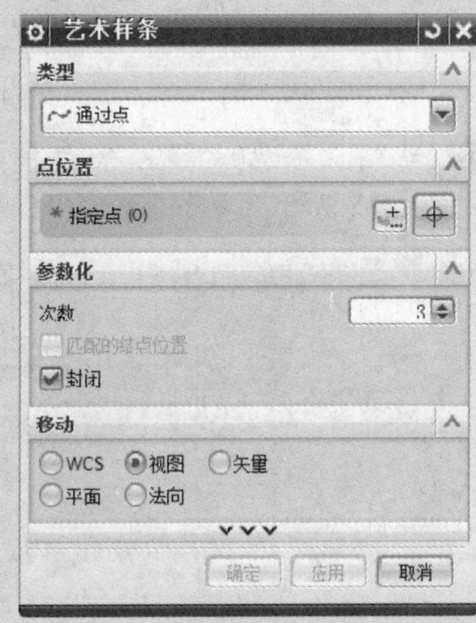

图 8.61 【艺术样条】对话框

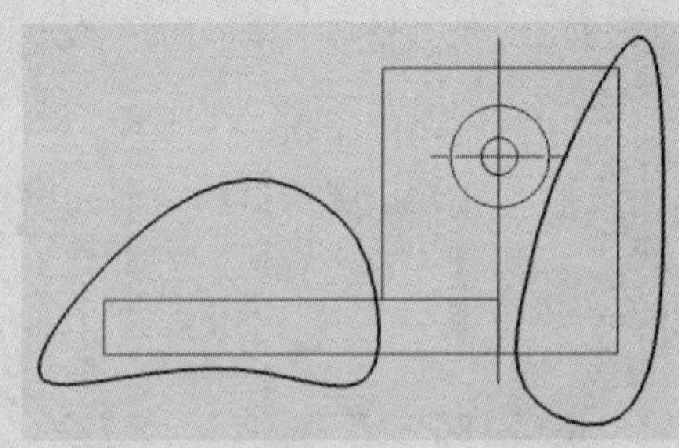

图 8.62 绘制样条曲线

(12) 选择【菜单】→【插入】→【视图】→【截面】→【局部剖】选项，或单击工具栏中的按钮，弹出【局部剖】对话框，如图 8.63 所示。

(13) 选中前视图作为要生成局部剖的视图，【局部剖】对话框变成如图 8.64 所示的状态。

图 8.63 【局部剖】对话框

图 8.64 选中前视图后的【局部剖】对话框

(14) 如图 8.65 所示，选择孔的圆心作为基点，单击接受系统默认的拉伸矢量方向。

(15) 选择前面绘制的左端封闭曲线，单击 应用 按钮，生成局部剖视图，如图 8.66 所示。

(16) 再次单击主视图矩形边界，弹出【局部剖】对话框，选择如图 8.67 所示的圆心作为基点，单击接受系统默认的拉伸矢量方向。

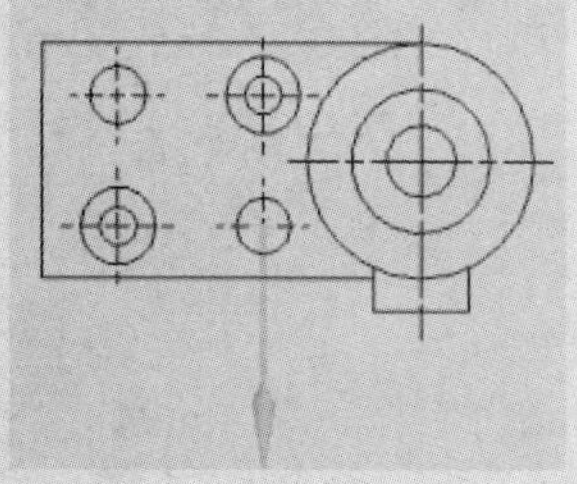

图 8.65　选择基点

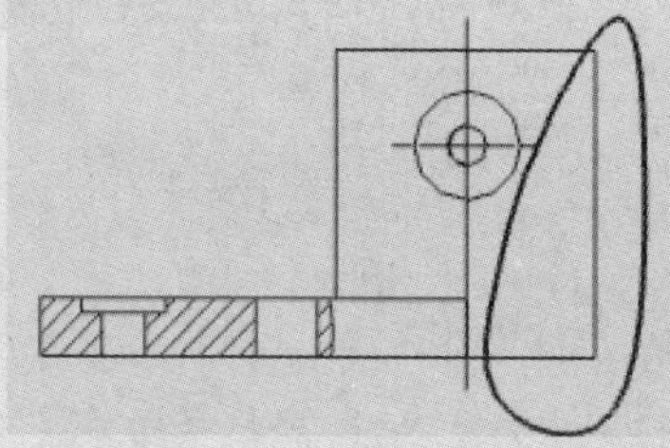

图 8.66　生成局部剖视图

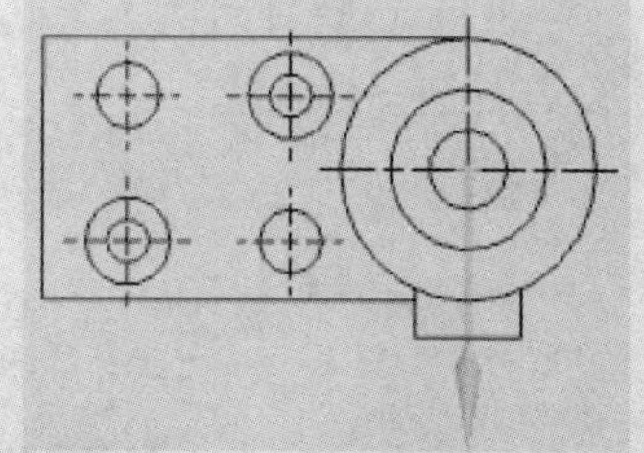

图 8.67　选择基点

(17) 选择右端封闭曲线，单击【应用】按钮，生成主视图的局部剖视图，如图 8.68 所示。

(18) 用与上述步骤不同的方法建立俯视图的局部剖视图，如图 8.69 所示。

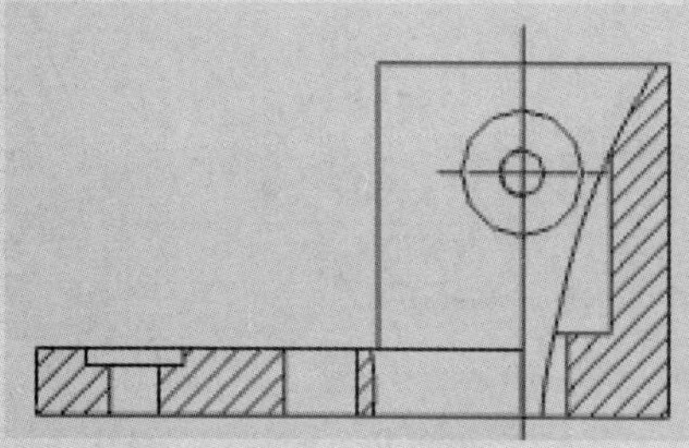

图 8.68　生成局部剖视图

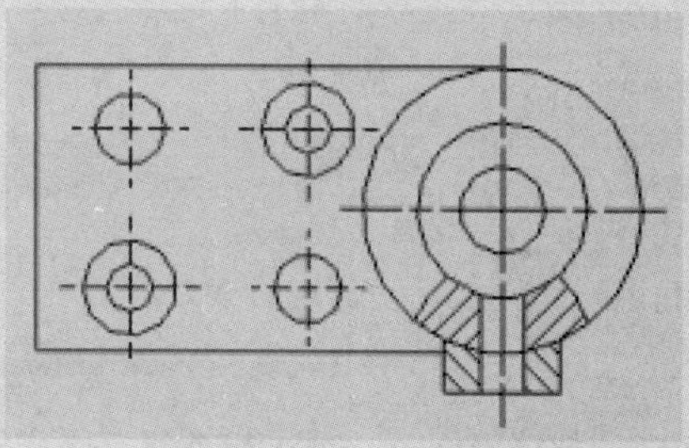

图 8.69　生成局部剖视图

【例 8.7】 利用俯视图建立局部放大视图。

解： 具体操作步骤如下。

(1) 打开一个已建立的部件文件。

(2) 选择【菜单】→【文件】→【制图】选项，单击工具栏中的【新建图纸页】按钮，弹出【图纸页】对话框。

(3) 在【图纸页】对话框中设置图纸名称为 Sheet4，图纸尺寸为 A4(210×297)，比例为 1∶1，单位为毫米。

(4) 单击【确定】按钮，系统进入制图模块，单击工具栏中的【基本视图】按钮，弹出【基本视图】对话框。

(5) 在【要使用的模型视图】下拉列表中选择【俯视图】选项，选择合适的位置，单击生成俯视图，结果如图 8.70 所示。

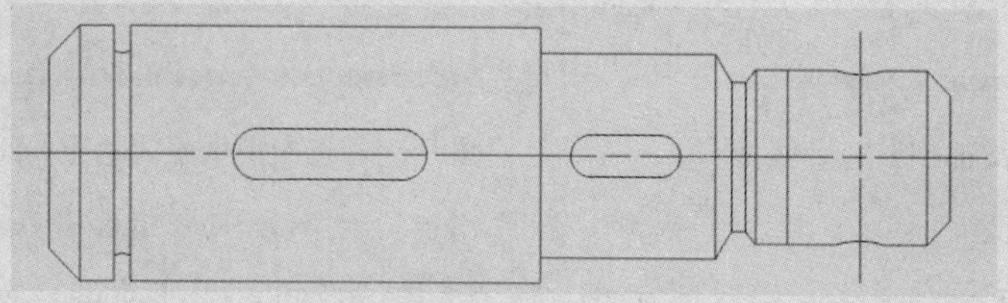

图 8.70　生成俯视图

(6) 选择【菜单】→【插入】→【视图】→【局部放大】选项，或单击工具栏中的按钮，弹出【局部放大图】对话框，如图 8.71 所示。

(7) 选择【圆形】方式，如图 8.72 所示在父视图上指定局部放大图的中心位置，并按图 8.73 所示指定圆形区域作为要局部放大的区域。

图 8.71 【局部放大图】对话框

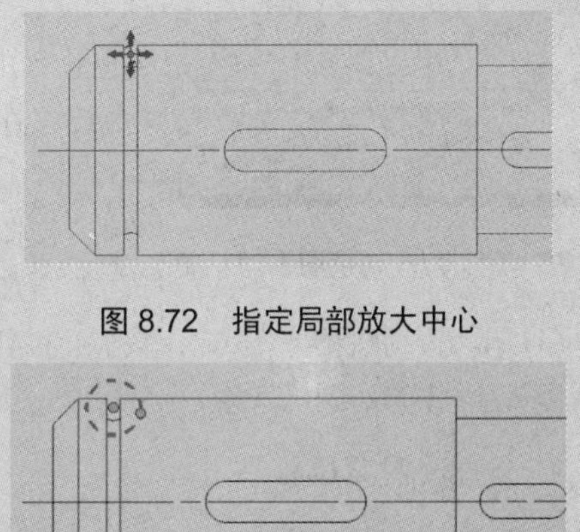

图 8.72 指定局部放大中心

图 8.73 指定局部放大区域

(8) 单击鼠标左键，在视图区出现随光标移动的模型，如图 8.74 所示。选择合适的位置单击，生成局部放大图，结果如图 8.75 所示。

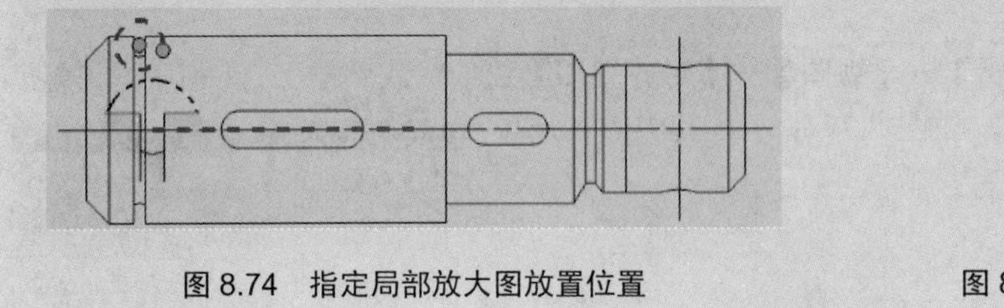

图 8.74 指定局部放大图放置位置

图 8.75 生成局部放大图

8.5 视图管理器

添加到图纸中的视图有时还需做一些调整和改动，如调整视图位置、删除多余视图、修改视图参数、重新定义显示视图边界等。

8.5.1 移动/复制视图

选择【菜单】→【编辑】→【视图】→【移动/复制视图】选项或单击工具栏中的按钮，系统弹出【移动/复制视图】对话框，如图 8.76 所示。对话框中的各选项如下。

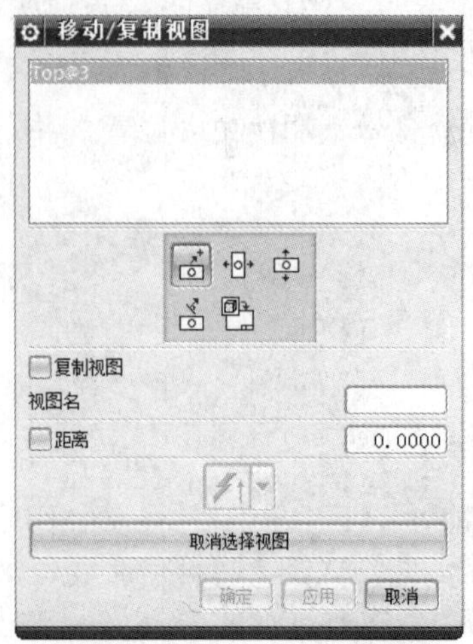

图 8.76 【移动/复制视图】对话框

1. 移动/复制视图的方式

(1) 至一点方式：单击按钮，选取要移动或要复制的视图并在图纸界面内指定一点，则系统将所选视图移动或复制到该指定点。

(2) 水平的方式：单击按钮，选取要移动或要复制的视图，并在图纸界面内沿水平方向拖动光标指定一点，则系统将在水平方向上移动或复制视图。

(3) 竖直的方式：单击按钮，选取要移动或要复制的视图，并在图纸界面内沿竖直方向拖动光标指定一点，则系统将在竖直方向上移动或复制视图。

(4) 垂直于直线方式：单击按钮，选取要移动或要复制的视图，并在图纸界面内指定一条直线，则系统将在垂直于指定直线的方向上移动或复制视图。

(5) 至另一张图纸方式：单击按钮，选取要移动或要复制的视图，则系统将视图移动或复制到另一张图纸上。

2. 复制视图复选框

启用复制视图复选框，则系统复制所选定的视图；禁用该复选框，则系统移动所选定的视图。

3. 距离复选框

启用距离复选框，则系统通过在文本框中输入数值来确定移动或复制视图的距离。

8.5.2 对齐视图

选择【菜单】→【编辑】→【视图】→【对齐视图】选项，或单击工具栏中的按钮，弹出【视图对齐】对话框，如图 8.77 所示。其中的各选项介绍如下。

1. 对齐视图的方式

(1) 叠加方式：单击对话框中的图标，系统将各视图的基准点重合对齐。

(2) 水平的方式：单击对话框中的图标，系统将各视图的基准点水平对齐。

(3) 竖直的方式：单击对话框中的图标，系统将各视图的基准点竖直对齐。

(4) 垂直于直线方式：单击对话框中的图标，系统将各视图的基准点垂直于某一直线对齐。

(5) 自动判断方式：单击对话框中的图标，系统将根据选取的基准点类型不同，采用自动推断方式对齐视图。

图 8.77 【视图对齐】对话框

8.5.3 删除视图

选中不需要的视图，按 Delete 键，或者单击【菜单】→【编辑】工具栏上的 按钮，或单击鼠标右键选择【删除】命令，删除所选视图。

8.5.4 显示与更新视图

选择【菜单】→【编辑】→【视图】→【更新视图】选项，或者单击工具栏中的 按钮，弹出如图 8.78 所示的【更新视图】对话框。

如果当前模型发生了改变，而相应的视图没有及时更新，此时选择【更新视图】选项，在其对话框中可以更新视图。

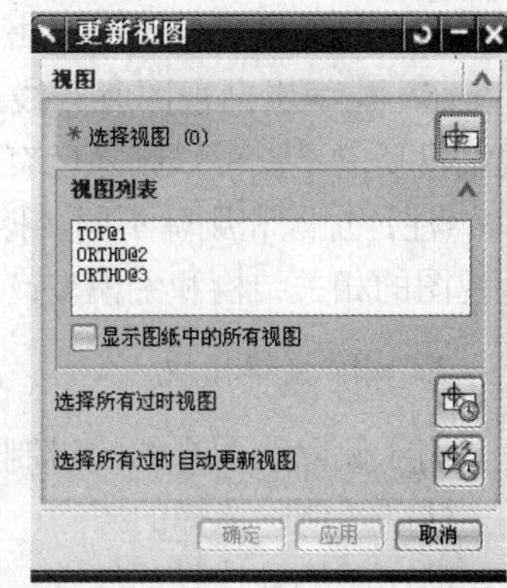

图 8.78 【更新视图】对话框

8.5.5 视图关联编辑

利用该功能可以在某一视图中编辑制图对象，如擦除、移动等，而不影响其他视图中的相关显示。

选择【菜单】→【编辑】→【视图】→【视图相关编辑】选项，或者单击工具栏中的 按钮，系统弹出【视图相关编辑】对话框，如图 8.79 所示。其中的选项如下：视图关联编辑模块，即添加编辑模块、删除编辑模块、转换相依性模块、线框编辑模块、着色编辑模块。

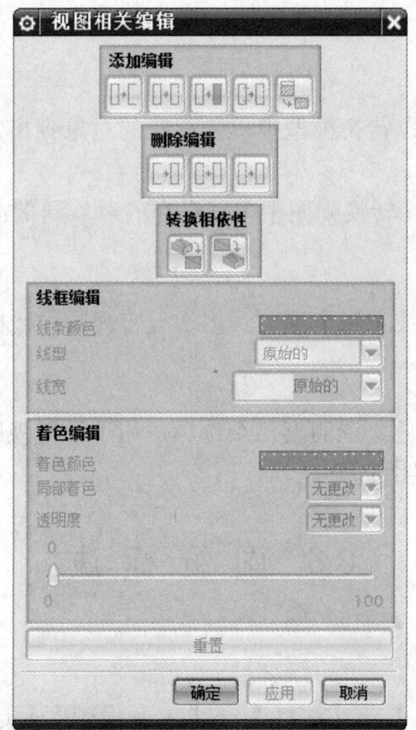

图 8.79 【视图相关编辑】对话框

1. 添加编辑模块

(1) 擦除对象：该按钮用于擦除视图中选取的对象。单击该按钮后，系统弹出对话框，选取对象后，单击【确定】按钮，即可擦除选中对象。

(2) 编辑完整对象：该按钮用于编辑所选整个对象的显示方式，如直线颜色、线型和线宽(行间距因子宽度)。单击该按钮后，设置对象的直线颜色、线型及线宽，单击【应用】按钮，系统弹出对话框，选取编辑对象后，单击【确定】按钮，即可完成对象编辑。

(3) 编辑着色对象：单击该按钮后，将弹出对话框，对选中的对象进行编辑。

(4) 编辑对象段：单击该按钮后，系统将各视图的基准点竖直对齐。

(5) 编辑剖视图背景线：建立剖视图时，可以有选择地保留背景线，此时，用背景线编辑功能不仅可以删除已有的背景线，而且可以添加新的背景线。

(注：擦除和删除不同，擦除对象，只是暂时不显示对象，以后还可恢复，并不会对其他视图的相关结构和主模型产生影响。)

2. 删除编辑模块

用于删除前面介绍的对制图对象所做的编辑。

(1) 删除选择的擦除：用于使已擦除的对象重新显示。

(2) 删除选择的修改：用于使先前修改的对象恢复到原状态。单击该按钮，系统弹出【类选择】对话框，并以红色高亮度显示所有做过的修改。

(3) 删除所有修改：单击该按钮后，将删除已做的所有编辑，使视图恢复到原始状态。

3. 转换相依性模块

(1) 模型转换到视图：转换模型中单独存在的对象到指定视图，并且对象只会出现在该视图中。

(2) 视图转换到模型：转换视图中单独存在的对象到指定模型中。

4. 线框编辑模块

包括线条颜色、线形和线宽三个选项，用于设置视图中线框的颜色、线型和线宽。

5. 着色编辑模块

包括着色颜色、局部着色、透明度三个选项，用于设置视图中直线的颜色、线型和线宽，而且还可调节线条的透明度。

8.6 图 纸 标 注

8.6.1 标注表面粗糙度

选择【菜单】→【插入】→【注释】→【表面粗糙度】选项，或者单击注释工具栏中的 ✓ 按钮，系统弹出【表面粗糙度】对话框，利用该对话框可对图纸进行表面粗糙度标注。

【例 8.8】 标注图纸的表面粗糙度。

解：具体操作步骤如下。

(1) 打开已建立的部件文件，进入制图模块，添加俯视图和全剖视图，如图 8.80 所示。

(2) 选择【菜单】→【插入】→【符号】→【表面粗糙度】选项，系统弹出【表面粗糙度】对话框，如图 8.81 所示。

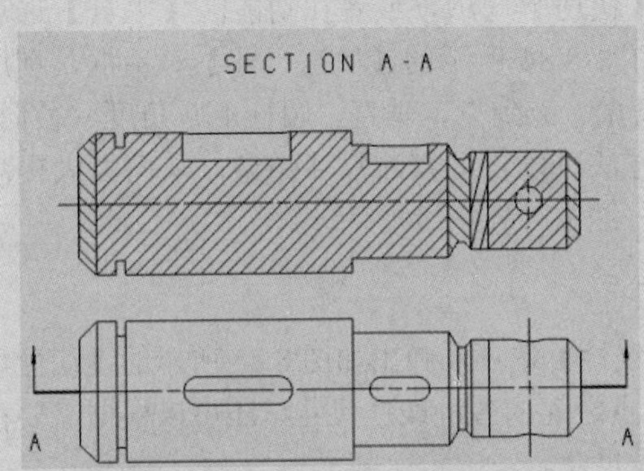

图 8.80 添加基本视图

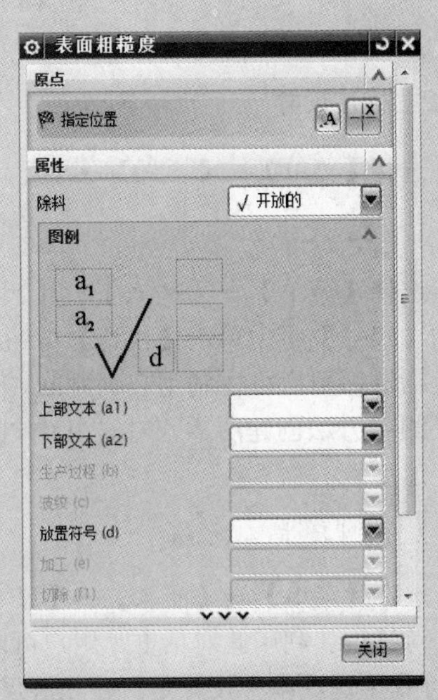

图 8.81 【表面粗糙度】对话框

(3) 单击基本符号按钮 √，设置参数。

(4) 设置下部文本(a2)参数为 1.6，其他参数保持系统默认设置。

(5) 系统提示指定原点或按住并拖动对象以创建指引线，此时选择边或尺寸，选择如图 8.82 所示的边并在【快速拾取】列表中选择【中点】。

(6) 完成如图 8.83 所示的表面粗糙度的标注。

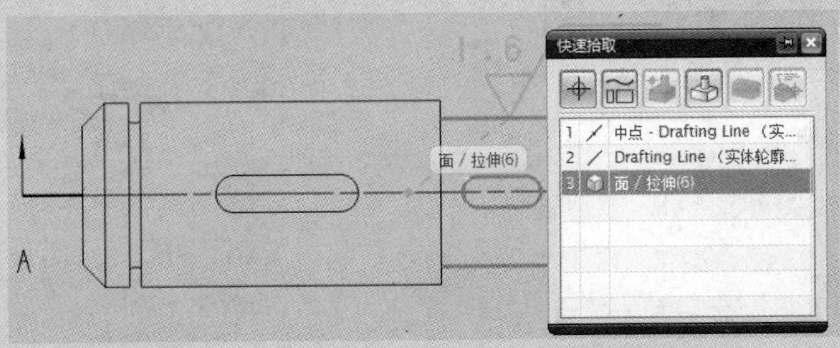

图 8.82 选择放置边

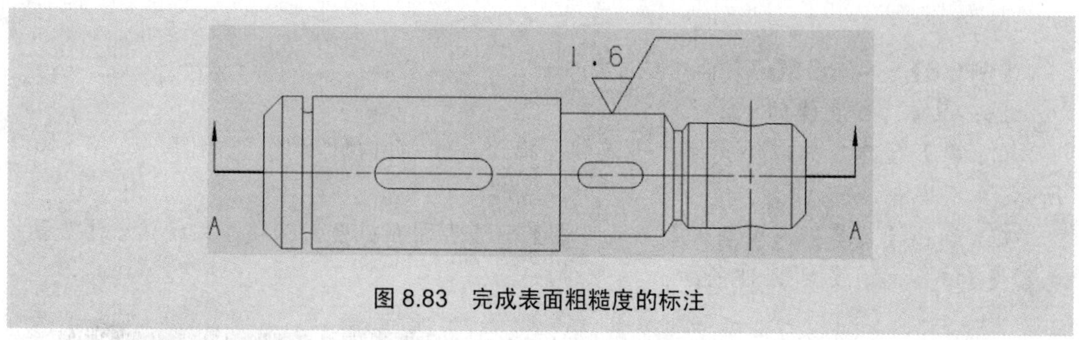

图 8.83 完成表面粗糙度的标注

8.6.2 标注尺寸

选择【菜单】→【插入】→【尺寸】选项，或者在尺寸工具栏中选择标注尺寸的方式。

1. 快速尺寸

选择【菜单】→【插入】→【尺寸】→【快速】选项，或者在功能区【主页】选项卡的【尺寸】组中单击【快速】按钮，弹出如图 8.84 所示的【快速尺寸】对话框，利用此对话框，用户可以利用自动判断、水平、竖直、点到点、垂直、圆柱形、角度、径向、直径测量方法创建所需尺寸，其中自动判断方法可以自动判断尺寸类型，从而大大提高标注速度。

2. 线性尺寸

选择【菜单】→【插入】→【尺寸】→【线性】选项，弹出如图 8.85 所示的【线性尺寸】对话框，利用此对话框，用户可以创建两点之间的各种线性尺寸，还可以根据需要在【尺寸集】选项组中设置是否建立链尺寸和基线尺寸。

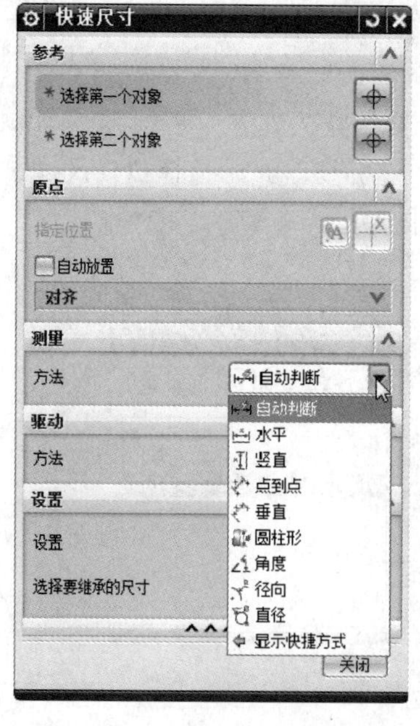

图 8.84 【快速尺寸】对话框

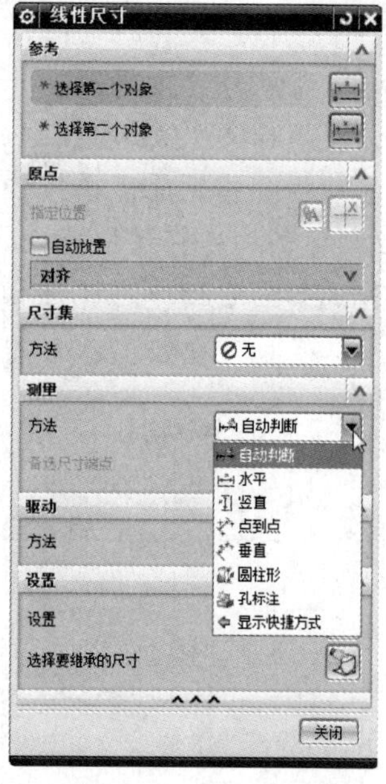

图 8.85 【线性尺寸】对话框

3. 标注水平尺寸

选择【菜单】→【插入】→【尺寸】→【线性】选项，弹出如图 8.85 所示的【线性尺寸】对话框，在【方法】下拉列表中选择【水平】，选择一条直线或依次指定两点可标注水平方向尺寸，标注结果如图 8.86 所示。

4. 标注竖直尺寸

选择【菜单】→【插入】→【尺寸】→【线性】选项，弹出如图 8.85 所示的【线性尺寸】对话框。在【方法】下拉列表选择【竖直】，选择一条直线或依次指定两点可标注竖直方向尺寸，标注结果如图 8.87 所示。

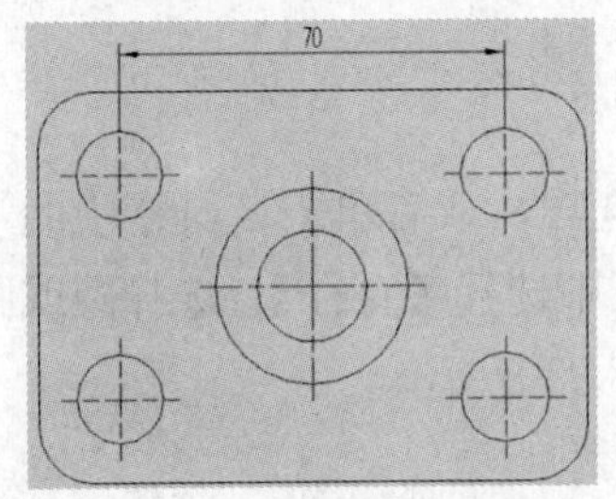

图 8.86　水平尺寸标注

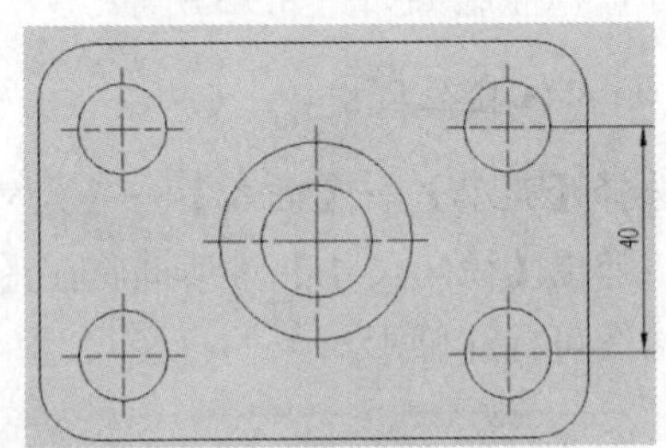

图 8.87　竖直尺寸标注

5. 标注平行尺寸

选择【菜单】→【插入】→【尺寸】→【线性】选项，弹出如图 8.85 所示的【线性尺寸】对话框。在【方法】下拉列表选择【点到点】，依次指定两点可标注平行尺寸，标注结果如图 8.88 所示。

6. 标注垂直尺寸

选择【菜单】→【插入】→【尺寸】→【线性】选项，弹出如图 8.85 所示的【线性尺寸】对话框。在【方法】下拉列表选择【垂直】，选择一条直线，再指定一点可标注点到直线的距离，标注结果如图 8.89 所示。

7. 标注倒斜角尺寸

选择【菜单】→【插入】→【尺寸】→【倒斜角】选项，弹出【倒斜角尺寸】对话框。选择要标注的倒斜角边可标注倒斜角尺寸，标注结果如图 8.90 所示。

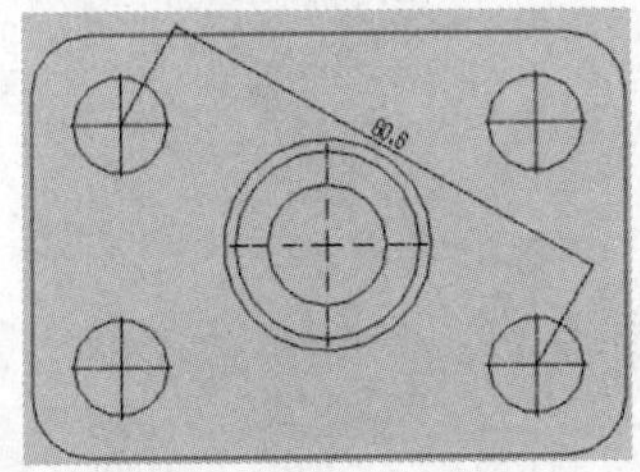

图 8.88　平行尺寸标注

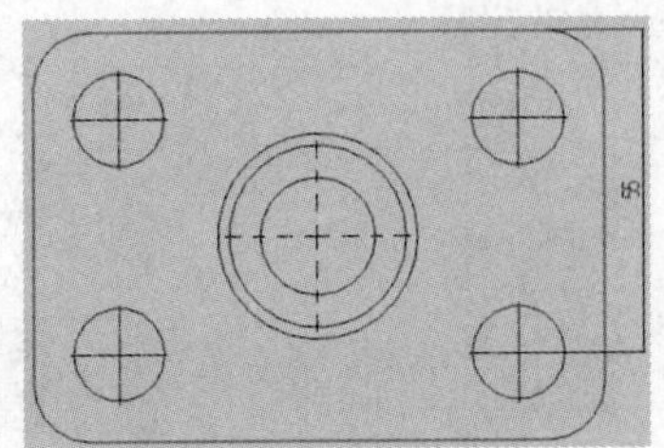

图 8.89　垂直尺寸标注

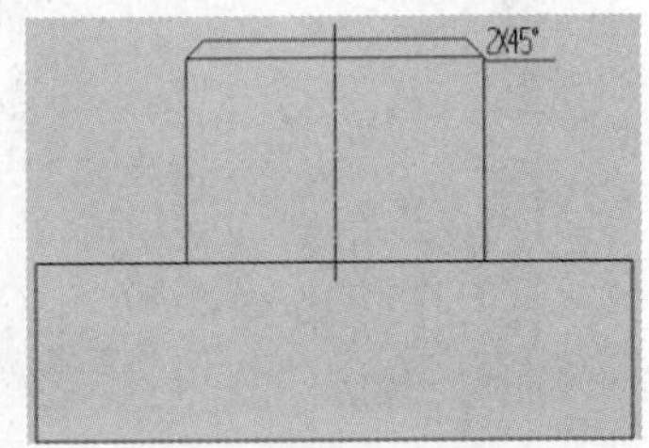

图 8.90　倒斜角尺寸标注

8. 标注角度尺寸

选择【菜单】→【插入】→【尺寸】→【角度】选项，弹出【角度尺寸】对话框。依次选择两条非平行直线可标注两条直线的夹角。夹角的大小定义为所选的第 1 条直线沿逆时针旋转到所选的第 2 条直线的角度，标注结果如图 8.91 所示。

9. 标注圆柱形的尺寸

选择【菜单】→【插入】→【尺寸】→【线性】选项，弹出【线性尺寸】对话框，在【方法】下拉列表中选择【圆柱形】，再选择两个对象或两个点可标注两个对象之间的圆柱形尺寸，标注结果如图 8.92 所示。

10. 标注直径尺寸

选择【菜单】→【插入】→【尺寸】→【径向】选项，或者单击工具栏中的【径向】按钮，弹出【径向尺寸】对话框。在【方法】下拉列表中选择【直径】。选择圆或圆弧对象的边缘线可标注圆形对象的直径尺寸，标注结果如图 8.93 所示。

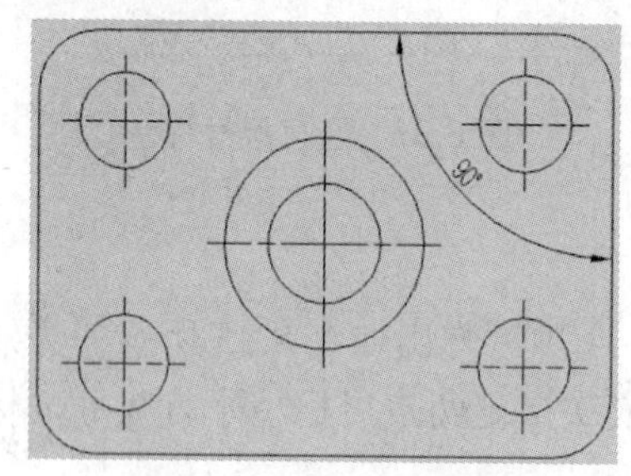

图 8.91　角度尺寸标注

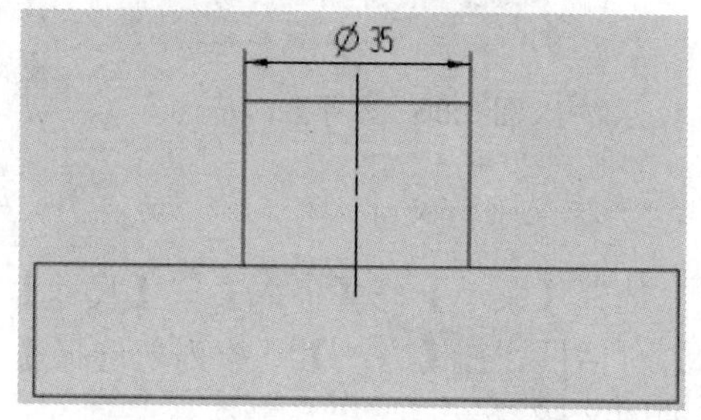

图 8.92　圆柱形尺寸标注

11. 标注半径尺寸

选择【菜单】→【插入】→【尺寸】→【径向】选项，或者单击工具栏中的【径向】按钮，弹出【径向尺寸】对话框。选择圆或圆弧对象的边缘线可标注圆形对象的半径尺寸，标注结果如图 8.94 所示。

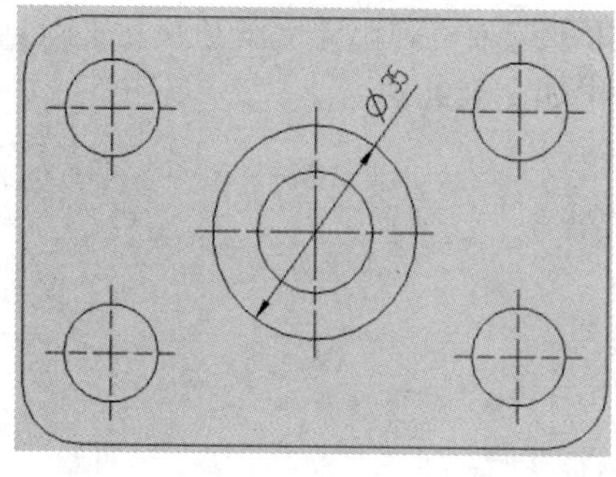

图 8.93　直径尺寸标注

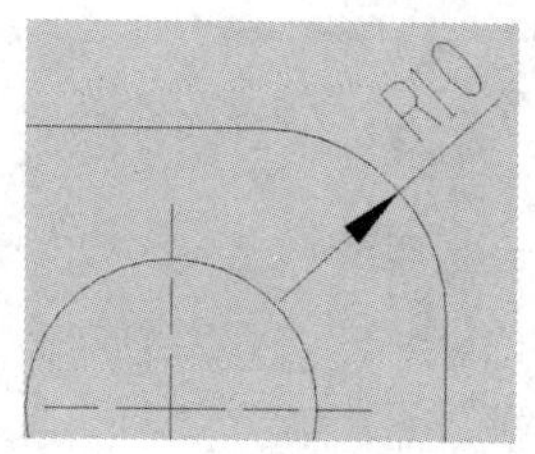

图 8.94　半径尺寸标注

12. 标注带折线的半径尺寸

【例 8.9】 对大圆半径进行带折线的半径尺寸标注。

解：具体操作步骤如下。

(1) 打开文件，进入制图模块。

(2) 选取【主页】选项板中【草图】组里面的【点】命令，在合适的位置创建一个点，如图 8.95 所示。

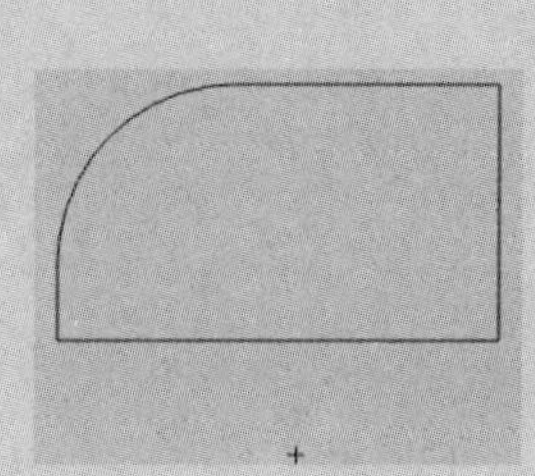

图 8.95 创建点

(3) 选择【菜单】→【插入】→【尺寸】→【径向】选项，弹出如图 8.96 所示的【径向尺寸】对话框，勾选【创建带折线的半径】。

(4) 选取大圆弧，选取刚才创建的点，移动鼠标，并在途中适当位置单击指定折叠位置，效果如图 8.97 所示。

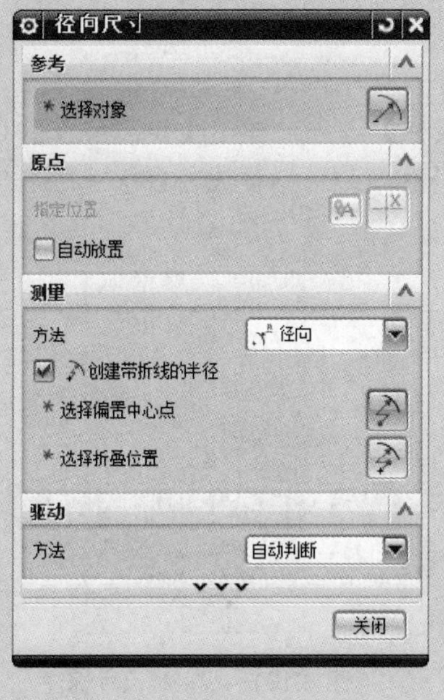

图 8.96 径向尺寸对话框

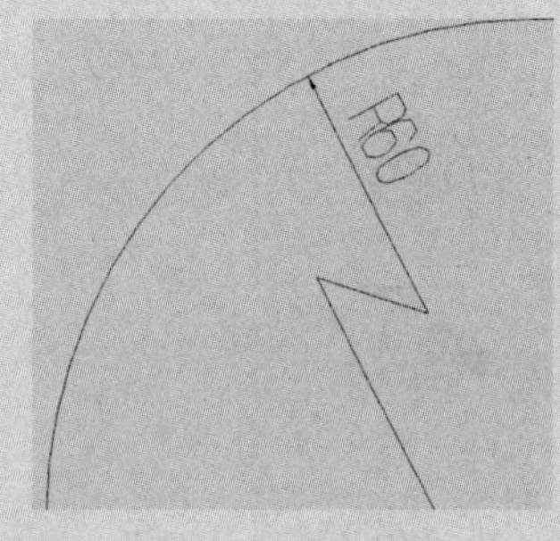

图 8.97 带折线的半径尺寸

13. 厚度尺寸标注

选择【菜单】→【插入】→【尺寸】→【厚度】选项，或者单击【主页】选项卡【尺寸】组中的【厚度】命令，弹出【厚度尺寸】对话框，标注两条曲线之间的距离，标注结果如图 8.98 所示。

14. 圆弧长尺寸标注

选择【菜单】→【插入】→【尺寸】→【弧长】选项，弹出【弧长尺寸】对话框，选取圆弧可标注圆弧对象的弧长尺寸，标注结果如图 8.99 所示。

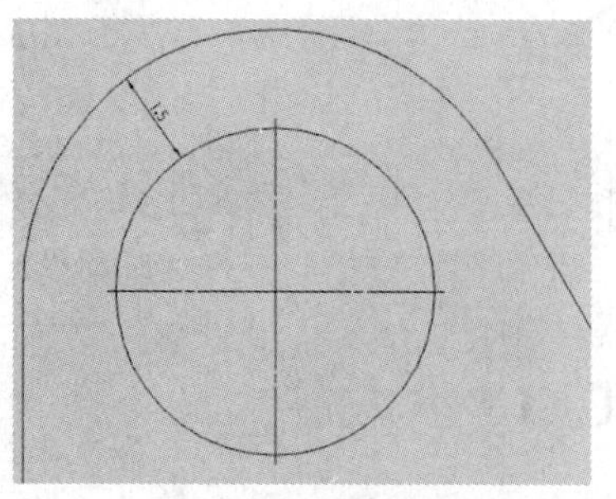

图 8.98　厚度尺寸标注

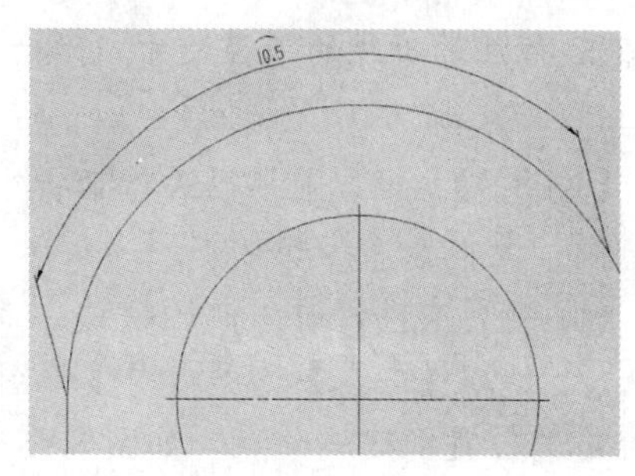

图 8.99　弧长尺寸标注

15. 水平链尺寸标注

选择【菜单】→【插入】→【尺寸】→【线性】选项，弹出【线性尺寸】对话框，在【方法】下拉列表中选择【水平】，依次选择各标注点可以标注水平尺寸链，标注结果如图 8.100 所示。

16. 竖直链尺寸标注

选择【菜单】→【插入】→【尺寸】→【线性】选项，弹出【线性尺寸】对话框，在【方法】下拉列表中选择【竖直】，依次选择各标注点可以标注竖直尺寸链，标注结果如图 8.101 所示。

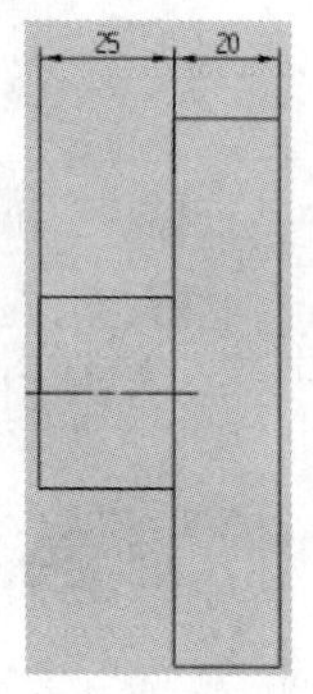

图 8.100　水平链尺寸标注

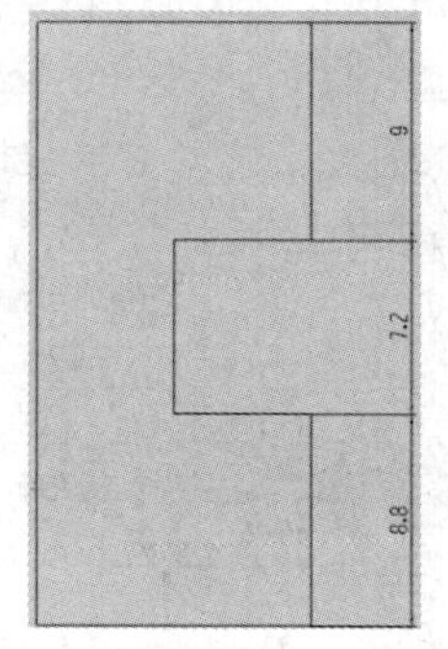

图 8.101　竖直链尺寸标注

17. 水平基线尺寸标注

选择【菜单】→【插入】→【尺寸】→【线性】选项，弹出【线性尺寸】对话框，在【尺寸集】下拉列表中选择【水平】。依次选取水平方向各标注点，单击完成水平基线尺寸的标注。该方式与水平链尺寸标注方法不同的是，水平基线方式将选取的第 1 个标注点作为尺寸基线，标注结果如图 8.102 所示。

18. 竖直基线尺寸标注

选择【菜单】→【插入】→【尺寸】→【线性】选项，弹出【线性尺寸】对话框，在【尺寸集】下拉列表中选择【竖直】。依次选取竖直方向各标注点，单击完成竖直基线尺寸的标注。该方式与竖直链尺寸标注方法不同的是，竖直基线方式将选取的第 1 个标注点作为尺寸基线，标注结果如图 8.103 所示。

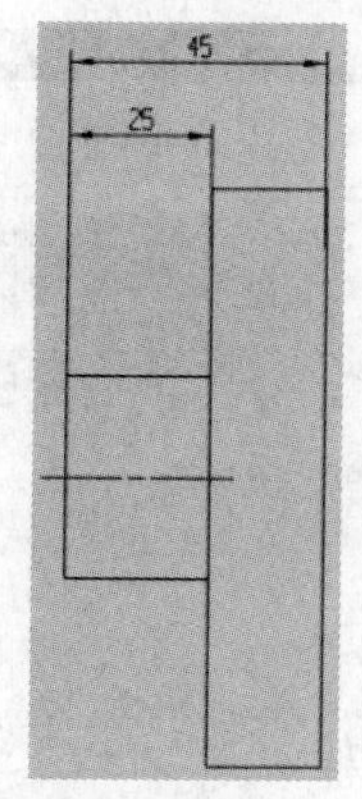

图 8.102 水平基线尺寸标注

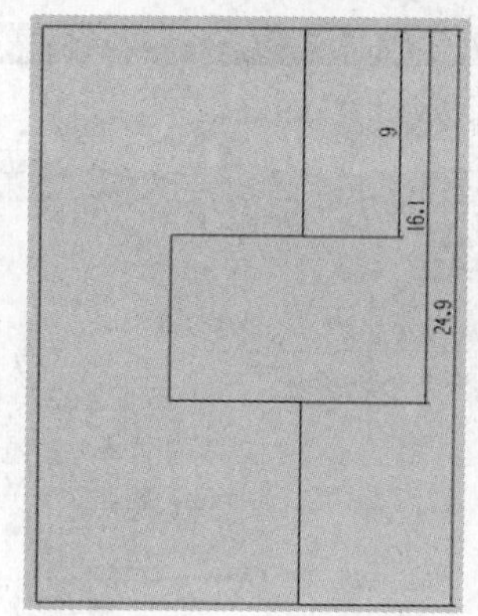

图 8.103 竖直基线尺寸标注

8.6.3 插入中心线

在工程图中，一些对象往往需要添加中心线，在功能区【主页】选项卡的【注释】组中提供了插入中心线的工具命令。

下面以创建 2D 中心线为例。

(1) 在功能区【主页】选项卡的【注释】组中单击【2D 中心线】命令，弹出如图 8.104 所示的【2D 中心线】对话框。

(2) 在【类型】下拉列表中选择【从曲线】或者【根据点】命令，再次选择【根据点】命令，分别选取两点。同时用户可以调整延伸长度，设置偏置选项。

(3) 各项参数调好后，单击【应用】或者【确定】按钮，一条 2D 中心线便创建完成，效果如图 8.105 所示。

图 8.104 【2D 中心线】对话框

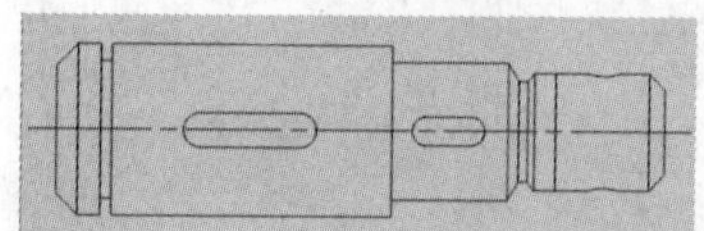

图 8.105 创建 2D 中心线的示例

8.6.4 标注几何公差和基准特征符号

(1) 打开零件文件，单击功能区【主页】选项卡【注释】组中的基准特征符号按钮，弹出如图 8.106 所示的【基准特征符号】对话框，定义【基准标识符】的【字母】，单击【指引线】下面的【选择终止对象】，如图 8.107 所示，在图中选择合适的边线单击完成放置操作，效果如图 8.108 所示。

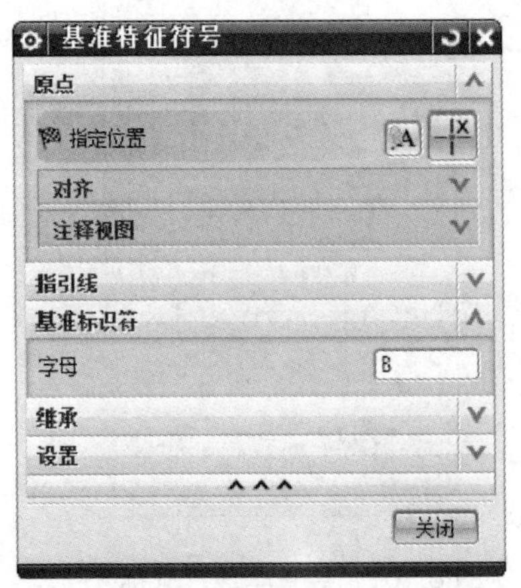

图 8.106 【基准特征符号】对话框

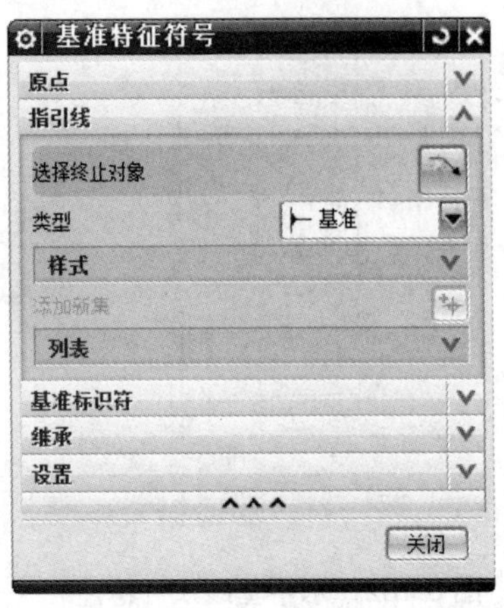

图 8.107 单击【选择终止对象】

(2) 对于“延伸公差带的延伸部分应满足对基准相关要求”，单击主视图边界线，单击鼠标右键选择【活动草图视图】命令激活主视图，如图 8.109 所示。选择功能区【主页】选项卡【草图】组里面的直线命令，绘制延长线，并选择曲线，单击鼠标右键选择【编辑显示】命令，在【线型】中选择双点画线，如图 8.110 所示，标注尺寸及形位公差特征项目符号Ⓟ，标注结果如图 8.111 所示。

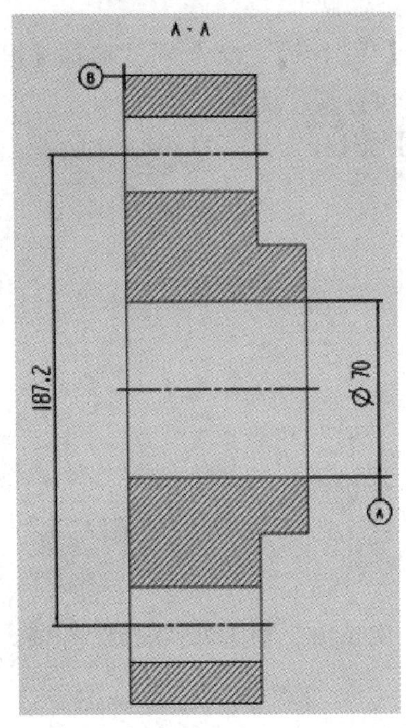

图 8.108 基准特征符号的标注

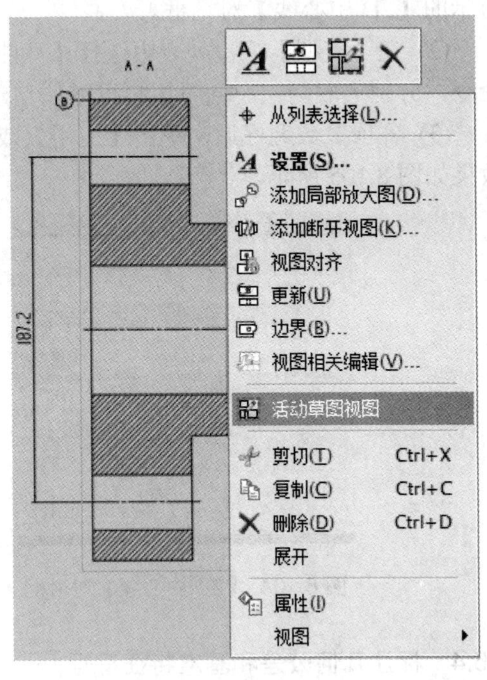

图 8.109 激活主视图

(3) 单击功能区【主页】选项卡【注释】组里面的特征控制框按钮，弹出如图 8.112 所示的【特征控制框】对话框。

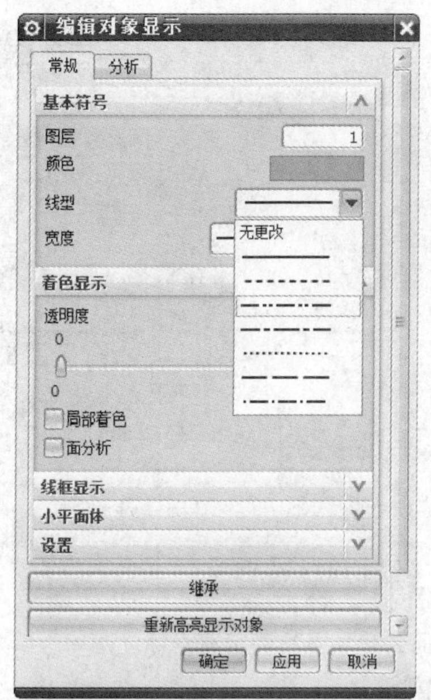

图 8.110 【编辑对象显示】对话框

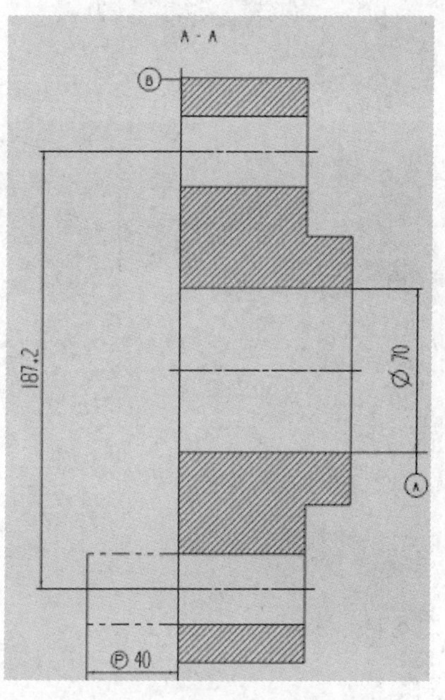

图 8.111 基准符号标注结果

(4) 选中【带折线创建】，在指引线【类型】下拉列表中选择【普通】。后面的各项参数的设置参考图 8.113。设置完成后单击如图 8.114 中所示的圆，再选择【原点工具】，移动【特征控制框】到合适的位置并单击，整理之后得到的效果如图 8.115 所示。

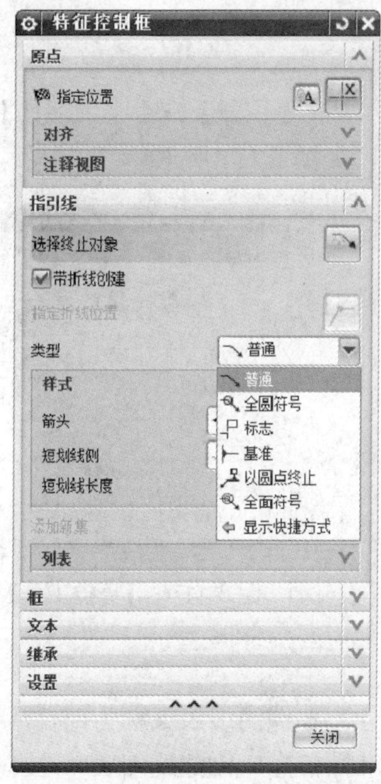

图 8.112 【特征控制框】对话框

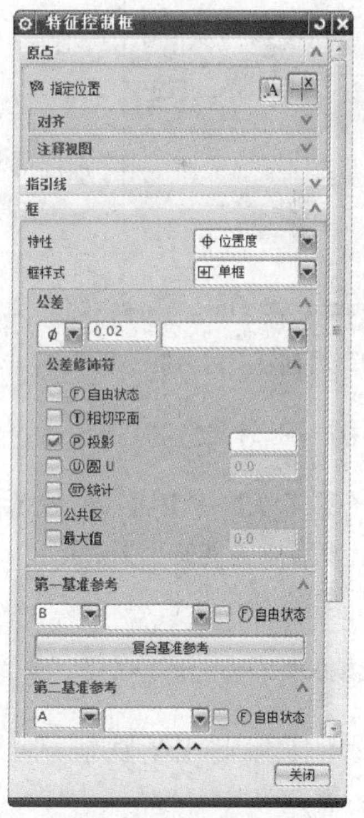

图 8.113 各项参数的设定

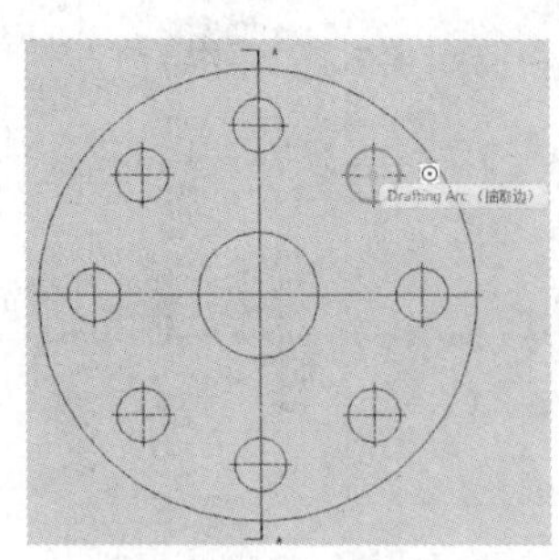

图 8.114　选择圆

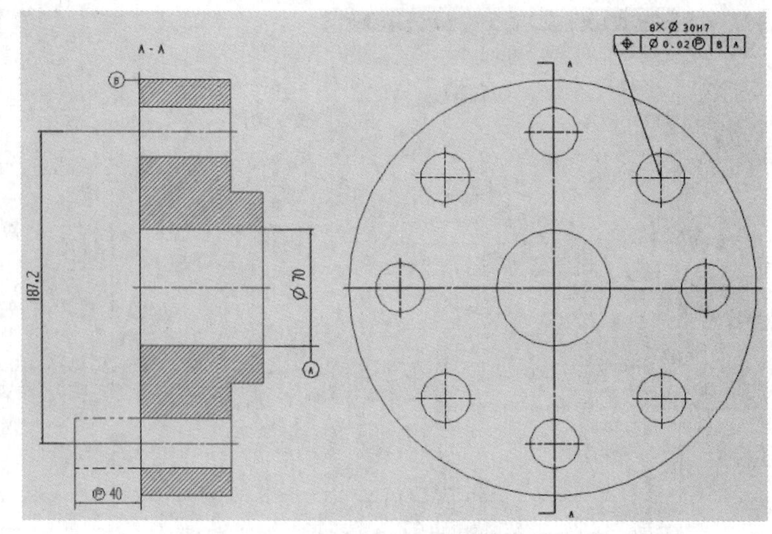

图 8.115　几何公差和基准特征符号标注图

8.6.5　注释

选择【菜单】→【插入】→【注释】选项，或者单击功能区【主页】选项卡中【注释】组里的按钮，弹出【注释】对话框，如图 8.116 所示。利用该对话框，可以设置注释文本的对齐位置、文本对准及文字类型等。

图 8.116　【注释】对话框

8.6.6　原点

选择【菜单】→【插入】→【注释】→【原点工具】选项，弹出【原点工具】对话框，如图 8.117 所示。

利用原点命令，用户可以指定注释文本在图纸页上的放置位置，同时也可以为原点设置对齐选项。

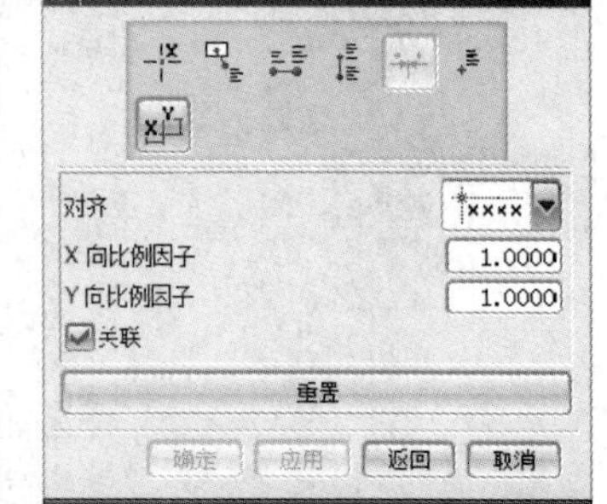

图 8.117　【原点工具】对话框

8.6.7　用户定义符号

选择【菜单】→【插入】→【符号】→【用户定义】选项，弹出【用户定义符号】对话框，如图 8.118 所示。对话框中提供了一些常用的符号，用户可以直接选用。

8.6.8　零件明细表和标题栏

在装配体工程图中，明细表是一个重要的组成部分。零件明细表又称为部件清单，其中包含了零件的编号、名称、材料、数量以及国家标准等信息。创建明细表时这些信息可以在部件属性中定义，也可以由系统自动加入，因此，在建立装配体时可以产生一个或多个部件清单。由于三维模型、视图、部件之间的关联性，部件清单根据装配的更新而更新，对于一些单独的条目，则可以被锁定或重排列。

在制图模式下，选择【插入】→【零件明细表】选项，系统出现浮动的临时明细表。用鼠标拖动临时明细表到适当的位置，单击【确定】按钮，便可生成相应的明细表。这时的明细表通常只包含部件序号栏(PC NO.)、部件名称栏(PART NAME)和数量栏(QTY)。用户可以在选中明细表后单击鼠标右键，在弹出的快捷菜单中编辑明细表，以满足生成需要。

工程图样的图框和标题栏在国家制图标准中有详细规定，制作工程图时应符合国家标准。通常，先建立独立的包含标准图框和标题栏的图样文件，然后将工程图直接导入即可。

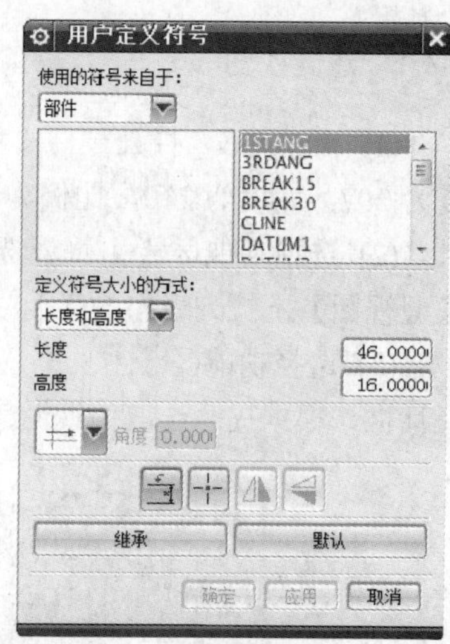

图 8.118 【用户定义符号】对话框

【例 8.10】 创建 GB-A4.prt 文件。

解： 具体操作步骤如下。

(1) 新建部件文件 GB-A4.prt，进入制图模块，设置图幅为 A4。

(2) 利用【直线】工具条，依据制图标准绘制图框和标题栏，如图 8.119 所示。

(3) 选择【文件】→【保存】→【保存选项】选项，系统弹出【保存选项】对话框，如图 8.120 所示，单击 确定 按钮即可。

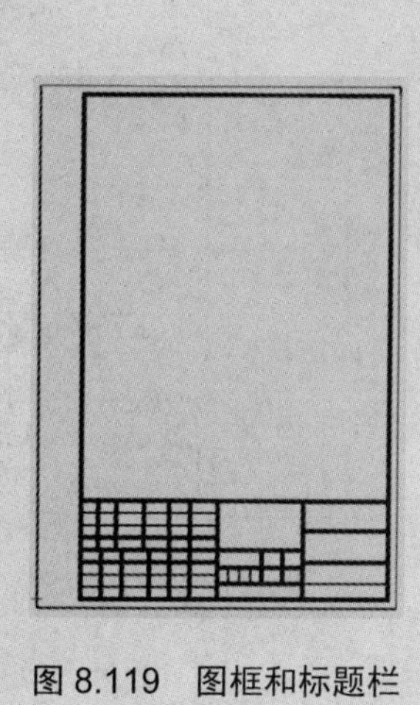

图 8.119 图框和标题栏

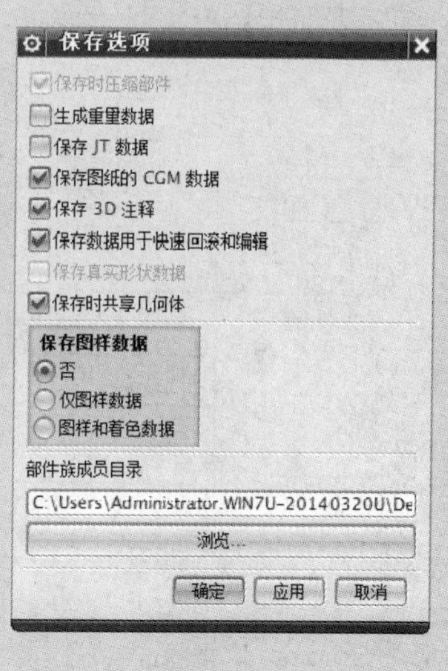

图 8.120 【保存选项】对话框

8.7 综 合 实 例

绘制一支承座的平面工程图，要求清楚表达结构，标注符合制图标准。绘制步骤如下。

8.7.1　建立视图

(1) 启动UG，打开零件文件，进入制图模块，在【图纸页】中选择图纸尺寸，设置高度为297，宽度为210，比例为1∶1，确定投影象限角为第1象限角。

(2) 选择功能区【主页】选项卡【视图】组中的【基本视图】命令，选择【要使用的模型视图】下拉列表中的【俯视图】，单击在图中创建俯视图，如图8.121所示。

(3) 选择功能区【主页】选项卡【视图】组中的【剖视图】命令，系统弹出【剖视图】对话框，根据提示选取俯视图为父视图，定义剖切位置，生成剖视图，如图8.122所示。

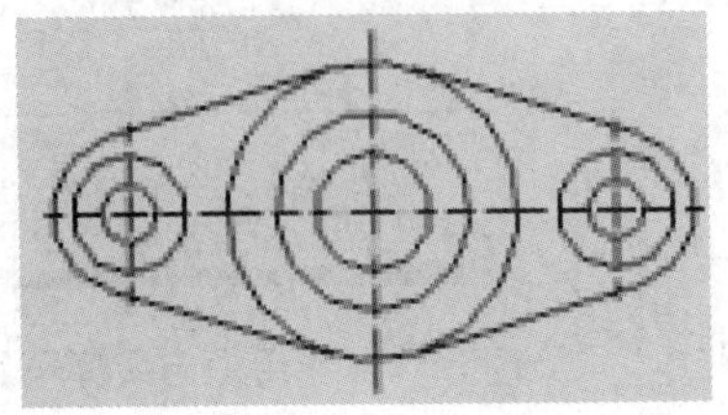

图8.121　添加俯视图

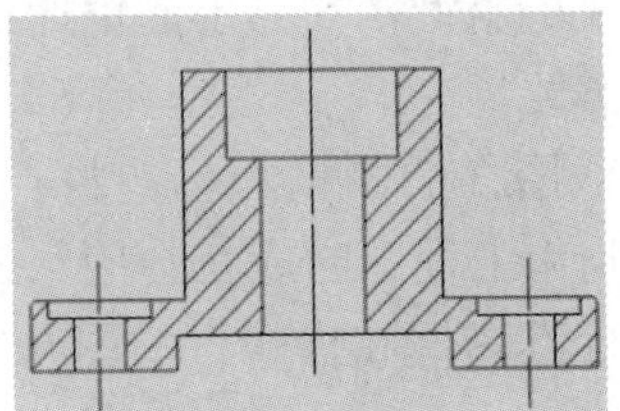

图8.122　生成剖视图

8.7.2　标注尺寸

选择【菜单】→【插入】→【尺寸】选项，标注所需的各种尺寸，如图8.123所示。

8.7.3　插入表面粗糙度、形位公差、图框及标题栏

(1) 插入表面粗糙度、技术要求，如图8.124所示。

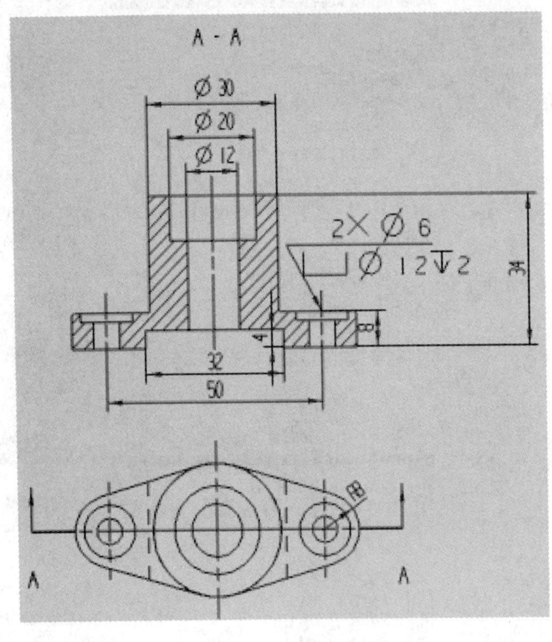

图8.123　尺寸标注

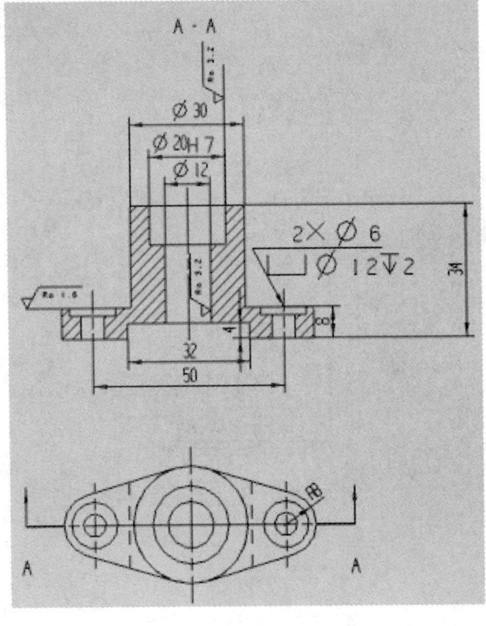

图8.124　插入其他注释

(2) 选择【菜单】→【文件】→【导入】→【部件】选项，系统弹出【导入部件】对话框，如图 8.125 所示。

(3) 在图 8.125 所示的对话框中单击【确定】按钮，在目录中查找 8.6 节建立的 GB-A4.prt 图样文件，单击 OK 按钮，系统弹出【点】对话框。根据提示，指定图样插入点后，单击 确定 按钮，插入图样文件，如图 8.126 所示。

(4) 保存文件。

至此，完成支承座平面工程图的绘制。

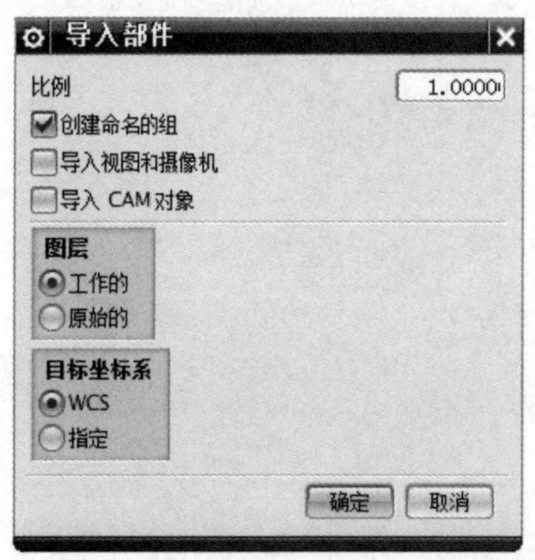

图 8.125 【导入部件】对话框

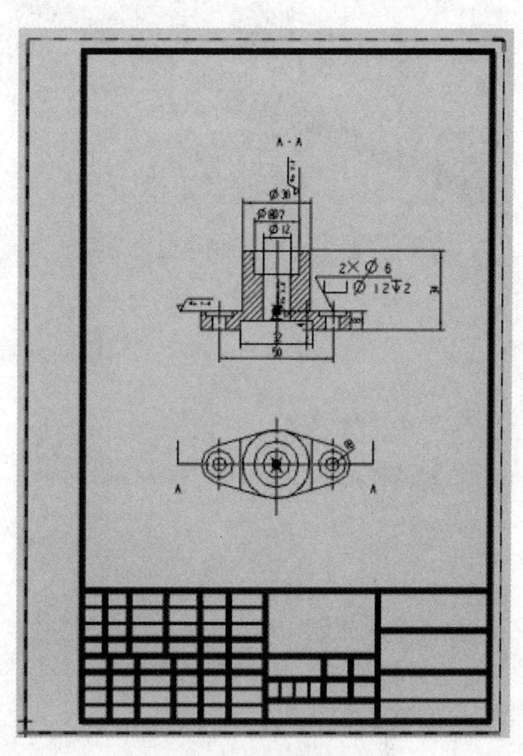

图 8.126 插入图样文件

8.8 本 章 小 结

本章主要介绍了 UG 中各种平面工程视图的建立、管理及编辑，包括图纸的生成、标注及如何制作图框和标题栏的图样文件。由于 UG 本身的建模特点，使得三维图形建立后便可自动生成工程图，因此，工程图只需局部修改便能满足生产要求，这更加体现出 UG 在计算机辅助设计中的优越性和方便性。

8.9 习 题

1. 问答题

(1) 如何根据国家标准设置 UG 制图模块的首选项？

(2) 利用 UG 软件，在绘制零件图与装配图时有哪些差别？

(3) 建模时如何结合制图模块来提高设计效率？

2. 操作题

(1) 绘制如图 8.127 所示的手柄平面工程图。

(2) 绘制如图 8.128 所示的支架平面工程图。

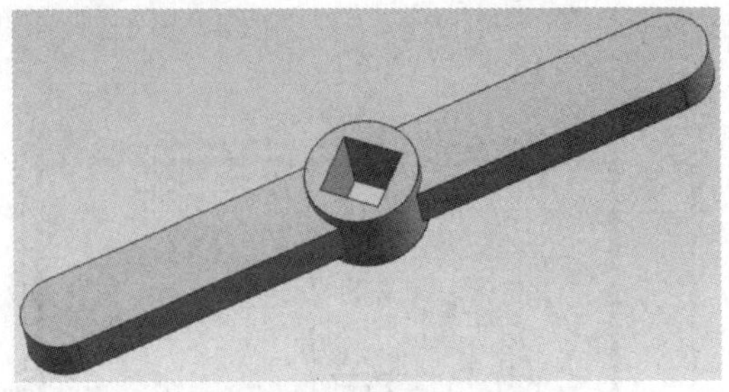

图 8.127　手柄模型

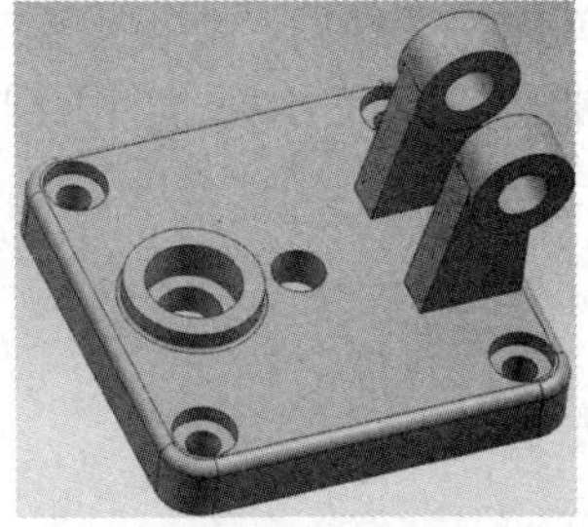

图 8.128　支架模型

第 9 章

综合运用案例——减速器

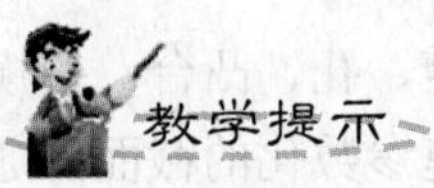

教学提示

重点讲解减速器主要零部件的设计和装配，来引导读者进行设计。

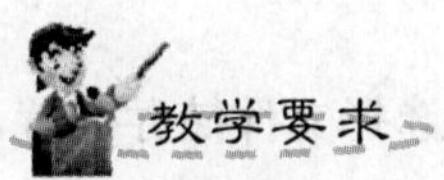

教学要求

利用 UG 9.0 软件熟练掌握减速器的设计，并能够独立完成本章习题。

9.1 减速器的主要型式及特性

减速器是一种由封闭在壳体内的齿轮传动、蜗杆传动或齿轮-蜗杆传动所组成的独立部件，常用在动力机与工作机之间作为增扭减速的传动装置，在少数场合下也用作增速的传动装置，减速器由于结构紧凑、效率较高、传递运动准确可靠、使用维护简单，故在现代机器中应用很广。

9.2 减速器机盖的设计

减速器机盖在减速器中是比较复杂的部件，本节通过设计机盖，将前几章学习的建模方法进行综合运用。同时学习布尔运算、拔模、抽壳等特征。利用草图创建参数化的截面，通过对截面进行拉伸、旋转等操作得到相应的参数化实体模型。

减速器机盖是减速器零件中外形比较复杂的部件，其上分布各种槽、孔、凸台、拔模面。在草图模式中主要是绘制带有约束关系的二维图形。利用草图创建参数化的截面，通过对平面造型的拉伸、旋转得到相应的参数化实体模型。本实例的制作思路为设置草图模式，绘制各种截面，充分利用拉伸、布尔运算和镜像命令，快速而高效地创建实体模型。

1) 创建机盖的中间部分

(1) 启动 UG NX 9.0，选择【新建】→【模型】类型，输入文件名，选择文件储存位置，或者单击图标，选择【模型】类型，文件名为 model1.prt，单击【确定】按钮进入建立模型模块界面。

(2) 选择【菜单】→【插入】→【草图】选项，或者单击图标，系统弹出【创建草图】对话框，选择 *XC-YC* 平面为草绘平面，单击【确定】按钮进入草图绘制界面。

(3) 创建如图 9.1 所示的草图。

(4) 单击图标退出草图模式，进入建模模式。

(5) 单击工具栏中的图标，系统弹出【拉伸】对话框，利用该对话框拉伸草图中创建的曲线，操作方法如下。

① 选择草图绘制的曲线为拉伸曲线。

② 在【指定矢量】下拉列表中选择作为拉伸方向。

③ 在对话框中输入开始距离 0，结束距离 51，单击【确定】按钮，完成拉伸，生成如图 9.2 所示的实体模型。

2) 创建机盖的端面

(1) 选择【菜单】→【插入】→【草图】选项，或者单击图标，进入草图模式。

(2) 单击工具条中的□图标，系统弹出【矩形】对话框，该对话框中的图标从左到右分别表示按 2 点、按 3 点、从中心、坐标模式和参数模式，利用该对话框建立矩形的方法如下。

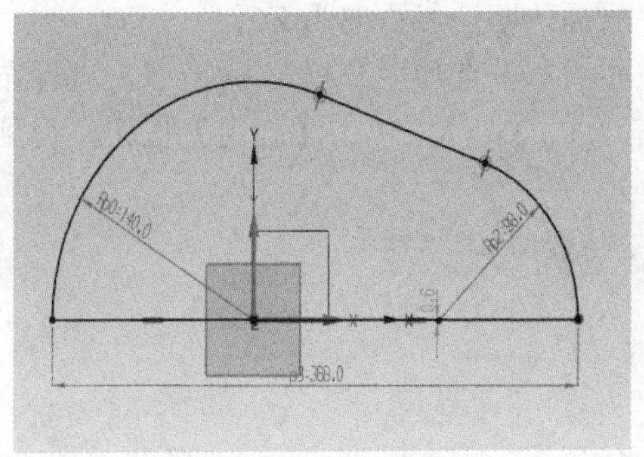

图 9.1 创建草图 1

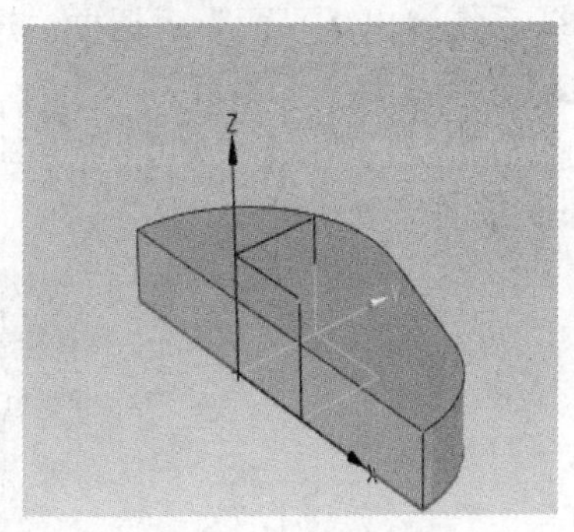

图 9.2 拉伸效果

① 选择创建方式为按 2 点，单击图标。

② 在文本框中输入起点坐标(-170，0)并按 Enter 键。

③ 在文本框中设定宽度、高度为 428 及 12，并单击建立矩形。

(3) 按同样的方法作另一矩形。起点坐标(-86，0)，宽度、高度为 312 及 45，结果如图 9.3 所示。

(4) 单击图标退出草图模式，进入建模模式。

(5) 单击工具栏中的图标，系统弹出【拉伸】对话框。利用该对话框拉伸草图中创建的曲线，操作方法如下。

① 选择草图绘制第二个矩形为拉伸曲线。

② 在【指定矢量】下拉列表中选择作为拉伸方向，并设置开始距离为 51，结束距离为 91，单击【确定】按钮。

(6) 按同样的方法作另一矩形的拉伸。单击工具栏里的图标，系统弹出【拉伸】对话框，利用该对话框拉伸草图中创建的曲线，操作方法如下。

① 选择草图绘制的第一个矩形为拉伸曲线。

② 在【指定矢量】下拉列表中选择作为拉伸方向，并设置起点距离为 0，终点距离为 91，单击【确定】按钮，得到如图 9.4 所示的实体。

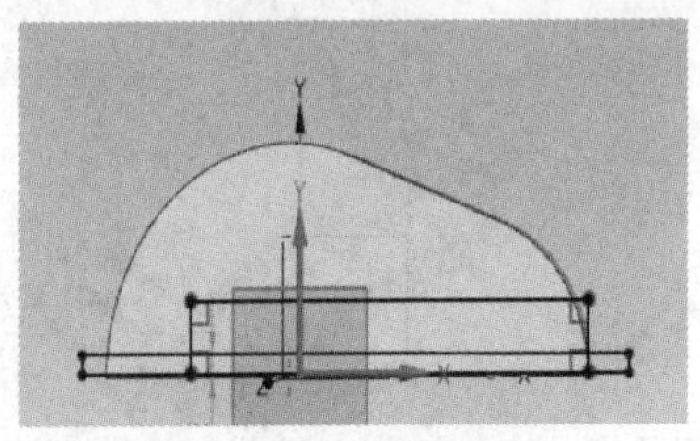

图 9.3 绘制矩形

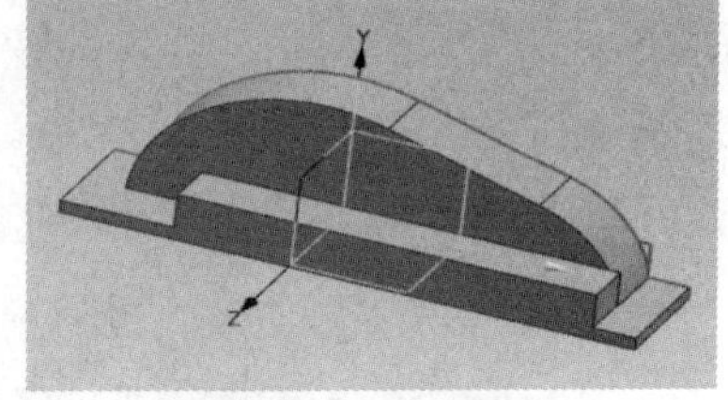

图 9.4 创建实体 1

3) 创建机盖的整体

(1) 选择【菜单】→【编辑】→【变换】选项，弹出【变换】对话框，利用该对话框进行镜像变换，方法如下。

① 在【变换】对话框中选择【全选】选项，单击【确定】按钮。

② 系统弹出【变换】对话框，选择【通过一平面镜像】选项。

③ 系统弹出【平面】对话框，选择 *XC-YC* 平面，即法线方向为 *ZC*。

(2) 选择【菜单】→【插入】→【组合】→【求和】选项，或单击按钮，进行布尔求和运算，系统弹出【求和】对话框。选择布尔求和的实体，单击【确定】按钮，得到如图 9.5 所示的运算结果。

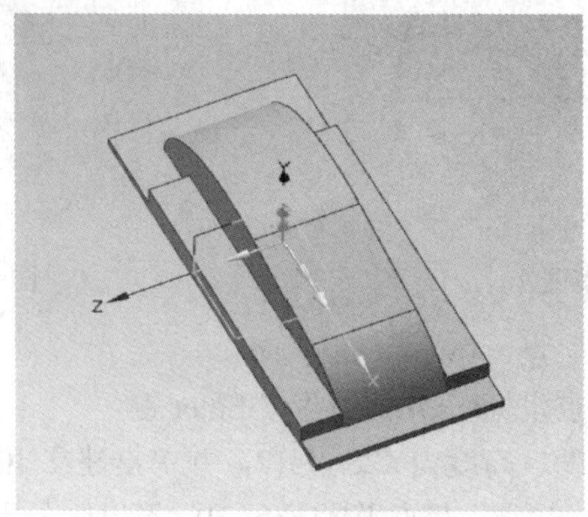

图 9.5 运算结果

(注：所选择的实体必须有相交的部分，否则，不能进行求和操作。这时系统会提示操作错误，警告工具实体与目标实体没有相交的部分。)

4) 抽壳

(1) 切割。选择【菜单】→【插入】→【修剪】→【拆分体】选项，或在工具栏中单击按钮，在下拉菜单中单击拆分体图标，系统弹出【拆分体】对话框，利用该对话框对得到的实体进行分割，操作方法如下。

① 系统弹出【拆分体】对话框，选择实体全部，在【平面】对话框中选择【新平面】选项，选择机盖突起部分的一侧平面为基准面，如图 9.6 所示的阴影部分，将箱体中间部分分离出来。在距离文本框中输入 0，单击【确定】按钮。

② 按如上方法选择另一对称平面拆分，得到如图 9.7 所示的实体。

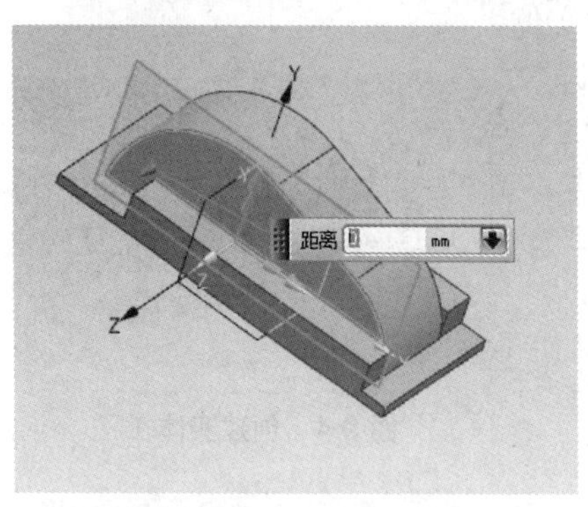

图 9.6 设置基准平面 1

图 9.7 切割实体 1

(2) 选择图 9.8 中的阴影部分，再进行拆分。方法如上所述，基准面选为如图 9.9 所示的阴影平面，偏置设为-30。

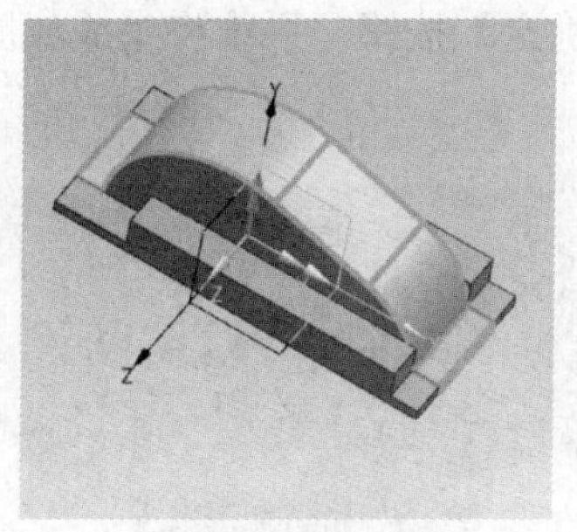

图 9.8 选择分割体

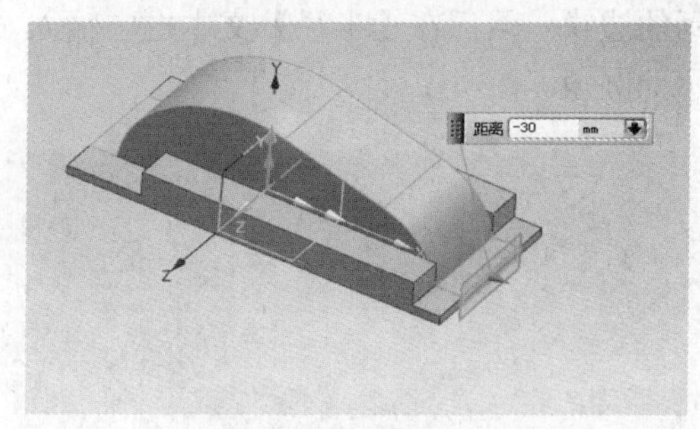

图 9.9 设置基准平面 2

(3) 按照同样的方法，在另一对称平面拆分，偏置设为-30，获得如图 9.10 所示的实体。

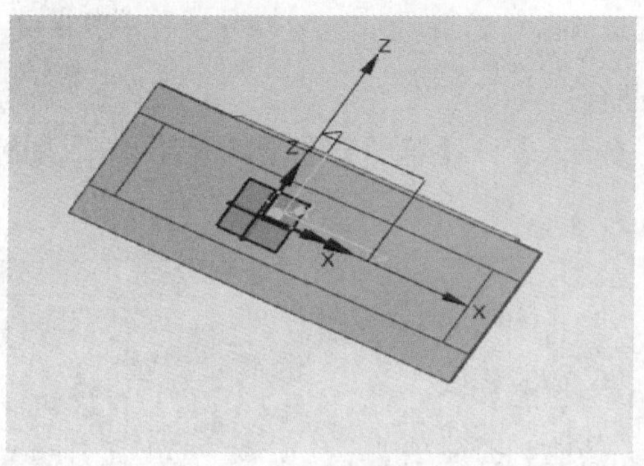

图 9.10 切割实体 2

(4) 抽壳。单击工具条中的抽壳图标，系统将弹出【抽壳】对话框。利用该对话框对得到的实体进行抽壳，操作方法如下。

① 在【抽壳】对话框中选择【移除面，然后抽壳】类型。

② 选择如图 9.11 所示的端面作为抽壳面。

③ 在【厚度】文本框中输入 5，抽壳公差采用默认数值，单击【确定】按钮，得到如图 9.12 所示的抽壳特征。

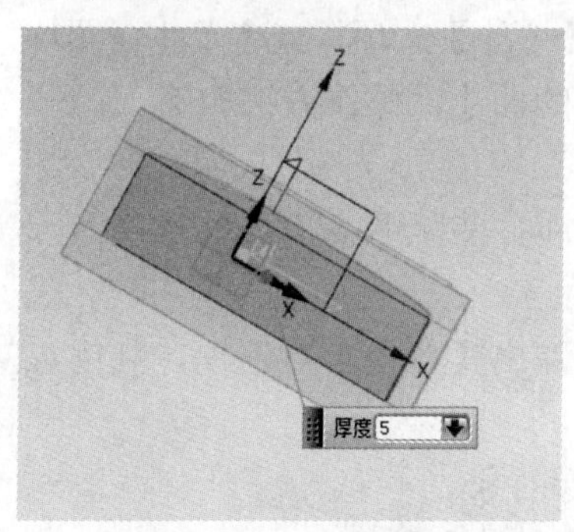

图 9.11 选择端面

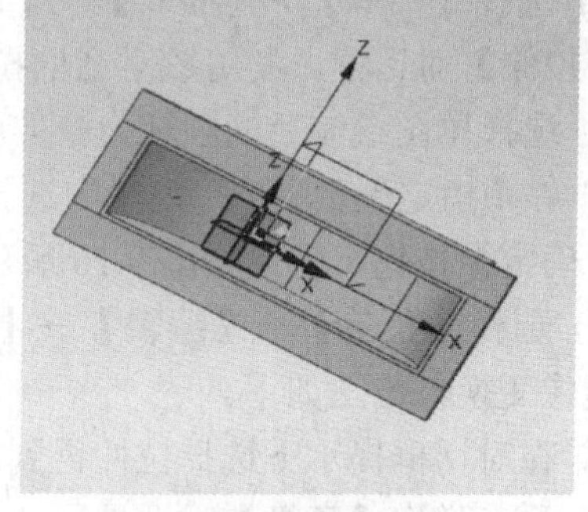

图 9.12 抽壳特征

(5) 添加圆角。选择【菜单】→【插入】→【细节特征】→【边倒圆】选项，或者单击图标，系统弹出【边倒圆】对话框，利用该对话框进行圆角参数设置，选择如图 9.13

所示的边缘，然后在【半径】文本框中输入 6，单击【确定】按钮，系统将生成如图 9.14 所示的圆角。

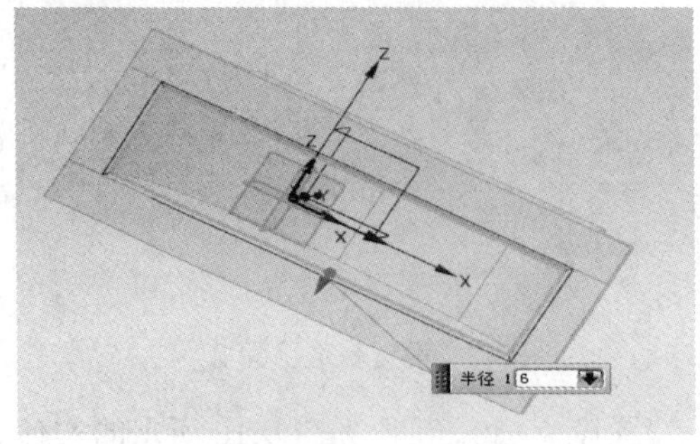

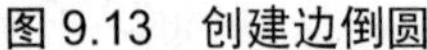
图 9.13　创建边倒圆

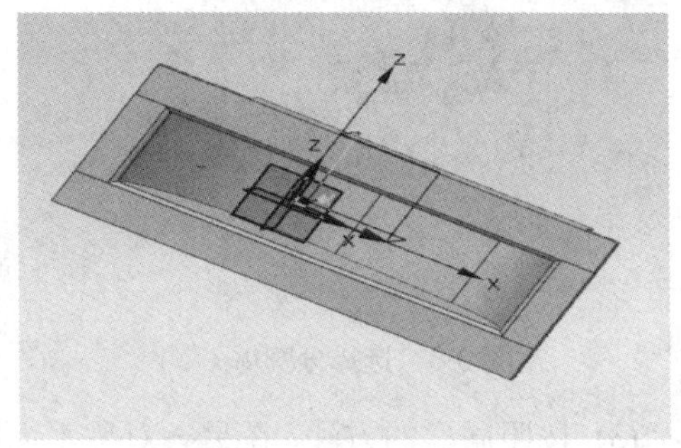

图 9.14　生成的圆角

5) 创建大滚动轴承凸台

(1) 选择【菜单】→【插入】→【草图】选项，或者单击草图图标，进入草图模式，创建如图 9.15 所示的草图。

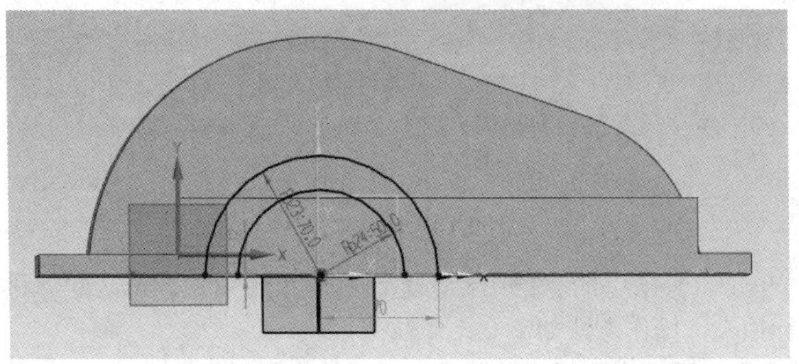

图 9.15　创建草图 2

(2) 选择【菜单】→【文件】→【完成草图】选项，或者单击完成草图图标退出草图模式，进入建模模式。

(3) 选择【菜单】→【插入】→【设计特征】→【拉伸】选项，或者单击拉伸图标，系统弹出【拉伸】对话框，利用该对话框拉伸草图中创建的曲线，操作方法如下。

① 选择草图绘制后的圆环为拉伸曲线。

② 在【指定矢量】下拉列表中选择ZC作为拉伸方向，起点距离为 51，终点距离为 98，单击【确定】按钮，得到如图 9.16 所示的实体。

(4) 选择【菜单】→【编辑】→【变换】选项，弹出【变换】对话框，利用该对话框进行镜像变换，方法如下。

① 在对话框提示下选择拉伸得到的轴承面为镜像对象。

② 系统弹出【变换】对话框，选择【通过一平面镜像】选项。

③ 系统弹出【平面】对话框，选择 *X-Y* 平面，即法线方向为 *ZC*，单击【确定】按钮。

④ 系统弹出【变换】对话框，选择【复制】选项，单击【确定】按钮，得到如图 9.17 所示的实体。

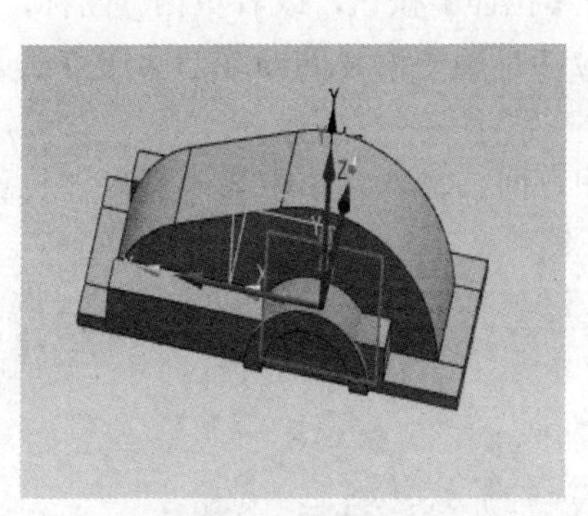

图 9.16 创建实体 2

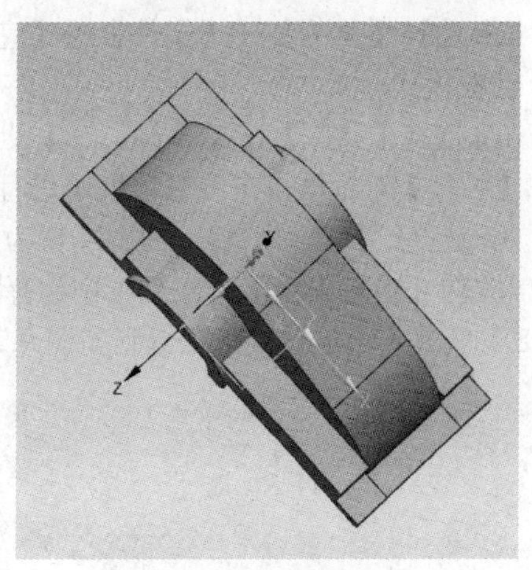

图 9.17 镜像结果 1

6) 创建轴承腔体

(1) 选择【菜单】→【插入】→【组合】→【求和】选项，或者单击图标，选择所有的模块进行求和操作。

(2) 选择【菜单】→【插入】→【草图】选项，或者单击图标，进入草图模式，创建如图 9.18 所示草图。

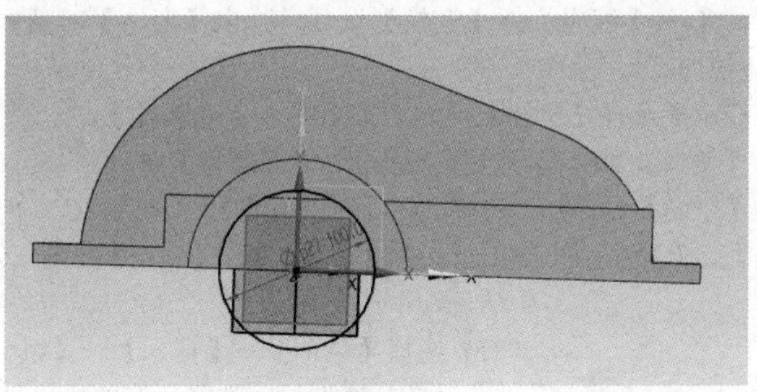

图 9.18 创建草图 3

(3) 选择【菜单】→【文件】→【完成草图】选项，或者单击图标退出草图模式，进入建模模式。

(4) 选择【菜单】→【插入】→【设计特征】→【拉伸】选项，或者单击图标，系统弹出【拉伸】对话框，在该对话框中进行参数设置，目的是拉伸草图中创建的曲线，操作方法如下。

① 选择绘制草图后得到的圆环作为拉伸曲线。

② 在【指定矢量】下拉列表中选择作为拉伸方向，起点距离为-98，终点距离为 98，布尔运算选择求差，选择实体，单击【确定】按钮得到实体。

7) 创建小滚动轴承凸台

(1) 选择【菜单】→【插入】→【草图】选项，或者单击图标，进入草图模式，创建如图 9.19 所示的草图。(注：圆心坐标是(150，0)。)

(2) 选择【菜单】→【文件】→【完成草图】选项，或者单击图标退出草图模式，进入建模模式。

(3) 选择【菜单】→【插入】→【设计特征】→【拉伸】按钮，或者单击图标，系统弹出【拉伸】对话框，在该对话框中进行参数设置拉伸草图中创建的曲线，操作方法如下。

① 选择绘制草图后得到的圆环作为拉伸曲线。

② 在【指定矢量】下拉列表中选择作为拉伸方向，输入开始距离为 51，终点距离为 98，单击【确定】按钮，得到如图 9.20 所示的实体。

图 9.19　创建草图 4

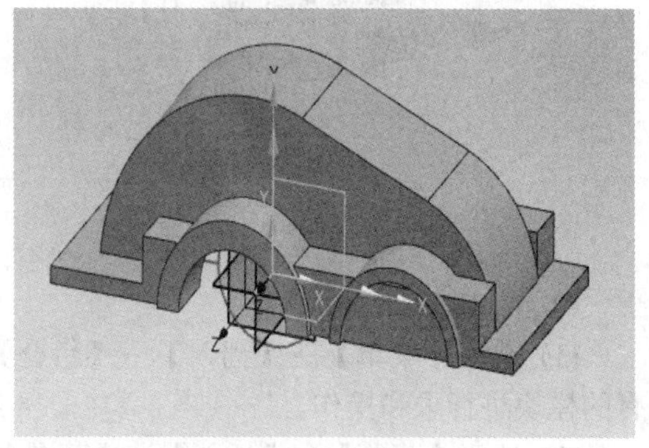

图 9.20　拉伸实体

(4) 选择【菜单】→【编辑】→【变换】选项，弹出【变换】对话框，利用该对话框进行镜像变换的方法如下。

① 在对话框提示下选择【拉伸】得到的轴承面作为镜像对象。

② 系统弹出【变换】对话框，选择【通过一平面镜像】选项。

③ 系统弹出【平面】对话框，选择 *X-Y* 平面，即法线方向为 *ZC*，单击【确定】按钮。

④ 系统弹出【变换】对话框，选择【复制】选项，单击【确定】按钮，得到实体如图 9.21 所示。

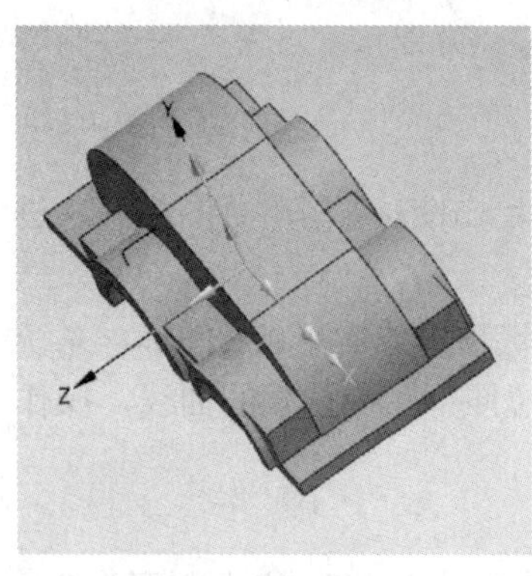

图 9.21　镜像结果 2

(5) 选择【菜单】→【插入】→【组合】→【求和】选项，或者单击图标，选择所有的模块进行求和操作。

(6) 选择【菜单】→【插入】→【草图】选项，或者单击图标，进入草图模式，创建如图 9.22 所示的草图。(注：圆心坐标是(150，0)。)

(7) 选择【菜单】→【文件】→【完成草图】选项，或者单击图标退出草图模式，进入建模模式。

(8) 选择【菜单】→【插入】→【设计特征】→【拉伸】选项，或者单击图标，系统弹出【拉伸】对话框，利用该对话框拉伸草图中创建的曲线，操作方法如下。

① 选择绘制草图后得到的圆环作为拉伸曲线。

② 在【指定矢量】下拉列表中选择作为拉伸方向，起点距离为-98，终点距离为 98，布尔运算选择求差，选择实体，单击【确定】按钮，得到如图 9.23 所示的实体。

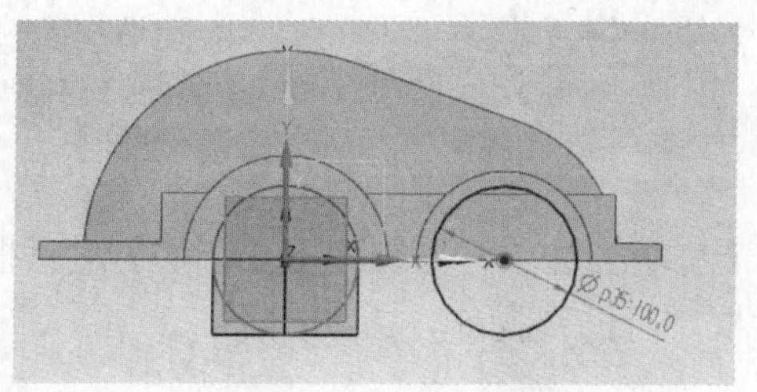

图 9.22 创建草图 5

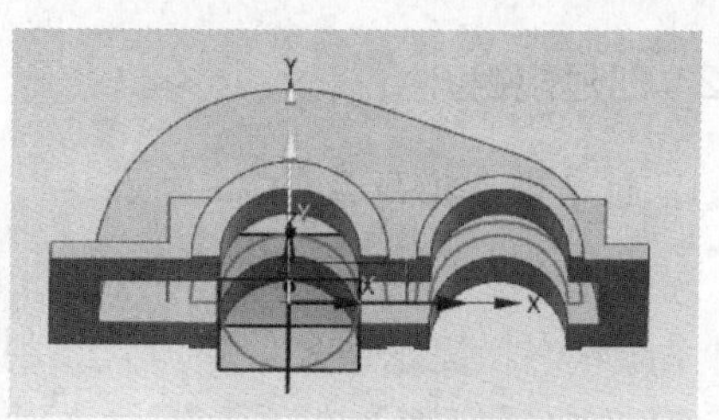

图 9.23 拉伸求差结果

9.3 机盖细节的设计

机盖细节主要包括窥视孔、吊环等在实体建模中需要用到的一系列建模特征。在草图模式中主要是绘制带有约束关系的二维图形。利用草图创建参数化的截面，通过对平面造型的拉伸、旋转得到相应的参数化实体模型。

本实例的制作思路为设置草图模式，绘制各种截面，充分利用拉伸、布尔运算和镜像命令，快速而高效地创建实体模型。

9.3.1 轴承孔拔模面

(1) 启动 UG NX 9.0，选择【文件】→【打开】选项，或者单击图标，打开 model1.prt 文件。

(2) 选择【菜单】→【插入】→【细节特征】→【拔模】选项，或者单击【特征操作】工具栏中的拔模图标。系统将弹出【拔模】对话框，利用该对话框进行拔模操作，方法如下。

① 在对话框中【类型】下拉列表中选择【从平面或曲面】选项。

② 在【角度】文本框中输入参数 6，距离公差、角度公差保留默认选项。

③ 在【指定矢量】下拉列表中选择ZC作为拔模方向。

④ 选择固定平面，选择端面上的一点，如图 9.24 所示。

⑤ 选择轴承孔的拔模面，单击【确定】按钮。

(3) 按如上方法作另一方向轴承面的拔模，角度选择为-6，最后获得如图 9.25 所示的实体。

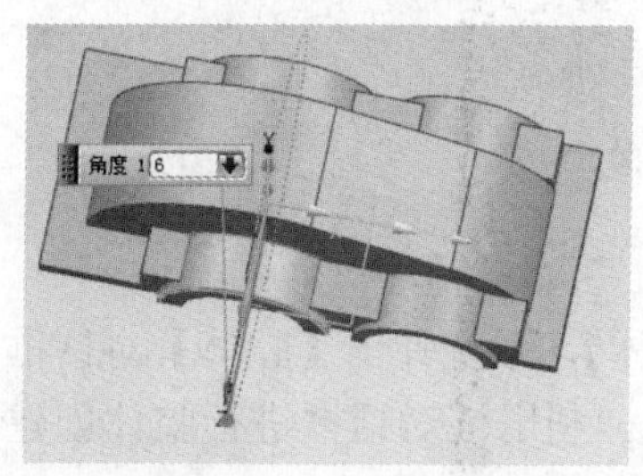

图 9.24 拔模示意图

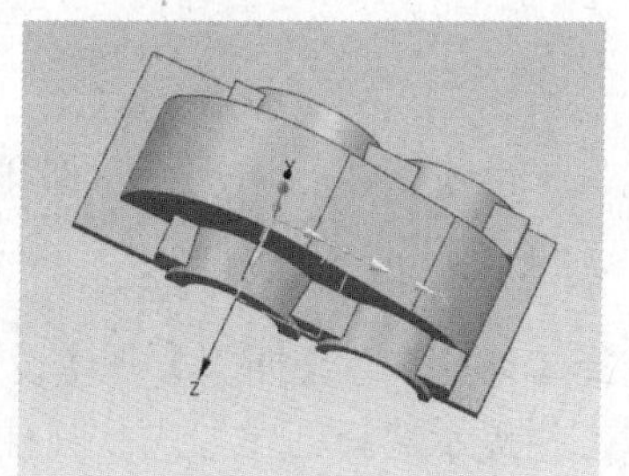

图 9.25 拔模最终效果

9.3.2 创建窥视孔

1. 创建油标孔凸台

选择【菜单】→【插入】→【设计特征】→【垫块】选项，系统弹出【垫块】对话框，这时系统状态栏提示选择创建方式。利用该对话框进行凸垫操作，方法如下。

(1) 选择【矩形】选项。

(2) 系统弹出【矩形垫块】对话框，选择图 9.26 所示的平面。

(3) 系统弹出【水平参考】对话框，选择所选平面的一边，单击【确定】按钮。

(4) 系统弹出【矩形凸垫】对话框，长度设置为 100、宽度设置为 65、高度设置为 5，其他项设置为 0，单击【确定】按钮，得到图 9.27 所示的凸垫。

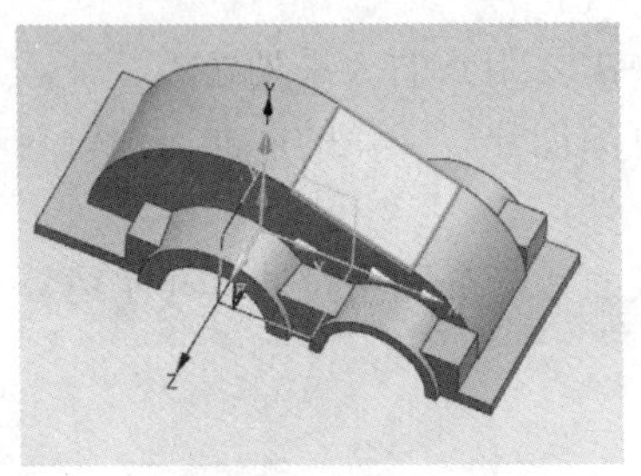

图 9.26 选择平面

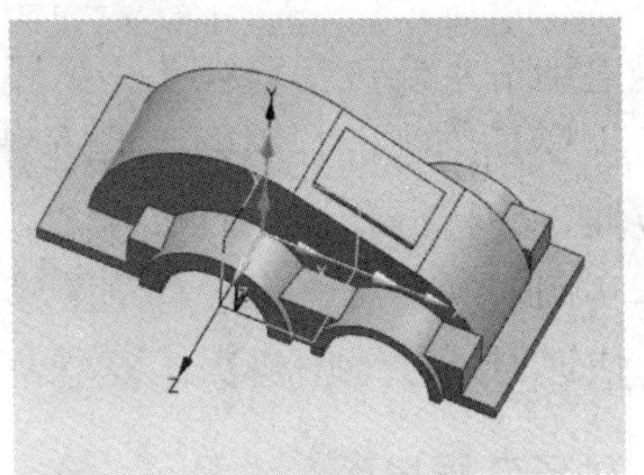

图 9.27 生成的矩形凸垫

(5) 系统弹出【定位】对话框，选择【垂直定位】选项或单击图标，再选择凸台的一条边，选择凸台相邻的一边，系统弹出【创建表达式】对话框，在表达式的文本框中输入 18.5，单击【确定】按钮。

(6) 选择凸台的另一边，再选择凸台相邻的一边，系统弹出【创建表达式】对话框，在【表达式】文本框中输入 10，单击【确定】按钮，得到如图 9.28 所示的实体模型。

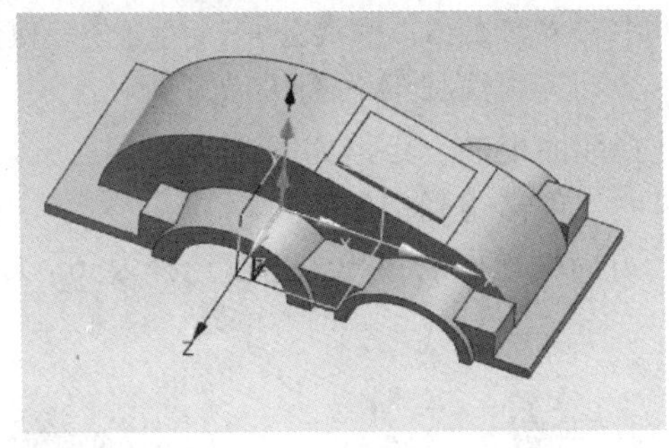

图 9.28 定位后的矩形凸垫

2. 创建窥视孔

选择【菜单】→【插入】→【设计特征】→【腔体】，系统弹出【腔体】对话框，这时系统状态栏提示选择创建方式：圆柱形、矩形或常规。利用该对话框进行腔体创建，操作方法如下。

(1) 选择对话框中的【矩形】选项。

(2) 系统弹出【矩形腔体】对话框，选择矩形凸垫的上平面为放置面，单击【确定】按钮。

(3) 系统弹出【水平参考】对话框，选择矩形凸垫的一个侧边为参考边，单击。

(4) 系统弹出【矩形腔体】对话框，输入矩形凸垫的长度为 70、宽度为 35、深度为 50，单击【确定】按钮。系统弹出【定位】对话框，选择【垂直定位】选项或单击按钮。

(5) 选择凸台侧面一边，单击鼠标左键，选择孔的另一边的位置单击，弹出【创建表达式】对话框，在对话框中输入距离 15。对另外一边进行定位，垂直距离为 15，结果如图 9.29 所示。

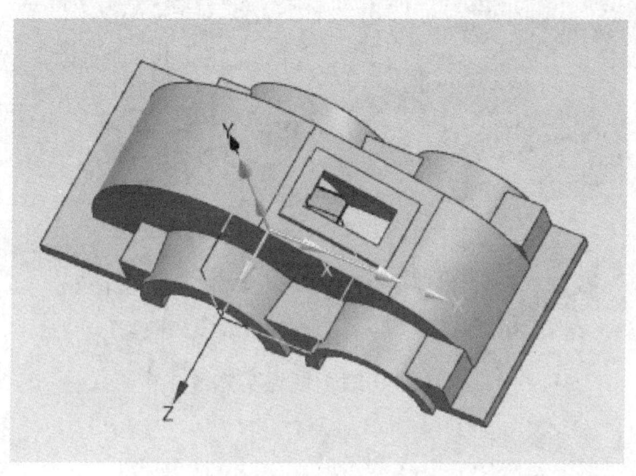

图 9.29 定位后的腔体

9.3.3 吊环

(1) 选择【菜单】→【插入】→【草图】选项，或者单击图标，进入草图模式，绘制如图 9.30 所示的草图。[注：图 9.30(a)圆心为(−145，55)，图 9.30(b)圆心为(230，50)，并形成封闭的线性链。]

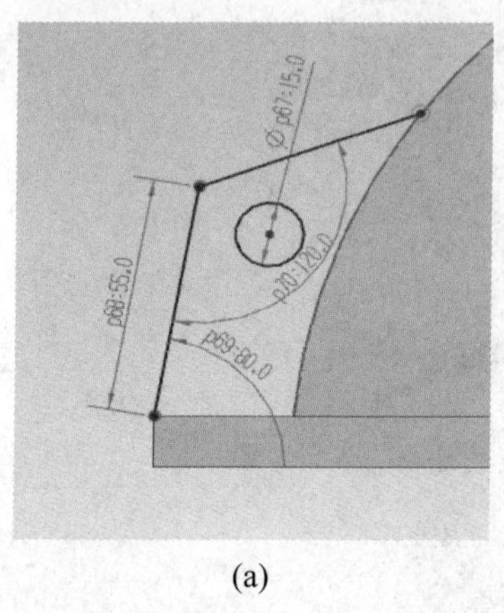

(a)

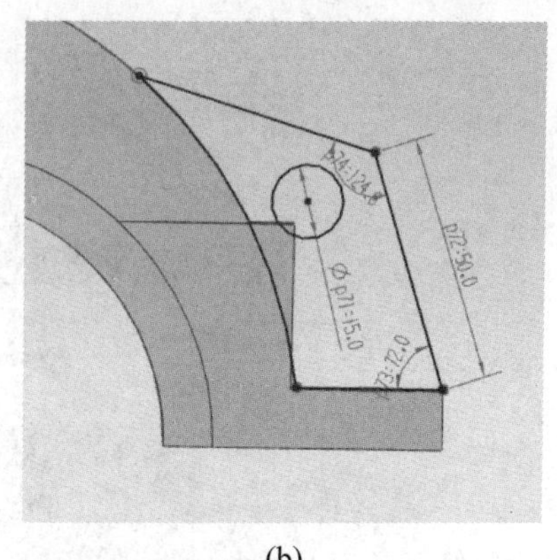

(b)

图 9.30 草绘结果

(2) 选择【菜单】→【任务】→【完成草图】选项，或者单击图标退出草图模式，进入建模模式。

(3) 选择【菜单】→【插入】→【设计特征】→【拉伸】选项，或者单击工具栏中的图标，系统弹出【拉伸】对话框，在该对话框中进行参数设置，拉伸草图中创建的曲线，操作方法如下。

选择草图绘制的曲线为拉伸曲线，在【指定矢量】下拉列表中选择作为拉伸方向，并设置开始距离为-10，终点距离为 10，单击【确定】按钮，得到如图 9.31 所示的实体。

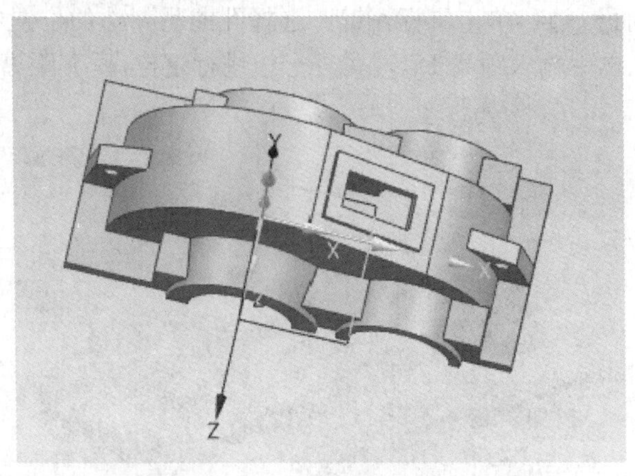

图 9.31　创建实体

9.3.4　孔系

(1) 选择【菜单】→【插入】→【组合】→【求和】选项，进行布尔求和运算，方法如下。

系统弹出【求和】对话框，选择布尔求和的实体，单击【确定】按钮，得到图 9.32 所示的运算结果。

(注：所选择的实体必须有相交的部分，否则，不能进行相加操作。这时系统会提示操作错误，警告工具实体与目标实体没有相交的部分。)

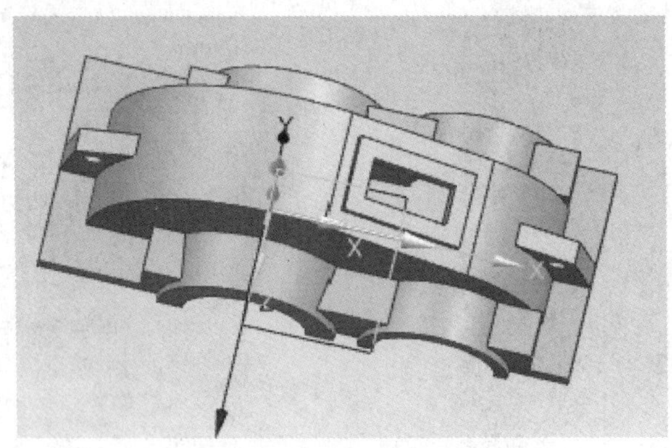

图 9.32　求和后的效果

(2) 定义孔的圆心。选择【菜单】→【插入】→【基准/点】→【点】选项，系统弹出【点】对话框，定义点的坐标(-68，45，-73)、(-68，45，73)、(80，45，73)、(80，45，-73)、(208，45，-73)、(208，45，73)，获得台阶上 6 个孔的圆心。

(3) 选择【菜单】→【插入】→【设计特征】→【孔】选项，或者单击图标，以创建点为圆心创建通孔，系统弹出【孔】对话框，利用该对话框建立孔，操作方法如下。

① 选择【常规孔】类型，在【成形】下拉列表中选择【沉头】选项，参数设置如图 9.33 所示。

② 选择点所在平面单击，系统进入草图模式，系统弹出【点】对话框，选择上一步所创建点并选择【任务】→【完成草图】选项，或者单击图标退出草图模式，进入建模模式。单击【孔】对话框中的【确定】按钮，获得如图 9.34 所示的孔。

用同样的方法作出台阶上的其他孔，获得如图 9.35 所示的外形。

(4) 按如上方法插入(−156，12，−35)和(−156，12，35)两个点，并创建两个沉头孔，设定孔的直径为 11，顶锥角为 118°，沉头孔直径为 24，沉头孔深度为 2。因为要建立一个通孔，此处设置孔的深度为 50，效果如图 9.36 所示。

(5) 按如上方法插入(−110，12，−65)和(244，12，35)两个点，并创建两个常规孔，设定孔的直径为 8，顶锥角为 118°，因为要建立一个通孔，此处设置孔的深度为 50，效果如图 9.37 所示。

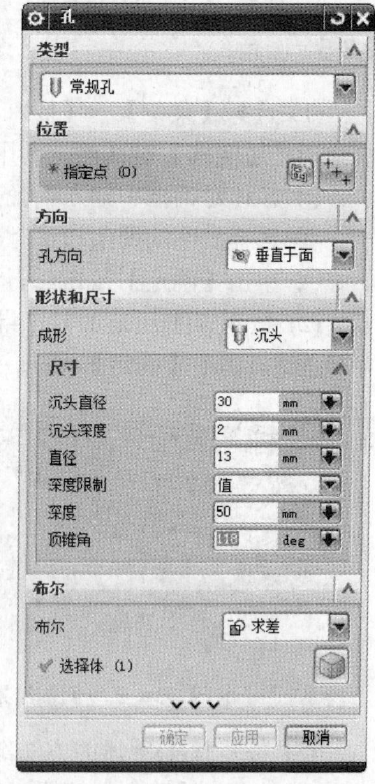

图 9.33 【孔】对话框参数设置 1

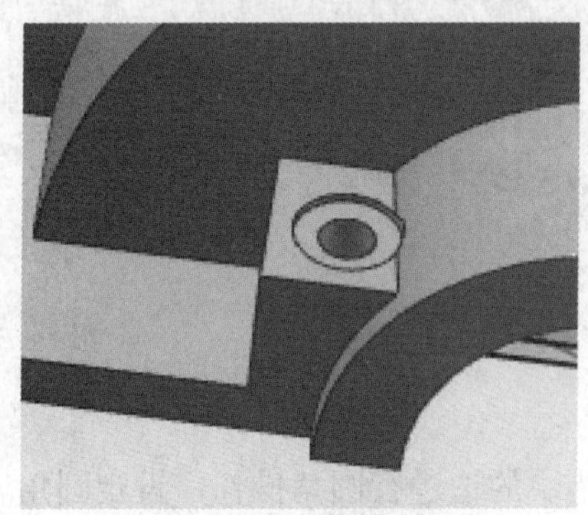

图 9.34 孔的创建

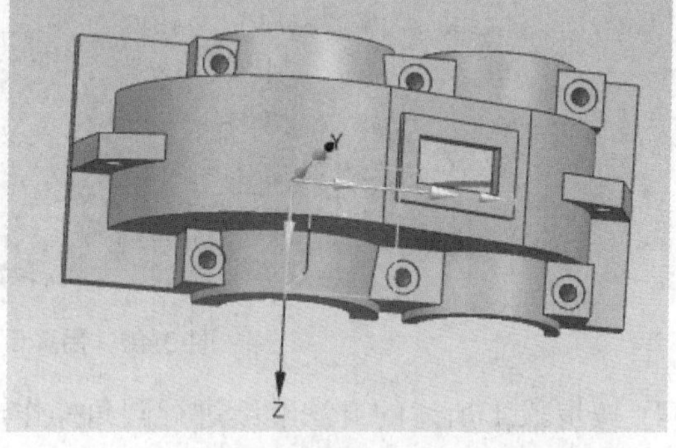

图 9.35 创建孔 1

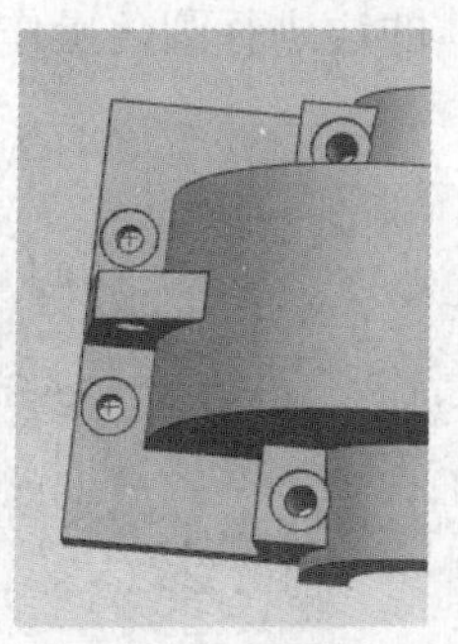

图 9.36 创建孔 2

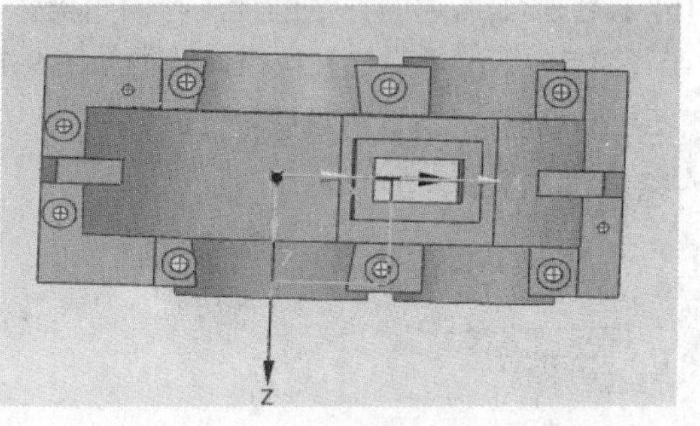

图 9.37 创建安装孔

9.3.5 圆角

(1) 选择【菜单】→【插入】→【细节特征】→【边倒圆】选项，或者单击图标，系统弹出【边倒圆】对话框，利用该对话框进行圆角操作方法如下。

① 在该对话框中输入半径为 40。

② 选择底座的四条边进行圆角操作。

③ 单击【确定】按钮，得到如图 9.38 所示的圆角效果。

(2) 按步骤(1)所述的方法继续进行圆角操作，选择凸台的边进行圆角操作，设定圆角半径为 5，单击【确定】按钮，获得如图 9.39 所示的模型。

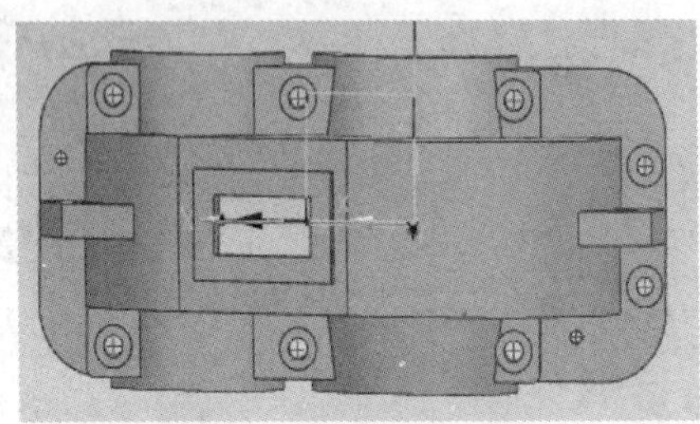

图 9.38　底座倒圆结果

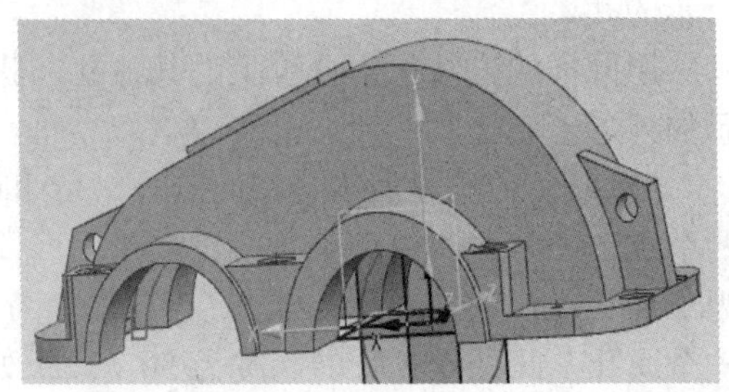

图 9.39　凸台倒圆结果

(3) 按步骤(1)所述的方法继续进行圆角操作，选择吊环的边进行倒圆角，设定圆角半径为 18，单击【确定】按钮，获得如图 9.40 所示的模型。

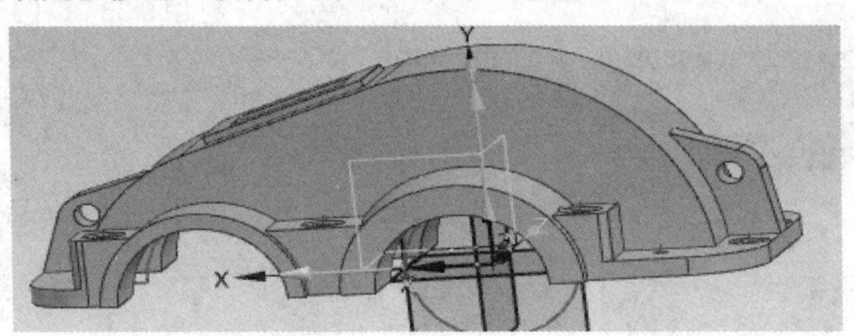

图 9.40　吊环倒圆结果

(4) 按步骤(1)所述的方法继续进行圆角操作，选择垫块的边进行圆角操作，设定圆角半径为 15，单击【确定】按钮，获得如图 9.41 所示的模型。

(5) 按步骤(1)所述的方法继续进行圆角操作，选择垫块腔体的边进行圆角操作，设定圆角半径为 5，单击【确定】按钮，获得如图 9.42 所示的模型。

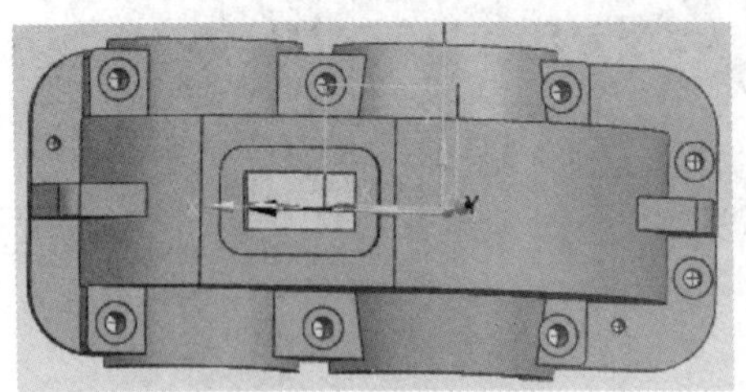

图 9.41　垫块倒圆结果

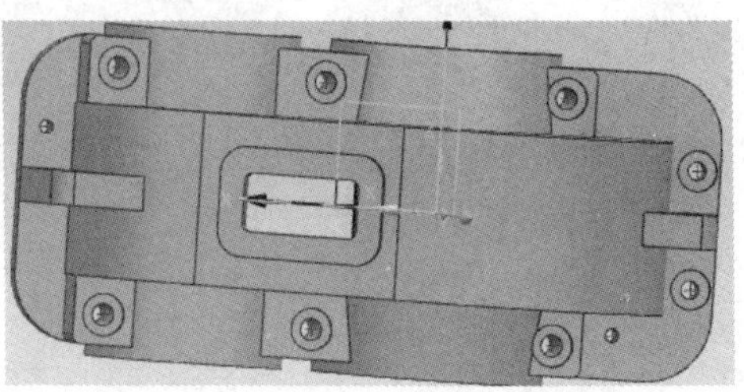

图 9.42　垫块腔体倒圆结果

9.3.6　螺纹孔

(1) 选择【菜单】→【插入】→【基准/点】→【点】选项，系统弹出【点】对话框，定义点的坐标为(0，60，98)。

(2) 选择【菜单】→【插入】→【设计特征】→【孔】选项，或者单击图标，以创建点为圆心创建通孔，系统弹出【孔】对话框，利用该对话框建立螺纹孔，操作方法如下。

①【孔】对话框参数设置如图9.43所示。

② 选择上一步创建的点所在的平面，系统弹出【点】对话框，选择上一步创建的点，单击【确定】按钮并选择【菜单】→【任务】→【完成草图】选项，或者单击图标退出草图模式，进入建模模式。单击【孔】对话框中的【确定】按钮，获得如图9.44所示的螺纹孔。

(3) 选择【菜单】→【插入】→【关联复制】→【阵列特征】选项，系统弹出【阵列特征】对话框，利用该对话框进行圆形阵列操作，操作方法如下。

① 选择对话框中的【阵列定义】的布局下拉菜单，选择【圆形】，选择要阵列的孔的特征为【螺纹孔】。

② 在【数量与方向】对话框中，设置数量为2，角度为60°，并在【指定矢量】中选择选项，在【点】对话框中，设置点(0，0，0)，单击【确定】按钮。

③ 系统弹出【创建实例】对话框，选择【是】选项。

(4) 选择上一步选择的孔继续阵列，其他步骤中的参数相同，角度为-60°，获得如图9.45所示的外形。

(5) 选择【菜单】→【插入】→【基准/点】→【点】选项，系统弹出【点】对话框。定义点的坐标为(150，55，98)。

(6) 选择【菜单】→【插入】→【设计特征】→【孔】选项，或者单击图标，以创建点为圆心创建螺纹孔。系统弹出【孔】对话框，利用该对话框建立螺纹孔，操作方法如下。

图9.43 【孔】对话框参数设置2

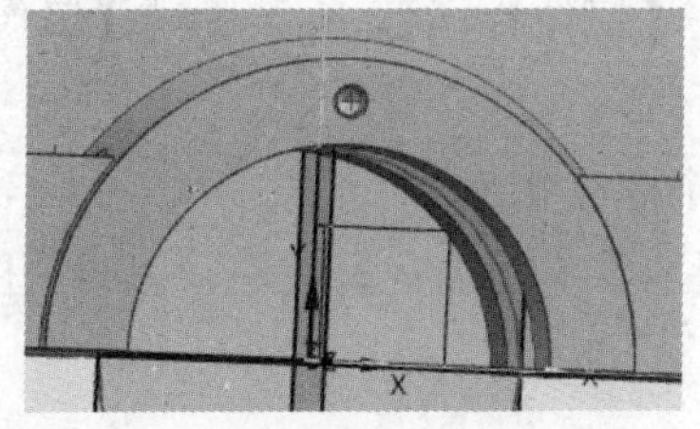

图9.44　螺纹孔的创建1

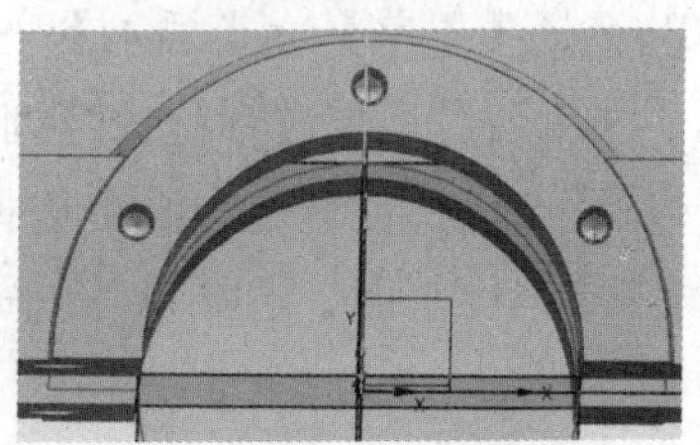

图9.45　螺纹孔的阵列1

① 【孔】对话框设置如图 9.43 所示。

② 选择上一步创建的点所在的平面，系统弹出【点】对话框，选择上一步创建的点，单击【确定】按钮并选择【菜单】→【任务】→【完成草图】选项，或者单击图标退出草图模式，进入建模模式。单击【孔】对话框中的【确定】按钮，获得如图 9.46 所示的螺纹孔。

(7) 选择【菜单】→【插入】→【关联复制】→【阵列特征】选项，系统弹出【实例】对话框，利用该对话框进行圆周阵列操作，操作方法如下。

① 选择对话框中的【阵列定义】的布局下拉菜单，选择【圆形】，选择要阵列的孔的特征为【螺纹孔】，单击【确定】按钮。

② 在【数量与方向】对话框中，设置数量为 2，角度为 60°，并在【指定矢量】中选择选项，在【点】对话框，选择点(150，50，98)，单击【确定】按钮。

③ 系统弹出【创建实例】对话框，选择【是】选项。

④ 选择上一步选择的孔继续阵列，其他步骤中的参数设置相同，获得如图 9.47 所示的外形。

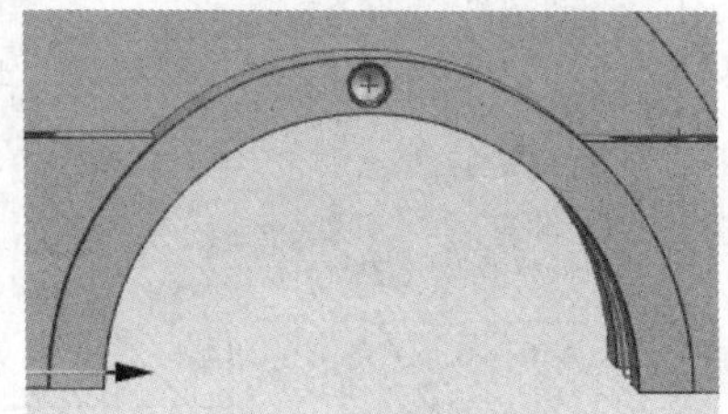

图 9.46　螺纹孔的创建 2

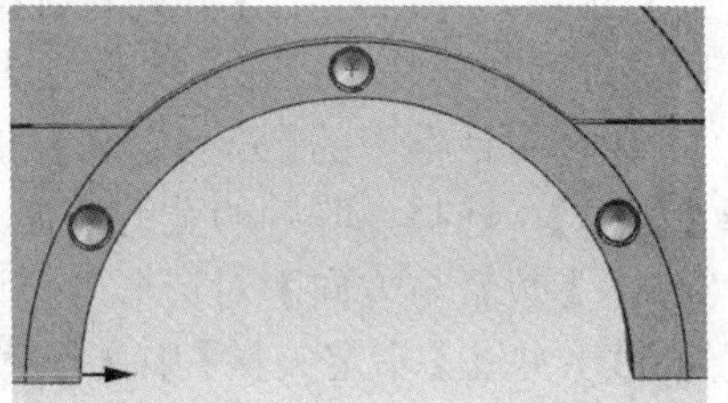

图 9.47　螺纹孔的阵列 2

(8) 选择【菜单】→【插入】→【基准/点】→【点】选项，系统弹出【点】对话框。定义点的坐标为(68.7，130，22.5)和(144.4，104，22.5)。

(9) 选择【菜单】→【插入】→【设计特征】→【孔】选项，或者单击工具条中的按钮，系统弹出【孔】对话框，利用该对话框进行孔创建操作，方法如下。

①【孔】对话框参数设置如图 9.48 所示。

② 选择上一步创建的点所在的平面，系统弹出【点】对话框，选择上一步创建的点，单击【确定】按钮并选择【菜单】→【任务】→【完成草图】选项，或者单击图标退出草图模式进入建模模式。单击【孔】对话框中的【确定】按钮获得如图 9.49 所示的螺纹孔。

(10) 选择【菜单】→【插入】→【关联复制】→【镜像特征】，系统弹出【镜像特征】对话框，利用该对话框进行镜像阵列操作，方法如下。

① 从【选择特征】选项组中选择上面创建的 8 个螺纹孔。

② 在【镜像平面】选择 *X-Y* 平面作为镜像平面，单击【确定】按钮，获得如图 9.50 所示的实体。

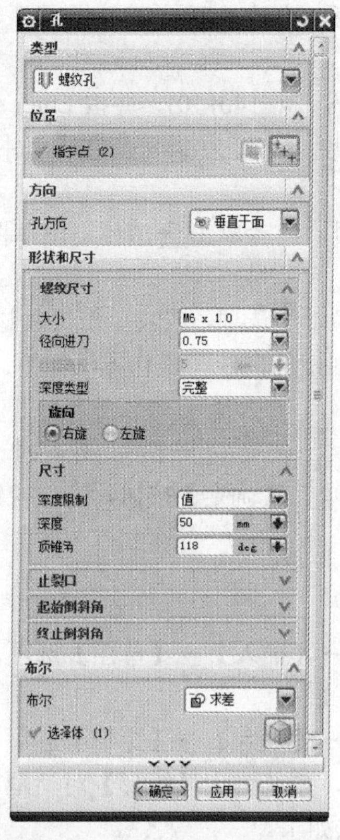

图 9.48 【孔】对话框参数设置 3

图 9.49 螺纹孔的创建 3

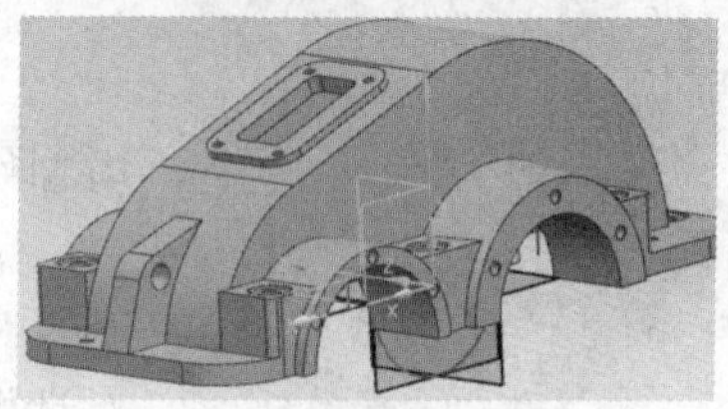

图 9.50 镜像特征

9.4 减速器机座设计

9.4.1 机座主体设计

减速器机座是减速器零件中外形比较复杂的部件，其上分布各种槽、孔、凸台、拔模面。在草图模式中主要是绘制带有约束关系的二维图形。利用草图创建参数化的截面，通过对平面造型的拉伸、旋转得到相应的参数化实体模型。

本实例的制作思路为设置草图模式，绘制各种截面，充分利用拉伸、拔模和镜像命令，快速而高效地创建实体模型。

1. 创建机座的中间部分

(1) 启动 UG NX 9.0，选择【文件】→【新建】选项，或者单击图标，选择【模型】类型，创建新部件，文件名为 main box.prt，进入建立模型模块。

(2) 选择【菜单】→【插入】→【草图】选项，或者单击图标，系统弹出【创建草图】对话框，选择 *X*-*Y* 平面，单击【确定】按钮，进入草图绘制界面。

(3) 选择【菜单】→【插入】→【草图曲线】→【矩形】选项，或者单击工具条中的图标，系统弹出【矩形】对话框。该对话框中的图标从左到右分别表示按 2 点、按 3 点、从中心、坐标模式和参数模式，利用该对话框建立矩形，方法如下。

① 选择创建方式为按 2 点，单击图标。

② 系统出现一个文本框，在该文本框中设置起点坐标(−140，0)，并按 Enter 键。

③ 系统又出现一个文本框，在该文本框中设定宽度、高度为 368 及 165，并按 Enter 键，创建矩形。

(4) 选择【菜单】→【任务】→【完成草图】选项，或者单击图标退出草图模式，进入建模模式。

(5) 选择【菜单】→【插入】→【设计特征】→【拉伸】选项，或者单击工具栏中的，系统弹出【拉伸】对话框，利用该对话框拉伸草图中创建的曲线，操作方法如下。

① 选择上一步绘制的曲线为拉伸曲线。

② 在【矢量】下拉列表中选择作为拉伸方向。

③ 在对话框中输入终点距离为 51，其他均为 0，单击【确定】按钮，完成拉伸，生成如图 9.51 所示的实体。

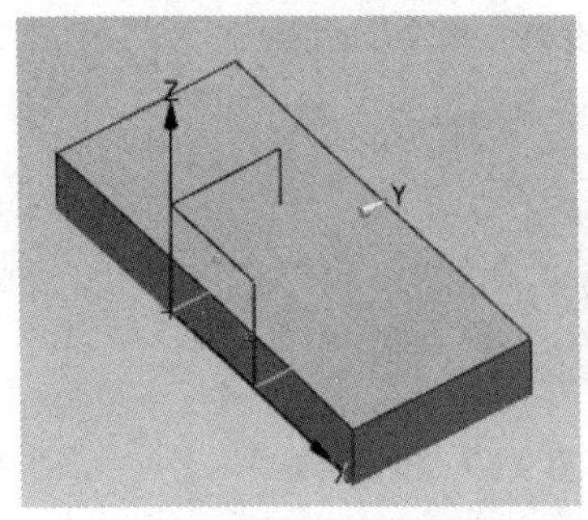

图 9.51　拉伸实体

2. 创建机座上端面

(1) 选择【菜单】→【插入】→【草图】选项，或者单击图标，进入草图模式。

(2) 选择【菜单】→【插入】→【矩形】选项，或者单击工具条中的图标，系统弹出【矩形】对话框，利用该对话框建立矩形，方法如下。

① 选择创建方式为用按 2 点，单击图标在文本框中输入起点坐标(−170，0)，并按 Enter 键，在文本框中设定宽度、高度为 428 及 12，并按 Enter 键，创建矩形。

② 按同样的方法作另一矩形。起点坐标为(−86，0)，高度、宽度为 312 及 45，结果如图 9.52 所示。

(3) 选择【菜单】→【任务】→【完成草图】选项，或者单击图标退出草图模式，进入建模模式。

(4) 选择【菜单】→【插入】→【设计特征】→【拉伸】选项，或者单击工具栏中的图标，系统弹出【拉伸】对话框。利用该对话框拉伸草图中创建的曲线，操作方法如下。

选择上一步绘制的草图为拉伸曲线，在【矢量】下拉列表中选择作为拉伸方向，并输入起始距离为 51，终止距离为 91，单击【确定】按钮得到实体。

(5) 按同样的方法作另一矩形的拉伸。选择【菜单】→【插入】→【设计特征】→【拉伸】选项，或者单击工具栏中的图标，系统弹出【拉伸】对话框，在该对话框中进行参数设置，拉伸草图中创建的曲线，操作方法如下。

① 选择草图绘制的图形的边缘，单击对话框中的【确定】按钮，在指定【矢量】下拉列表中选择作为拉伸方向。

② 在对话框中输入起始距离为 0，终止距离为 91，单击【确定】按钮，得到图 9.52 所示的实体。

3. 创建机座的整体

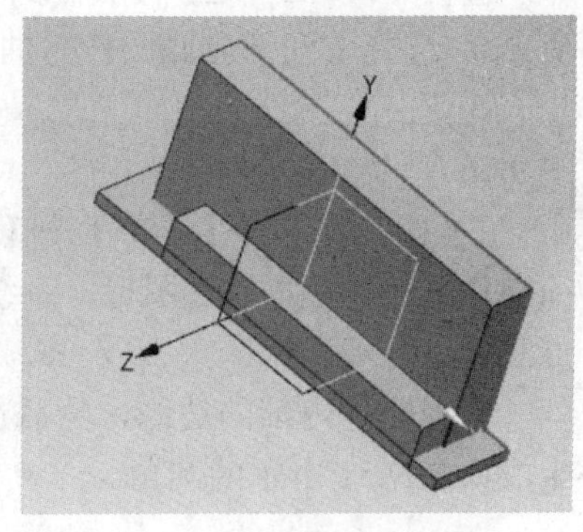

图 9.52 创建实体 1

(1) 选择【菜单】→【编辑】→【变换】选项，系统弹出【类选择】对话框，利用该对话框进行镜像变换，方法如下。

① 在对话框中选择【全选】选项。

② 系统弹出【变换】对话框，选择【通过一平面镜像】选项。

③ 系统弹出【平面】对话框，选择 *X-Y* 平面，即法线方向为 *ZC*，单击【确定】按钮。

④ 系统弹出【变换】对话框，选择【复制】选项，单击【确定】按钮，得到如图 9.53 所示的实体。

(2) 选择【菜单】→【插入】→【联合体】→【求和】选项，进行布尔运算。方法如下。

系统弹出【求和】对话框，选择布尔相加的实体，单击【确定】按钮，得到如图 9.54 所示的运算结果。

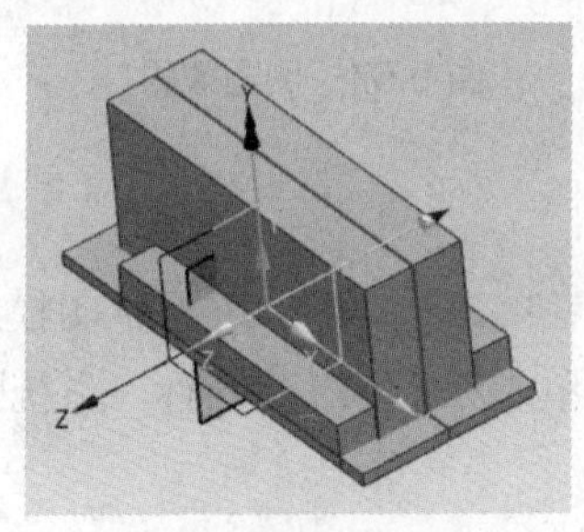

图 9.53 创建实体 2

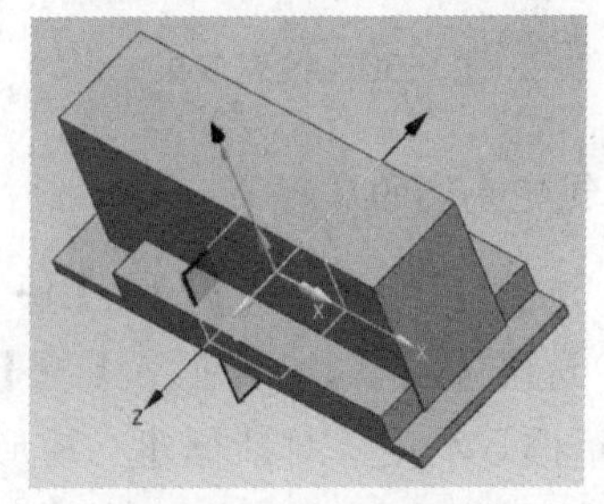

图 9.54 运算结果 1

(注：所选择的实体必须有相交的部分，否则，不能进行求和操作。这时系统会提示操作错误，警告工具实体与目标实体没有相交的部分。)

4. 抽壳

(1) 切割。选择【菜单】→【插入】→【修剪】→【拆分体】选项，或者单击工具栏中的拆分体图标，系统弹出【拆分体】对话框，利用该对话框对得到的实体进行分割，操作方法如下。

① 选择实体全部。选择【新平面】选项，选择机座一侧平面为基准面，偏置设为-30，将箱体中间部分分离出来。单击【确定】按钮，完成分割。

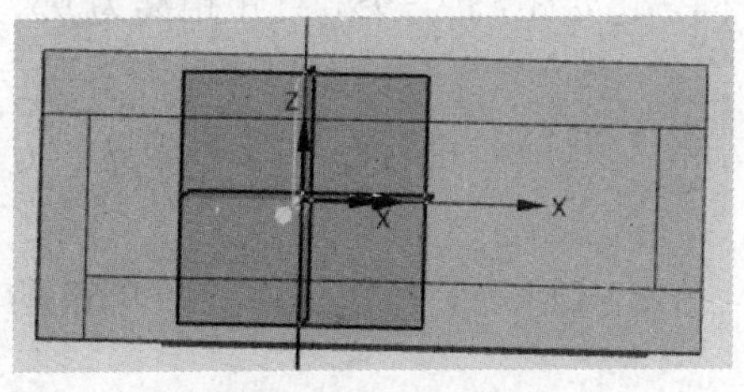

图 9.55 分割体

② 按如上方法选择其他平面切割，将中间部分从整体中分离出来，得到如图 9.55 所示的实体。

(2) 抽壳。单击抽壳图标，系统将弹出【抽壳】对话框，利用该对话框对得到的实体进行抽壳，操作方法如下。

① 在对话框中选择【移除面，然后抽壳】类型。

② 选择中间部分底面作为抽壳面。

③ 在厚度文本框中填入数值 8，抽壳公差采用默认数值，单击【应用】按钮，得到如图 9.56 所示的抽壳特征。

(3) 圆角。选择【菜单】→【插入】→【细节操作】→【边倒圆】选项，或者单击【特征操作】工具栏中的图标，系统弹出【边倒圆】对话框，利用该对话框进行圆角操作，方法如下。

选择壳体内部的边缘，然后在半径文本框中填写参数 6，单击【确定】按钮，系统将生成如图 9.57 所示的圆角。

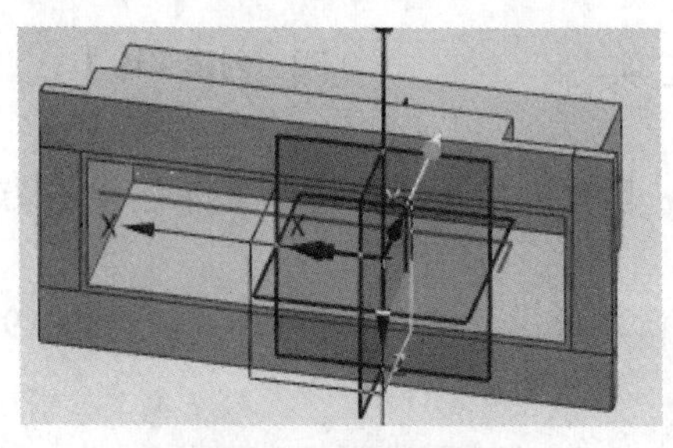

图 9.56　抽壳效果

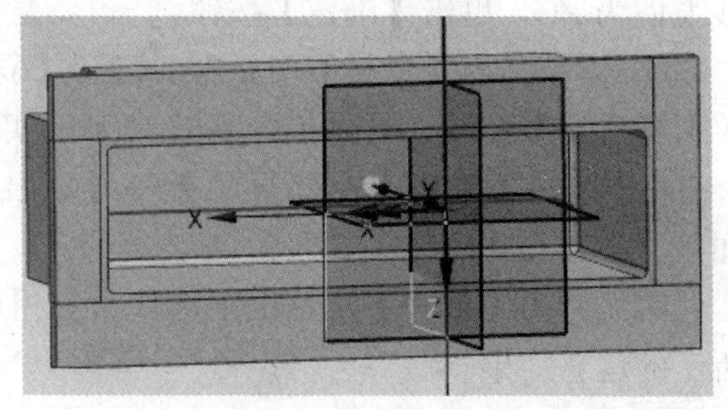

图 9.57　倒圆效果

5. 创建壳体的底板

(1) 选择【菜单】→【插入】→【草图】选项，或者单击图标，进入草图模式。

(2) 选择【菜单】→【插入】→【矩形】选项，或者单击工具条图标，系统弹出【矩形】对话框。利用该对话框建立矩形，方法如下。

① 选择创建方式为按 2 点，单击【确定】按钮。

② 系统出现一个文本框，在该文本框中设定起点坐标为(−140，150)，并按 Enter 键。

③ 系统又出现一个文本框，在该文本框中设定宽度、高度为 368 及 20，并按 Enter 键，创建矩形，如图 9.58 所示。

(3) 选择【菜单】→【任务】→【完成草图】选项，或者单击图标退出草图模式，进入建模模式。

(4) 选择【菜单】→【插入】→【设计特征】→【拉伸】选项，或者单击工具栏中的图标，系统弹出【拉伸】对话框，利用该对话框拉伸草图中创建的曲线，操作方法如下。

① 选择上一步绘制的草图为拉伸曲线。

② 在【指定矢量】下拉列表中选择作为拉伸方向，起始距离为−95，终止距离为 95，单击【确定】按钮。

(5) 选择【菜单】→【插入】→【联合体】→【求和】选项，进行布尔求和运算，方法如下。

系统弹出【求和】对话框，选择布尔相加的实体，单击【确定】按钮，得到图 9.59 所示的运算结果。

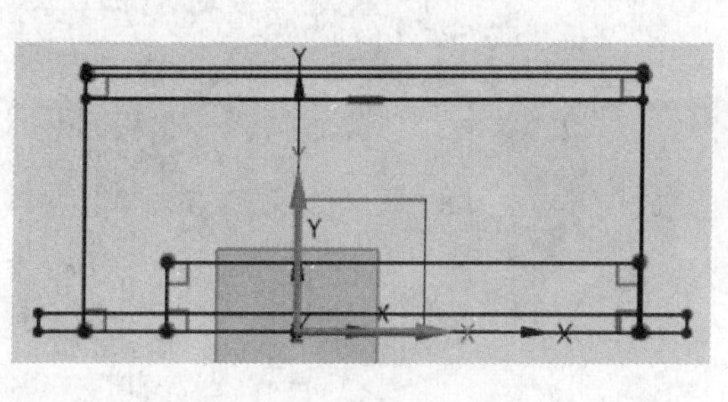

图 9.58　草图的创建 1

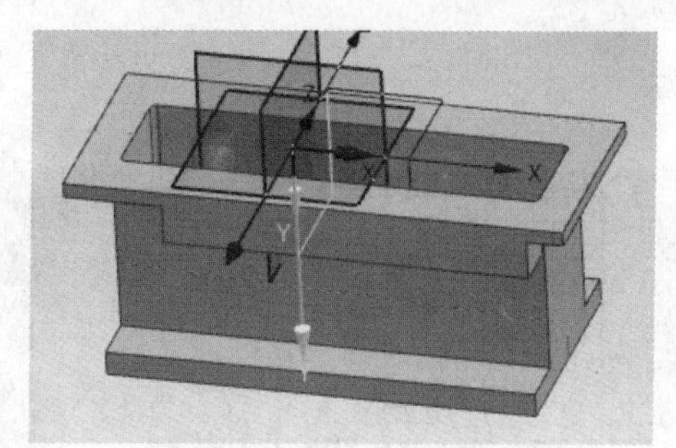

图 9.59　运算结果 2

6. 挖槽

(1) 选择【菜单】→【插入】→【设计特征】→【腔体】选项，系统弹出【腔体】对话框，单击【矩形】按钮，弹出【矩形腔体】对话框，选择机座下端面为腔体的放置面，系统弹出【水平参考】对话框，选择长边，系统弹出【矩形腔体】对话框，设置如图 9.60 所示，单击【确定】按钮，系统弹出【定位】对话框，选择【垂直定位】选项，选择机座下端面短边与腔体短边，系统弹出【创建表达式】对话框，设置距离为 0，再选择【垂直定位】选项，选择机座下端面长边与腔体长边中心线，系统弹出【创建表达式】对话框，设置距离为 95。单击【确定】按钮，结果如图 9.61 所示。

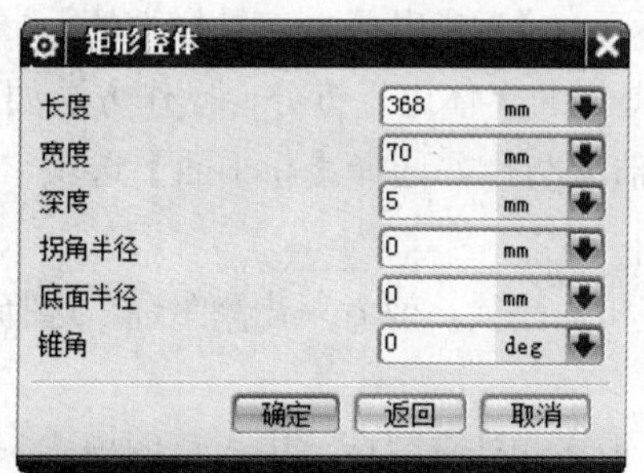

图 9.60 【矩形腔体】对话框

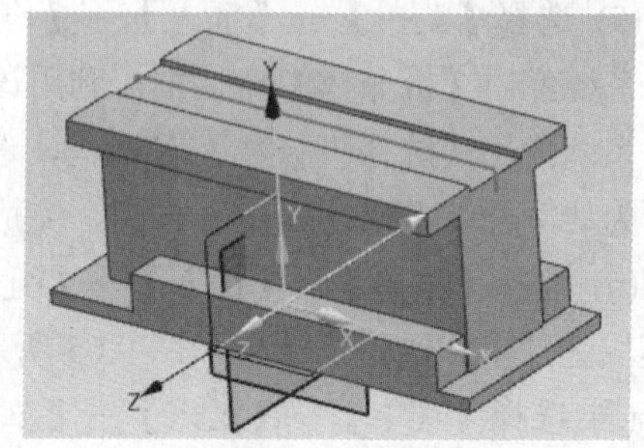

图 9.61　腔体的创建

7. 创建凸台

(1) 选择【菜单】→【插入】→【草图】选项，或者单击图标，进入草图模式，创建如图 9.62 所示的草图。(注：右边圆心为(150，0)。)

(2) 选择【菜单】→【任务】→【完成草图】选项，或者单击图标退出草图模式，进入建模模式。

(3) 选择【菜单】→【插入】→【设计特征】→【拉伸】选项，或者单击工具栏中的图标，系统弹出【拉伸】对话框，利用该对话框拉伸草图中创建的曲线，操作方法如下。

① 选择上一步创建的草图为拉伸曲线。

② 在【指定矢量】下拉列表中选择作为拉伸方向，起始距离为 51，终止距离为 98，单击【确定】按钮，创建的实体如图 9.63 所示。

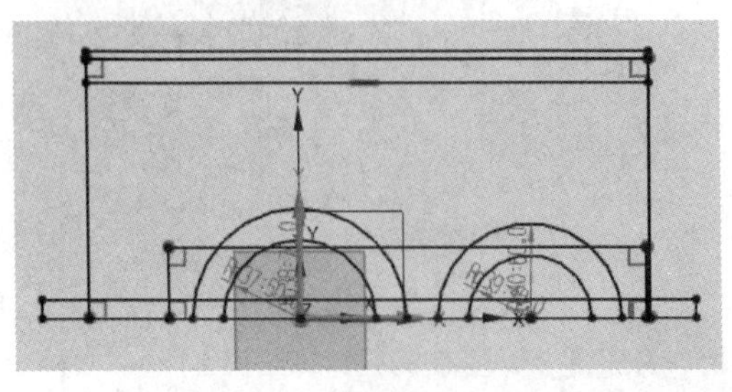
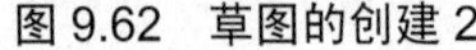

图 9.62　草图的创建 2

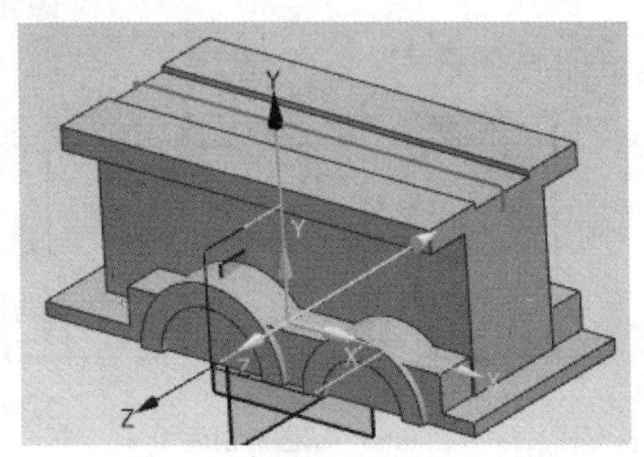

图 9.63　创建实体 1

(4) 选择【菜单】→【编辑】→【变换】选项，系统弹出【变换】对话框，利用该对话框进行镜像变换，方法如下。

① 在对话框提示下选择拉伸得到的轴承面为镜像对象。

② 系统弹出【变换】对话框，选择【通过一平面镜像】选项。

③ 系统弹出【平面】对话框，选择 *X-Y* 平面，即法线方向为 *ZC*，单击【确定】按钮。

④ 系统弹出【变换】对话框，选择【复制】选项，单击【确定】按钮，得到如图 9.64 所示的实体。

(5) 选择【菜单】→【插入】→【修剪】→【拆分体】，或者单击工具栏中的拆分体图标，系统弹出【拆分体】对话框，利用该对话框对得到的实体进行拆分，操作方法如下。

系统弹出【选择拆分体】对话框，选择创建的轴承凸台，选择【新平面】选项，选择端面为切割面，单击【确定】按钮，完成拆分体。

(6) 选择【菜单】→【插入】→【组合】→【求和】选项，或者单击图标，选择所有的模块进行求和操作，结果如图 9.65 所示。

(7) 选择【菜单】→【插入】→【草图】选项，或者单击图标，进入草图模式，创建如图 9.66 所示的草图。(注：右边圆心坐标是(150，0)。)

(8) 选择【菜单】→【任务】→【完成草图】选项，或者单击图标退出草图模式，进入建模模式。

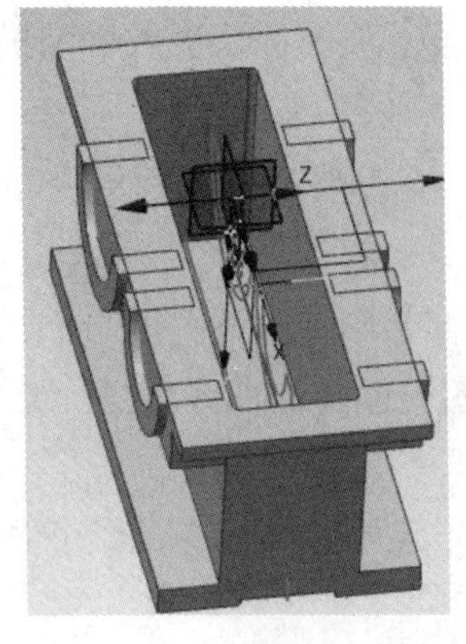

图 9.64　镜像结果

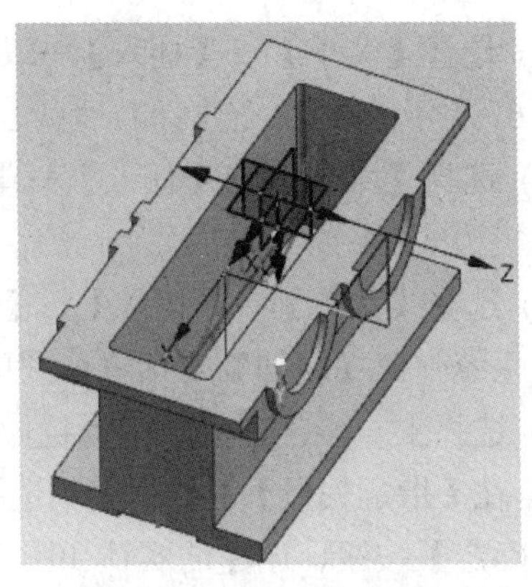

图 9.65　布尔运算结果 1

(9) 选择【菜单】→【插入】→【设计特征】→【拉伸】选项，或者单击图标，系统弹出【拉伸】对话框，利用该对话框拉伸草图中创建的曲线，操作方法如下。

① 选择绘制草图后得到的圆环作为拉伸曲线。

② 在【指定矢量】下拉列表中选择作为拉伸方向，起点距离为-98，终点距离为98，布尔运算选择求差，选择实体，单击【确定】按钮，得到如图9.67所示的实体。

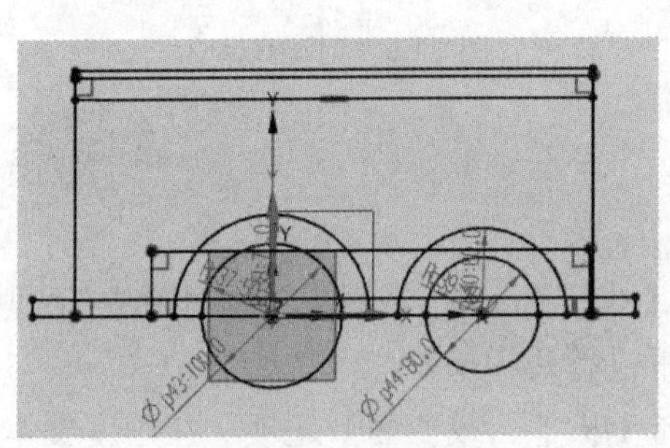

图9.66　草绘结果1

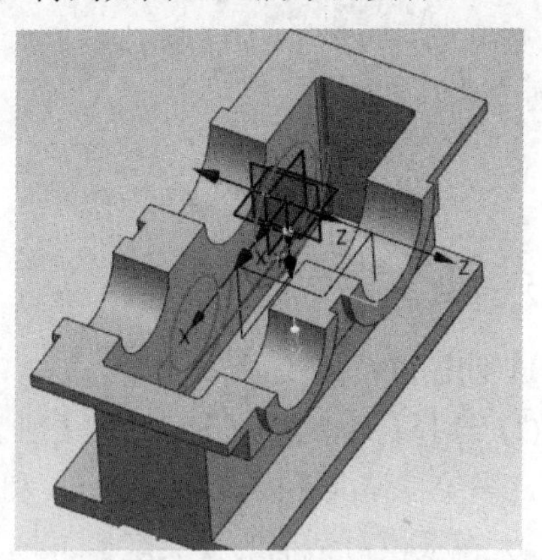

图9.67　布尔运算结果2

9.4.2　机座细节设计

机座细节包括加强筋、油标孔、放油孔等在实体建模中需要用到的一系列建模特征。在草图模式中主要是绘制带有约束关系的二维图形。利用草图创建参数化的截面，通过对平面造型的拉伸、旋转得到相应的参数化实体模型。

本实例的制作思路为设置草图模式，绘制各种截面，充分利用拉伸、布尔运算和镜像命令，快速而高效地创建实体模型。

1. 创建加强筋

(1) 启动UG NX 9.0，选择【文件】→【打开】选项，或者单击图标，打开名为main box.prt的文件。

(2) 选择【菜单】→【插入】→【草图】选项，或者单击图标，系统弹出【创建草图】对话框，单击【确定】，进入草图模式，创建如图9.68所示的草图。

(3) 选择【菜单】→【任务】→【完成草图】选项，或者单击图标退出草图模式，进入建模模式。

(4) 选择【菜单】→【插入】→【设计特征】→【拉伸】选项，或者单击工具栏中的图标，系统弹出【拉伸】对话框，利用该对话框拉伸草图中创建的曲线，操作方法如下。

① 选择上一步创建的草图为拉伸曲线，单击对话框中的【确定】按钮。

② 在【指定矢量】下拉列表中选择作为拉伸方向，起始距离为51，终止距离为93，单击【确定】按钮，拉伸结果如图9.69所示。

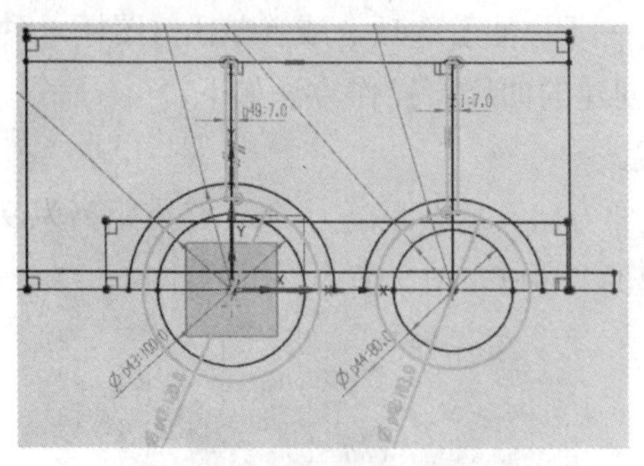

图 9.68　草绘结果 2

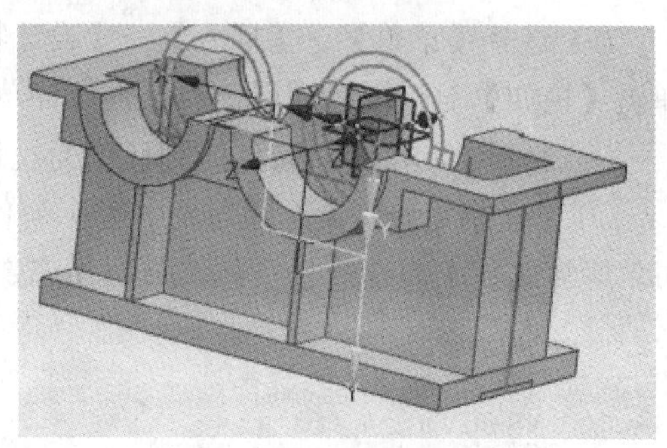

图 9.69　创建实体 2

2. 拔模面

1) 筋板拔模面

(1) 选择【菜单】→【插入】→【细节特征】→【拔模】选项，或者单击工具栏中的拔模图标，系统将弹出【拔模】对话框，利用该对话框进行拔模操作，方法如下。

① 在拔模对话框的【类型】下拉列表中选择【从平面或曲面】选项。在角度文本框中输入 3，距离公差、角度公差按默认选项。在【指定矢量】下拉列表中选择 ZC 作为拔模方向。

② 选择与加强筋相接触的侧面上一点，确定固定平面，系统状态栏将提示选择需要拔模的面，分别选择两个加强筋的左右两侧面为拔模面。

③ 单击【确定】按钮，得到如图 9.70 所示的结果。

(2) 利用镜像原理复制另一端面的筋板。选择【菜单】→【编辑】→【变换】选项，弹出【类选择】对话框，利用该对话框进行镜像变换，方法如下。

① 在对话框提示下，选择上一步获得的两个筋板，单击【确定】按钮，系统弹出【变换】对话框，选择【通过一平面镜像】选项。

② 系统弹出【平面】对话框，选择 *X-Y* 平面，即法线方向为 *ZC*，单击【确定】按钮。

③ 系统弹出【变换】对话框，选择【复制】选项，单击【确定】按钮，得到如图 9.71 所示的实体。

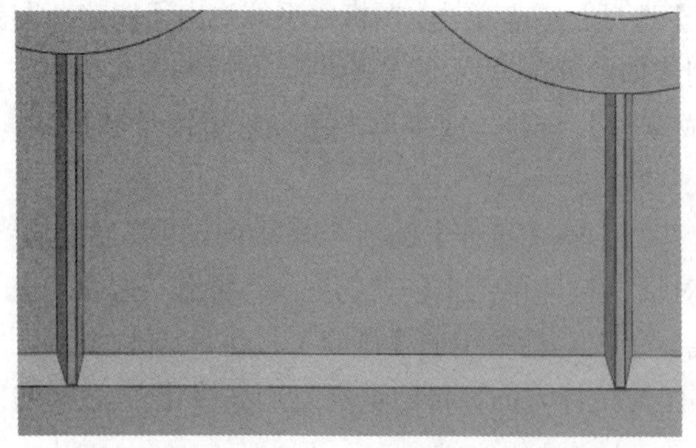

图 9.70　加强筋拔模

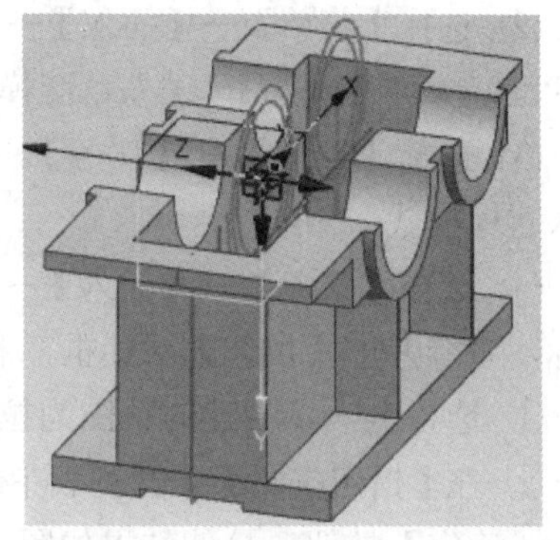

图 9.71　加强筋的镜像实体

2) 轴承孔拔模面

(1) 选择【菜单】→【插入】→【细节特征】→【拔模】选项，或者单击工具栏中的拔模图标，系统将弹出【拔模】对话框，利用该对话框进行拔模操作，方法如下。

① 在对话框的【类型】下拉列表中选择【从平面】选项。

② 角度文本框设置为6，距离公差、角度公差保留默认选项。

③ 在【指定矢量】下拉列表中选择ZC为拔模方向。

④ 选择与加强筋相接触的侧面上的一点，确定固定平面。

⑤ 选择轴承孔的外表面为拔模面，单击【确定】按钮。

(2) 按如上方法将另一方向的轴承孔拔模，拔模角度为-6°，最后获得如图9.72所示的实体。

(3) 按如上方法对小轴承孔进行拔模，参数相同，最终结果如图9.73所示。

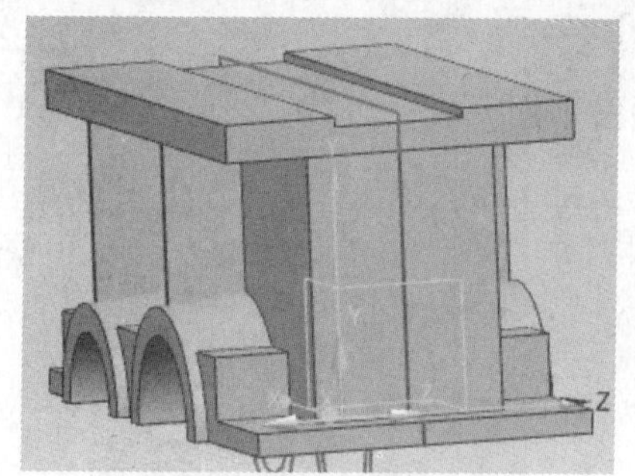

图9.72 大轴承孔拔模

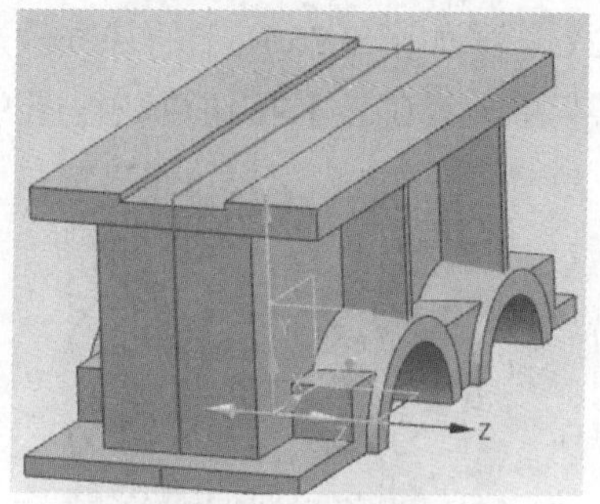

图9.73 拔模结果

3. 创建油标孔基准

1) 创建基准平面

选择【菜单】→【插入】→【基准/点】→【基准平面】选项，或者单击【特征】工具条中的基准平面图标，弹出【基准平面】对话框，利用该对话框创建基准面，方法如下。

(1) 在【类型】下拉列表中选择【按某一距离】选项，在视图中选择如图9.74所示的平面。

(2) 在【偏置】文本框中输入参数值0，单击【确定】按钮，生成如图9.75所示的基准平面。

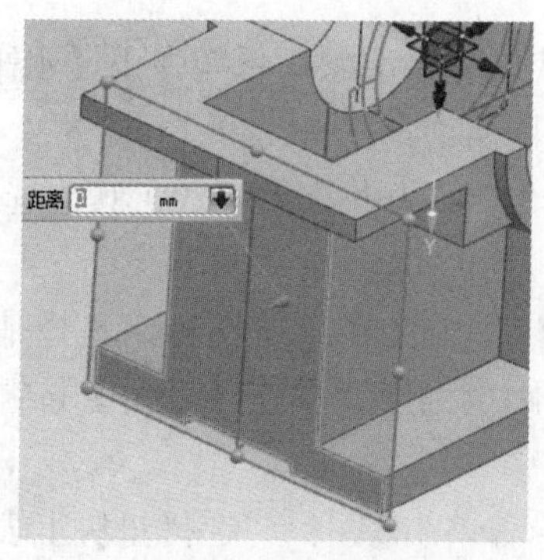

图9.74 选择平面

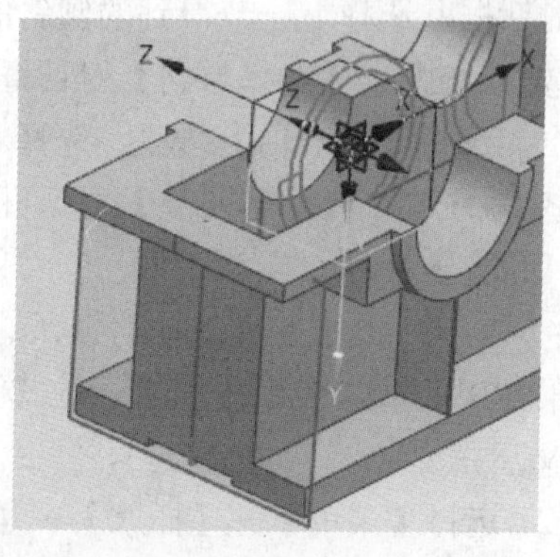

图9.75 创建基准平面

2) 创建点

选择【菜单】→【插入】→【基准/点】→【点】选项，或者单击【特征】工具条中的+图标，弹出【点】对话框，分别创建(−140，90，−51)和(−140，90，51)两点。

3) 创建基准轴

选择【菜单】→【插入】→【基准/点】→【基准轴】选项，系统弹出【基准轴】对话框，选择上一步创建的两个点，单击【确定】按钮，获得基准轴，效果如图 9.76 所示。

4) 创建倾斜平面

选择【菜单】→【插入】→【基准/点】→【基准平面】选项，或者单击【特征】工具条中的图标，弹出【基准平面】对话框。

(1) 在【类型】下拉列表中选择【成一角度】类型，将其设置为−135°，选择如图 9.75 所示的基准平面。

(2) 选择如图 9.76 所示的基准轴。

(3) 单击【确定】按钮，获得图 9.77 所示的倾斜平面。

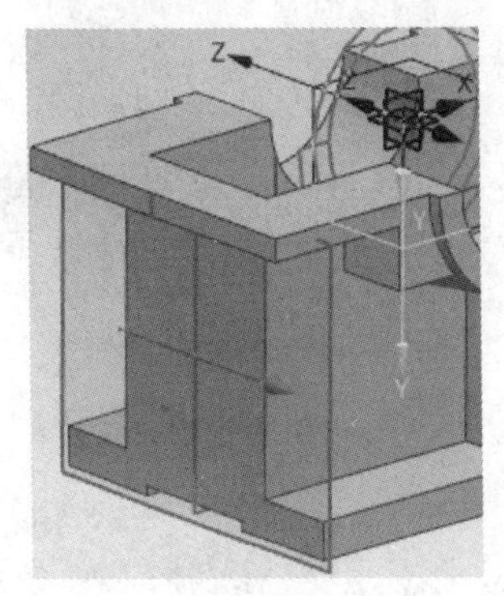

图 9.76　基准轴的创建

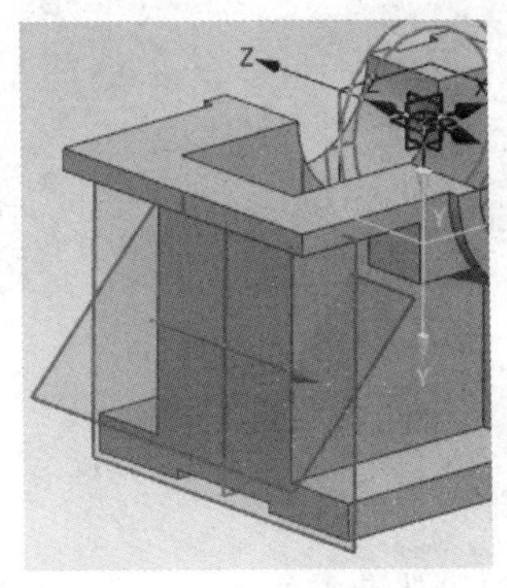

图 9.77　创建倾斜平面

4. 创建油标孔凸台

(1) 选择【菜单】→【插入】→【设计特征】→【垫块】按钮，系统弹出【垫块】对话框，这时系统状态栏提示选择创建方式，利用该对话框进行垫块操作，方法如下。

① 选择对话框中的【矩形】选项，系统弹出【矩形垫块】对话框，系统弹出【选择对象】对话框，选择上一节得到的倾斜的基准面。

② 系统弹出【选择方向】对话框，选择【反向默认侧】选项，系统弹出【水平参考】对话框，选择【基准轴】选项，选择上一步中所作的基准轴。

③ 系统弹出【矩形凸垫】对话框，设置长度为 26，宽度和高度为 20，其他选项为 0，单击【确定】按钮。

④ 系统弹出【定位】对话框，选择【垂直定位】选项或单击图标，选择基准轴和垫块的短中心线，弹出【创建表达式】对话框，输入距离为 0，单击【确定】按钮，结果如图 9.78 所示。

(2) 选择【菜单】→【插入】→【草图】选项，或者单击图标，选择垫块上表面为草绘平面，进入草图模式，绘制与垫块上表面相同的截面。退出草图模式，拉伸草绘截面，开始值为 0，终值为 42，单击【确定】按钮完成拉伸操作，删除上一步创建的垫块。

(3) 选择【菜单】→【插入】→【细节特征】→【边倒圆】选项，或者单击图标，系统弹出【边倒圆】对话框，利用该对话框进行圆角参数设置，输入半径为 13，选择垫块边，单击【确定】按钮，得到如图 9.79 所示的圆角结果。

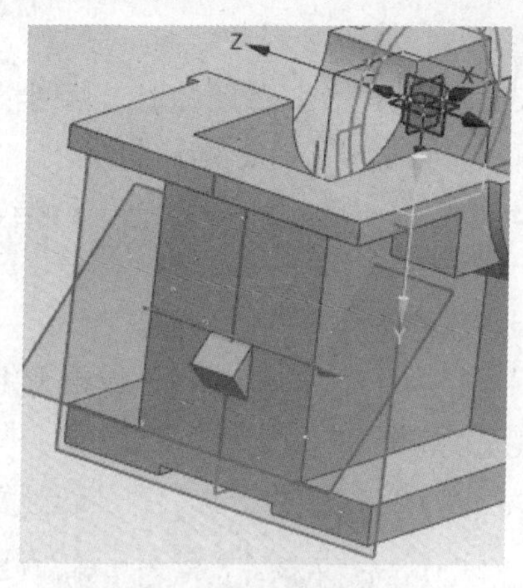

图 9.78 创建垫块

图 9.79 倒圆结果 1

(4) 单击修剪体图标，系统弹出【修剪体】对话框，利用该对话框对得到的实体进行拆分，操作方法如下。

选择拉伸实体，选择【新建平面】选项，选择机座里面的一侧平面为基准面，如图 9.80 所示，将拉伸实体分离出来。在距离文本框输入 0，单击对话框中的【确定】按钮，完成修剪，得到如图 9.81 所示的实体。

(5) 选择【菜单】→【插入】→【组合体】→【求和】选项，或者单击图标，选择所有的模块进行求和操作。

图 9.80 选择新平面

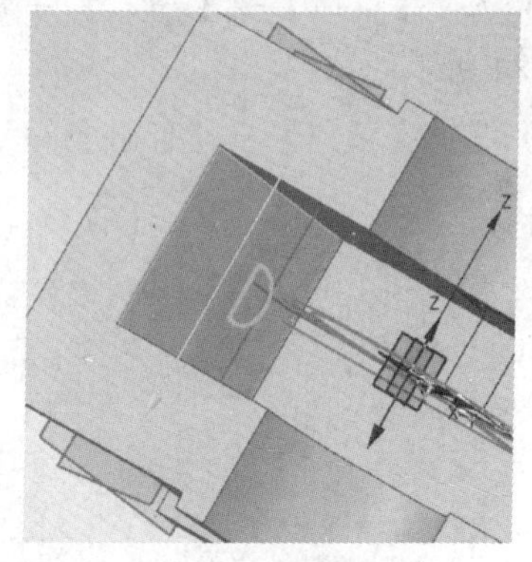

图 9.81 修剪实体

5. 创建油标孔

(1) 选择【菜单】→【插入】→【设计特征】→【孔】选项，或者单击图标，系统弹出【孔】对话框，利用该对话框建立孔，操作方法如下。

① 在对话框中【类型】下拉列表中，选择【常规孔】选项。设定孔的沉头直径为 15，沉头深度为 1，顶锥角为 118°，孔的直径为 13。因为要建立一个通孔，此处设置孔的深度为 50。

② 选择拉伸体上平面单击，进入草绘模式，选择圆弧圆心，系统弹出【点】对话框，单击【确定】按钮。

③ 选择【菜单】→【任务】→【完成草图】选项，或者单击图标退出草图模式，进入建模模式，单击【孔】对话框中的【确定】按钮，得到如图 9.82 所示的圆孔。

(2) 选择【菜单】→【插入】→【设计特征】→【螺纹】选项，系统弹出【螺纹】对话框，进行螺纹操作，方法如下。

① 在【螺纹】对话框中，选择【详细】标签，状态栏提示选择圆柱面。

② 选择孔的内表面，在【螺纹】对话框中设置直径为 15，长度为 12，螺距为 1.25，角度为 60°，旋转选择右旋，单击【确定】按钮，得到如图 9.83 所示的螺纹孔。

图 9.82　孔的创建 1

图 9.83　螺纹的创建

6. 吊环

(1) 选择【菜单】→【插入】→【草图】选项，或者单击图标，进入草图模式，绘制如图 9.84 所示的草图。

(2) 选择【菜单】→【任务】→【完成草图】选项，或者单击图标退出草图模式，进入建模模式。

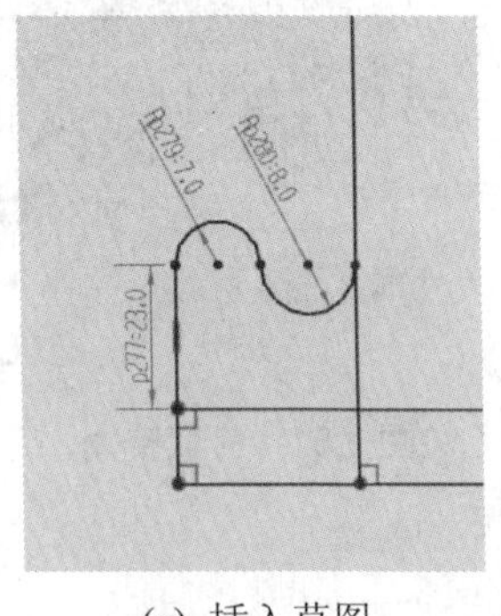

(a) 插入草图

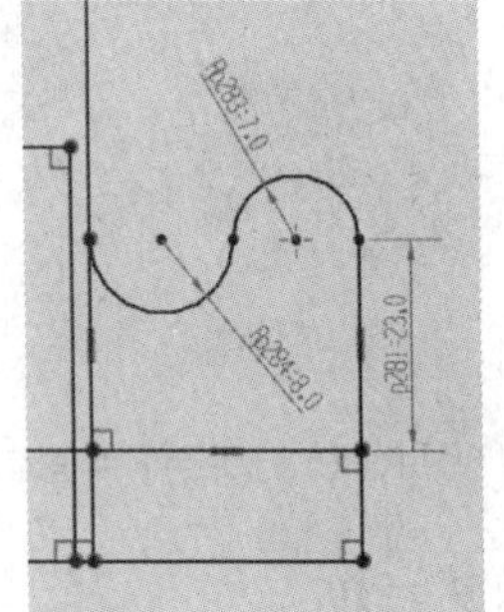

(b) 绘制草图

图 9.84　绘制吊环草图

(3) 选择【菜单】→【插入】→【设计特征】→【拉伸】选项，或者单击工具栏中的拉伸按钮，系统弹出【拉伸】对话框，利用该对话框拉伸草图中创建的曲线，操作方法如下。

① 选择前面绘制的草图作为拉伸曲线。

② 在【指定矢量】下拉列表中选择ZC作为拉伸方向，起始距离为-10，终止距离为10，单击【确定】按钮，得到如图9.85所示的实体。

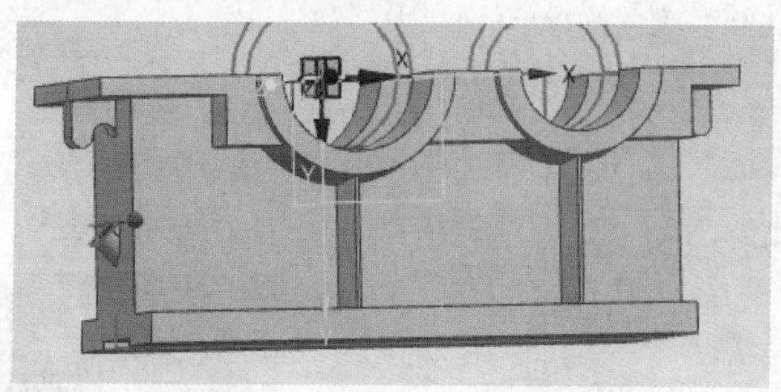

图9.85 创建吊环实体

7. 放油孔

(1) 定义孔的圆心。选择【菜单】→【插入】→【基准/点】→【点】选项，系统弹出【点】对话框，定义点的坐标为(-145，150，0)，单击【确定】按钮，获得圆台的圆心。

(2) 选择【菜单】→【插入】→【设计特征】→【凸台】，系统弹出【凸台】对话框，这时系统状态栏提示选择创建方式。利用该对话框进行凸台操作，方法如下。

① 对话框过滤器选项为【任意】，直径为30，高度为5，锥角为0。选择基准点所在平面，单击对话框中的【确定】按钮。

② 系统弹出【定位】对话框，选择【点落在点上】的定位方式或单击按钮，系统弹出【点落在点上】对话框，选择插入的点为圆心，单击【确定】按钮，获得如图9.86所示的凸台。

(3) 选择【菜单】→【插入】→【设计特征】→【孔】选项，以创建点为圆心创建通孔。系统弹出【孔】对话框，利用该对话框建立孔，操作方法如下。

① 在【孔】对话框的【类型】下拉列表中选择【螺纹孔】选项，参数设置如图9.87所示。

② 选择凸台的外端平面单击，系统弹出【创建草图】对话框，选择一条与该平面平行的直线作为水平参考，单击【确定】按钮，进入草绘模式，弹出【点】对话框，选择凸台圆心，单击【确定】按钮，单击【孔】对话框中的【确定】按钮。

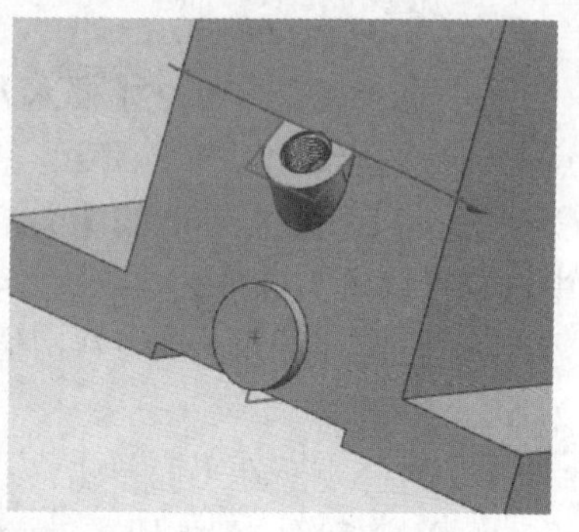

图9.86 凸台的创建

③ 选择【菜单】→【任务】→【完成草图】选项，或者单击完成草图图标退出草图模式，进入建模模式，单击【孔】对话框中的【确定】按钮，得到如图9.88所示的螺纹孔。

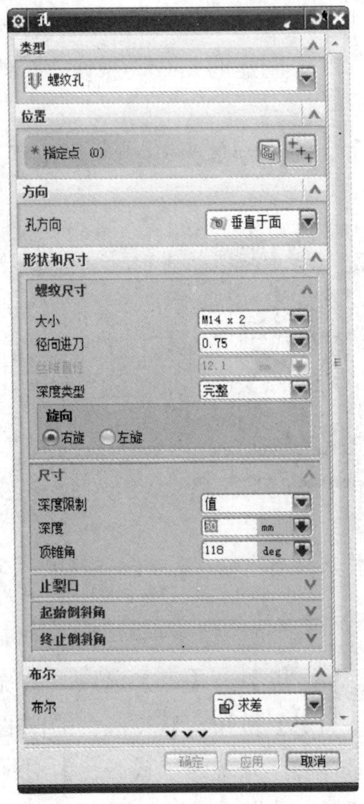

图 9.87 【孔】对话框参数设置 1

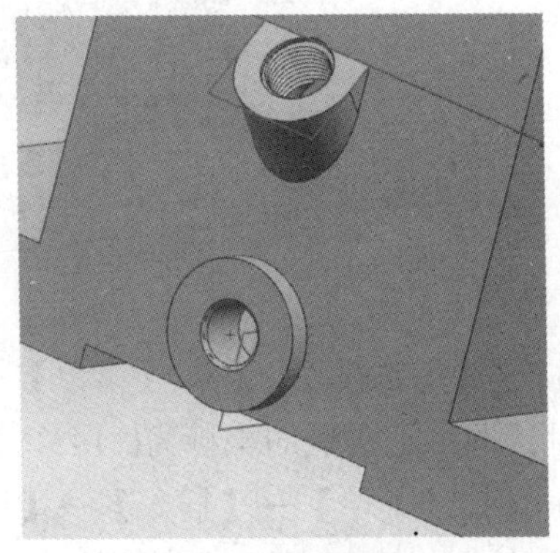

图 9.88 螺纹孔的创建

8. 孔系

(1) 选择【菜单】→【插入】→【联合体】→【求和】选项，将机座运算为一个整体。

(2) 定义孔的圆心。选择【菜单】→【插入】→【基准/点】→【点】选项，系统弹出【点】对话框，定义点的坐标为(208，0，73)、(208，0，−73)、(80，0，73)、(80，0，−73)、(−68，0，73)、(−68，0，−73)，获得台阶上 6 个孔的圆心。

(3) 选择【菜单】→【插入】→【设计特征】→【孔】选项，或者单击图标，以创建点为圆心创建通孔，系统弹出【孔】对话框，利用该对话框建立孔，操作方法如下。

① 在【孔】对话框的【类型】下拉列表中选择【常规孔】选项，在【成形】下拉列表中选择【简单】选项。

② 设定孔的直径为 13，顶锥角为 118°。因为要建立一个通孔，此处设置孔的深度为 50。

③ 选择点所在平面单击，进入草绘模块，弹出【点】对话框，依次选择上步创建的 6 个点，单击【确定】按钮。

④ 选择【菜单】→【任务】→【完成草图】选项，或者单击图标退出草图模式，进入建模模式。单击【孔】对话框中的【确定】按钮，得到如图 9.89 所示的孔。

(4) 按如上方法在点(−156，0，35)和(−156，0，−35)处打两个孔。设定孔的直径为 11，深度为 50，顶锥角为 118°，结果如图 9.90 所示。

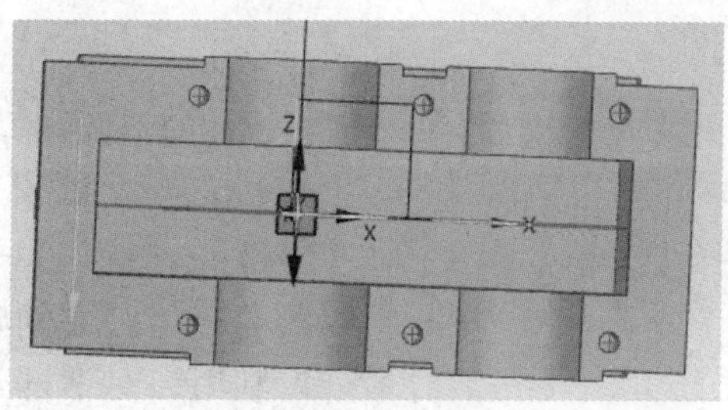
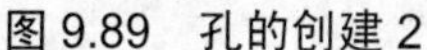

图 9.89 孔的创建 2

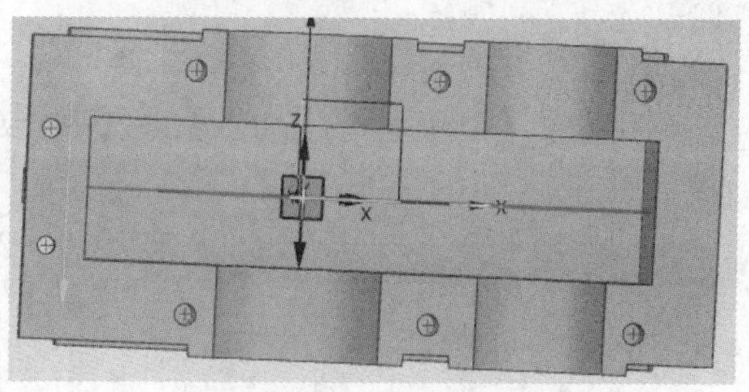

图 9.90 孔的创建 3

(5) 按如上方法在点(−110，0，−65)和(244，0，35)处打两个沉头孔。设定孔的沉头孔直径为 10，沉头深度为 2，孔直径为 8，深度为 50，顶锥角为 118°，结果如图 9.91 所示。

(6) 按如上方法在点(−100，150，75)、(−100，150，−75)、(200，150，−75)和(200，150，75)处打四个沉头孔。设定孔的沉头孔直径为 36，沉头深度为 2，孔直径为 24，深度为 50，顶锥角为 118°，结果如图 9.92 所示。

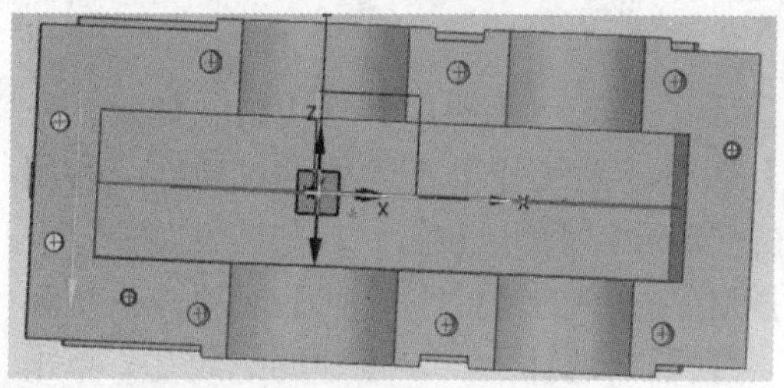

图 9.91 沉头孔的创建 1

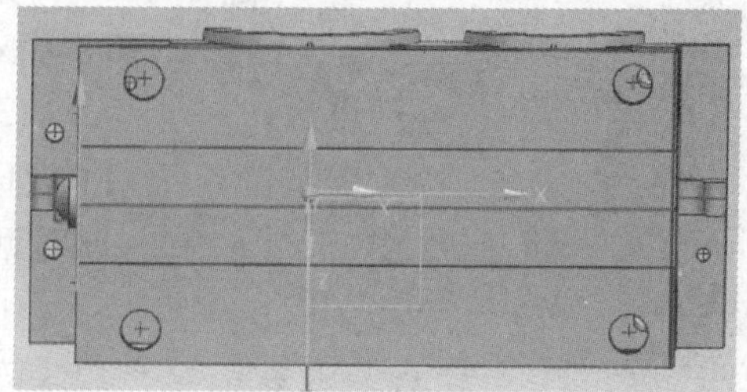

图 9.92 沉头孔的创建 2

9. 圆角

(1) 选择【菜单】→【插入】→【细节特征】→【边倒圆】选项，或者单击图标，系统弹出【边倒圆】对话框，利用该对话框进行圆角操作，方法如下。

① 设置半径为 20，选择底座的四条边进行圆角操作。

② 单击【确定】按钮，得到如图 9.93 所示的圆角结果。

(2) 按步骤(1)所述的方法继续进行圆角操作，选择上端面的边进行圆角操作，圆角半径设为 44，单击【确定】按钮，获得如图 9.94 所示的模型。

(3) 按步骤(1)所述的方法继续进行圆角操作，选择凸台的边进行圆角操作，圆角半径设为 5，单击【确定】按钮，获得如图 9.95 所示的模型。

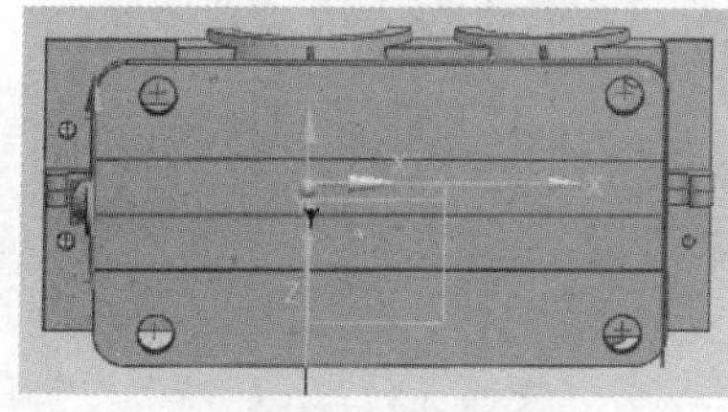

图 9.93 倒圆结果 2

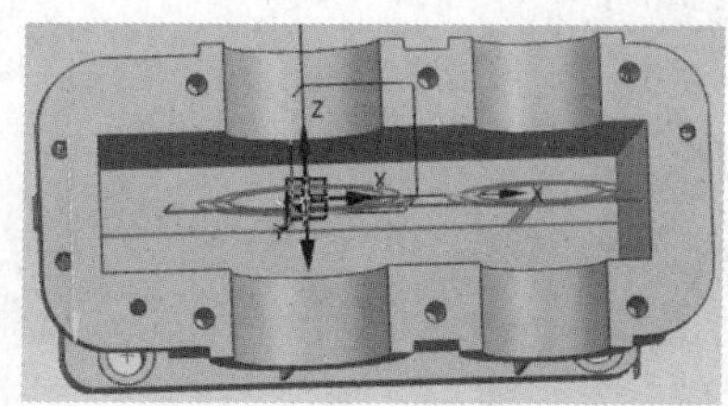

图 9.94 倒圆结果 3

图 9.95 倒圆结果 4

10. 螺纹孔

(1) 选择【菜单】→【插入】→【基准/点】→【点】选项，系统弹出【点】对话框，定义点的坐标为(0，60，98)。

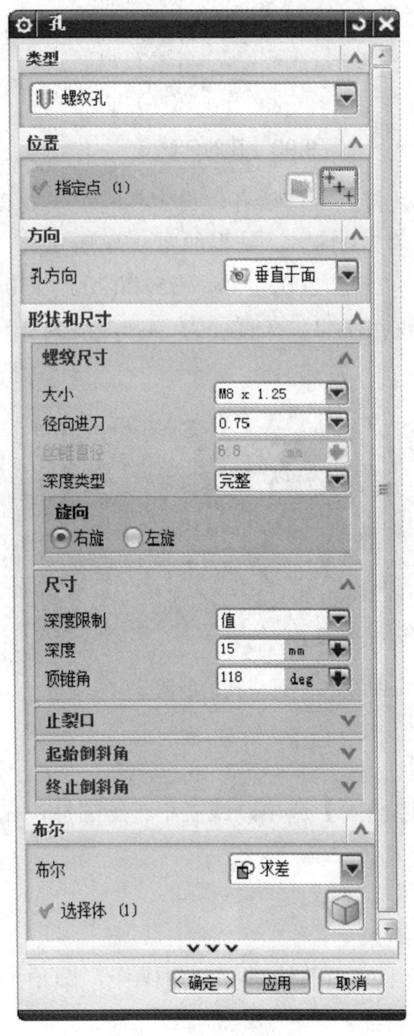

图 9.96 【孔】对话框参数设置 2

(2) 选择【菜单】→【插入】→【设计特征】→【孔】选项，或者单击图标，以创建点为圆心创建螺纹孔。系统弹出【孔】对话框，利用该对话框建立螺纹孔，操作方法如下。

① 【孔】对话框设置如图 9.96 所示。

② 选择上一步创建的点所在的平面，系统弹出【点】对话框，选择上一步创建的点，单击【确定】按钮并选择【菜单】→【任务】→【完成草图】选项，或者单击图标退出草图模式，进入建模模式。单击【孔】对话框中的【确定】按钮，获得如图 9.97 所示的螺纹孔。

(3) 选择【菜单】→【插入】→【关联复制】→【阵列特征】选项，系统弹出【阵列】对话框，利用该对话框进行圆周阵列参数设置，操作方法如下。

① 选择对话框中的【圆形阵列】选项，系统弹出【阵列】对话框，选择上一步创建的螺纹孔，单击【确定】按钮。

② 系统弹出【阵列】对话框，方法选为【常规】，数量为 2，角度为 60°，单击【确定】按钮。系统弹出【实例】对话框，选择【点和方向】选项。系统弹出【矢量】对话框，选择选项，单击【确定】按钮。系统弹出【点】对话框，选择原点(0，0，0)，单击【确定】按钮。

③ 系统弹出【创建实例】对话框，选择【是】选项。

(4) 选择第(2)步的孔继续阵列，其他步骤中的参数设置相同，角度为-60°，获得图 9.98 所示的外形。

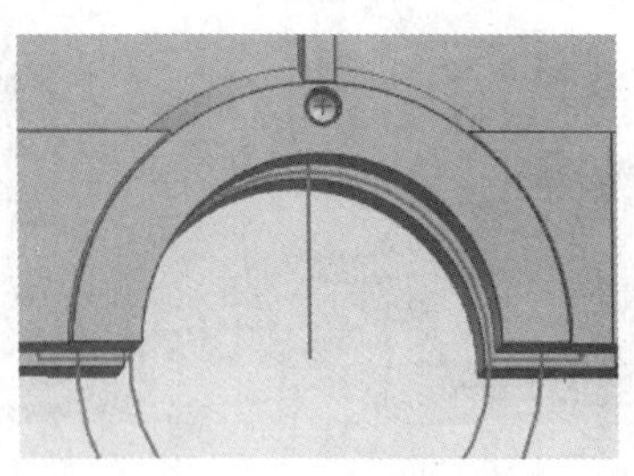

图 9.97 螺纹孔

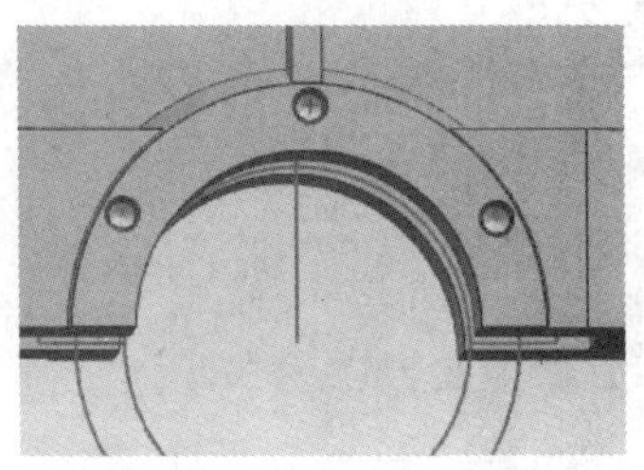

图 9.98 阵列螺纹孔

(5) 选择【菜单】→【插入】→【基准/点】→【点】 选项，系统弹出【点】对话框，定义点的坐标为(150，50，98)。

(6) 选择【菜单】→【插入】→【设计特征】→【孔】选项，或者单击图标，以创建点为圆心创建通孔。系统弹出【孔】对话框，利用该对话框建立螺纹孔，操作方法如下。

① 【孔】对话框设置如图 9.96 所示。

② 选择上一步创建的点所在的平面，系统弹出【点】对话框，选择上一步创建的点，单击【确定】按钮并选择【菜单】→【任务】→【完成草图】选项，或者单击图标退出草图模式，进入建模模式。单击【孔】对话框中的【确定】按钮获得如图 9.97 所示的螺纹孔。

(7) 选择【菜单】→【插入】→【关联复制】→【阵列特征】选项，系统弹出【阵列】对话框，利用该对话框进行圆周阵列，操作方法如下。

① 选择对话框中的【圆形阵列】选项，系统弹出【阵列】对话框，选择上步创建的孔的特征【螺纹孔】，单击【确定】按钮。

② 系统弹出【阵列】对话框，方法选为【常规】，数量为 2，角度为 60°，单击【确定】按钮。系统弹出【实例】对话框，选择【点和方向】选项。系统弹出【矢量】对话框，选择选项，单击【确定】按钮。系统弹出【点】对话框，选择点(150，0，0)，单击【确定】按钮。

③ 系统弹出【创建实例】对话框，选择【是】选项。

(8) 选择第(6)步的孔继续阵列，其他步骤中的参数与第(7)步设置相同，角度为-60°，获得图 9.98 所示的外形。

(9) 选择【菜单】→【插入】→【关联复制】→【镜像特征】选项，系统弹出【镜像特征】对话框，利用该对话框进行镜像阵列，操作方法如下。

① 在【选择特征】选项组中选择上面创建的 6 个螺纹孔。

② 单击【通过一平面镜像】按钮，选择 *X-Y* 平面为镜像平面，单击【确定】按钮，获得如图 9.99 所示的实体。

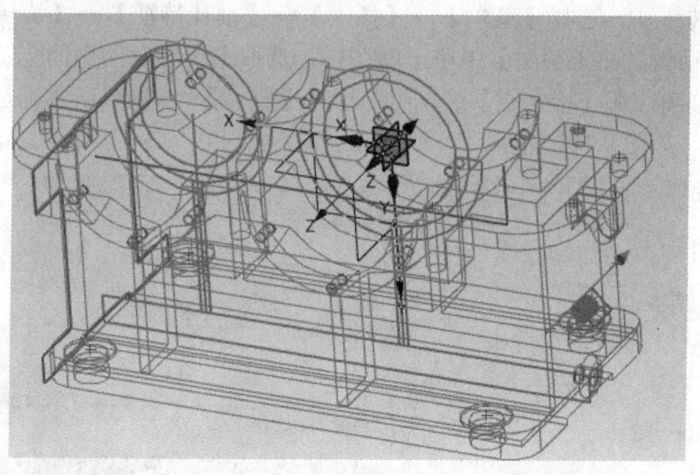

图 9.99 镜像结果

9.5 齿轮轴的设计

齿轮轴作为回转体，一般来说都是由多段相同或不同直径的圆柱连接而成的，主要用于传递转矩。轴类零件上一般要开有键槽用于连接动力输入与动力输出的零件，同时轴上还有轴端倒角、圆角等特征。轴的成形一般采用先画草图，然后旋转成形，或者建立圆柱特征后进行拔圆台的操作成形，或者是完全用圆柱生成等方法。本节将分别采用前两种方法，建立减速器中的两个轴。在完成轴的模型之后，进行挖键槽、倒角、打螺孔和定位孔等操作。最后在齿轮轴上开齿槽。

1. 齿轮轴主体

(1) 启动 UG NX 9.0，选择【文件】→【新建】选项，或者单击图标，选择【模型】类型，创建新部件，文件名为 zhou2，进入建立模型模块。

(2) 创建草图。选择【菜单】→【插入】→【草图】选项，或者单击图标，系统弹出【创建草图】对话框，选取 *XC-YC* 平面为草绘平面，单击【确定】按钮进入草图绘制界面，绘制如图 9.100 所示的剖面草图，然后单击按钮，退出草绘环境。

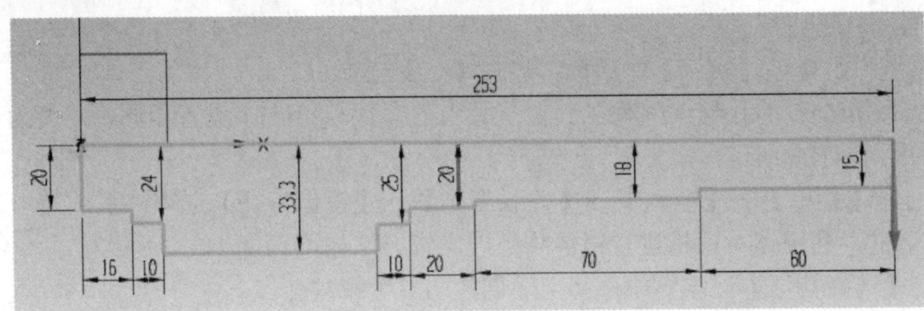

图 9.100 草绘结果 1

(3) 创建回转特征。选择【菜单】→【插入】→【设计特征】→【旋转】选项，系统弹出【旋转】对话框，在【截面】中单击图标，选取上步绘制的剖面草图，在【指定矢量】中选择选项，在【指定点】选项组中选择【原点】，然后单击【确定】按钮，完成旋转特征的创建，如图 9.101 所示。

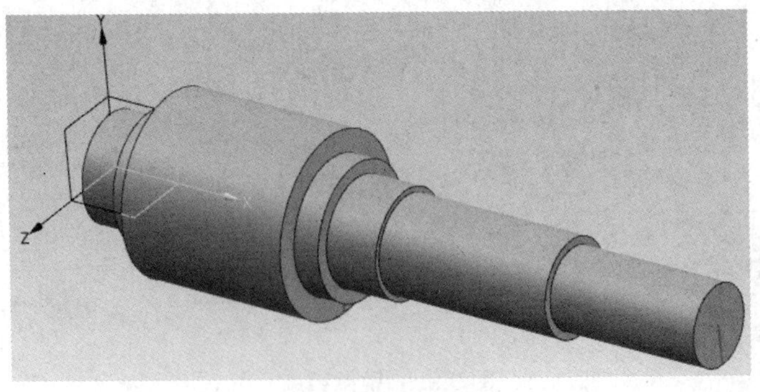

图 9.101 创建回转轴

(4) 创建基准平面。选择【菜单】→【插入】→【基准/点】→【基准平面】选项，或单击图标，弹出【基准平面】对话框，单击第6段圆柱右端部、第7段圆柱面和通过轴线的基准平面。单击【确定】按钮生成与所选圆柱端面重合、与所选圆柱面相切并与所选基准面垂直的基准平面，如图9.102所示。单击【确定】按钮完成基准平面的创建。

(5) 创建键槽特征。选择【菜单】→【插入】→【设计特征】→【键槽】，系统弹出【键槽】对话框。

① 在【键槽】对话框中选择【矩形】选项并单击【确定】按钮。

② 选择与第7段圆柱相切的基准面作为键槽的放置面，并在随后系统弹出的对话框中选择【接受默认边设置】选项。

③ 系统弹出【水平参考】对话框，该对话框用于设定键槽的水平方向，选择通过轴线的基准平面作为键槽的长度方向。

④ 选择好水平参考后，系统弹出【矩形键槽】对话框，在该对话框中设置键槽长度为50，宽度为8，深度为4，最后单击【确定】按钮。

⑤ 水平定位。系统弹出【定位】对话框中，单击其中的【直线至直线】按钮，单击通过轴线的基准面和键槽长度方向中心线，并返回到【定位】对话框。

⑥ 单击与第6段圆柱右端部重合的基准面和键槽宽度方向中心线，使所选的中心线落在所选的基准平面上，并返回到【定位】对话框。在随后系统弹出的【创建表达式】对话框中输入32，并生成最终的矩形键槽，如图9.103所示。

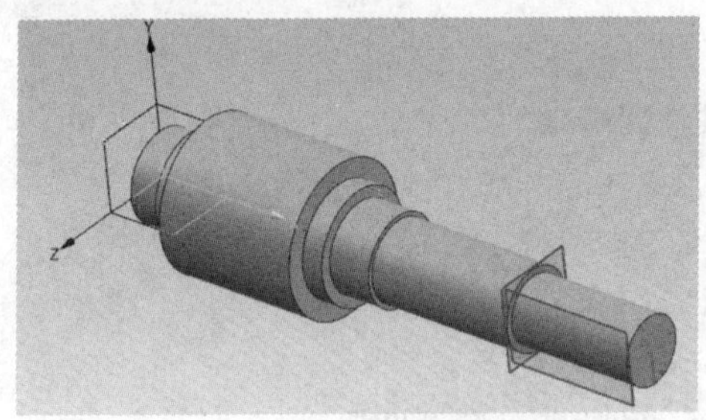

图9.102 创建的两个基准平面

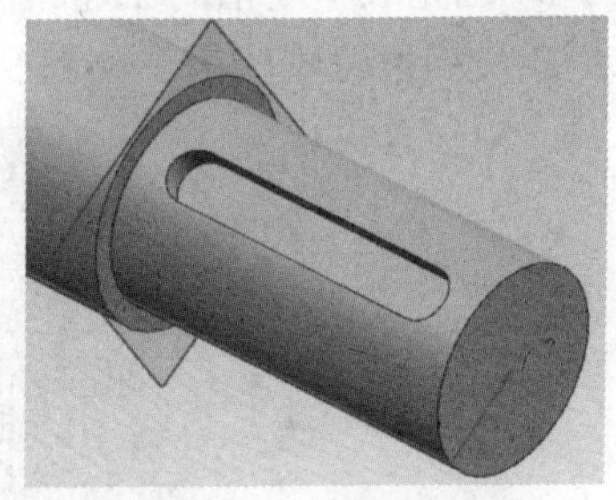

图9.103 矩形键槽的建立

2. 齿槽

(1) 创建草图。选择【菜单】→【插入】→【草图】选项，或者单击图标，系统弹出【创建草图】对话框，选取第3段圆柱左端面为草绘平面，单击【确定】按钮，进入草绘环境。绘制如图9.104所示的剖面草图，然后单击按钮，退出草绘环境。(注：先绘制左边部分，再镜像。最左边的圆弧圆心在两条直线的交点上，并利用约束来约束尺寸和定位。)

(2) 创建拉伸特征。

① 选择【菜单】→【插入】→【设计特征】→【拉伸】选项，或单击工具条中的图标，弹出【拉伸】对话框，选择上一步创建的草图。

② 在【拉伸】对话框中的【开始】的【距离】文本框中输入0，在【终点】中选择【直至被延伸】，若拉伸方向不相同，可单击图标，调整方向，并在布尔运算中选择【求差】运算，单击【确定】按钮，完成拉伸特征的创建，如图9.105所示。

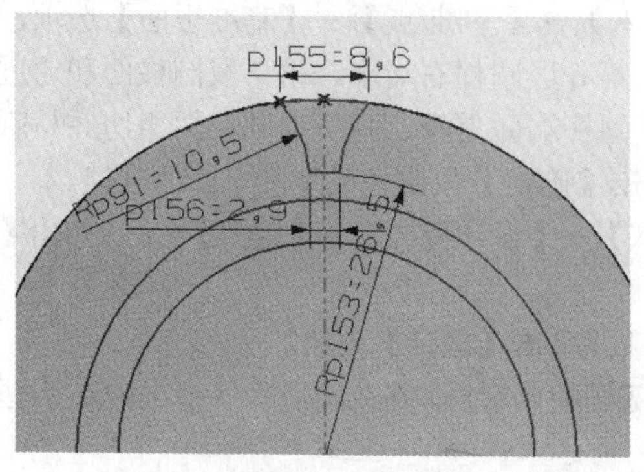

图 9.104　草绘结果 2

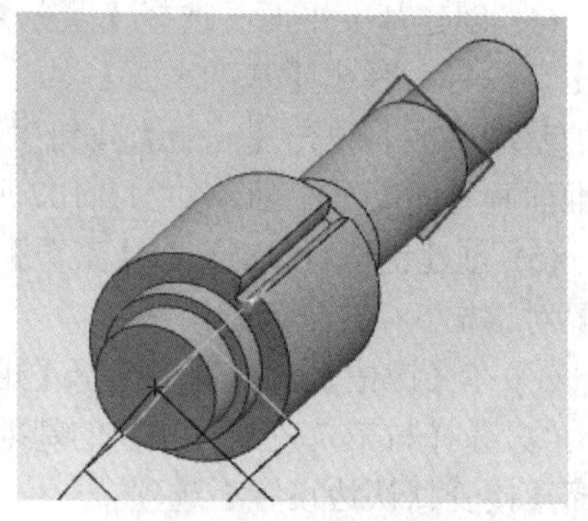

图 9.105　拉伸后的齿槽

(3) 创建实例特征。

① 选择【菜单】→【插入】→【关联复制】→【阵列特征】选项，系统弹出【阵列】对话框，在该对话框中选择【圆形阵列】选项进行圆周阵列操作。

② 选择刚创建的拉伸特征，单击【确定】按钮，在随后的【实例】对话框的数量文本框中输入 20，在角度文本框中输入 18°，单击【确定】按钮。

③ 在随后系统弹出的【实例】对话框中选择【点和方向】选项，单击【确定】按钮，在【矢量】对话框的【类型】下拉列表中选择选项，单击【确定】按钮，完成实例特征的创建，此时也完成了齿槽的创建。

(4) 生成最终齿轮轴的齿形如图 9.106 所示。

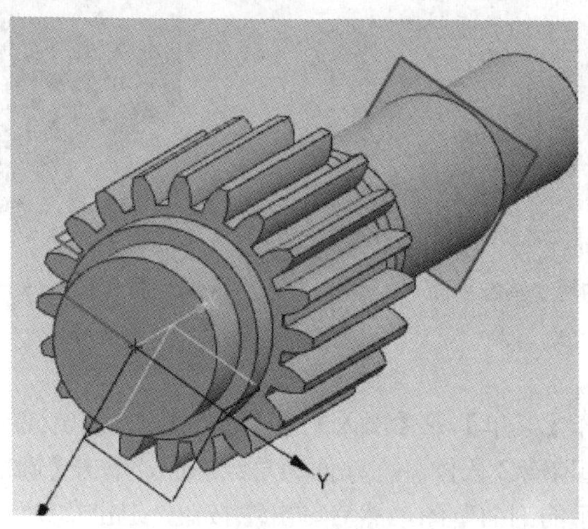

图 9.106　最终成形的齿槽

3. 添加细节特征

(1) 创建边倒圆特征。

① 选择命令。选择【菜单】→【插入】→【细节特征】→【边倒圆】选项，或者在工具条单击图标。

② 选择如图 9.107 和图 9.108 所示需要倒圆的边(即 6 个圆柱面的边)，并在【边倒圆】对话框的半径文本框中输入半径值 2。

图 9.107 左边部分

图 9.108 右边部分

(2) 创建倒斜角特征。

① 选择【菜单】→【插入】→【细节特征】→【倒斜角】选项，或者在工具条中单击倒斜角图标，系统弹出【倒斜角】对话框。

② 单击齿轮轴两端的两条倒角边，并在【倒斜角】对话框中设置倒角对称值为 1.5，单击【确定】按钮，完成倒斜角特征的创建。

(3) 生成最终的齿轮轴如图 9.109 所示。

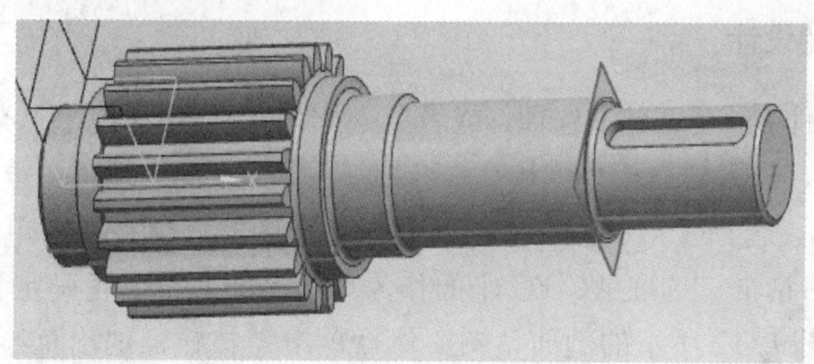

图 9.109 生成最终的齿轮轴

9.6 深沟球轴承的设计

滚动轴承依靠其主要元件间的滚动接触来支撑转动或者摆动零件，其相对运动表面间的摩擦就是滚动摩擦。与滑动轴承相比，具有摩擦阻力较小、启动灵敏、效率高、润滑简单和易于互换等优点，故得到了较广泛的应用。它的缺点是抗击能力差，高速运动会发出噪声等。本节就以深沟球轴承(GB/T 276—2013)6208 为例来说明利用 UG NX 9.0 设计滚动轴承的方法。

9.6.1 轴承内圈的设计

(1) 选择【文件】→【新建】选项，或者单击图标，选择【模型】类型，创建新部件，文件名为 neiquan，进入建立模型模块。

(2) 创建草图。选择【菜单】→【插入】→【草图】选项，或者单击图标，系统弹出【创建草图】对话框，选取 *XC-YC* 平面作为草绘平面，单击【确定】按钮进入草图绘制界面，绘制如图 9.110 所示的剖面草图，然后单击按钮，退出草绘环境。

(3) 创建旋转特征。选择【菜单】→【插入】→【设计特征】→【旋转】选项，系统弹出【旋转】对话框，选取刚绘制的剖面草图，在【轴】选项组中单击图标，选择如图 9.110 所示的回转草图，其他为默认值，然后单击【确定】按钮，完成旋转特征的创建。

(4) 最终成形的轴承内圈如图 9.111 所示。

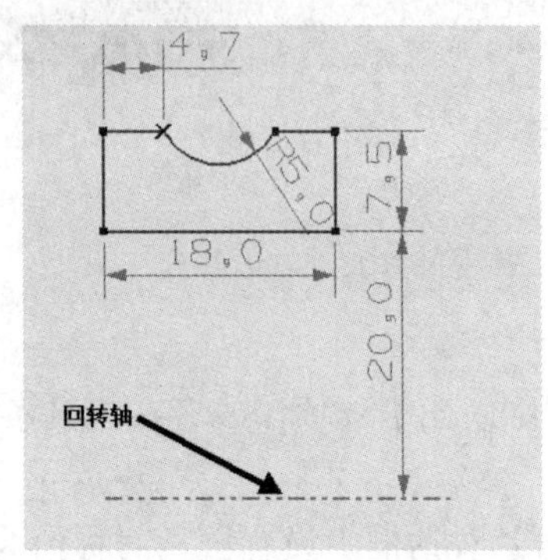

图 9.110　剖面草图 1

图 9.111　创建内圈回转特征

9.6.2　轴承外圈的设计

(1) 选择【文件】→【新建】选项，或者单击图标，选择【模型】类型，创建新部件，文件名为 waiquan，进入建立模型模块。

(2) 创建草图。选择【菜单】→【插入】→【草图】选项，或者单击图标，系统弹出【创建草图】对话框，选取 *XC-YC* 平面作为草绘平面，单击【确定】按钮进入草图绘制界面，绘制如图 9.112 所示的剖面草图，然后单击按钮，退出草绘环境。

(3) 创建旋转特征。选择【菜单】→【插入】→【设计特征】→【旋转】选项，系统弹出【旋转】对话框，选取刚绘制的草图，在【轴】选项组中单击图标，选择如图 9.112 所示的回转轴线，其他为默认值，然后单击【确定】按钮，完成旋转特征的创建。最终成形的轴承外圈如图 9.113 所示。

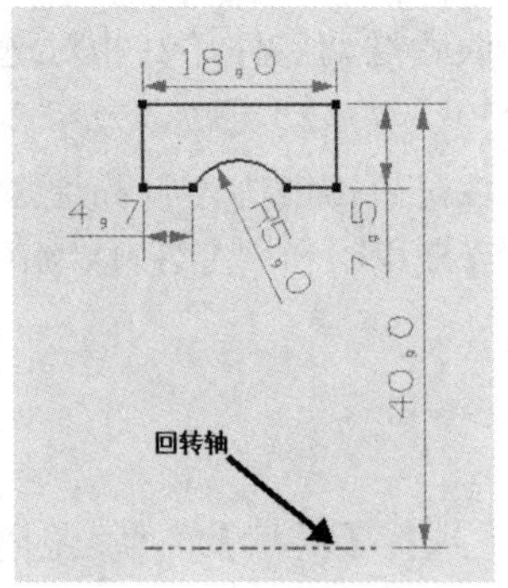

图 9.112　剖面草图 2

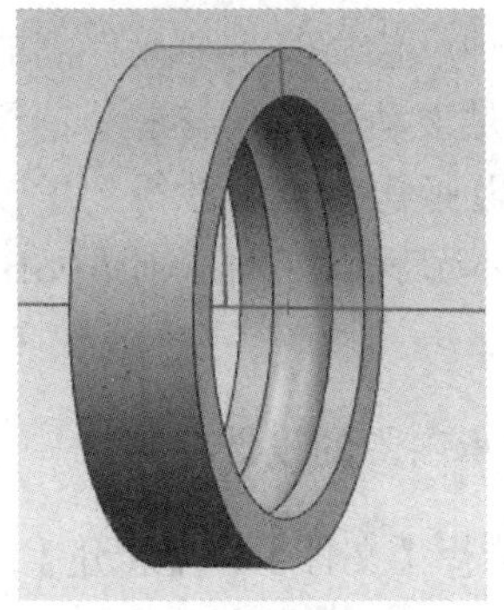
图 9.113　创建外圈回转特征

9.6.3 轴承保持架的设计

(1) 启动 UG NX 9.0，选择【文件】→【新建】选项，或者单击图标，选择【模型】类型，创建新部件，文件名为 baochijia，进入建立模型模块。

(2) 创建草图。选择【菜单】→【插入】→【草图】选项，或者单击图标，系统弹出【创建草图】对话框，选取 *XC-YC* 平面作为草绘平面，单击【确定】按钮进入草图绘制界面，绘制如图 9.114 所示的剖面草图，然后单击按钮，退出草绘环境。

(3) 创建回转特征。选择【菜单】→【插入】→【设计特征】→【旋转】选项，系统弹出【旋转】对话框，选取刚绘制的草图，在【轴】选项组中单击图标，选择如图 9.114 所示的回转轴线，其他为默认值，然后单击【确定】按钮，完成旋转特征的创建，如图 9.115 所示。

(4) 创建孔特征。选择【菜单】→【插入】→【设计特征】→【孔】选项，选择 *XC-ZC* 作为草绘平面，插入如图 9.116 所示的点。退出草绘环境后，在【孔】对话框中选择【常规孔】、【沿矢量】选项，并输入直径 10。单击【确定】按钮，完成孔特征的创建，如图 9.117 所示。

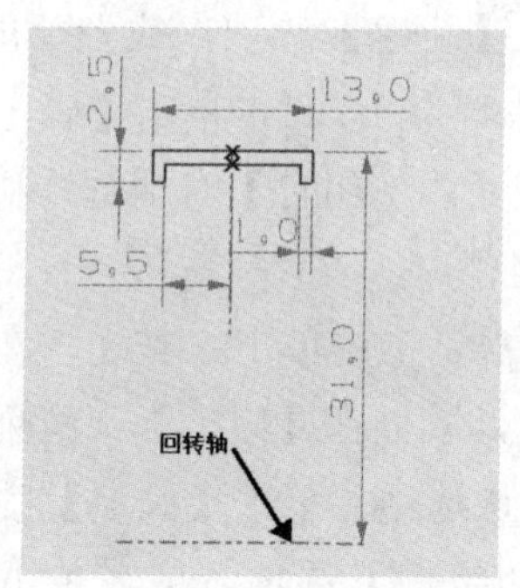

图 9.114 剖面草图 3

图 9.115 创建回转特征

(5) 创建实例特征。选择【菜单】→【插入】→【关联复制】→【阵列特征】选项，系统弹出【阵列】对话框，选择【圆形阵列】，在参数对话框中设置数量为 12，角度为 30°，单击【确定】按钮，并选择 *XC* 轴作为阵列轴线，其他保留默认值，单击【是】按钮完成实例特征的创建，如图 9.118 所示。

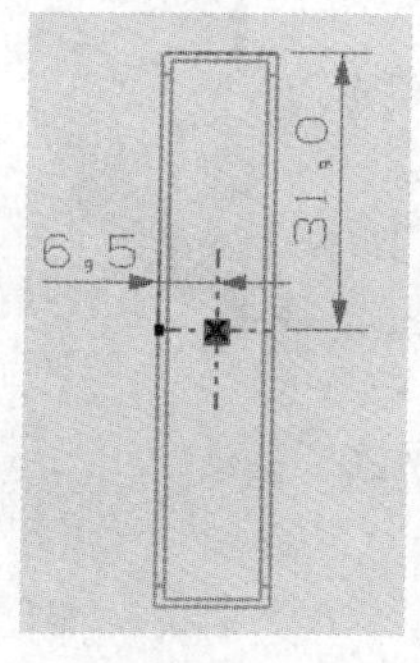

图 9.116 定义点

图 9.117 创建孔特征

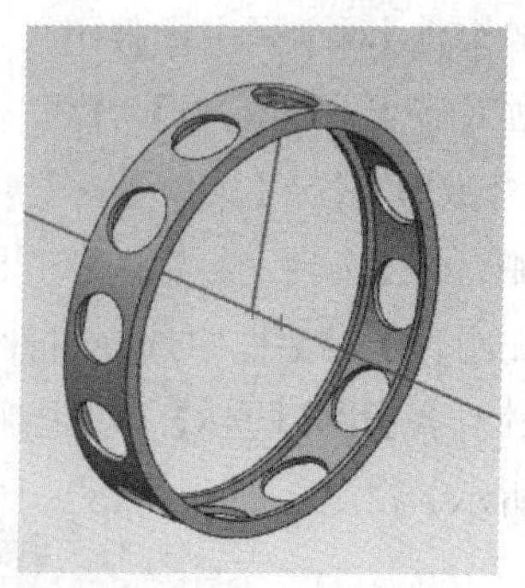

图 9.118 保持架模型

9.6.4 滚动体的创建

(1) 启动 UG NX 9.0，选择【文件】→【新建】选项，或者单击图标，选择【模型】类型，创建新部件，文件名为 gundongti，进入建立模型模块。

(2) 选择【菜单】→【插入】→【设计特征】→【球】选项，在【球】对话框的【类型】下拉列表中选择【圆弧】选项，并选择如图 9.110 所示的内圈草绘剖面的圆弧，单击【确定】按钮完成球的创建。

(3) 创建实例特征。选择【菜单】→【插入】→【关联复制】→【阵列特征】选项，系统弹出【阵列】对话框，选择【圆形阵列】选项，在参数对话框中设置数量为 12，角度为 30°，单击【确定】选项，并选择 *XC* 轴作为阵列轴线，其他保留默认值，单击【是】按钮完成实例特征的创建，如图 9.119 所示。

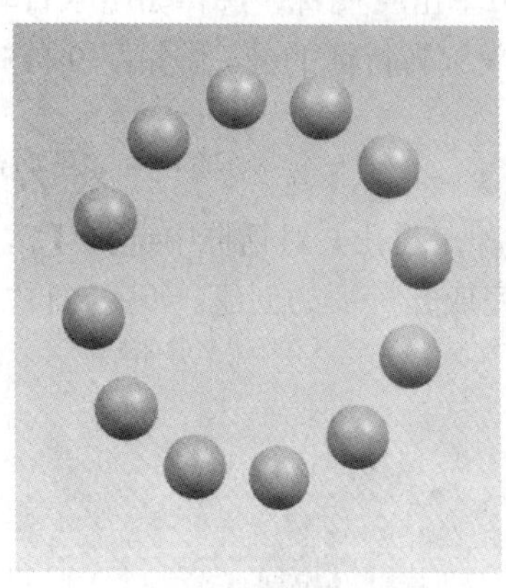

图 9.119 滚动体的创建

9.6.5 滚动轴承的装配

(1) 选择【文件】→【新建】选项，或者单击图标，选择【装配】类型，文件名为 bear1，单击【确定】按钮，进入装配模式。系统弹出【添加组件】对话框，利用该对话框可以加入已经存在的组件。

(2) 在【添加组件】对话框中单击按钮，在弹出的对话框中选择 neiquan.prt 组件。由于该组件是第一个组件，因而在【定位】下拉列表中选择【绝对原点】选项，【引用集】和【层选项】接受系统默认选项并单击【确定】按钮。

(3) 选择【菜单】→【装配】→【组件】→【添加组件】选项，或者单击工具栏中的图标，在【添加组件】对话框中选择组件 baochijia.prt，利用【接触对齐】和【同心】方式装配。

(4) 选择【菜单】→【装配】→【组件】→【添加组件】选项，或者单击工具栏中的图标，在【添加组件】对话框中选择组件 gundongti.prt，利用【接触对齐】和【同心】方式装配。

(5) 选择【菜单】→【装配】→【组件】→【添加组件】选项，或者单击工具栏中的图标，在【添加组件】对话框中选择组件 waiquan.prt，利用【接触对齐】和【同心】方式装配。最后结果如图 9.120 所示。

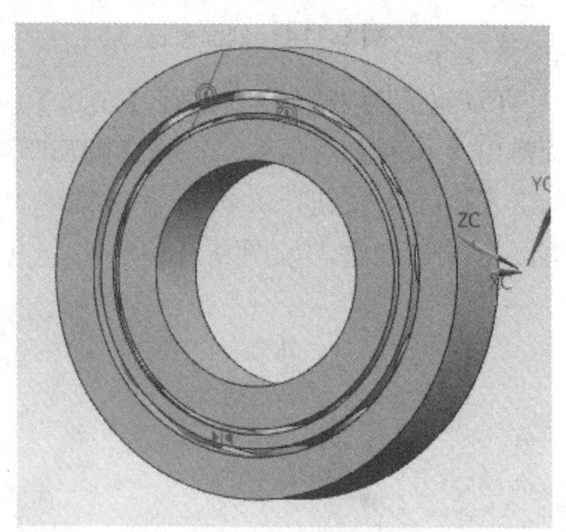

图 9.120 轴承

9.7 减速器装配

9.7.1 轴组件

轴类组件包括轴、键、定位环、轴承等，低速轴还包括齿轮，齿轮通过键与低速轴连接。本节将结合轴的这些零件的装配，介绍装配操作的相关功能。通过装配可以直观地表达零件间的装配和尺寸配合关系。

轴组件装配的思路为装配轴和键，装配齿轮，装配定位环和轴承。

1. 低速轴组件轴-键配合

轴和键的装配方法如下。

(1) 启动 UG NX 9.0，选择【文件】→【新建】选项，或者单击图标，选择【装配】类型，输入文件名 Low-speed shaft，单击【确定】按钮，进入装配模式。系统弹出【添加组件】对话框，利用该对话框可以加入已经存在的组件。

(2) 在【添加组件】对话框中单击按钮，在弹出的对话框中选择 axis1.prt 组件。由于该组件是第一个组件，因而在【定位】下拉列表中选择【绝对原点】选项，【引用集】和【层选项】接受系统默认选项并单击【确定】按钮。

(3) 系统再次弹出【添加组件】对话框，在该对话框中选择要装配的键，此处选择 flatkey(14×50)，装配键的方法如下。

① 选择键后单击【确定】按钮，系统弹出【装配约束】对话框，在【定位】下拉列表中选择【接触对齐】方式，其他不变。

② 首先选择键的上表面，然后选择轴上键槽的底面进行配对。选择结束后，系统状态栏会给出轴、键装配的剩余自由度数，单击【预览】按钮即可查看装配结果。

(4) 再次选择【同心】方式，依次选择键的圆弧面和轴上键槽的圆弧面进行配对。最后系统状态栏给出装配条件已完全约束的提示，表明键已经完全约束，如图 9.121 所示。

(5) 按同样的方法，再选择 flatkey(14×60)进行装配，结果如图 9.122 所示。

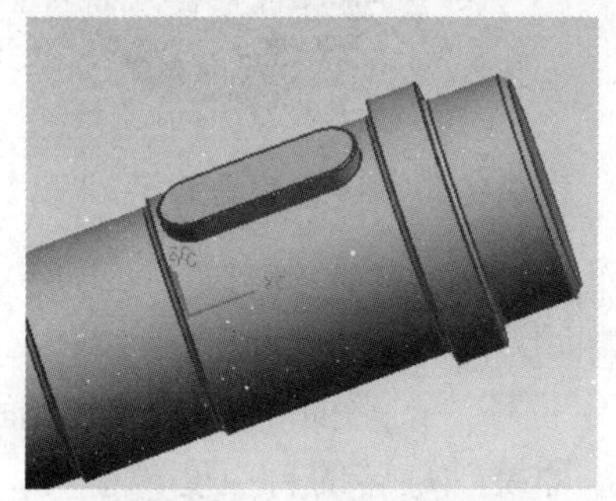

图 9.121 键的装配 1

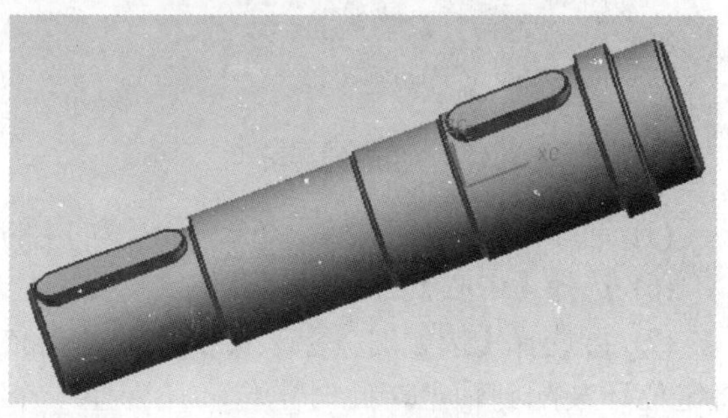

图 9.122 键的装配 2

2. 低速轴组件齿轮-轴-键配合

装配齿轮的方法如下。

(1) 选择【菜单】→【装配】→【组件】→【添加组件】选项，或者单击工具栏中的图标，在【添加组件】对话框中选择组件 gear.prt。

(2) 在【装配约束】对话框中首先选择【同心】方式，然后依次选择齿轮上的孔端圆和轴端面上的圆。

(3) 再选择【平行】方式，依次选择齿轮键槽上的面和轴键槽下的面。

(注：当装配有多种可能情况时，单击【另解】按钮可以查看不同的装配解。)

(4) 最后选择【接触对齐】方式，依次选择齿轮上的端面和轴上的阶梯面，此时齿轮的自由度为零，齿轮被装配到轴上，如图 9.123 所示。

3. 低速轴组件轴-定位环-轴承配合

装配定位环和轴承的方法如下。

(1) 为方便轴承的装配，先将已装配好的齿轮隐藏。

(2) 选择外径为 100 的轴承 bear2.prt。

(3) 选择【接触对齐】方式，依次选择轴承内圈端面和轴上的阶梯面。

(4) 再选择【中心】方式，依次选择轴承上的端面圆和轴上的端面圆。

(注：单击【预览】按钮，观察轴承凸起面的法向量是否指向-*XC* 轴，如果不是，单击【另解】按钮，改变轴承的方向。)

装配结果如图 9.124 所示。

图 9.123　齿轮的装配

图 9.124　轴承装配结果

(5) 选择内外半径为 55 和 65、厚度为 14 的定位环 located ring(14)。

(6) 选择【中心】方式，然后依次选择定位环上的端面圆和轴上的端面圆。

(7) 再选择【接触对齐】装配类型，然后依次选择定位环上的端面和齿轮上的端面，将定位环装配到轴上，此时定位环还保留一个自由度，即绕轴旋转的自由度。

装配结果如图 9.125 所示。

(8) 再选择一个外径为 100 的轴承，装配方法与第(7)步相同，装配结果如图 9.126 所示。

(注：装配时注意将圆锥滚子轴承凸起面的法向量指向 *XC* 轴的正向。)

图 9.125 定位环装配结果

图 9.126 低速轴装配结果

4. 高速轴组件

创建名为 High-speed shaft.prt 的新部件，选择 flatkey(8×50)键和外径为 80 的轴承，装配高速轴，装配方法与低速轴的装配方法相同，装配时要求轴承的内圈面相对。装配好的高速轴如图 9.127 所示。

图 9.127 高速轴装配结果

9.7.2 箱体组件装配

箱体组件包括上箱盖、窥视孔盖、下箱体、油标、油塞及端盖类零件，其中端盖上还有螺钉。读者可结合本节箱体组件的装配，进一步学习和熟悉装配操作的相关功能。

1. 窥视孔盖-上箱盖配合

窥视孔盖和上箱盖的装配方法如下。

(1) 启动 UG NX 9.0，选择【文件】→【新建】选项，或者单击图标，弹出【新建】对话框。选择【装配】类型，输入文件名为 top-box.prt，单击【确定】按钮，进入装配模式。

(2) 系统弹出【添加组件】对话框，单击图标打开 9.2 节中已经建立的减速器机盖。

(3) 减速器上盖选择【绝对原点】定位方式，【引用集】和【层选项】接受系统默认选项。

(4) 在【添加组件】对话框中，选择已经建立的窥视孔盖 Peep cover.prt，单击【确定】按钮，装配窥视孔盖的方法如下。

① 在【装配约束】对话框中选择【接触对齐】方式，依次选择窥视孔盖上的端面和减速器上盖的上端面。

② 在【添加组件】对话框中选择【接触对齐】方式，依次选择窥视孔盖上的一侧面和减速器上盖上的一侧面。

③ 在【添加组件】对话框中选择【接触对齐】方式，依次选择窥视孔盖上的另一侧面和减速器上盖上的另一侧面，单击【确定】按钮，结果如图 9.128 所示。

(5) 选择尺寸为 M6×14 的螺钉进行装配，方法如下。

① 选择【菜单】→【装配】→【组件】→【添加组件】选项，或单击工具栏的图标，在【添加组件】对话框中选择组件 screw-M6x14.prt。

② 在【装配约束】对话框中首先选择【接触对齐】方式，然后依次选择螺钉上的阶梯面和窥视孔盖上表面。

③ 再选择【同心】方式，依次选择螺钉圆柱端面圆和窥视孔盖上孔的端面圆，单击【确定】按钮。同理装上其他三个螺钉，结果如图 9.129 所示。

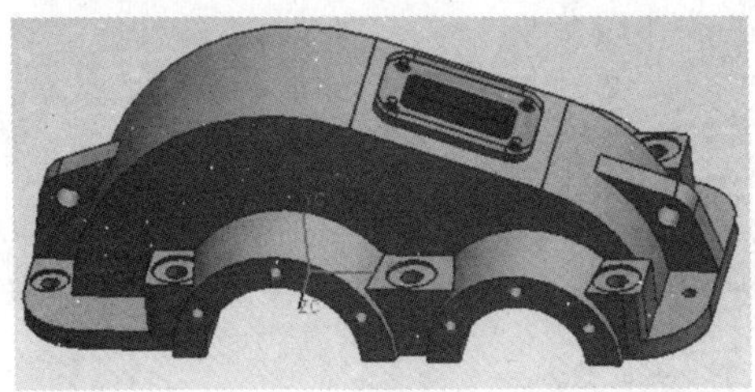

图 9.128　窥视孔盖和上箱盖的装配图 1

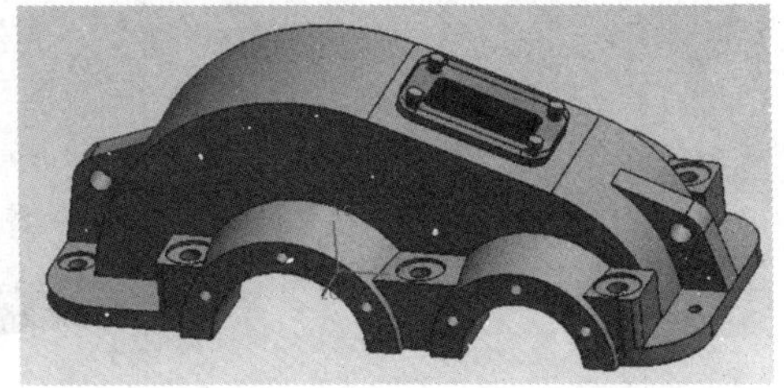

图 9.129　窥视孔盖和上箱盖的装配图 2

2. 下箱体-油标配合

下箱体与油标的装配方法如下。

(1) 启动 UG NX 9.0，选择【文件】→【新建】选项，或者单击图标，选择【装配】类型，输入文件名 main box.prt，单击【确定】按钮。进入【装配】模式，系统弹出【添加组件】对话框。

(2) 单击图标，加入前面已经建立的减速器的下箱体，减速器下箱体选择【绝对原点】定位方式，【引用集】和【层选项】接受系统默认选项。

(3) 选择油标进行装配，方法如下。

① 选择【菜单】→【装配】→【组件】→【添加组件】选项，或单击工具栏中的图标，在【添加组件】对话框中选择组件 Oil superscript.prt。

② 在【装配约束】对话框中选择【接触对齐】方式，依次选油标上的阶梯面 1 和减速器下箱体上的油孔端面。

③ 再选择【同心】方式，依次选择油标上圆环和减速器下箱体上油孔圆环，将油标装配到减速器下箱体上，结果如图 9.130 所示。

3. 箱体-油塞配合

油塞的装配与油标的装配类似，分别选择【接触对齐】和【同心】方式，然后依次选择油塞上的阶梯面与减速器下箱体上的外端面配对和油塞上的圆柱面与减速器下箱体上的圆柱面装配，将油塞装配到减速器下箱体上，如图 9.131 所示。

图 9.130 油标的装配

图 9.131 油塞的装配

4. 端盖组件

装配端盖组件的方法如下。

(1) 启动 UG NX 9.0，选择【文件】→【新建】选项，或者单击图标，弹出【新建】对话框。选择【装配】类型，输入文件名 cover components.prt，单击【确定】按钮，进入装配模式。

(2) 系统弹出【添加组件】对话框，单击图标打开 cover.prt 组件，选择【绝对原点】定位方式，【引用集】和【层选项】接受系统默认选项。

① 打开封油圈 Oil closed circle.prt，并在【装配约束】对话框中选择【接触对齐】方式，依次选择封油圈上的面 1 和端盖主体上的端面与端盖孔内侧的阶梯面配对。

② 选择【同心】方式，依次选择封油圈上的面和端盖主体上的面进行装配，就可以将封油圈装配到端盖主体上，如图 9.132 所示。

(3) 将尺寸为 M6×16 的螺钉装配到端盖主体上。

最后装配结果如图 9.133 所示。

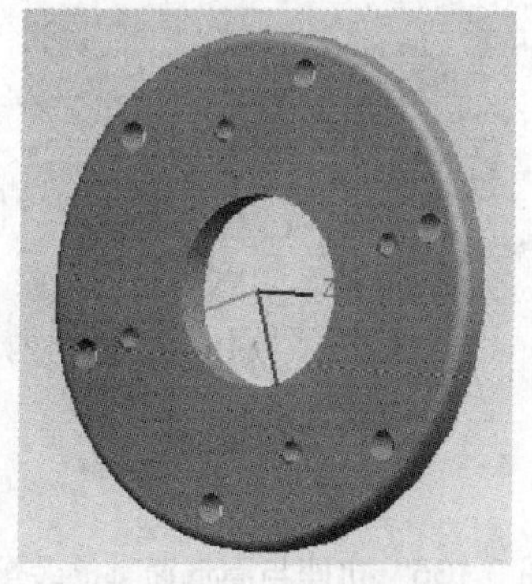

图 9.132 油封的装配

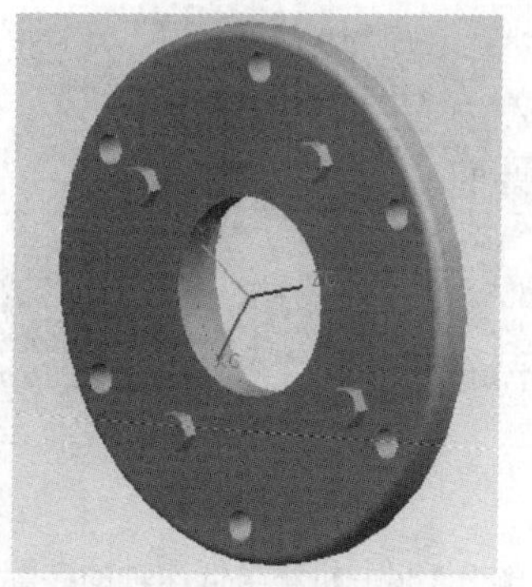

图 9.133 螺钉的装配

9.7.3 下箱体与轴配合

1. 下箱体-低速轴配合

装配下箱体和低速轴的方法如下。

(1) 启动 UG NX 9.0，选择【文件】→【新建】选项，或者单击图标，选择【装配】类型，输入文件名 jiansuqi，单击【确定】按钮，进入装配模式。

(2) 系统弹出【添加组件】对话框，单击图标打开前面章节中已经建立的减速器下箱体，在【添加组件】对话框中选择【绝对原点】定位方式,【引用集】和【层选项】接受系统默认选项。

(3) 将低速轴装配到下箱体上的方法如下。

① 打开前面建立的低速轴组件，并在【装配约束】对话框中选择【同心】装配类型，选择低速轴上圆柱端面圆和减速器下箱体上轴承孔内的表面圆。

(注：为了方便装配，可以将齿轮隐藏。)

② 单击【预览】按钮查看低速轴的方向是否为预定方向，如果不是，单击【另解】按钮改变低速轴的方向。

③ 选择【接触对齐】装配类型，依次选择低速轴上轴承的端面和减速器下箱体上的轴承孔端面，将低速轴装配到减速器下箱体上，如图 9.134 所示。

2. 下箱体-高速轴配合

将高速轴装配到下箱体上的方法如下。

(1) 打开前面建立的高速轴组件，并在【装配约束】对话框中选择【中心】装配类型，依次选择高速轴上轴承的端面圆和减速器下箱体上轴承孔内的表面圆。

(2) 单击【预览】按钮查看高速轴的方向是否符合实际，如果不是，单击【另解】按钮改变高速轴的方向。

(3) 选择【接触对齐】方式，依次选择高速轴上轴承的内圈端面和减速器下箱体上轴承孔端面，将高速轴装配到减速器下箱体上。

装配好高速轴、低速轴的下箱体如图 9.135 所示。

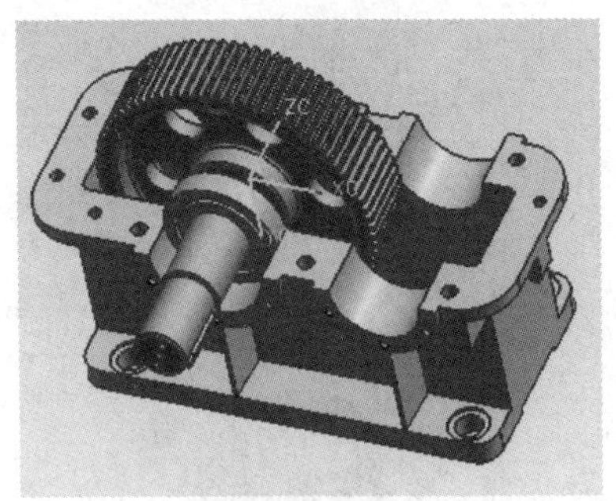

图 9.134 机座与低速轴的装配

图 9.135 机座与高低速轴的装配

9.7.4 总体配合

1. 上箱体-下箱体配合

上下箱体的装配方法如下。

(1) 打开前面建立的减速器上盖组件。

(2) 由于上下箱体在建立时的原点位置相同，因而在【装配约束】对话框中选择【绝对原点】定位方式，【引用集】和【层选项】接受系统默认选项。

(3) 系统弹出【点】对话框，设定原点作为参考点，装配结果如图9.136所示。

2. 定位环、端盖、蒙盖的装配

(1) 装配定位环的方法如下。

① 打开要装配的定位环，【引用集】和【层选项】接受系统默认选项。单击【添加组件】对话框中的【确定】按钮。

② 选择【接触对齐】方式，依次选择定位环上的端面和轴承端面。

③ 选择【中心】方式，依次选择定位环上的端面圆和轴承端面圆进行装配，将定位环装配到减速器主体上。

为了方便装配，可以将已装配的上盖隐藏。

低速轴、高速轴的轴承两端都需要装配定位环，低速轴两端要装配的定位环宽度为12.25，高速轴两端要装配的定位环宽度为15.25。装配效果如图9.137所示(减速器盖已隐藏)。

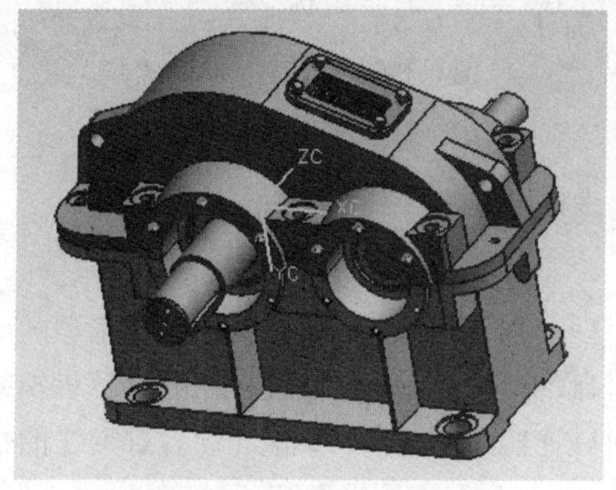

图 9.136 上下箱体的装配

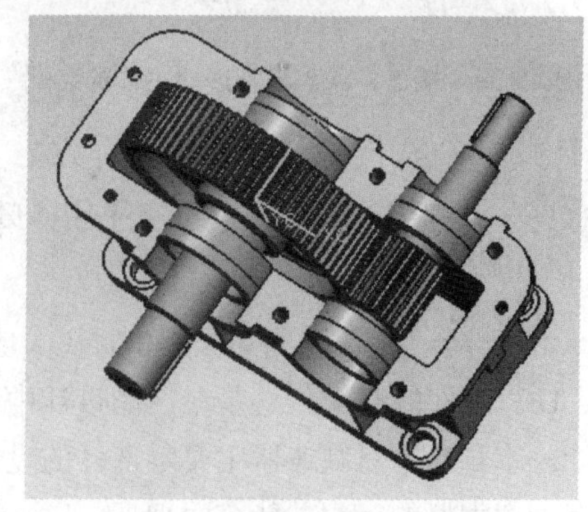

图 9.137 定位环的装配

端盖和蒙盖的装配方法基本相同，不同的是端盖装配在低速轴、高速轴凸出的一端，而蒙盖装配在另外一端。

(2) 装配端盖和蒙盖的方法如下。

① 打开要装配的端盖或蒙盖，【引用集】和【层选项】接受系统默认选项。单击【添加组件】对话框中的【确定】按钮。

② 选择【接触对齐】方式，选择端盖或蒙盖上的端面与定位环的端面。

③ 选择【中心】方式，依次选择端盖或蒙盖上的端面圆与轴承座的端面圆。

④ 选择【中心】方式，依次选择端盖或蒙盖上的端面圆与减速器下箱体上的端面圆进行装配，将端盖或蒙盖装配到减速器主体上。

已装配端盖和蒙盖的减速器主体如图 9.138 所示(减速器盖已隐藏)。

3. 螺栓、销等的装配

螺栓、销等的装配与前面介绍的螺钉的装配方法相同，需要装配的有固定端盖用的 24 个规格为 M8×25 的螺钉、固定减速器上盖和下箱体的 6 个规格为 M12×5 的螺栓及与之配合的垫片和螺母、两个定位销、两个固定减速器上盖和下箱体的规格为 Ml0×35 的螺栓及与之配合的垫片和螺母。装配好的减速器如图 9.139 所示。

图 9.138　端盖、蒙盖与减速器主体的装配

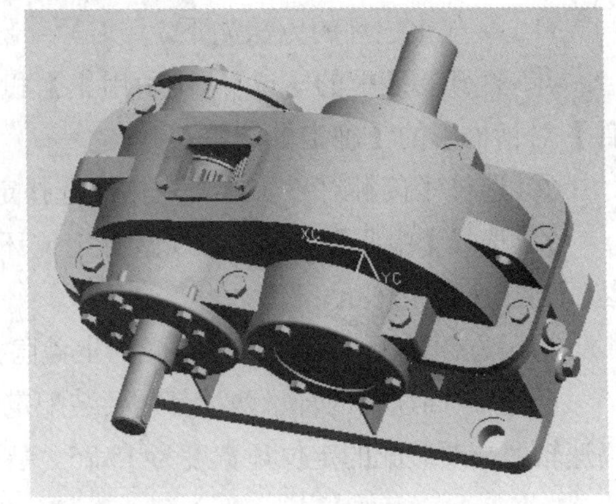

图 9.139　装配好的减速器

9.8 本 章 小 结

本章综合介绍了 UG NX 9.0 的基本功能，这些功能包括 UG 模型建模、UG 模型的编辑、UG 组件的装配，这些在产品设计中是很基础的，没有它们也就无法进行计算机辅助设计。本章通过对减速器主要零部件的设计和对减速器的装配，希望能让读者对 UG 的使用有一个大概的认识并能全面把握。

9.9 习　　题

通过图 9.140～图 9.152 创建齿轮泵的每一个零件，并完成齿轮泵的装配。

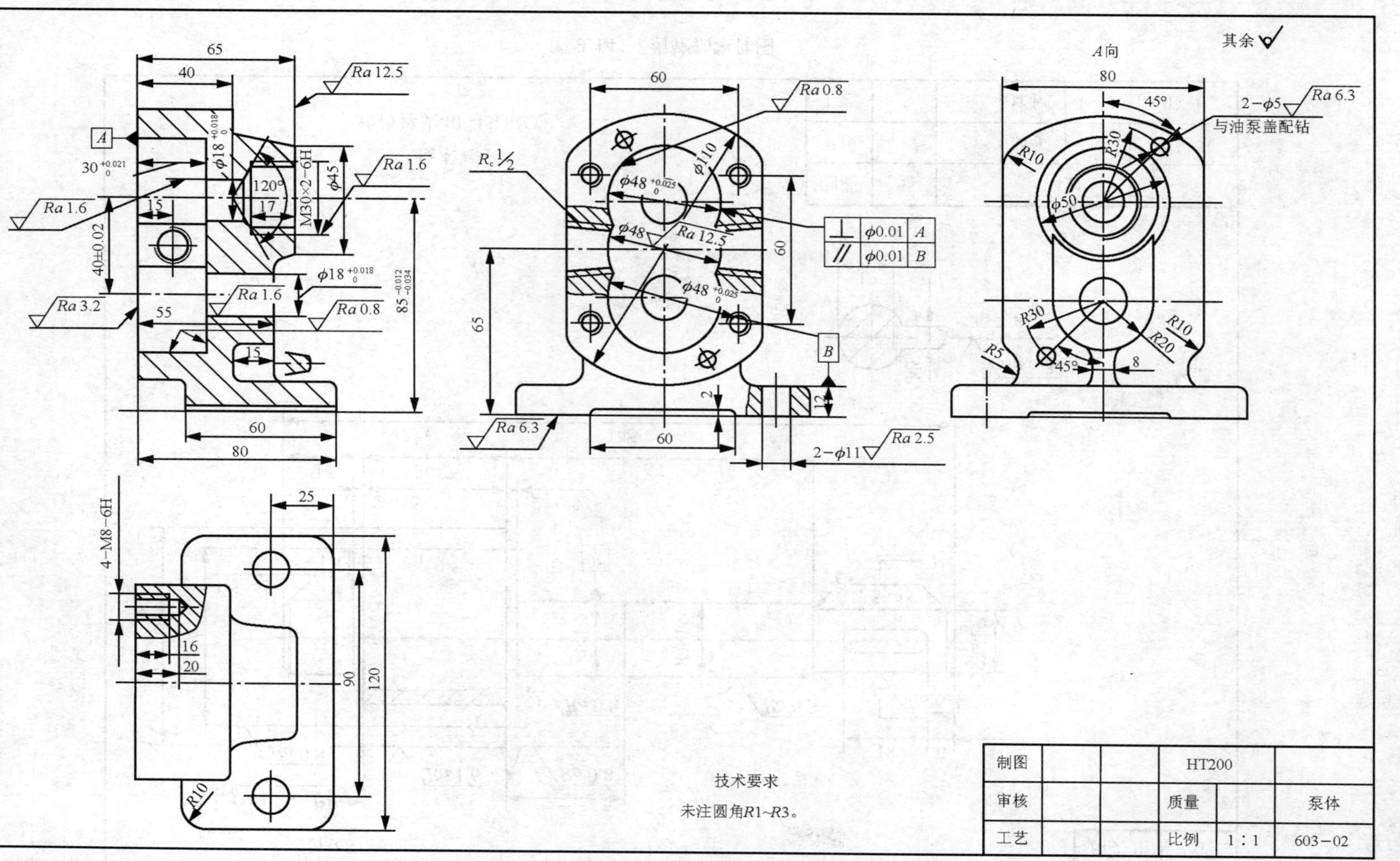
A向
其余
2−φ5 与油泵盖配钻
M30×2−6H
4−M8−6H
2−φ11
技术要求
未注圆角R1~R3。
制图
审核
工艺
HT200
质量
比例 1:1
泵体
603−02

图 9.140 泵体零件图

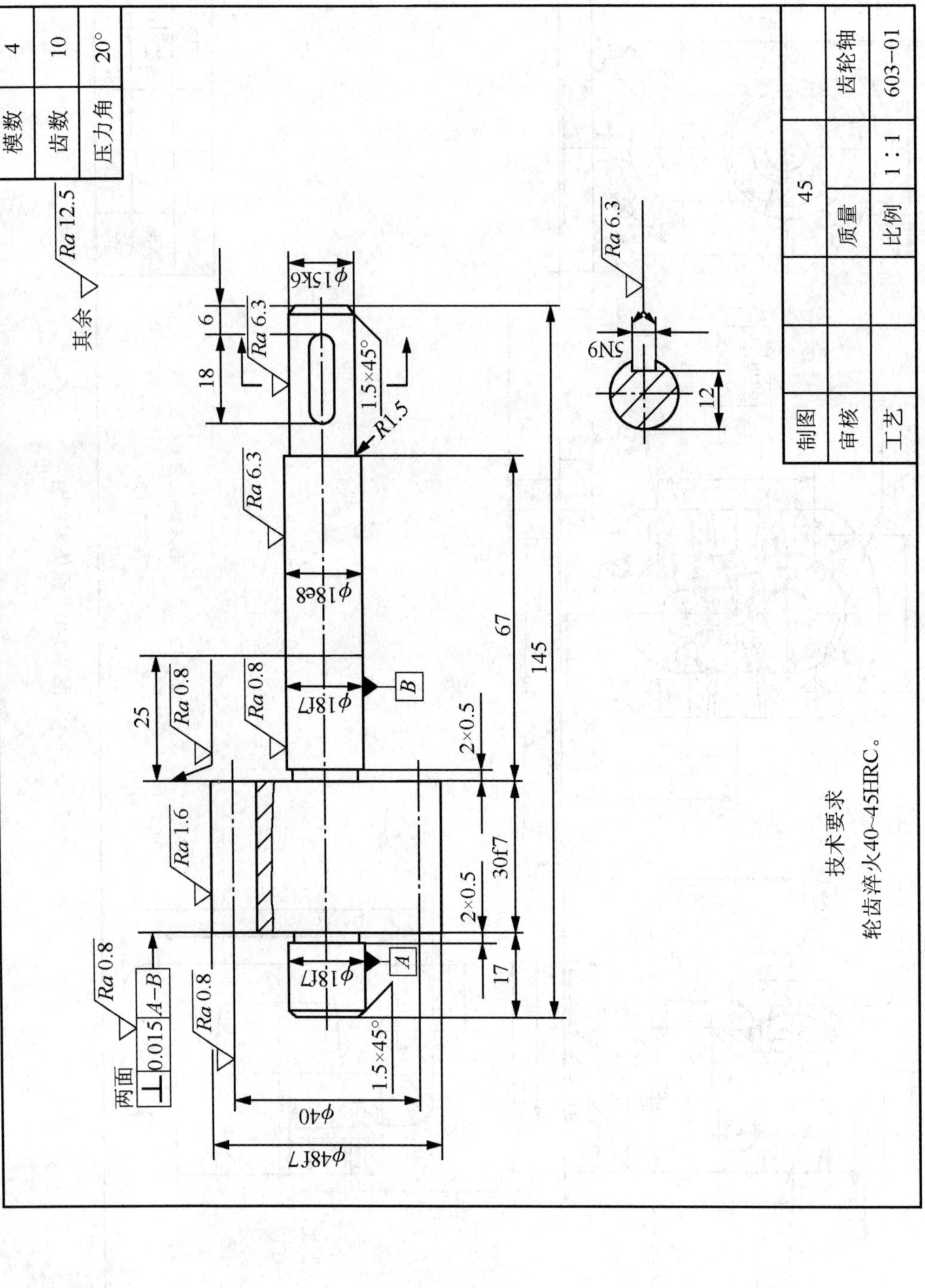

模数	4
齿数	10
压力角	20°

制图			45		齿轮轴
审核			质量		
工艺			比例	1∶1	603-01

技术要求

轮齿淬火40~45HRC。

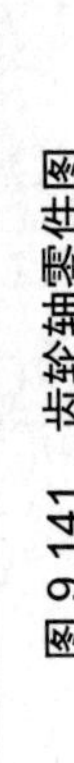

图 9.141 齿轮轴零件图

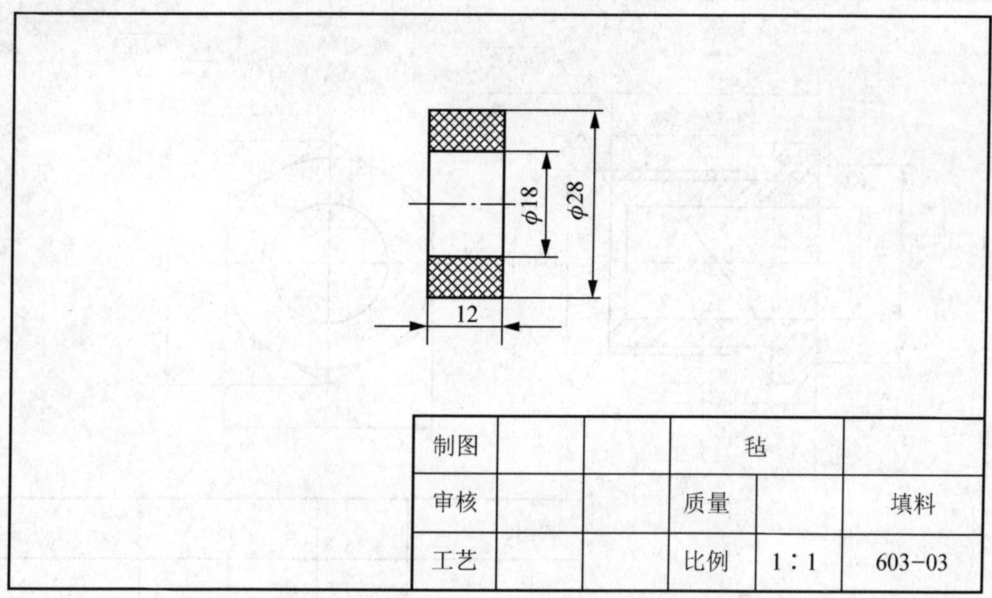

图 9.142　填料零件图

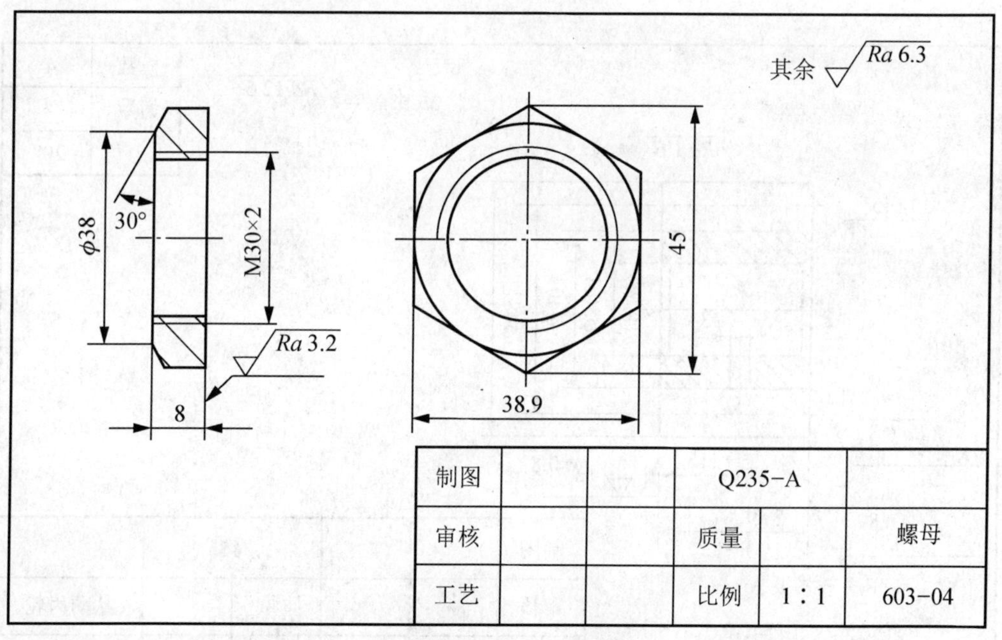

图 9.143　螺母零件图

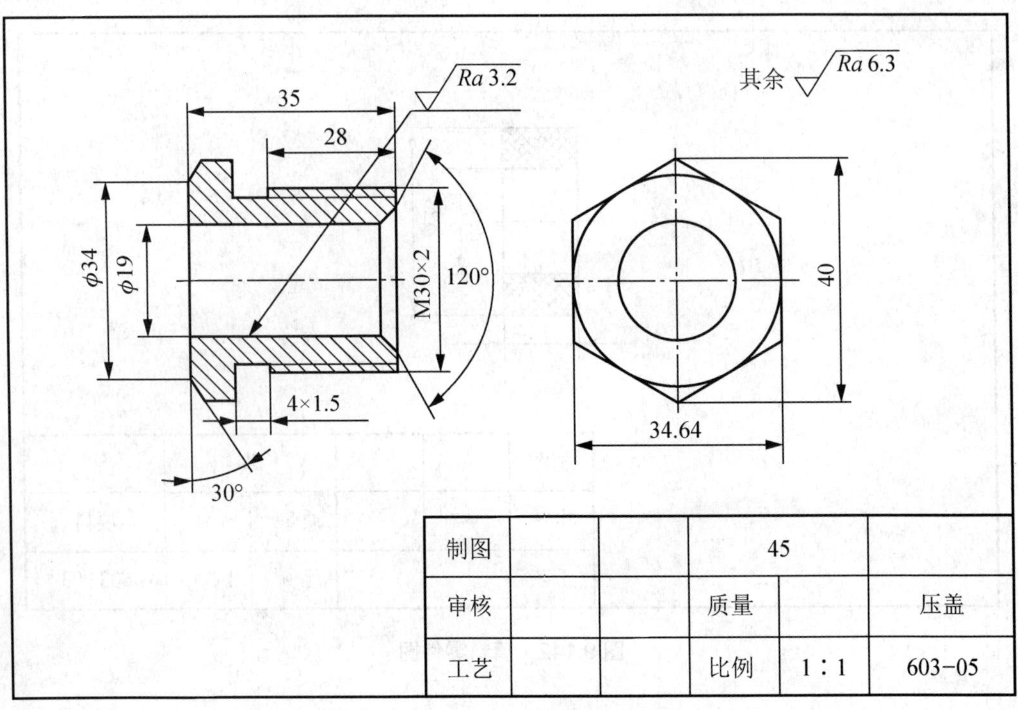

制图			45		
审核			质量		压盖
工艺			比例	1∶1	603-05

图 9.144　压盖零件图

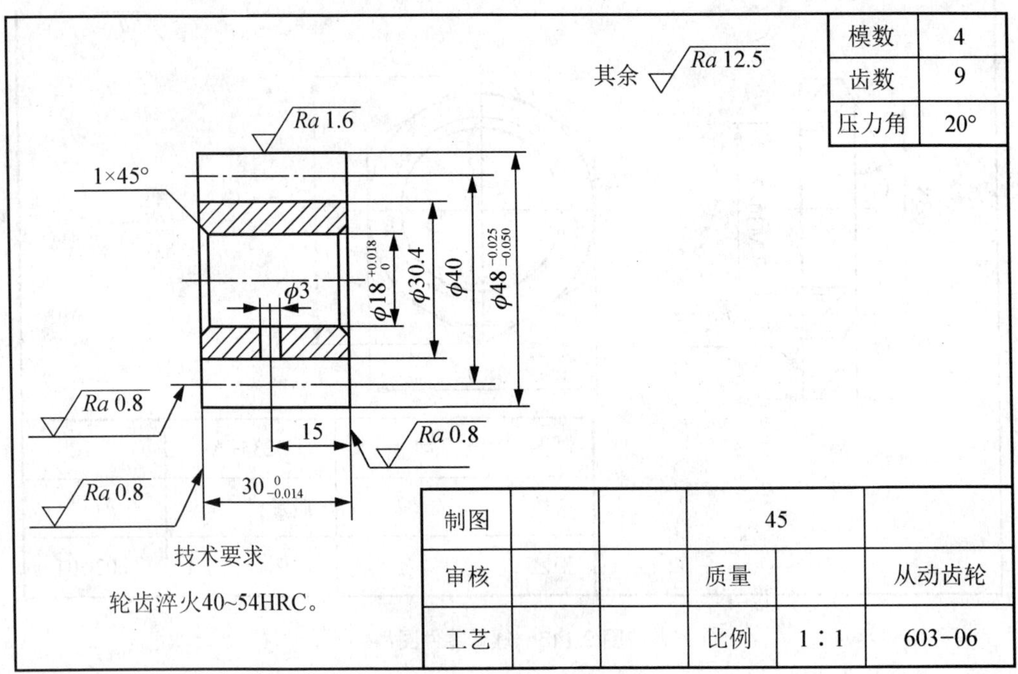

模数	4
齿数	9
压力角	20°

制图			45		
审核			质量		从动齿轮
工艺			比例	1∶1	603-06

图 9.145　从动齿轮零件图

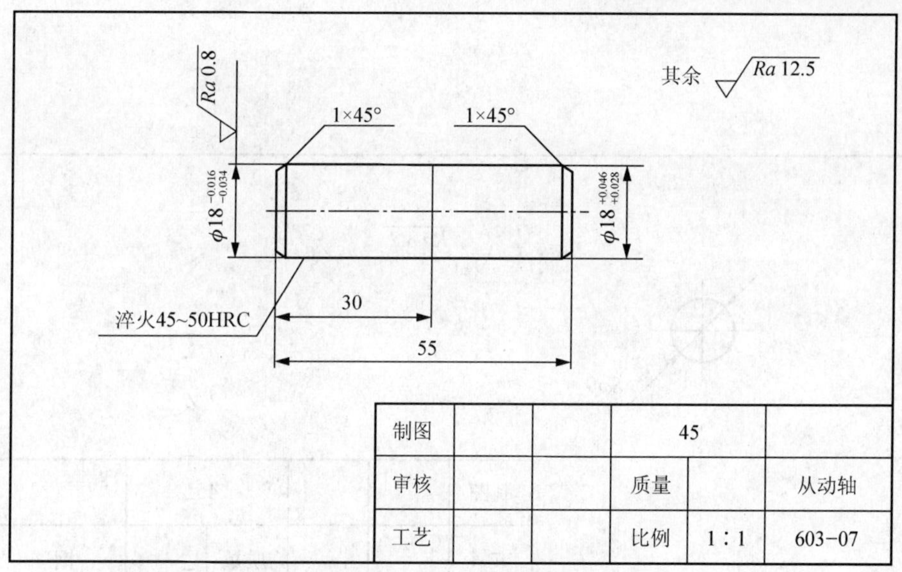

制图			45		
审核			质量		从动轴
工艺			比例	1∶1	603-07

图 9.146 从动轴零件图

技术要求

未注圆角半径$R2\sim R3$。

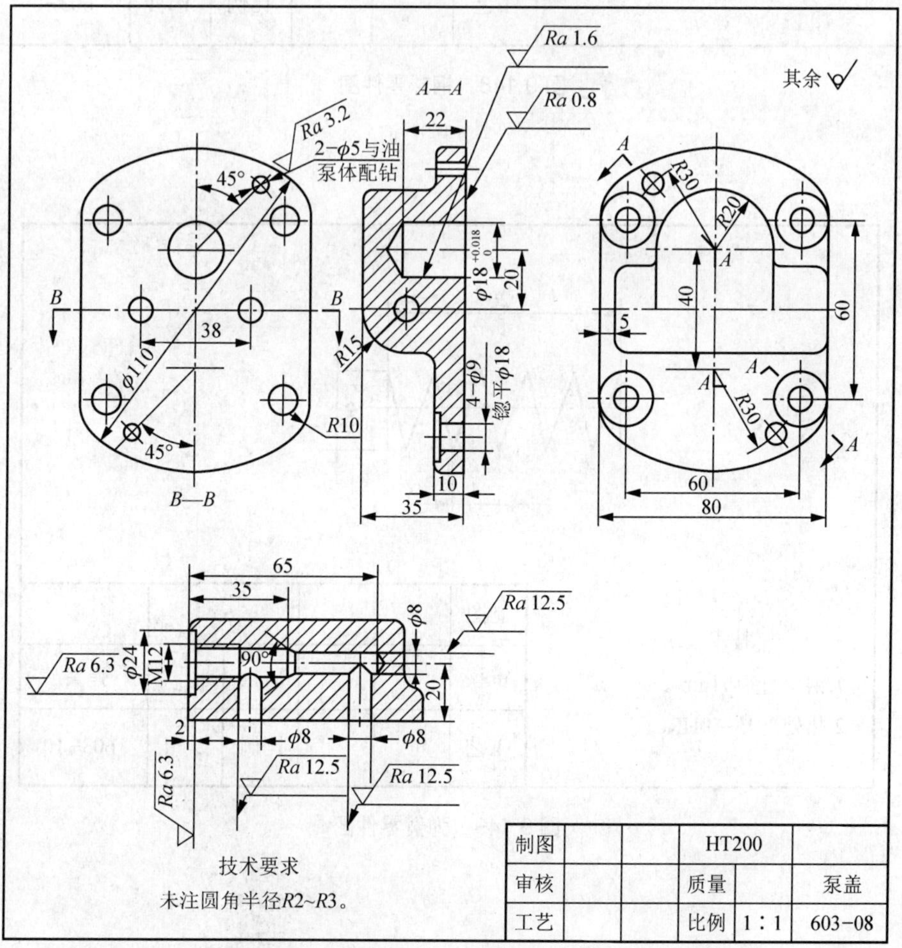

制图			HT200		
审核			质量		泵盖
工艺			比例	1∶1	603-08

图 9.147 泵盖零件图

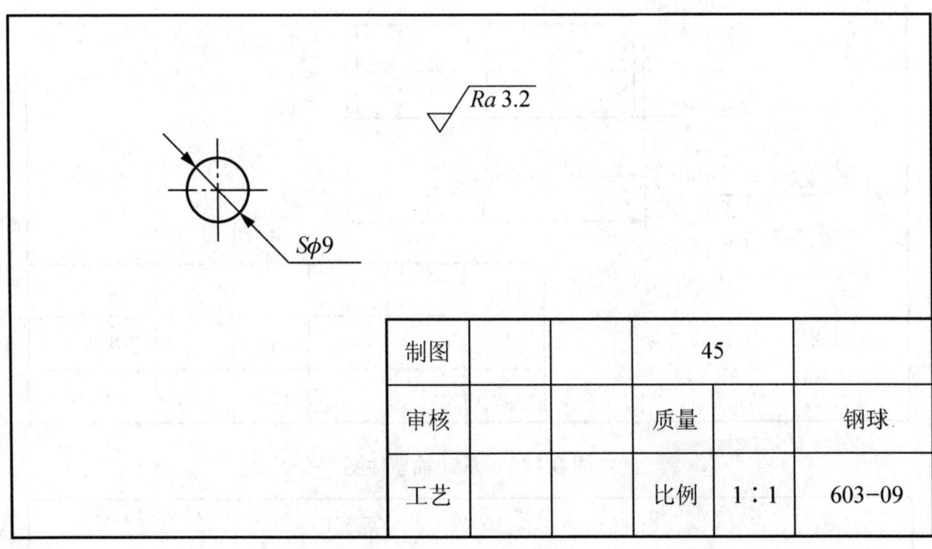

图 9.148 钢球零件图

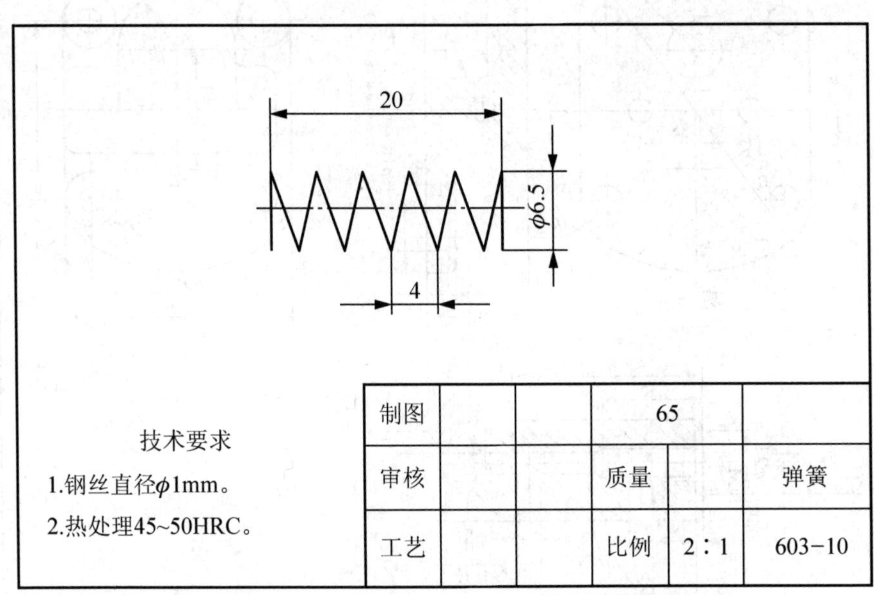

图 9.149 弹簧零件图

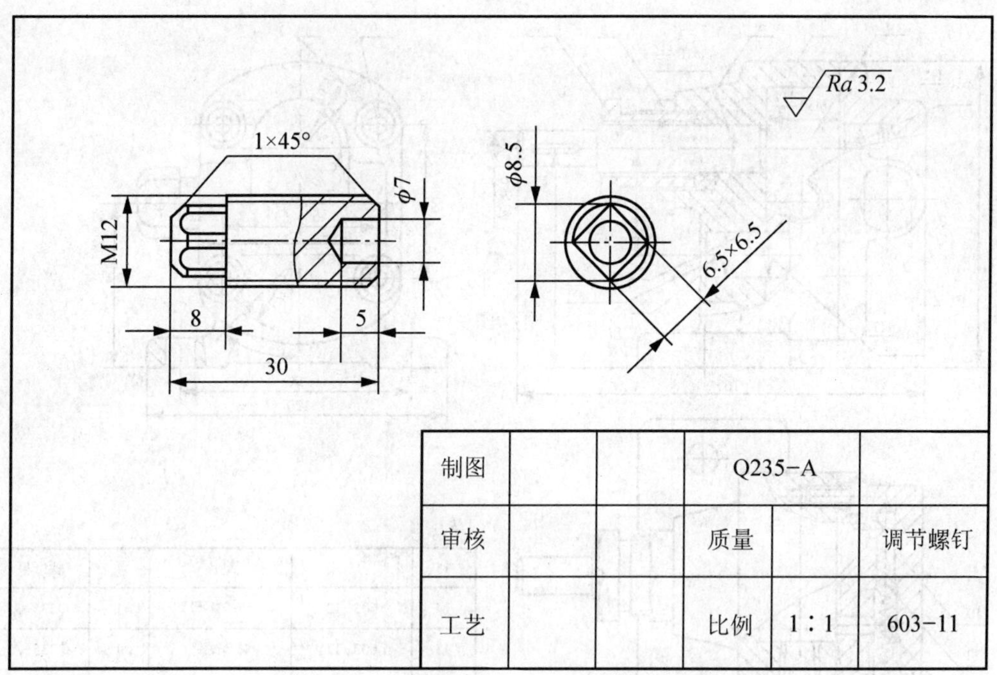

图 9.150 调节螺钉零件图

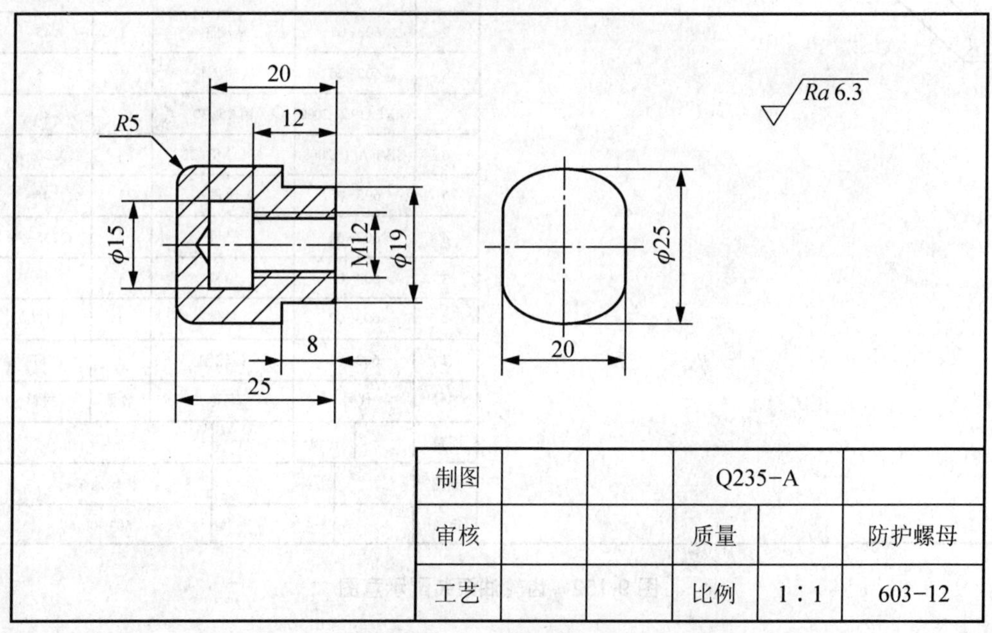

图 9.151 防护螺母零件图

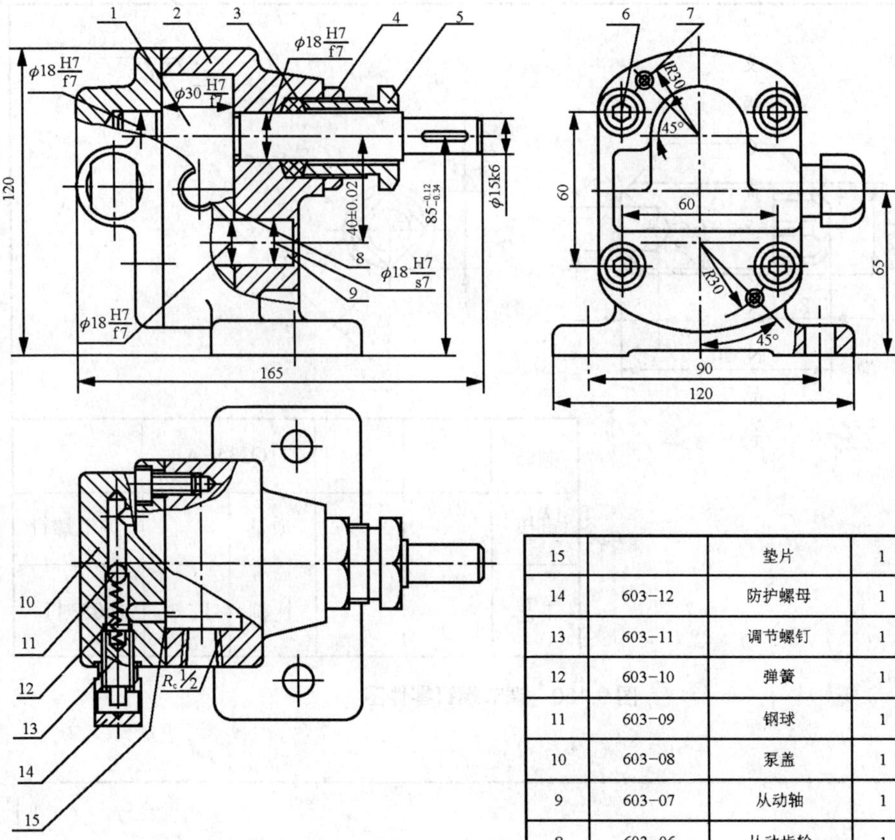

序号	代号	名称	数量	材料
15		垫片	1	软纸板
14	603-12	防护螺母	1	Q235-A
13	603-11	调节螺钉	1	Q235-A
12	603-10	弹簧	1	65
11	603-09	钢球	1	45
10	603-08	泵盖	1	HT200
9	603-07	从动轴	1	45
8	603-06	从动齿轮	1	45
7	GB/T 119.2-2000	销A5×30	2	45
6	GB/T 70.1-2008	螺钉M8×22	4	Q235-A
5	603-05	压盖	1	45
4	603-04	螺母	1	Q235-A
3	603-03	填料	1	毡
2	603-02	泵体	1	HT200
1	603-01	齿轮轴	1	45
质量		比例	1∶1	
制图			齿轮油泵	
审核			603-00	

图 9.152　齿轮油泵装配示意图

参 考 文 献

[1] 杨晓琦．UG NX4.0 中文版机械设计从入门到精通[M]．北京：机械工业出版社，2008．

[2] 林琳．UG NX5.0 中文版机械设计典型范例[M]．北京：电子工业出版社，2008．

[3] 董伟，夏德伟，李瑞．UG NX4.0 中文版工业造型设计典型范例教程[M]．北京：电子工业出版社，2006．

[4] 曹岩．UG NX4.0 基础篇[M]．北京：化学工业出版社，2008．

[5] 孙慧平，张建荣，张小军．UG NX 基础教程[M]．北京：人民邮电出版社，2004．

[6] 刘向阳，占向辉，张恩光．UG NX4.0 中文版 CAD 详解教程[M]．北京：清华大学出版社，2007．

[7] 龙马工作室．新编 UG NX4.0 中文版从入门到精通[M]．北京：人民邮电出版社，2008．

[8] 殷国富，成尔京．UG NX2.0 产品设计实例精解[M]．北京：机械工业出版社，2005．

[9] 展迪优．UG NX4.0 产品设计实例教程[M]．北京：机械工业出版社，2008．

[10] 机械工业职业技能鉴定指导中心．机械制图[M]．北京：机械工业出版社 2004．

北京大学出版社教材书目

✧ 欢迎访问教学服务网站www.pup6.com，免费查阅已出版教材的电子书(PDF版)、电子课件和相关教学资源。

✧ 欢迎征订投稿。联系方式：010-62750667，童编辑，13426433315@163.com，pup_6@163.com，欢迎联系。

序号	书 名	标准书号	主 编	定价	出版日期
1	机械设计	978-7-5038-4448-5	郑 江，许 瑛	33	2007.8
2	机械设计	978-7-301-15699-5	吕 宏	32	2013.1
3	机械设计	978-7-301-17599-6	门艳忠	40	2010.8
4	机械设计	978-7-301-21139-7	王贤民，霍仕武	49	2014.1
5	机械设计	978-7-301-21742-9	师素娟，张秀花	48	2012.12
6	机械原理	978-7-301-11488-9	常治斌，张京辉	29	2008.6
7	机械原理	978-7-301-15425-0	王跃进	26	2013.9
8	机械原理	978-7-301-19088-3	郭宏亮，孙志宏	36	2011.6
9	机械原理	978-7-301-19429-4	杨松华	34	2011.8
10	机械设计基础	978-7-5038-4444-2	曲玉峰，关晓平	27	2008.1
11	机械设计基础	978-7-301-22011-5	苗淑杰，刘喜平	49	2013.6
12	机械设计基础	978-7-301-22957-6	朱 玉	38	2014.12
13	机械设计课程设计	978-7-301-12357-7	许 瑛	35	2012.7
14	机械设计课程设计	978-7-301-18894-1	王 慧，吕 宏	30	2014.1
15	机械设计辅导与习题解答	978-7-301-23291-0	王 慧，吕 宏	26	2013.12
16	机械原理、机械设计学习指导与综合强化	978-7-301-23195-1	张占国	63	2014.1
17	机电一体化课程设计指导书	978-7-301-19736-3	王金娥 罗生梅	35	2013.5
18	机械工程专业毕业设计指导书	978-7-301-18805-7	张黎骅，吕小荣	22	2015.4
19	机械创新设计	978-7-301-12403-1	丛晓霞	32	2012.8
20	机械系统设计	978-7-301-20847-2	孙月华	32	2012.7
21	机械设计基础实验及机构创新设计	978-7-301-20653-9	邹旻	28	2014.1
22	TRIZ理论机械创新设计工程训练教程	978-7-301-18945-0	蒯苏苏，马履中	45	2011.6
23	TRIZ理论及应用	978-7-301-19390-7	刘训涛，曹 贺等	35	2013.7
24	创新的方法——TRIZ理论概述	978-7-301-19453-9	沈萌红	28	2011.9
25	机械工程基础	978-7-301-21853-2	潘玉良，周建军	34	2013.2
26	机械CAD基础	978-7-301-20023-0	徐云杰	34	2012.2
27	AutoCAD工程制图	978-7-5038-4446-9	杨巧绒，张克义	20	2011.4
28	AutoCAD工程制图	978-7-301-21419-0	刘善淑，胡爱萍	38	2015.2
29	工程制图	978-7-5038-4442-6	戴立玲，杨世平	27	2012.2
30	工程制图	978-7-301-19428-7	孙晓娟，徐丽娟	30	2012.5
31	工程制图习题集	978-7-5038-4443-4	杨世平，戴立玲	20	2008.1
32	机械制图(机类)	978-7-301-12171-9	张绍群，孙晓娟	32	2009.1
33	机械制图习题集(机类)	978-7-301-12172-6	张绍群，王慧敏	29	2007.8
34	机械制图(第2版)	978-7-301-19332-7	孙晓娟，王慧敏	38	2014.1
35	机械制图	978-7-301-21480-0	李凤云，张 凯等	36	2013.1
36	机械制图习题集(第2版)	978-7-301-19370-7	孙晓娟，王慧敏	22	2011.8
37	机械制图	978-7-301-21138-0	张 艳，杨晨升	37	2012.8
38	机械制图习题集	978-7-301-21339-1	张 艳，杨晨升	24	2012.10
39	机械制图	978-7-301-22896-8	臧福伦，杨晓冬等	60	2013.8
40	机械制图与AutoCAD基础教程	978-7-301-13122-0	张爱梅	35	2013.1
41	机械制图与AutoCAD基础教程习题集	978-7-301-13120-6	鲁 杰，张爱梅	22	2013.1
42	AutoCAD 2008 工程绘图	978-7-301-14478-7	赵润平，宗荣珍	35	2009.1
43	AutoCAD实例绘图教程	978-7-301-20764-2	李庆华，刘晓杰	32	2012.6
44	工程制图案例教程	978-7-301-15369-7	宗荣珍	28	2009.6
45	工程制图案例教程习题集	978-7-301-15285-0	宗荣珍	24	2009.6
46	理论力学（第2版）	978-7-301-23125-8	盛冬发，刘 军	38	2013.9
47	材料力学	978-7-301-14462-6	陈忠安，王 静	30	2013.4

序号	书　　名	标准书号	主　编	定价	出版日期
48	工程力学(上册)	978-7-301-11487-2	毕勤胜，李纪刚	29	2008.6
49	工程力学(下册)	978-7-301-11565-7	毕勤胜，李纪刚	28	2008.6
50	液压传动（第2版）	978-7-301-19507-9	王守城，容一鸣	38	2013.7
51	液压与气压传动	978-7-301-13179-4	王守城，容一鸣	32	2013.7
52	液压与液力传动	978-7-301-17579-8	周长城等	34	2011.11
53	液压传动与控制实用技术	978-7-301-15647-6	刘　忠	36	2009.8
54	金工实习指导教程	978-7-301-21885-3	周哲波	30	2014.1
55	工程训练（第3版）	978-7-301-24115-8	郭永环，姜银方	38	2014.5
56	机械制造基础实习教程	978-7-301-15848-7	邱　兵，杨明金	34	2010.2
57	公差与测量技术	978-7-301-15455-7	孔晓玲	25	2012.9
58	互换性与测量技术基础(第3版)	978-7-301-25770-8	王长春等	35	2015.6
59	互换性与技术测量	978-7-301-20848-9	周哲波	35	2012.6
60	机械制造技术基础	978-7-301-14474-9	张　鹏，孙有亮	28	2011.6
61	机械制造技术基础	978-7-301-16284-2	侯书林　张建国	32	2012.8
62	机械制造技术基础	978-7-301-22010-8	李菊丽，何绍华	42	2014.1
63	先进制造技术基础	978-7-301-15499-1	冯宪章	30	2011.11
64	先进制造技术	978-7-301-22283-6	朱　林，杨春杰	30	2013.4
65	先进制造技术	978-7-301-20914-1	刘　璇，冯　凭	28	2012.8
66	先进制造与工程仿真技术	978-7-301-22541-7	李　彬	35	2013.5
67	机械精度设计与测量技术	978-7-301-13580-8	于　峰	25	2013.7
68	机械制造工艺学	978-7-301-13758-1	郭艳玲，李彦蓉	30	2008.8
69	机械制造工艺学(第2版)	978-7-301-23726-7	陈红霞	45	2014.1
70	机械制造工艺学	978-7-301-19903-9	周哲波，姜志明	49	2012.1
71	机械制造基础(上)——工程材料及热加工工艺基础(第2版)	978-7-301-18474-5	侯书林，朱　海	40	2013.2
72	制造之用	978-7-301-23527-0	王中任	30	2013.12
73	机械制造基础(下)——机械加工工艺基础(第2版)	978-7-301-18638-1	侯书林，朱　海	32	2012.5
74	金属材料及工艺	978-7-301-19522-2	于文强	44	2013.2
75	金属工艺学	978-7-301-21082-6	侯书林，于文强	32	2012.8
76	工程材料及其成形技术基础（第2版）	978-7-301-22367-3	申荣华	58	2013.5
77	工程材料及其成形技术基础学习指导与习题详解	978-7-301-14972-0	申荣华	20	2013.1
78	机械工程材料及成形基础	978-7-301-15433-5	侯俊英，王兴源	30	2012.5
79	机械工程材料（第2版）	978-7-301-22552-3	戈晓岚，招玉春	36	2013.6
80	机械工程材料	978-7-301-18522-3	张铁军	36	2012.5
81	工程材料与机械制造基础	978-7-301-15899-9	苏子林	32	2011.5
82	控制工程基础	978-7-301-12169-6	杨振中，韩致信	29	2007.8
83	机械制造装备设计	978-7-301-23869-1	宋士刚，黄　华	40	2014.12
84	机械工程控制基础	978-7-301-12354-6	韩致信	25	2008.1
85	机电工程专业英语(第2版)	978-7-301-16518-8	朱　林	24	2013.7
86	机械制造专业英语	978-7-301-21319-3	王中任	28	2014.12
87	机械工程专业英语	978-7-301-23173-9	余兴波，姜　波等	30	2013.9
88	机床电气控制技术	978-7-5038-4433-7	张万奎	26	2007.9
89	机床数控技术(第2版)	978-7-301-16519-5	杜国臣，王士军	35	2014.1
90	自动化制造系统	978-7-301-21026-0	辛宗生，魏国丰	37	2014.1
91	数控机床与编程	978-7-301-15900-2	张洪江，侯书林	25	2012.10
92	数控铣床编程与操作	978-7-301-21347-6	王志斌	35	2012.10
93	数控技术	978-7-301-21144-1	吴瑞明	28	2012.9
94	数控技术	978-7-301-22073-3	唐友亮　佘　勃	45	2014.1
95	数控技术与编程	978-7-301-26028-9	程广振　卢建湘	36	2015.8
96	数控技术及应用	978-7-301-23262-0	刘　军	49	2013.10
97	数控加工技术	978-7-5038-4450-7	王　彪，张　兰	29	2011.7
98	数控加工与编程技术	978-7-301-18475-2	李体仁	34	2012.5
99	数控编程与加工实习教程	978-7-301-17387-9	张春雨，于　雷	37	2011.9
100	数控加工技术及实训	978-7-301-19508-6	姜永成，夏广岚	33	2011.9
101	数控编程与操作	978-7-301-20903-5	李英平	26	2012.8
102	现代数控机床调试及维护	978-7-301-18033-4	邓三鹏等	32	2010.11
103	金属切削原理与刀具	978-7-5038-4447-7	陈锡渠，彭晓南	29	2012.5
104	金属切削机床(第2版)	978-7-301-25202-4	夏广岚，姜永成	42	2015.1

序号	书　　名	标准书号	主　编	定价	出版日期
105	典型零件工艺设计	978-7-301-21013-0	白海清	34	2012.8
106	模具设计与制造(第 2 版)	978-7-301-24801-0	田光辉，林红旗	56	2015.1
107	工程机械检测与维修	978-7-301-21185-4	卢彦群	45	2012.9
108	特种加工	978-7-301-21447-3	刘志东	50	2014.1
109	精密与特种加工技术	978-7-301-12167-2	袁根福，祝锡晶	29	2011.12
110	逆向建模技术与产品创新设计	978-7-301-15670-4	张学昌	28	2013.1
111	CAD/CAM 技术基础	978-7-301-17742-6	刘　军	28	2012.5
112	CAD/CAM 技术案例教程	978-7-301-17732-7	汤修映	42	2010.9
113	Pro/ENGINEER Wildfire 2.0 实用教程	978-7-5038-4437-X	黄卫东，任国栋	32	2007.7
114	Pro/ENGINEER Wildfire 3.0 实例教程	978-7-301-12359-1	张选民	45	2008.2
115	Pro/ENGINEER Wildfire 3.0 曲面设计实例教程	978-7-301-13182-4	张选民	45	2008.2
116	Pro/ENGINEER Wildfire 5.0 实用教程	978-7-301-16841-7	黄卫东，郝用兴	43	2014.1
117	Pro/ENGINEER Wildfire 5.0 实例教程	978-7-301-20133-6	张选民，徐超辉	52	2012.2
118	SolidWorks 三维建模及实例教程	978-7-301-15149-5	上官林建	30	2012.8
119	UG NX 9.0 计算机辅助设计与制造实用教程(第 2 版)	978-7-301-26029-6	张黎骅，吕小荣	36	2015.8
120	CATIA 实例应用教程	978-7-301-23037-4	于志新	45	2013.8
121	Cimatron E9.0 产品设计与数控自动编程技术	978-7-301-17802-7	孙树峰	36	2010.9
122	Mastercam 数控加工案例教程	978-7-301-19315-0	刘　文，姜永梅	45	2011.8
123	应用创造学	978-7-301-17533-0	王成军，沈豫浙	26	2012.5
124	机电产品学	978-7-301-15579-0	张亮峰等	24	2015.4
125	品质工程学基础	978-7-301-16745-8	丁　燕	30	2011.5
126	设计心理学	978-7-301-11567-1	张成忠	48	2011.6
127	计算机辅助设计与制造	978-7-5038-4439-6	仲梁维，张国全	29	2007.9
128	产品造型计算机辅助设计	978-7-5038-4474-4	张慧姝，刘永翔	27	2006.8
129	产品设计原理	978-7-301-12355-3	刘美华	30	2008.2
130	产品设计表现技法	978-7-301-15434-2	张慧姝	42	2012.5
131	CorelDRAW X5 经典案例教程解析	978-7-301-21950-8	杜秋磊	40	2013.1
132	产品创意设计	978-7-301-17977-2	虞世鸣	38	2012.5
133	工业产品造型设计	978-7-301-18313-7	袁涛	39	2011.1
134	化工工艺学	978-7-301-15283-6	邓建强	42	2013.7
135	构成设计	978-7-301-21466-4	袁涛	58	2013.1
136	设计色彩	978-7-301-24246-9	姜晓微	52	2014.6
137	过程装备机械基础（第 2 版）	978-301-22627-8	于新奇	38	2013.7
138	过程装备测试技术	978-7-301-17290-2	王毅	45	2010.6
139	过程控制装置及系统设计	978-7-301-17635-1	张早校	30	2010.8
140	质量管理与工程	978-7-301-15643-8	陈宝江	34	2009.8
141	质量管理统计技术	978-7-301-16465-5	周友苏，杨　飒	30	2010.1
142	人因工程	978-7-301-19291-7	马如宏	39	2011.8
143	工程系统概论——系统论在工程技术中的应用	978-7-301-17142-4	黄志坚	32	2010.6
144	测试技术基础(第 2 版)	978-7-301-16530-0	江征风	30	2014.1
145	测试技术实验教程	978-7-301-13489-4	封士彩	22	2008.8
146	测控系统原理设计	978-7-301-24399-2	齐永奇	39	2014.7
147	测试技术学习指导与习题详解	978-7-301-14457-2	封士彩	34	2009.3
148	可编程控制器原理与应用(第 2 版)	978-7-301-16922-3	赵　燕，周新建	33	2011.11
149	工程光学	978-7-301-15629-2	王红敏	28	2012.5
150	精密机械设计	978-7-301-16947-6	田　明，冯进良等	38	2011.9
151	传感器原理及应用	978-7-301-16503-4	赵　燕	35	2014.1
152	测控技术与仪器专业导论(第 2 版)	978-7-301-24223-0	陈毅静	36	2014.6
153	现代测试技术	978-7-301-19316-7	陈科山，王燕	43	2011.8
154	风力发电原理	978-7-301-19631-1	吴双群，赵丹平	33	2011.10
155	风力机空气动力学	978-7-301-19555-0	吴双群	32	2011.10
156	风力机设计理论及方法	978-7-301-20006-3	赵丹平	32	2012.1
157	计算机辅助工程	978-7-301-22977-4	许承东	38	2013.8
158	现代船舶建造技术	978-7-301-23703-8	初冠南，孙清洁	33	2014.1